這就是
服務設計

服務設計實務工作者指南－
真實世界裡的服務設計思考應用

KPIs

4 編者 O1

12 章節

33 案例 O2

54 線上方法 O3

96 共同作者 O4

105 專家訣竅和意見 O5

205 合作夥伴 O6

547 註腳 O7

O1 四位編輯 Marc、Adam、Markus 和 Jakob 也是本書的主要作者和設計者。所有未指明特定作者的文本均由我們撰寫。但是，我們並不孤單。超過 300 人幫助我們創作了這本書。除了共同作者和合作夥伴之外，還有許多其他人擔任著重要角色，皆列於本書末尾。

O2 33 個案例研究描述了如何在各個產業中運用服務設計。內容包括許多照片和重點結論。有時，我們會在註腳中引用特定案例，作為在實務中如何使用特定工具或主題的示範。

O3 有關本書提及的所有服務設計方法的詳細實際說明，請參考免費的線上工具 *www.thisisservicedesigndoing. com*。在第 5 章：**研究**；第 6 章：**概念發想**；第 7 章：**原型**；第 10 章：**主持工作坊**等章節的末尾也有方法的簡述。

O4 我們的 96 位共同作者為本書提供了 33 個案例研究和 105 個專家意見和訣竅，都經過編輯和審稿人的多次來回討論。我們把他們的名字直接放在內容裡了。當你引述他們的內容時，一定要說對名字！所有共同作者的簡介和照片都列在本書的末尾。

O5 我們邀請了來自學術界和產業界的服務設計專家對章節內容進行批判和評論，或提供怎麼做的訣竅。你可以在主文內容旁看到這些訣竅和意見，以及貢獻者的名字。

O6 一共有 205 位合作夥伴透過各自的 Google 文件逐章審閱了編輯所撰寫的原始文本。他們提出了改動，增加了段落和註腳，也有人對各種主題進行了大量的討論。這些批判性評論就是我們的批判大會，幫助我們開拓了視野，融入了各式各樣的想法和資源。雖然這個過程的工作量很大，花費的時間也比預期的要長，但這個做法大大提高了本書的品質。欲了解有關本書進行過程的更多資訊請見序章，我們也列出為了這個專案付出時間心血的 205 名英雄的名字。

O7 本書中有許多註腳。為什麼這麼多？一方面，我們並不認為大家會從頭到尾看完這本書，因此我們希望強調不同章節之間的聯繫，以引導你閱讀可能感興趣的其他章節。另一方面，我們希望展示服務設計根植於廣泛的學術工作，涵蓋許多不同的專業領域。雖然這本書是給實務工作者的手冊，但我們仍想努力保持基本的學術標準。對於這樣的書，我們希望盡可能提及並引用原始文本，或在需要時提供延伸閱讀的例子。

這就是服務設計

編者／匯集者／作者／設計者

MARC STICKDORN
ADAM LAWRENCE
MARKUS HORMESS
JAKOB SCHNEIDER

譯者

吳佳欣

感謝世界各地服務設計
社群的熱心支援

O1
為什麼需要服務設計？

1.1 顧客想要什麼？ 3

1.2 組織面臨的挑戰 6

   1.2.1 高度自主的顧客 6

   1.2.2 組織的穀倉效應 7

   1.2.3 創新之必要 10

   1.2.4 組織都動起來了 11

1.3 為什麼需要服務設計？ 14

O2
什麼是服務設計？

2.1 定義服務設計 19

2.2 不同觀點 21

   2.2.1 服務設計是一種心態 21

   2.2.2 服務設計作為一種流程 21

   2.2.3 服務設計作為一種工具 21

   2.2.4 服務設計作為一種跨領域的語言 22

   2.2.5 服務設計作為一種管理手法 22

2.3 起源和進展 23

2.4 服務設計不是什麼 24

   2.4.1 不只是美感或「化個妝遮醜」 24

   2.4.2 不只是「客戶服務」 24

   2.4.3 不只是「服務補救」 24

2.5 重新檢視服務設計的原則 25

   2.5.1 起源 25

   2.5.2 新的原則 26

03
基本服務設計工具

3.1 研究資料 38

3.2 人物誌 41

3.3 旅程圖 44

    3.3.1 旅程圖的類型 50

    3.3.2 服務藍圖 54

3.4 系統圖 58

    3.4.1 利害關係人圖 59

    3.4.2 價值網絡圖 62

    3.4.3 生態系統圖 62

3.5 服務原型 65

    3.5.1 行動、互動、服務流程和經驗的原型 67

    3.5.2 實體物件的原型 70

    3.5.3 環境、空間和建物的原型 71

    3.5.4 數位物件和軟體的原型 72

    3.5.5 生態系統和（商業）價值的原型 74

3.6 商業模式圖 76

04
服務設計核心活動

4.1 探索設計服務的流程 83

4.2 設計流程裡的核心模式 85

    4.2.1 思考和實作的發散與收斂 85

    4.2.2 在用對的方式解決問題之前，確保這是對的問題 86

    4.2.3 所有設計流程的相同之處就是…都不一樣 88

4.3 TiSDD服務設計框架中的核心活動 91

O5
研究

5.1 服務設計研究的流程.................... 100

5.1.1 研究範疇與研究問題..................... 100

5.1.2 研究規劃 102

研究循環 102

樣本選擇 103

研究情境 104

樣本大小 104

5.1.3 資料收集 105

研究方法 107

方法三角檢測 107

資料三角檢測 108

研究員三角檢測 110

建立索引 110

5.1.4 資料視覺化、整合與分析 111

將資料視覺化 111

同儕審查與共創 113

將資料編碼 113

5.1.5 研究成果運用 114

5.2 資料收集的方法 117

桌上研究：初步研究 118

桌上研究：次級研究 119

自我民族誌手法：自傳式民族誌 119

自我民族誌手法：線上民族誌 120

參與式手法：參與式觀察 120

參與式手法：脈絡訪談 121

參與式手法：深度訪談 122

參與式手法：焦點團體 123

非參與式手法：非參與式觀察 123

非參與式手法：行動民族誌 124

非參與式手法：文化探針 124

共創工作坊：共創人物誌 125

共創工作坊：共創旅程圖 126

共創工作坊：共創系統圖 126

06
概念發想

5.3 資料視覺化、整合與分析的方法 127

建立一面研究牆 128

建立人物誌 128

建立旅程圖 129

建立系統圖 130

發展關鍵洞見 131

產出代辦任務的洞見 131

撰寫使用者故事 132

彙整研究報告 132

5.4 案例 134

5.4.1 案例：運用民族誌法，獲得可行的洞見.. 136

5.4.2 案例：在服務設計裡運用質化和量化
的研究 139

5.4.3 案例：發展並使用寶貴的人物誌 142

5.4.4 案例：用旅程圖描繪研究資料............ 146

5.4.5 案例：建立現況與未來旅程圖............ 149

6.1 點子 158

6.2 決策 160

6.3 概念發想的流程 163

6.3.1 規劃概念發想 163

6.3.2 產出點子 165

6.3.3 挑選點子 167

6.3.4 做紀錄 169

6.4 概念發想的方法 177

發想前：將大問題分解成小任務 177

發想前：用旅程圖發想點子 178

發想前：用系統圖發想點子 179

發想前：從洞見和使用者故事中提出「我們
該如何……？」發想主題......................... 179

產出許多點子：腦力激盪法和腦力接龍法 180

產出許多點子：10加10發想法 180

增加深度和廣度：肢體激盪法 181

增加深度和廣度：使用牌卡和檢核表 182

增加深度和廣度：用類比和聯想來發想 182

理解、分群並排名：章魚群集法 183

理解、分群並排名：三五分類法 184

理解、分群並排名：點子合集 185

理解、分群並排名：決策矩陣 185

減少選項：快速投票法 186

減少選項：肢體投票法 186

6.5 案例 188

6.5.1 案例：將設計工坊開放給你的顧客 190

6.5.2 案例：用混合方法共創 193

6.5.3 案例：站在紮實研究的基礎上 196

6.5.4 案例：用混合的方法發想 200

6.5.5 案例：用視覺物件激發創造力 203

07
原型測試

7.1 服務原型測試的流程 212

7.1.1 決定目的 212

用來探索的原型測試 212

用來評估的原型測試 213

用來溝通和展示的原型測試 213

7.1.2 決定原型測試要問的問題 214

7.1.3 評估要做些什麼 216

7.1.4 規劃原型測試 218

測試受眾 218

團隊中的角色 219

擬真度 220

原型測試的情境 221

原型測試的循環 223

多重追蹤 224

方法選擇 224

7.1.5 進行原型測試 226

7.1.6 資料整合與分析 228

7.1.7 將原型資料視像化 228

7.2 原型測試的方法..........................231

測試服務流程和經驗的原型：
調查性排練..........................232

測試服務流程和經驗的原型：
潛臺詞..........................232

測試服務流程和經驗的原型：
桌上演練..........................233

測試實體物件和環境的原型：
紙板原型測試..........................234

測試數位物件和軟體的原型：
數位服務排練..........................235

測試數位物件和軟體的原型：
紙上原型測試..........................235

測試數位物件和軟體的原型：
互動式點擊模型..........................236

測試數位物件和軟體的原型：
線框圖..........................236

測試生態系統和商業價值的原型：
服務廣告..........................237

測試生態系統和商業價值的原型：
桌上系統圖（又稱為：商業摺紙法）..........238

測試生態系統和商業價值的原型：
商業模式圖..........................239

一般方法：情緒板..........................239

一般方法：草圖..........................240

一般方法：綠野仙蹤法..........................240

7.3 案例..........................244

7.3.1 案例：透過最小可行解法和情境式模型
帶來有效的共創..........................246

7.3.2 案例：運用原型與共創來創造主導權，
以及設計師、專案團隊與員工之
間的密切合作..........................252

7.3.3 案例：讓員工和利害關係人都能做原型
測試，以持續翻新..........................256

7.3.4 案例：最小令人喜愛產品、實際生活原型、
與高擬真度程式碼草圖..........................259

7.3.5 案例：在大規模1：1原型中使用角色
扮演與模擬..........................262

7.3.6 案例：使用多面向原型來創造並迭代
修正商業和服務的模式..........................264

08
落實

8.1 從原型到服務開發 272

8.1.1 落實是什麼？ 272

8.1.2 規劃以人為本的落實 274

8.1.3 落實的四大領域 274

8.2 服務設計與變革管理 275

8.2.1 了解人們如何改變 275

8.2.2 了解什麼會改變 276

8.2.3 信念與情感 278

8.3 服務設計與軟體開發 280

8.3.1 基本要素 280

8.3.2 落實 283

8.4 服務設計與產品管理 289

8.5 服務設計與建築 298

8.5.1 第一階段：心態改變 299

8.5.2 第二階段：需求評估 300

8.5.3 第三階段：創造 301

8.5.4 第四階段：測試 301

8.5.5 第五階段：建造 302

8.5.6 第六階段：監控 303

8.5.7 另一方面：服務設計可以從建築專業裡
學到什麼？ 304

8.6 案例 306

8.6.1 案例：讓員工都有能力持續地落實
服務設計專案 308

8.6.2 案例：落實服務設計，創造銷售量的
經驗、動能和成果 313

8.6.3 案例：在軟體新創公司裡落實服務設計 .. 317

8.6.4 案例：透過試行和服務設計專案落實
來創造可量測的商業影響力 322

09
服務設計流程與管理

9.1 了解服務設計流程：快轉案例.........................330

9.2 規劃一套服務設計流程 337

   9.2.1 專案摘要：目的、範疇與脈絡................337

   9.2.2 初步研究 338

   9.2.3 專案團隊與利害關係人 339

   9.2.4 架構：專案、迭代及活動.......................343

   9.2.5 多重追蹤 352

   9.2.6 專案階段和里程碑 353

   9.2.7 產出和成果 355

   9.2.8 做紀錄 356

   9.2.9 編列預算 358

   9.2.10 心態、原則和風格 360

9.3 管理服務設計流程 361

   9.3.1 迭代規劃 361

   9.3.2 迭代管理 363

   9.3.3 迭代檢討 367

9.4 範例：流程範本....................................369

9.5 案例 376

   9.5.1 案例：創造可重複的流程，持續大規模
           對服務和體驗做改善 378

   9.5.2 案例：管理策略性設計專案 381

   9.5.3 案例：運用五日服務設計衝刺，創造一
           套共享的跨通路策略 384

10
主持工作坊

10.1 **主持的關鍵概念** 392

    10.1.1　取得認同 392

    10.1.2　主持人的狀態 393

    10.1.3　保持中立 393

10.2 **主持的風格和角色** 394

    10.2.1　扮演一個角色 394

    10.2.2　共同主持 395

    10.2.3　團隊成員可以擔任主持人嗎？ 396

10.3 **成功要素** 397

    10.3.1　建立團隊 397

    10.3.2　目的與期望 397

    10.3.3　規劃工作 398

    10.3.4　創造安心的空間 399

    10.3.5　團隊的工作模式 405

10.4 **關鍵主持手法** 407

    10.4.1　暖場 407

    10.4.2　場控 408

    10.4.3　空間 408

    10.4.4　工具和道具 409

    10.4.5　視覺化 410

    10.4.6　聰明便利貼工作術 410

    10.4.7　空間、距離、站的位置 411

    10.4.8　回饋 412

    10.4.9　改變位階狀態 413

    10.4.10　動手不動口 415

    10.4.11　主持人的養成 415

10.5 **方法** 416

    三腦合一暖場法 417

    色彩鍊暖場法 417

    「對，而且…」暖場法 418

    紅綠回饋法 418

10.6 **案例** 420

    10.6.1　案例：不熟悉的力量 422

    10.6.2　案例：轉向與聚焦 424

11
建立服務設計的舞臺

11.1 空間的類型 430

    11.1.1　行動解決方案：工具包、推車和
卡車 430

    11.1.2　暫時／遠距：快閃型 430

    11.1.3　暫時／公司內部：就地佔屋型 431

    11.1.4　永久／遠距：度假村型／營地型 432

    11.1.5　永久／內部：工作室型 432

11.2 建造空間 434

    11.2.1　空間 434

    11.2.2　牆 434

    11.2.3　空間區隔 435

    11.2.4　空間裡的聲音 437

    11.2.5　空間的彈性 437

    11.2.6　裝潢與傢俱 437

    11.2.7　與外界的連結 438

    11.2.8　科技的運用程度 438

    11.2.9　激發靈感的物件 438

    11.2.10　空間中的使用痕跡 439

    11.2.11　要展示流程嗎？ 439

11.3 究竟需不需要空間？ 441

11.4 案例 442

    11.4.1　案例：在大企業裡昭告天下 444

    11.4.2　案例：播下創新和變革的種子 447

12
讓服務設計深植組織

12.1 啟動 455

12.1.1　從小專案開始 456

12.1.2　確保管理階層買單 457

12.1.3　提升能見度 458

12.1.4　建立專業能力 458

12.1.5　多多嘗試 459

12.2 擴張 462

12.2.1　核心服務設計團隊 462

12.2.2　延伸專案團隊 462

12.2.3　取一個適合團隊文化的名字 463

12.2.4　與服務設計社群連結 464

12.3 建立熟練度 467

了解設計流程 467

以共創來領導 468

「自食其果」，使用自家的產品和服務 468

練習共感 468

不要侷限於量化統計和指標 468

降低對改變和失敗的恐懼 469

使用顧客導向的KPI 469

破壞自己的公司 469

讓設計變得具體有形 470

將服務設計帶入組織DNA 470

12.4 設計衝刺 473

12.5 案例 478

12.5.1　案例：將服務設計納入全國
　　　　中學課綱 480

12.5.2　案例：將服務設計引進政府公部門 . 484

12.5.3　案例：提高全國服務設計意識
　　　　和專業知識 487

12.5.4　案例：將服務設計整合到跨國
　　　　組織中 491

12.5.5　案例：透過服務設計創造顧客
　　　　導向的文化 495

12.5.6　案例：建立跨專案服務設計知識 499

更多線上資訊…

詳細了解所有方法的逐步說明

本書在**第五章：研究、第六章：概念發想、第七章：原型、以及第十章：主持工作坊**中介紹了的一些核心服務設計方法。

除了這些簡短的方法介紹，你還可以在本書網站上下載詳細的步驟說明，包括實用技巧、方法的變化型的一些例子。

注意這個圖示：

www.tisdd.com

序

寫在前頭：本書的前身

2010 年時，我們的《這就是服務設計思考！》（以下亦稱 #TiSDT）一書發表了十分先進的概念。那時，Marc 正在尋找完整的資源作為他服務設計的教材，但發現好像只能提供學生網路上的資訊和文章。因此，他決定與 Jakob 合作，自己創造這份教材。一開始我們也不知道結果會是一本書，但顯然這個案子一定要建立在一套真正的服務設計流程上－我們要能實踐所講授的內容。

因此，我們邀請了 23 位共同作者和 150 多位線上合作夥伴，建立了最完整的基礎知識、工具和案例研究。很快地我們發現，只有印刷品才能激發人們對標準參考的看法。更重要的是，《這就是服務設計思考！》向大家介紹了服務設計，並公開說明了服務設計一直是一個不斷發展的領域。

沒有人期待那本書會成為暢銷書，但讓人驚訝的是，它被翻譯成多國語言版本，還贏得了幾個設計獎項。從書出版的那一刻起，我們收到了上千則評價。相關社群給予了壓倒性的正面回應，但當然也有不少公正的批評，總結起來有三點：太零散、太學術、太理論。

本書存在的必要

你的心聲，我們聽到了。花了幾年的時間，我們終於完成了此系列的續集。更重要的是，我們很幸運地有兩位傑出的服務設計執行者 Adam 和 Markus 一起加入編寫的行列，讓我們能從思考來到實作的篇章。

我們的第一本書名為《這就是服務設計思考！》的原因之一就是希望能在社群中激發對話，讓大家討論我們究竟做的是服務設計、設計思考，還是其他－我們想撕下標籤。結果，這不但沒想像中成功，後來許多設計公司和設計部門甚至開始說，自己做的就是服務設計思考。我們是感到榮幸啦，但還是常拿這件事來開玩笑。

服務設計（設計思考、體驗設計、UX、CX 或任何說法）不僅僅是思考而已。基本上，設計是一種動手做的行為。我們從 #TiSDT 獲得的回饋常常強調，本書最棒的部分是第二部分：服務設計工具包。我們將在書裡，更進一步深入這個工具包的概念。

《這就是服務設計！》是一本服務設計手冊，它是一套工具包、一套方法說明，也是一份附有豐富案例和範例的操作指南，清楚地向讀者說明如何運用這些方法來釐清各種資訊。這本書適合「實務工作者」閱讀，幫助你改善顧客體驗、員工體驗，以及組織中連結各利害關係人的系統。

本書提供了豐富的理論和實例來解釋為什麼這些手法實際可行，並說明如何將其深植組織內，幫助你與商業和設計兩個領域的團隊一起實作。

你手中的這本書聚焦在開始和進行服務設計行動的大方向上，以及引導專案和空間上的細節描述。內容涵蓋的許多方法和工具，像是從視覺化工具到具體的研究、概念發想或原型設計等方法都已是眾所皆知，或者已出現在不少書籍和線上資源中。與其針對這些「商品」收費，我們決定將方法和工具盡量描述清楚，增加了許多專家訣竅，並在線上免費開放。請至 *www.thisisservicedesigndoing.com* [01] 下載這些內容，與團隊共用。

我們口中的服務設計，在其他組織裡常有別的說法。這本書的重點不在名稱標籤，而是如何把事做好，為員工、顧客、民眾以及我們所有人帶來影響。

適讀對象

本書適合所有對顧客體驗、創新和共創感興趣的讀者。這麼說吧，如果你拿起了這本書，它可能就適合你。也許你身處一個試著為顧客（或民眾、員工）著想的組織，希望創造出更好、受人喜愛且具有話題性的新產品。也許組織想用內部成員和外部利害關係人都能理解的「語言」和工具，來讓分散的彼此重新連結，讓合作更順暢。

也許你希望執行、領導或參與團隊共創活動，讓人們更有效且愉快地共事。

也許你有聽過「服務設計思考」或類似的字眼，想要更了解它，以及為什麼有效。或者你已經有了一些相關知識，現在需要「連連看」，從簡單的工具使用連到成功的專案和策略。也許你本已是一位專業的設計師或顧問，希望增加一些知識，或找一些可用於專案的素材。

關於我們

我們（Marc 和 Jakob）是《這就是服務設計思考！》的編者，從 2008 年起就不斷在此領域探索、執行設計工作、設計顧問、教學與演說。經過多年

01 或 *www.tisdd.com*。

的共事，我們成立了 Smaply 和 ExperienceFellow 兩家服務設計公司。能和 WorkPlayExperience 的 Adam Lawrence 與 Markus Hormess 合作真是再開心不過了。WorkPlayExperience 是服務設計盛事 Global Service Jam 的發起者，他們的座右銘正是「動手，不動口。」

2013 年，Marc、Adam 和 Markus 開設了一系列高階主管學程，名稱就叫做「這就是服務設計」。從那時起，已經有數百名來自世界各地、各類組織的人們參與其中，而與（未來）服務設計師的討論大大影響了本書的內容。學程中產出了一部共創的講義草稿，也是我們編寫 #TiSDT 續集的靈感來源。

誰能寫這種書？

2014 年，我們在討論編寫 #TiSDT 續集的計劃時，我們再次捫心自問：什麼樣的人才能寫這樣一本書？誰能決定書中應該（或不應該）涵蓋哪些工具和方法？我們得出了與 2009 年編寫 #TiSDT 時相同的結論：不該是我們，而是全球

我們邀請了 200 多位審查人員作為服務設計社群的代表，並囊括設計顧問公司、公司內部設計部門的案例，以及知名服務設計專家和社群外部人士的意見。

服務設計的社群。我們只能給建議、撰寫草稿、宣傳、分別讓不同族群的人們審閱，並撰寫部分內容。因此，應該是由社群本身來決定本書要涵蓋什麼內容。我們決定用與編寫 #TiSDT 一樣的方式，和整個社群共創 #TiSDD。很幸運地，我們找到一家願意支持我們的出版商歐萊禮，協助將這個與社群共同編寫書籍的想法實現。

如何共創一本書

本書的內容經過了多次的編寫、回饋和改寫，它的前身是我們「這就是服務設計」高階主管學程中一份共創的講義。三年裡，超過 200 名參與者幫忙審閱，將自己的想法加入草稿中，並在真實世界的專案裡試用，不斷改進與驗證，就這樣，初稿終於誕生了。

根據這份初稿，我們勾勒出書的內容，並規劃了一套共創策略，展開一系列內容募集和共創活動。我們邀請來自不同領域、不同國家的服務設計師提供案例，說明這些工具和方法是如何具體被應用在場域中。我們也透過臨時網站 *tisdd.rocks* 向廣大的服務設計社群公開徵求合作夥伴。不到一個小時，就有 200 人自願幫忙審閱總共 12 章的草稿。我們進行了深入的討論和許多刪修，往前更進了一步。

歐萊禮出版社以電子書的形式發表了本書的預先釋出版本，部分章節從 2016 年初即可被下載，我們也從歐萊禮的官網、電子郵件和 *tisdd.rocks* 網站陸續收到不少回饋。我們將最終版書稿寄給服務設計社群的專家，請大家對選定的章節提供意見、撰寫評論、小訣竅或任何反面的想法，這些意見大部分都與署名一起刊登在書中。最後，我們邀請了 10 位審稿人從頭到尾閱讀整篇手稿，檢討各部分的搭配是否合宜。

總而言之，我們試著實踐我們所提倡的觀念，並採用迭代、共創、以「讀者」為中心的設計方法來創作這本書。正如各位所知，這樣的過程其實非常耗時且難以計劃，在途中，我們錯過了好幾個死線，還不得不推遲幾次出版日期。幸運的是，我們擁有一位相信這些想法並一路支持我們的出版社。我們想，**即使到了現在，這本書也還沒真正「完成」。這只是一個開始。這只是稍微沒那麼糟的第一版而已啦……**

— 作者群 *Marc*、*Adam*、*Markus*、*Jakob*

Illustration: Mauro Rego

時程表：我們如何共創這本書

上海
2014 年 9 月

與歐萊禮簽訂出版合約
2015 年 4 月 1 日

柏林
2013 年 7 月

阿姆斯特丹
2014 年 1 月

巴賽隆納
2014 年 7 月

亞特蘭大
2014 年 10 月

阿姆斯特丹
2015 年 4 月

里約熱內
2015 年

2013　　2014　　2015

尋找出版社
2014 年 10 月
至 2015 年 4 月

TISDD 主管學程
與大約 200 位課程參與者一起構建共創的腳本，迭代每個課程的內容和結構。

**撰寫章節初稿、準備設計樣板、
收集案例研究**
2015 年 4 月至 2016 年 3 月

合作者：本書的共創夥伴

我們想要感謝以下兩百多位的義務審稿人，幫助我們一起完成了這本書。你們超棒！

Adam Cochrane, Adriana Ojeda, Agnieszka Mróz, Ahmad Heshmat, Aimee Tasker, Alexander Staufer, Amy Barron, Ana Luis, Ana Osredkar, André Diniz de Moraes, Andreas Conradi, Andreas Kupfer, Anna Pfeifer, Anne Sofie Laursen, Ariane Fricke, Arthur Yeh, Barbara Niederschick, Beatriz Ricci, Belinda Garfath, Bengi Turgan, Brandon Ward, Bree Miller, Brian Clark, Camilla Bengtsson, Carlos Martinez, Carola Verschoor, Carolina López Tomás, Caroline Gagnon, Charles Woolnough, Chris Ferguson, Chris Roth, Christian Bessembinders, Christof Zürn, Claudia Brückner, Claudio Stivala, Clizia Welker, Daragh Henchy, Dariusz Paczewski, David Hernandez, Dennis Flood, Diego Passos, Diogo Rebelo, Dmitry Zenin, Do Hyeung Kim, Eerikki Mikkola, Elena Bernia, Elena Klepikova, Elizabeth Kimball, Eric Horster, Erik Flowers, Fabián Longhitano, Fabian Segelström, Felipe Montegu, Ferdinand Grah, Filipa Silva, Florian Egger, Francis Szilard Szakacs, Frank Danzinger, Fred Zimny, Frederic Dimanche, Gabriel Jiménez Andreu, Gerry Scullion, Graham Hill, Grete Haukelid, Guillaume Py, Hadas Arazi, Hajj Flemings, Henriette Søgaard Clausen, Ieva Prodniece, Ileana Manera, Ingrid Burkett, Irena Korcz, Iryna Prus, Ivan Boscariol, Izabela Piotrowska, Jaap Daalhuizen, Jane Vita, Jason Grant, Jens Wiemann, Jia Liang Wong, Jody Parra, Josef Winkler, Joseph McCarthy, Joumana Mattar, Juan David Martin, Juan Gasca, Juha Kronqvist, Julio Boaventura Jr, Kaja Misvær Kistorp, Karin Lycke, Katharina Ehrenmüller, Katharina Rainer, Kathryn Grace, Katrin Mathis, Kelsea Ballantyne, Kitjakaan Chuaychoowong, Kristin Low, Laura Mata García, Lennard Hulsbos, Leon Jacobs, Leonides Delgado,

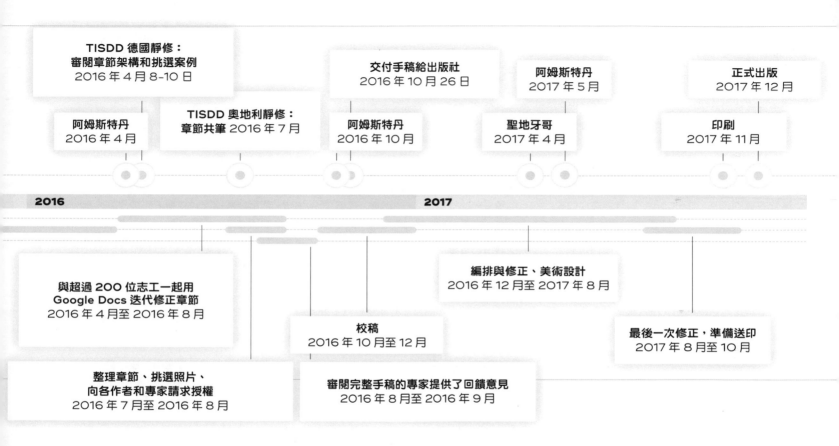

TISDD 德國靜修：
審閱章節架構和挑選案例
2016 年 4 月 8-10 日

阿姆斯特丹
2016 年 4 月

TISDD 奧地利靜修：
章節共筆 2016 年 7 月

交付手稿給出版社
2016 年 10 月 26 日

阿姆斯特丹
2016 年 10 月

阿姆斯特丹
2017 年 5 月

聖地牙哥
2017 年 4 月

正式出版
2017 年 12 月

印刷
2017 年 11 月

2016　　**2017**

與超過 200 位志工一起用
Google Docs 迭代修正章節
2016 年 4 月至 2016 年 8 月

編排與修正、美術設計
2016 年 12 月至 2017 年 8 月

校稿
2016 年 10 月至 12 月

最後一次修正，準備送印
2017 年 8 月至 10 月

整理章節、挑選照片、
向各作者和專家請求授權
2016 年 7 月至 2016 年 8 月

審閱完整手稿的專家提供了回饋意見
2016 年 8 月至 2016 年 9 月

Lina Arias, Lindsay Tingström, Linus Schaaf, Lisa Gately, Lucas Freed, Luis Francisco López, Luis Miguel Garrigós Escobar, Lukasz Foks, Luke McKinney, Lysa Morrison, Mai Saito, Manuel Grassler, Manuela Boaventura, Manuela Procopio, Marcin Nieweglowski, Marco Di Norcia, Marianne Brierley, Mariusz Muraszko, Mark Cameron, Mark Goddard, Marlies Deforche, Marta Grochowska, Martha Valenta, Martin Heider, Martin Hrdlicka, Masaaki Nagao, Massimo Curatella, Matt Edgar, Maurice Vroman, Mauricio Manhaes, Mauro Rego, Max Niederschick, Megan Miller, Michael Darius, Michael Kacprzak, Mikael Seppälä, Mike Laurie, Mikkel Hansen, Mikko Väätäinen, Monica Puoli, Monica Ray Scott, Morten Skovvang, Natasche Padialli, Nathan Lucy, Nicola Giacchè, Nicolaas Bijvoet, Niels Corsten, Niels Verhart, Nurit Millo, Owen Hodda, Pablo Álvarez, Patricia Stark, Patti Hunt, Paul Flood, Pedro Moreira da Silva, Peesasadech Pechnoi, Peter Jaensch, Peter Jordan, Phillippa Rose, Primoz Mahne, Rafael Poiate, Ren Chang Soo, Ricardo Stucchi, Riccardo Ghignoni, Richard McMurray, Richard Tom, Richard Turner, Ron Bronson, Ross Robinson, Rui Quinta, Rupert Tebb, Seong-Eun Lee, Shahla Khan, Shaun Rolls, Simon Roberts, Sophie Buergin, Stefan Holmlid, Stefan Moritz, Stephan Pühler, Tadjine Nadim, Tenna Doktor Olsen Tvedebrink, Tero Marin, Tero Väänänen, Teun den Dekker, Thomas Sprangers, Tiago Nunes, Tiina Maria Honkanen, Tim Smith, Tiziano Luccarelli, Tomas Vergara, Trevor Jurgens, Tuan Huynh, Ulf Hücker, Valeria Adani, Valeria Grauso, Veronica Fossa, Vicky Tiegelkamp, Wilbert Baan, William Bakker, William Green, William Spiga, Yolanda Ladia, Yosef Shuman, Zuzanna Ostafin

合作夥伴：大家參與的原因

我們詢問審稿人為什麼他們願意投入時間和能源來幫助我們完成這本書。以下是一些參與的理由：

▷ 我覺得服務設計超棒。也喜歡參與服務設計案，獲得洞見的過程、之中的對話、以及可以實現的結果。

▷ 希望能在一個團隊中，與我的學習對象共事，也許也有機會為別人帶來啟發，同時分享這本書的知識。Saludos! 來自哥倫比亞的問候。

▷ 我喜歡服務設計的無窮潛力。像是如何透過大大小小的方式改變世界。我認為這本書非常重要，所以很樂意幫忙一起形塑內容。

▷ 我覺得這些方法能幫助人類卓越地發展。

▷ 如果我們鼓吹在設計中共創，那我們不是都應該直接演練一次嗎？（也很有趣啊！）

▷ TISDT（《這就是服務設計思考！》）是服務設計發展傳播的基礎，也在我的工作上幫了很大的忙。我很榮幸能夠參與審稿，讓服務設計應用到實作中，對整個社群帶來貢獻。如果能在服務設計的實作幫上忙，何樂而不為呢？

▷ 我把《這就是服務設計思考！》當作服務設計的聖經，它真的幫助我理解了服務設計這個信仰。現在我不想錯過這本「新約」作出貢獻的機會 :)

▷ 我希望能貢獻一下近期在日本進行的專案。

▷ 作為這個領域的相對新人，我可以為讀者提供第一次了解服務設計的觀點。當然自己對這本書也很好奇啦！

▷ 作為 Global Service Jam 的一員當然要幫忙啦！這本書可以幫助公司以服務設計的方向發展。

▷ 因為俄羅斯的服務設計人也希望能為這本優秀的書做出貢獻。

▷ 我正在米蘭比可卡大學攻讀博士學位，探索以工作場域創新為目的的設計原則和服務設計工具。在組織中發展設計能量是我主要的研究議題。

▷ 想和強者共事並幫助服務設計社群。

▷ 我算是後來皈依的…做了三十年的開發者，過去八年間，我才了解到設計和把東西變漂亮其實沒什麼太大的關係。

▷ 我很開心能有這個機會為您的大作提供微薄的貢獻 :)。我對這本書非常好奇，如果能夠成為第一眼看到的人就太好了。

▷ 因為我他 X 的一定是這本書的使用者，為什麼不他 X 的也來貢獻一下呢？:) 而且我也有些在服務設計 + Scrum（本身也是 Scrum Master 喔）+ 公司服務設計部門的相關經驗。你說呢！！

▷ 因為《這就是服務設計思考！》非常棒，昨天我聽了 Donald Norman 的 UX podcast〈打破數位媒體的穀倉效應！（Breaking down digital media silos!）〉，他也正好談到了「服務設計實作」。

▷ 我正處於職涯轉換期，將自己投入到服務設計的世界，透過閱讀（《這就是服務設計》系列）以及實作來學習。家人也跟著我一起從美國搬到倫敦，為了更接近服務設計社群。

▷ 您的第一本書讓我認識了服務設計，後續的所有內容都蠻棒的。所以，我想至少能幫忙審閱第二本。誰知道會怎麼樣呢！P.S. 這也是我的榮幸啊。

▷ 我相信服務設計是全面性設計手法的當下與未來，也對大多數我們面臨的問題相當有用。TISDT 幫助我掌握了這一點，並讓我開啟了實踐服務設計專業的道路。因此，我很樂意提供這本新書一些意見。

▷ 我為小型企業提供創新顧問服務，每天都在尋找新的想法和更好的做法來協助顧客。

▷ 第一本書很棒，幫助我理解服務設計的力量。作為回饋，我想要與大家合作這本續集。

▷ 我非常希望能在亞洲推廣服務設計。

▷ 目前我在亞洲經營兩家服務設計公司,因此想代表我們這個地區,提供不同的觀點。

▷ 因為我每天都在進行設計思考和服務設計的流程。因此,我相信我有些東西可以貢獻,同時也希望透過閱讀,獲得一些新想法和靈感。

▷ 這本書對實務工作者以及想要更多地了解這個專業、手法和方法的人是真正有用的,我希望能為這樣的著作提供一些貢獻。

▷ 我非常期待用這本書為基礎,推動服務設計領域的發展。

▷ 我在公部門和公司領域做了幾年的服務設計,傳遞概念、收集實務經驗。我希望能把實務經驗貢獻給這本書。

▷ 我希望縮小理論與實務之間的落差,以教學和清晰的方式傳達實務。

▷ 一般來說,研究在 B2B 業態中並不常見。但也正因缺乏創新,反而開闢了新的出路 – B2B 業態發現設計研究不僅是對觀點的改變,也是企業文化變革的機會。

▷ 我是一名創新顧問,背景與「典型的服務設計人」完全不同。個人的背景是經濟學／市場行銷／策略相關,但我相信將設計思考與傳統商業策略相互結合的力量。

▷ 我對服務設計充滿熱情,捧著前一本《這就是服務設計思考!》當作祕笈入行,現在的工作是為市府、醫院和公司落實服務設計專案,所以很希望能對下一本書做些什麼。

▷ 我對服務的設計充滿熱情。希望能讓更多人有機會接觸服務設計的方法和工具。

▷ 第一本書我們手邊就有好幾本,我在公部門裡做服務設計很多年了。若能參與其中一定很棒,我也相信我可以有所貢獻。

▷ 在過去的幾年間,我一直在嘗試將服務設計原則應用到大型組織中,但我對第一本《這就是服務設計思考!》缺乏真實的實務建議感到有些失望,並希望能夠在下一本書中確保一定要把這些涵蓋進去。

▷ 我是《這就是服務設計思考!》的讀者,很高興自己能為續集做出貢獻。我在 2015 年紐約的 SDGC 服務設計全球研討會上見過你們,第一次聽到續集的消息時,就已迫不及待想要閱讀了。

▷ 我是一名服務設計從業人員,非常喜歡實作而不只是抽象思考。我相信服務設計是實務的專業,真正有助於解決其他專業無法解決的問題。我也很喜歡第一本書 :)

▷ 我相信協作是改善和分享經驗的最佳方式。TISDT(《這就是服務設計思考!》)是我在工作中常提到的一本書,能參與新章節共筆會是一次很棒的經歷。

▷ 我希望能幫忙提供身為大型企業的經驗,我如何看待這些內容的整合。

▷ 我是公司研發部門的管理者,在工作中運用精實創業、設計思考和服務設計。個人有在企業環境中引入這些方法的實務經驗,在執行時也看過一些好的模式和陷阱。

▷ 實作才是難的啊!

▷ 我擁有約 18 年的設計和開發經驗。過去 8 年則是都在接觸服務設計,所以有蠻多服務設計實戰的洞見。當然,我對(生態)系統思考的工具特別感興趣。

▷ 我一直想將服務設計往下一階段推進,並使它真正成為企業營運的一部分。

▷ 我對目前市面上的書都不太滿意。另外也想帶進在巴西和紐約公共服務設計的經驗!

▷ 因為我是哥倫比亞政府公共創新團隊的一員。我們將服務設計作為核心方法,也必須面對公部門內外的複雜挑戰。

▷ 我們的目標是在以色列推廣這個產業,將概念深植企業、並透過設計思考協助組織發展更完善的服務策略。

▷ TiSDD(《這就是服務設計!》)課程不僅改變了我對目前公司一些重要專案的看法,也改變了我在職業生涯中想要做的事情。我相信 TiSDD 會是行銷人員和內容策略師的絕佳參考。

▷ 期待這本書一段時間了。很願意為您提供一些支持。

▷ 想成為未來的一份子。

▷ 我的任務是輔導 10 億人參與設計思考。

▷ 繼續革命吧!加油!

01
為什麼需要服務設計？

從體驗開始，打破穀倉、動手做的創新－
為什麼組織要導入服務設計。

專家意見 ————————————————————————————

Chris Ferguson   Jeff McGrath   Lauren Currie   Mauricio Manhães

O1
為什麼需要服務設計？

1.1 顧客想要什麼？ 3

1.2 組織面臨的挑戰 6

    1.2.1 高度自主的顧客 6

    1.2.2 組織的穀倉效應 7

    1.2.3 創新之必要 10

    1.2.4 組織都動起來了 11

1.3 為什麼需要服務設計？ 14

本章也包括

服務？產品？經驗？　5

聯合航空砸爛了我的吉他　9

為什麼我選擇了服務設計　12

1.1 顧客[01]想要什麼？

小時候，你應該有玩過一個叫傳禮物（Pass the Parcel）的遊戲。在派對開始前，大家會把一個神秘禮物用包裝紙包起來，一直包到完全無法從外表猜出是什麼。玩遊戲的小朋友會一層一層拆開，急著想要拿到裡面的禮物。

組織提供給我們的產品、實體和數位服務[02]，也差不多是這樣包起來的。最外層的包裝是我們接觸到的行為、態度，和人員的語氣（或介面）。下來一層是服務主軸和系統專業，由人或系統對產品、服務和其運作的知識所構成。然後，是一層人員執行的流程，例如，銷售或退款的流程。接著，是組織經營的系統和工具，像是物流系統、帳款、銷售據點系統等。中間的核心之處才是產品與服務本身，例如，電信合約或一雙球鞋。

顧客就像玩傳禮物遊戲的小孩**一定要穿過層層的包裝，才能獲得中間的「禮物」。而這些外在包裝，構成了我們的經驗**。愛理不理的員工、資訊錯誤的員工、老舊的流程、和笨拙的系統都會讓人在購買或互動時感到不滿意，也會降低產品與服務的價值。

產品與服務的體驗是由顧客對行為、專業度、流程、系統和工具的感受所過濾而成的。顧客只能由外而內，揭開一層層的面紗來感受我們提供的解決方案[03]。

01 本書中，我們會用「顧客」一詞統稱接收我們所產出價值的人們。在你的工作領域中，可能稱他們為「客戶」、「使用者」、「同事」、「民眾」、「利害關係人」、或「老闆」。有時一定要分清楚，例如，B2B 情況裡，直接與產品服務互動的「使用者」，就跟購買的「顧客」有明顯的區隔。詳細資訊見 3.4 節中的**利害關係人術語**文字框。

02「產品」一詞意指公司所開發、提供的產物，無論實體與否。在學術界，產品被區分為物品和服務，但產品往往是服務和實體／數位產品的組合，而「物品」在口語上則泛指實體的東西，因此，我們選擇了實體／數位產品的說法。詳細資訊請參照 2.5 節中的**服務設計與服務主導邏輯：天作之合**文字框。

03 此六階模型是作者從 Swisscom 的五步驟模型借用來的。見 Oberholzer, G. (2011, May 05). " Customer Experience – wie vermittle ich das meinen Mitarbeitenden? – CEN-Xchange Mai," 見 *https://stimmt.ch*。

顧客體驗

行為

相關專業

流程

系統與工具

產品與服務

一直以來，公司組織都將重心放在核心產品與服務的內容，最多顧及裡面能讓其運作的那幾層。大家都專注於技術和營運的精進，一定要「一次到位」。對於企業組織來說，就是要把最基本的細節做好，像一間下重本在研發新菜單的漢堡店一樣。或是努力提升業務量，像銀行一樣不斷試著展現可信賴的形象，告訴大家，我們能解決你的問題、滿足你的需求！

但是，核心的產品與服務，真的是顧客在意的嗎？ 在一個研究中，研究員詢問了上千位病人，是什麼因素影響住院滿意與否[04]。我們可能直接會認為成功治好疾病的「醫療成果」對病人來說應該是最重要的事之一，畢竟「治療」本來就是醫院的關鍵價值主張，也是人們去醫院的原因。但在研究裡，前 15 個滿意因素中，沒有一項跟病人住院時是否變得更健康有關，反而多是跟人員的互動，包括資訊取得、客訴處理、有同理心且親切有禮的照護人員、讓病人參與醫療決策、友善的環境、以及照護團隊態度良好等有關。

當然，如果醫療的成果不佳，情境也許有所不同，當生病變得更嚴重，醫療的比重就會顯得更重要。但除此之外，看起來醫院的核心能力「治療」，是被病人視為理所當然的[05]。因此，這概念放到別的情況下也不難想像，旅客不會特別說住的飯店有門、有窗戶或床，沒有的話才會講。公司的財務長不會特別看會計的數學能力，除非錢少了，而通常到了這個程度已經是個大問題。但一般來說，顧客是用其他因素來幫組織打分數的。

因此，比起新口味漢堡，漢堡店的顧客通常更在意服務生親切的招呼。銀行的客戶則更擔心遇到很差的網銀登入流程，而不是相不相信銀行本身[06]。顧客似乎受到核心產品與服務的影響比其他外層的經驗來得低，那麼，組織該怎麼更了解顧客在乎的價值，並運用這些理解，有系統地把經驗變得更好呢？

---

05 這類現象從 1960 年代開始就已有大量記錄和研究，例如：Herzberg's theory on motivators and hygiene factors: hygiene factors only contribute to dissatisfaction if they are missing, but do not contribute to satisfaction if they are present, while motivators contribute to satisfaction if hygiene factors are fulfilled. 來源：Herzberg, F. (1964). "The Motivation-Hygiene Concept and Problems of Manpower." *Personnel Administration*, 27, 3–7. 亦見 6.3 節中的**狩野模型**（*Kano model*）文字框。

04 Frampton S., Gilpin L., & Charmel P., eds. (2003). "National Patient Satisfaction Data for 2003." 見 *Putting Patients First: Designing and Practicing Patient-Centered Care*. San Francisco, CA: Jossey-Bass。

06 漢堡和銀行的例子見 Tincher, J. (2012, May 31). "The First Key to Creating a Great Customer-Inspired Experience," 見 *https://heartofthecustomer.com*。

服務？產品？經驗？

本書的標題有「服務」兩個字，但我們前幾段談的是漢堡、球鞋。這些算是服務嗎？很多人大張旗鼓地討論服務和物品（通常也稱「產品」）的差異，和兩者的分野究竟在哪裡。

「只要是公司提供的，就是我們的產品。」「有形東西才叫產品。」各有各的說法，還有不少迴避這些討論的手法。服務主導邏輯 O7 則表示，實體商品只是服務提供的一種

經銷機制，甚至被稱為「服務的化身（service avatars）」。待辦任務（jobs-to-be-done）手法中，認為顧客「雇用」一個產品或服務來完成某個任務 O8。在眾多討論之中，還包含了更多關於服務與產品情感面、理性面、和功能面的問題。

在本書中，「產品」這個字指的是公司提供的，無論實體與否的任何事物。為了避免混淆，我們在此不著墨「商品與服務」，而是談「實體和數位產品」，以及我們稱為「服務」的產品。

這些用語討論的共通點是－顧客真的什麼也不在乎。大家付了錢（或花了時間、注意力，或交換認為有價值的東西，像是提供資訊、投票或給予允許），希望組織和他們一起創造價值，提供協助、解決問題或實現目標。同時，人們還想要組織提供達到或超乎期望的經驗，不但要符合生活脈絡，更要符合情感需求。◂

O7 見 2.5 節中的**服務主導邏輯**文字框。亦見 Vargo,S.L.,& Lusch, R. F. (2004). "Evolving to a New Dominant Logic for Marketing." *Journal of Marketing*, 68(1), 1-17。

O8 見 Christensen, C. M., Anthony, S. D., Berstell, G., & Nitterhouse, D. (2007). "Finding the Right Job for Your Product." *MIT Sloan Management Review*, 48(3), 38。

1.2 組織面臨的挑戰

1.2.1 高度自主的顧客

數位革命讓顧客對好經驗的需求更加強烈。以前人們只能被迫使用生活周遭可及或報紙上看到的產品與服務，如今有了大量的選擇。的確，**現在從地球另一端買個東西可能還比去鄰近縣市買要來得容易。** 顧客獲得資訊或購買的通路很多，即使是向同一個賣家買，人們也會依照自己的方便選擇不同的購買通路。大家能獲得許多比價、來源、可信評價等資訊，還有更多資訊螢幕一滑就能得到。

社群放大了這樣的改變，顧客們也抓住機會向成千上萬的人們分享經驗。線上的互動與討論重新形塑公司的樣貌 09，因為比起昂貴的廣告活動，使用者更相信他人的意見。即使是受社群影響較低的 B2B 服務，口耳相傳（word of mouth, WOM）仍然扮演著同樣的角色，員工或顧客的推薦，往往是最有效的業績推手 10。無論數字怎麼說，我們都知道，當一個企業組織搞砸了某件事時，全世界都會知道，而且大家都一定會相信自己聽到的。

許多研究都指出，顧客體驗在服務的基礎上相當重要。早在 2009 年時就已發現，糟糕的顧客體驗在美國本地帶來了 $830 億美元的企業損失 11。把顧客體驗做到位的公司則在市場上異軍突起 12，更容易被顧客推薦，也帶來回頭客 13，同時，顧客也願意為了真正的好經驗付出更多金錢 14。

既然關注顧客體驗如此重要，但為什麼這麼多組織都做錯了呢？企業組織裡明明這麼多聰明優秀的人，卻還是常常讓顧客感到生氣、困惑、失

---

09 已經在 1999 年 *The Cluetrain Manifesto* 中被提出。見 Levine, R., Locke, C., Searls, D., & Weinberger, D. (2010). *The Cluetrain Manifesto*. Basic Books。

10 Implisit, reported for example in eMarketer. "Referrals Fuel Highest B2B Conversion Rates." (2015, February 10) 見 *https://www.emarketer.com*。

11 見 " The Cost of Poor Customer Service: The Economic Impact of the Customer Experience and Engagement in 16 Key Economies" (September 2009) Genesys, e.g., 見 *www.ancoralearning.com. au*。

12 見 Watermark (2015). " The Customer Experience ROI Study." 取自 *http://www.watermarkconsult. net/docs/Watermark-Customer-Experience-ROI-Study.pdf*。

13 見 Temkin Group (2012). " The ROI of Customer Experience." 取自 *https://temkingroup.com/ research- reports/the-roi-of-customer-experience/*。

14 例如 RightNow/Oracle (2011). "Customer Experience Impact Report." 取自 *www.oracle.com*。

15 研究結果提出了顧客對商業行為失去信心的結論。為什麼？「許多行銷人員應該承認，在他們內心深處，消費者永遠不是最重要的」。在他們的《Marketing 3.0》一書中，Philip Kotler 等人描述行銷的發展，從產品導向（1.0）到以顧客為中心（2.0）到以人為中心（3.0，後來還包括 4.0 以涵蓋顧客旅程的各個面向）。這包括產品管理將從「4P（產品、價格、地點、促銷）」轉變為「共創」。（來源：Kotler, P., Kartajaya, H., & Setiawan, I. (2010). Marketing 3.0: From Products to Customers to the Human Spirit. John Wiley & Sons, p.31）。

望，無法讓人感到驚艷 [15]。原因之一是企業組成的模式。

💬 專家意見

「商業工具和方法強調商品的標準化和可擴展性，並透過大眾媒體管道與人們連結。這種方法對於顧客體驗的理解和影響很有限。」

— Chris Ferguson

💬 專家意見

「開會是當今公司中最痛苦也是被低估的問題之一。在這個背景下，設計導向的手法雖尋常，卻也是非常不簡單的。這樣一來，你的想法再也不會在會議裡胎死腹中了。」

— Lauren Currie

1.2.2 組織的穀倉效應

自工業革命以來，經過泰勒主義（Taylorism） [16] 和全面品質管理（Total Quality Management, TQM） [17] 等運動，企業組織始終強調著卓越營運和效率。企業用營運的流程理解各種活動，並追求個別步驟的優化（通常是成本考量），畢竟成本和效率是相當簡單的概念，提供了管理上的便利。整個組織的各單位（我們稱之為「穀倉」）是根據適合公司的運作功能所架構的，也具備了完整的工具，在穀倉內了解、追蹤、並管理以及優化這些功能，只不過是以公司的角度進行，而非顧客的角度。有時，除了基本產品服務，以及提供核心價值的必要流程之外的事都被認為是多餘的開銷，或只被視為「軟因素（soft factor）」而被精簡、去掉，或最多交由廣告或人資部門這類「軟因素專家」來處理。

16　泰勒主義，或科學管理，是 20 世紀初的生產效率方法論。它是將工作劃分為最小有意義的子分群，每個子分群都可以進行測量和優化，以確保工人完美的工作流程。

17　全面品質管理是 1980 年代和 1990 年代最著名的商業方法。它試圖透過回饋循環和工作流程的系統分析來不斷提高產品和服務的品質。

因此，這些組織的穀倉效應在經驗的許多層面上被反映出來，並分別由不同的團隊處理。例如，當購買運動鞋時，提供商品建議的流程是業務部門設計的，而銷售人員的應對技巧和專業知識則是 HR 訓練的。銷售人員會使用 IT 部門開發的銷售和庫存系統，解釋由法務制定的退貨程序，最後賣給我一雙由研發部門設計或由採購引進的鞋款。當我與這家公司的關係變得更長遠，有更多的穀倉部門參與其中時，情況就會變得更加錯綜複雜。

大家都擅長自己的工作，在各自穀倉中的工作年年都變得更有效率，部門合作的呼籲和努力一點也沒少，但還是讓無助的顧客在部門之間來來回回。這究竟是如何發生的？不同子組織中的人們對事情的重要度觀點不同，他們有自己衡量成功的標準，也有自己的 KPI。有一些如流程圖這類工具，可以顯示不同部門對流程的貢獻，但這些工具通常只包括對部分流程所必需的顧客，甚至完全排除顧客本身。流程圖可以用來促進穀倉之間的有效合作，但無法了解對消費者的影響。甚至是「顧客聲音（Voice of the Customer，VOC）」圖表和引述也經常被分享地太過頭，以致於失去了所有的脈絡，真正的顧客需求也被大家遺忘。更重要的是，顧客旅程中有許多對顧客很重要的事，在傳統流程視覺化圖表裡根本不會被顯示出來。這些旅程中不受組織直接影響的部

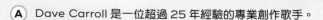

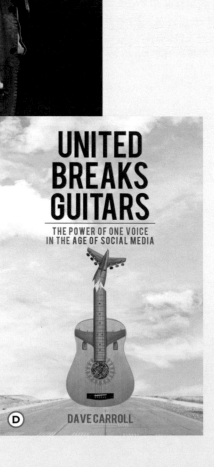

(A) Dave Carroll 是一位超過 25 年經驗的專業創作歌手。

(B) 他的「聯合航空砸爛了我的吉他」YouTube 影片，經常被用來作為一個顧客對品牌
的影響的例子。

(C) Dave 目前定期在國際研討會上演講。

(D) Dave 的書《聯合航空砸爛了我的吉他》[18]。

聯合航空砸爛了我的吉他

作者：*DAVE CARROLL*

我身為專業創作歌手已經超過 25 年了。2008 年 3 月 31 日那天，我和我們的團 Sons of Maxwell 一起前往內布拉斯加州。在芝加哥轉機時，有一名乘客看著窗外喊著：「我的天啊，他們把吉他丟在地上。」後來發現，我的 3,500 美元泰勒吉他已經嚴重損壞，開啟了我與聯合航空公司一段令人沮喪的顧客服務迷宮。九個月後，我被告知，因為我沒有在 24 小時內提出索賠，而是等了五、六天，因此依照公司政策，聯合航空無需為損害負責。

我回覆他們，我一定會寫三首歌並製作三支 MV 影片，發布到 YouTube，目標是在一年內獲得一百萬個 YouTube 觀看次數。我遵守了承諾，「聯合航空砸爛了我的吉他」三部曲實際上花了一年多完成，第一部影片瞬間爆紅，在短短四天內就達到了一百萬觀看次數。它成為 2009 年 7 月全球排名第一的 MV，也是主流媒體狂熱的焦點。截至今日，影片有近 1600 萬的瀏覽次數。據報導，美國聯合航空公司的股票因此市值下跌 10%，市值蒸發 1.8 億美元，該報導也讓那支 MV 受到各地企業的重視。社群媒體現在不僅僅是什麼會沖馬桶的貓咪影片而已，一位不滿意的顧客也可以透過一支 150 美元的 MV 影響世界知名品牌的盈利能力。

美國 CNN 和大部分主流新聞媒體都報導了我的故事。「聯合航空砸爛了我的吉他」也啟發了無數不滿意的消費者，我幾乎被來自世界各地數千封表達鼓勵和感謝的電子郵件淹沒了。

「聯合航空砸爛了我的吉他」成為公司與顧客之間新關係的好範例，也在社群媒體時代展現了一個人的聲量。它成為顧客服務、音樂產業以及品牌和社群媒體圈的參考案例研究。故事的另一個意想不到的結果是，這為我開啟了另一個忙碌的職業生涯，發表關於顧客體驗、品牌和故事的力量等主題的演講。到目前為止，我已在超過 25 個國家分享了看法，我發現自己是個熱心的倡議者，希望公司能變得更加體諒顧客、避免問題的產生。我也喜歡教導別人如何在當今這個瘋狂和嘈雜的環境中，成為更有影響力的說書人。◀

18 Carroll, D. (2012). *United Breaks Guitars*. Hay House, Inc.

「正如 Schumpeter 在 1927
年的經濟週期循環論提出四
個階段：腦內活動、接納曲
線、習以為常和危機。當週
期持續 60 年時，這些階
段悄悄發生，不會有人注意
到。現在週期只會持續六個
月，了解如何在幾個「腦內
活動」階段中創造知識變得
很重要。在服務主導的觀念
裡，這些腦內活動階段是組
織應採用服務設計的主要原
因。」

— Mauricio Manhaes

分，卻是顧客體驗關鍵的一環－像是等候、第三
方評論、或朋友間的討論等 [19]。

那麼，組了一個跨領域團隊，接下來應該怎麼開
始呢？通常，會議是這種合作嘗試的基本方式，
但團隊立即面臨巨大的任務，基本上只能用聊
的方式來協調每個人不同的世界觀和各種不同術
語。難怪跨領域合作極其困難，因為每個人都只
使用自己的特殊語言，講自己的觀點。

我們如何才能讓這些人更容易合作，共同創造新
的價值，讓每個部門都將產出看作是自己的，並
投入資源呢？我們又如何幫助大家在各個穀倉
中協調彼此的經驗，共同努力創造真正的顧客滿
意呢？

1.2.3　創新之必要

大多數組織都感受到了創新的巨大壓力。大家認
為創新是必要和理想的，並將其視為工作目標的
優先項目。創新與產生獨特賣點（USP）密切相
關，也往往意味著創造獨特的產品－但它也可以
是實現產品與服務的內部流程，甚至是組織的商
業模式。無論是哪種情況，**創新的需求都受到瞬
息萬變和密集互聯（商業）世界的驅動，商業週
期的大幅縮短，以及無處不在的技術和資訊，使**

得概念的複製變得前所未有的簡單。若一商品具
有價值又很容易製造，很快就會被直接或間接地
抄走，讓那些沒有開發資金但可以便宜製造的人
用合法或不合法的方式取得。即使是以相同的價
格販售，結果也是一樣被商品化，在市場上出現
了兩款或更多類似的產品，價格戰便隨之而來。

創新的目的是取悅顧客，因為新功能並不會永遠
都是新的。在各種客戶滿意度模型中 [20]，很明
顯可以看到，產品和服務在一開始被視為令人愉
快的某個部分，很快就會變成理所當然。一個活
生生的例子就是 21 世紀初飯店裡的無線網路。
起初，旅客對能夠在飯店裡使用 WiFi 感到驚訝
和高興，並樂意為此付費。不久，他們便預期每
家飯店都要有，並開始抱怨價格竟比家中的網路
還貴。現在，咖啡店、計程車和便宜的公車上都
有免費提供 WiFi，飯店住客「將 WiFi 跟熱水、
電或空氣比較 [21]」，也常因為被飯店收費而感到
不高興。用狩野模型（Kano model）[22] 的術語來
說，**興奮型**因素已經降低成期望型因素，最後成
為基本型因素了。以往的創新已經過時了，我們
需要新的創新方法。

---

[19] 關於以主張為中心的旅程圖和以體驗為中心的旅程圖，見 3.3.1 節中**旅程圖**
的類型。

[20] 見 Oliver, R. L. (1977). "Effect of Expectation and Disconfirmation on Postexposure Product Evaluations:
An Alternative Interpretation." *Journal of Applied Psychology*, 62(4), 480（以及 Oliver 後續的文
章）。見 6.3 節中的**狩野模型**（kano model）文字框。

[21] White, A.C. (2015, July 6). "Free Hotel Wi-Fi Is Increasingly on Travelers' Must-Have List." New York Times.

[22] 見 6.3 節中的**狩野模型**（kano model）文字框。

💬 專家意見

「每一天，我們都在使用有
問題的服務，這真的需要改
變了。服務設計，就是設計
好用的服務。」

— Lauren Currie

這一切意味著許多組織視創新為成功的關鍵因素。**隨著服務對企業變得越來越重要，企業的創新重點也轉向了服務。**企業正試圖滿足使用者的多層次需求，而不僅僅是用華而不實的新廣告或推出新產品來打動人們。

因此，現在的公司試著用各種方式來了解顧客的需求，以提出有用的洞見，並激發有趣的點子。他們想要一種方法能在跨穀倉（或跨組織）團隊間進行點子的開展、延伸、篩選、測試和不斷調整翻新，直到點子能落實為新的或改進了產品、公司營運甚至商業模式。創新可以是漸進或破壞性的，因此我們需要適用於兩者的工具。

產品／服務的可能性有多大？」這類有價值的指標面臨著許多量化測量的挑戰：當你的 NPS 下降時，你就知道發生了問題，但不知道為什麼。傾聽「顧客聲音（VoC）」能顯示出更多，但本身並不能提供解決方案。這些方法告訴你問題有多大、來自哪裡，但並不能告訴你如何解決，或如何創新。

NPS 等類似的指標可以幫助顯示問題領域—也通常會指出穀倉思維是問題來源—但有一句諺語是這麼說的，「光量體重，不能幫豬添肉」。因此，組織正在尋找新的、可靠的、可擴展的方法，以超越量測，並有策略地跨部門進行經驗創新。漸漸地，往我們所謂的**服務設計**越來越靠近 [25]。

💬 專家意見

「B2B 公司正持續將服務作
為發展市場的手段。對於傳
統產品企業來說尤其如此，
他們正在建立新的服務業
務，有時與其他組織合作，
以補充和／或提高從噴氣發
動機和機車到發電等工業產
品的價值。這些服務業務為
許多 B2B 公司提供了重要
機會，也是服務設計很好的
應用領域。」

— Jeff McGrath

1.2.4 ## 組織都動起來了

當今的許多組織，從新創公司到政府，都了解創新顧客體驗對成功的重要性。這樣的意識正在快速增長。早在 2014 年的研究已經預測，相較於 2010 年的 36%，到了 2016 年，將有 89% 的公司將進入顧客體驗的競爭 [23]。

當組織了解到顧客體驗的重要性時，大多會開始追蹤顧客的滿意度。最明顯的工具是線上與線下問卷，或是淨推薦分數（NPS）[24]，就是每一間公司都在問的：「您對朋友或同事推薦本公司／

23 Sorofman, J. (2014, October 23): "Gartner Surveys Confirm Customer Experience Is the New Battlefield," 見 *www.blogs.gartner.com*。

24 Reichheld, F. F. (2003). " The One Number You Need to Grow." *Harvard Business Review*, 81(12), 46-55.

25 服務設計？大家談論著設計思考、服務設計思考、新行銷、UX 設計、全面 UX、CX 設計、以人為本的設計、顧客經驗管理、體驗設計、接觸點管理、精實 UX、新服務開發、新產品開發、顧客旅程或創新等等。有些人則會注意到精實創業和敏捷開發方法的相似之處。我們不管你怎麼叫它—重要的是，你做了什麼，以及如何做。儘管如此，你還是要稍加注意，因為部分人的確對服務設計和設計思考或上述這些詞彙的真正含意有著非常強烈的想法。有些人則是比較寬鬆—例如，使用「服務設計」來指任何類型的服務開發工作，而另一群人則會較嚴格地認為這個詞指的是一種特定的方法，並有著設計實務上的歷史淵源。在沒有弄清楚此「服務設計」非彼「服務設計」的情況下跟人們展開討論時，可能會有點麻煩。而遇到「設計思考」時，狀況就更慘了。他是指那個屬害的方法，還是遠大的願景，還是將設計原則應用於商業挑戰的各種手法？當然，各種解讀都有，幸運的是！每一種說法都是有用的。但是，對之間的差異鑽牛角尖其實沒什麼幫助。總之，除非你真的喜歡這類辯論，否則，我們覺得還是就直接動手做吧！

為什麼我選擇了 服務設計

實務工作者這麼說

「服務設計將設計思考應用在服務上，並重視動手做（不只是說）。服務設計的技巧相當有用，因為可以讓員工和管理者變得真正以使用者為中心。」

— **Julia Pahl-Schoenbein**
　業務開發資深專案負責人，德國

「我感興趣的原因是設計思考和服務設計的方法和框架是以顧客和使用者為中心—這些方法讓解決方案有了宏觀的視角，也讓我們能輕鬆找出經驗中的缺口。」

— **Musa Hanhan**
　商用軟體公司主管，美國

「我很喜歡流程的快速迭代循環，而且，也不需要第一次就做到好。『爛爛的初版』非常棒啊！」

— **Soo Ren Chang**
　人資專員，馬來西亞

「我的挑戰是如何讓大家合力產出有效的服務點子；以及如何引導／帶領整個流程。服務設計符合了這些挑戰。」
— Carola Verschoor
　　創新與變革專員，荷蘭

「我面臨的挑戰是建立連貫一致的多通路服務。我需要一種將服務的各個階段和各個部分視覺化的方法，以便找出問題、溝通問題，並嘗試改善一切與之相關的事物。服務設計透過本身的工具，像是服務藍圖、顧客旅程和利害關係人地圖等，有效解決了這些問題，也讓我有辦法納入他人，一同了解整體情況。服務設計更能為所需的研究奠定基礎，並指引我們如何將資訊精煉成可用的形式。」
— Stuart Congdon
　　基礎系統架構主管，英國

「雖然服務設計在 B2C 的運用上非常普遍，但我認為它在 B2B 環境中更是有用。我們為合作的公司以及它們的顧客使用顧客旅程圖和利害關係人地圖等服務設計工具。最大的好處是，能夠利用設計師的思考方式來整理問題或機會點。我們在前期花了很多時間釐清問題，這樣就更能為客戶及其顧客設計更好的服務體驗。」
— Jeff McGrath
　　商業顧問，美國

「服務設計能幫助政策制定者將重點放在一個政策會對使用政府服務的人所產生的影響上。這讓我們在流程的早期就能對政策進行原型測試，了解政策可能失敗的地方，並設計出能在真實世界中有效運作的改善方式。」
— Andrea Siodmok
　　政府內部設計師，英國

1.3 為什麼需要服務設計？

💬 專家訣竅

「小心的重整問題或機會點是非常重要的。許多公司失敗的原因就是它們解了錯誤的問題，也一併錯失了良機。它們沒有在前期花時間好好進行重整這件事（和問問題），結果只根據自己的偏見一下子跳到解法，罔顧了顧客的需求和願望。」

— Jeff McGrath

創造或改善組織價值的方法有很多。身負此任的工作者可能會將這類工作稱為服務工程、行銷、品質工程，或就叫做管理。少數人（越來越多了）則稱之服務設計，共享相同的願景，也使用共同的工具 [26]。服務設計運用設計流程中的思考模式和工作流程，結合主動、迭代的方法，以及從行銷、品牌、使用者經驗和其他領域借來的靈活且輕量的工具。

正是這樣的拼拼湊湊，使服務設計變得強大。這門設計學科，專注於解決正確的問題，也以正確的方式重整問題或機會點。因此，服務設計通常從使用者或顧客的需求探索開始，開放且好奇地，運用一系列偏質化研究的方法來探索機會空間的「如何做，和為什麼要這麼做」。先了解需求，而不是直接跳到「解法」，使真正的創新成為可能。

服務設計也採用設計師的快速實驗和原型設計方法，以快速、低成本的方式測試可能的解決方案，同時產出新的洞見和點子。原型演變為試量產，然後進入產品服務的落實，途中一定是不斷迭代。由於強調研究、原型及至落實的迭代，服務設計專業在實務中早已奠定了基礎。因為它是立基於研究和測試，而不是意見或（早就過時的）權威之上，迭代方法也使服務設計中的決策風險降低。**我們不用擔心第一次就要做對，而是發展一些選項，靠著原型設計和測試的結構化流程來對成果進行驗證、改進。**

許多組織正在尋找一種有效的工作方式，來讓不同專業背景和職責的人能夠輕鬆有效地共同協作，也就是「穀倉破壞者」。因為服務設計的工具經過了設計觀念的過濾，變得非常清晰可見、快速、輕量、也易於掌握。這些工具構成了協作的通用語言，因此，跨領域的團隊很願意接受，並立刻開始使用。這些工具乍看之下似乎很簡單，好像輕易就能涵蓋整個服務系統的複雜性（其實也已經有很好的工具可用）。相反地，它們是戴上了各種顧客體驗的眼鏡來降低其中的複雜性。這讓此方法變得非常強大：當大家能夠同時以專業和一個人的角度來共感、理解整件事時，即使是複雜的多通路服務，也能變得有頭緒。

[26] 見第 3 章：**基本服務設計工具。**

服務設計不只是對為「使用者」或「顧客」創造價值有用而已。它關注整個價值生態系統，也可能重視為使用者、其他組織、內部夥伴或同事所提供的服務。換句話說，服務設計適用於公共服務、B2C、B2B、和內部服務。

服務設計是一種非常實用和接地的活動，這使它本質上就具有全面性。為了創造有價值的經驗，服務設計師必須掌握後台[27]活動和業務流程來取得前台的成功。並處理這些流程的落地。他們必須應付多個利害關係人的端到端體驗，而不僅僅是一個個單一利害關係人的單一時刻。他們要考慮到組織的商業需求，也讓技術運用得當[28]，讓整件事值得做。

正因為這些特徵，難怪不少組織都在落實服務設計方法，無論怎麼稱呼它。更有許多組織正在與服務設計公司合作。光是本書中的例子就包括銀行、航空公司、醫院、製造商、電信公司、非營利組織、教育機構、旅行業者、能源公司、政府等等—每天都有更多的組織開始接觸這種方法。

組織面臨著挑戰，需要提供更新、更好的服務，滿足跨通路、端到端的顧客經驗。服務設計借用的工具集和實用的迭代方法，使用研究和明確的工具來關注利害關係人的需求，並在進行大量投資之前進行原型設計，以測試、發展可能的解決方案。組織可以使用服務設計根據新技術或新的市場發展來改善現有的服務，開發全新的價值主張。這讓組織能以強而有力卻平易近人的方式在實驗、營運和業務需求中達到平衡，也為牽涉廣泛利害關係人，或需要培力、動員的專案，提供了非常有效的共通語言和工具。

27 「後台」意指顧客一般看不到的流程和行動，例如，查看儲藏室、倒垃圾等。「前台」則是指顧客看得到的部分。

28 在《行銷4.0》的結語 "Getting to WOW!" 裡，作者群與 Setiawan 提到，「在行銷 4.0 的世界裡，好產品、好服務都算是一般品，WOW 元素才是品牌分出勝負的重點。」WOW 時刻是讓顧客感到驚奇、個人、具有感染力的經驗。「成功的公司和品牌不會讓 WOW 時刻偶然發生，他們用設計來創造WOW。」見 Kotler, P., Kartajaya, H., & Setiawan, I. (2016). *Marketing 4.0: Moving from Traditional to Digital*. John Wiley & Sons, p.168。

O2
什麼是服務設計？

從基礎觀念開始：服務設計師做什麼？不做什麼？

專家意見 ————————————————————————

| Arne van Oosterom | Birgit Mager | Jeff McGrath | Mauricio Manhães |

02
什麼是服務設計？

2.1　定義服務設計 19

2.2　不同觀點 21

　　2.2.1　服務設計是一種心態...................................21

　　2.2.2　服務設計作為一種流程 21

　　2.2.3　服務設計作為一種工具 21

　　2.2.4　服務設計作為一種跨領域的語言 22

　　2.2.5　服務設計作為一種管理手法 22

2.3　起源和進展 23

2.4　服務設計不是什麼 24

　　2.4.1　不只是美感或「化個妝遮醜」...........................24

　　2.4.2　不只是「客戶服務」 24

　　2.4.3　不只是「服務補救」 24

2.5　重新檢視服務設計的原則 25

　　2.5.1　起源 25

　　2.5.2　新的原則 26

本章也包括

服務設計和服務主導邏輯：天作之合　29

服務設計十二誡　32

2.1 定義服務設計

服務設計可以幫助解決組織面臨的一些重大挑戰。你手上正拿著一本告訴你如何做服務設計的書，但那個詞究竟是什麼意思呢？感覺是和顧客體驗、創新和協作有關－但它是否涵蓋了與這些概念相關的一切，還是只是一部分而已？所有與創造、規劃、修正和形塑服務有關的活動都算是「服務設計」嗎？服務設計師們對所做的事彼此同意嗎？有些人喜歡從定義開始，所以在 2016 年中，我們邀請了 150 位服務設計師分享並票選出他們最喜歡的定義。以下整理了最受歡迎的幾則：

→ 「服務設計有助於創新（創造新的）或改進（現有）服務，使其更有用、更易用、更合乎客戶喜好，且對組織有效率，也有效益。這是一個新的全面、跨專業、整合性的領域。」—Stefan Moritz [01]

→ 「服務設計是將成熟的設計流程和技巧應用於服務的開發。是一種對改進現有服務和創造新服務既有創意又實用的方法。」—live|work [02]

→ 「服務設計就是將你提供的服務變得有用、易用、有效率、有效益、且受人喜愛。」—UK Design Council [03]

→ 「服務設計編織複雜系統內的流程、技術和互動，以便為利害關係人共同創造價值。」—Birgit Mager [04]

→ 「[服務設計是]設計發生在一段時間內、跨各類接觸點的經驗。」—Simon Clatworthy，引述自 servicedesign.org [05]

→ 「當有兩家比鄰的咖啡店，都以相同價位賣同樣的咖啡時，服務設計就是會讓你選擇某一家、經常去消費、還會向朋友推薦的原因。」—31Volts [06]

---

[01] Moritz, S. (2005). *Service Design: Practical Access to an Evolving Field*. Köln.

[02] live|work (2010). "Service Design." 於 2010 年 8 月 10 日見 *http://www.livework.co.uk*。

[03] UK Design Council (2010). "What Is Service Design?" 於 2010 年 8 月 10 日見 *http://www.designcouncil.org.uk/about-design/types-of-design/service-design/what-is-service-design/*。

[04] 見範例 "Meet Birgit Mager, President of the Service Design Network." 於 2017 年 8 月 3 日見 *https://www.service-design-network.org*。

[05] *servicedesign.org* 已無法使用，見 Clatworthy, S. (2011). "Service Innovation through Touchpoints: Development of an Innovation Toolkit for the First Stages of New Service Development. International Journal of Design, 5(2), 15–28。

[06] 見 31Volts, "Service Design"（原引述自 2008 年，在 2016 年延伸）。於 2017 年 8 月 3 日見 *http://www.31volts.com/en/service-design/*。

以下則是我們 150 位審閱夥伴**最喜歡的定義**：

其他名稱

專家意見

「統合派常説一切都取決於心態。要開放、有同理心、踴躍提問、從『我不懂』開始，做中學。你怎麼稱呼自己都行，只要有這樣的心態，你就是服務設計思考者……或更確切地説，是服務設計實作者。」

— Arne van Oosteroom

→ 「服務設計幫助組織從顧客的角度檢視它們的服務。這個方法可以在設計服務時平衡顧客需求和業務需求，致力創造順暢、高品質的服務體驗。服務設計根植於設計思考，為服務改善和新服務的設計帶來了創新、以人為本的流程。透過連結顧客和服務提供團隊的協作方式，服務設計可為組織帶來對自身服務真實、端到端的理解，從而實現全面而有意義的改善 [07]。」

—Megan Erin Miller 整理

仔細聽一群服務設計實務工作者聊天，無論他們認為自己是不是「設計師」，在術語方面，你一定會聽到兩種類型的對話。就像古生物學家討論分類學一樣，分成「分割者」和「統合者」兩派。

分割者討論服務設計、體驗設計、設計思考、全面性 UX、使用者導向設計、以人為本的設計、新行銷等之間的差異。

統合者則會指出這些方法的共同點遠遠超過它們的差異，並認為名稱沒有這些領域的共通原則來得重要。本書的作者群完全屬於「統合者」陣營。老實説，只要你有在做、有使用這些方法，我們不太在意你用什麼名稱。

許多服務設計工具都是在改變思考模式，幫助我們重新整理問題，讓人更有辦法處理。我們將難以掌握的資料塑造成可理解的形式和視覺故事，這樣就可以從各種角度去理解它－無論是技術角度、專家角度或單純與之共感。我們不直接設計複雜系統，而是試著回答「我們該如何…………？（How might we…？）」的發想問題。我們也不試圖解讀彼此的話，而是透過原型來進行溝通。

07 Miller, M. E. (2015, December 14). "How Many Service Designers Does It Take to Define Service Design?" 見 *https://blog.practicalservicedesign.com*。

2.2 不同觀點

服務設計可以用很多種方式解釋。在不同的情況下，每一種都可能有用，也可能誤導。**每一個解釋，都只是整件事的一部分而已。**

2.2.1 服務設計是一種心態

如果心態是我們對各種情況反應的總和，那麼服務設計可以看作是一群人，乃至整個組織的心態。具備服務設計心態的團隊一定先關注使用者，將「產品」視為服務關係中的代理角色，面對硬說的假設會建議用研究來回應，抵制只靠主觀意見和沒完沒了的討論卻不使用原型測試的狀況，並認為在專案落實、為下一版迭代帶來洞見之前，都不算完成。服務設計的心態是接地氣的、共創的、動手做的；在技術機會、人的需求和商業價值間不斷尋找平衡。

2.2.2 服務設計作為一種流程

設計是動詞，因此，服務設計通常被描述為一種流程。這個流程由設計的心態驅動，試圖透過研究和開發的迭代循環，尋找優雅、創新的解決方案。迭代，也就是一系列反覆、深化、探索的循環工作，它是核心重點，所以實務工作者一開始就會把目標放在短的週期、蒐集早期使用者回饋、進行早期原型設計和快速的實驗。隨著流程的進行，迭代可能會減慢，卻不曾遠離，產品或服務一路從原型迭代到試產，接著再迭代到落實。

2.2.3 服務設計作為一種工具

隨便找個人來描述服務設計的樣貌，他們通常想的是工具－可能是掛在牆上的顧客旅程圖，或者一群人手指著便利貼。這些模板和工具就是許多人心中服務設計的樣子。聊工具好像就在聊服務設計，所以很容易將它想成一種工具箱，充滿了從品牌、行銷、UX 和其他地方借來的輕量又易用的工具。這無論如何都不是全貌－**缺乏流程、心態，甚至是共通語言，工具只會失去力量，或根本變得毫無意義。**但是，若使用得當，這些工具可以引發有意義的對話、建立共識，使內隱的知識、意見和假設變得明朗，並刺激共同語言的發展。

服務設計（或設計思考，不管叫它什麼）的主要目標是打破組織穀倉，幫助人們共創。難道又要同時建立自己的穀倉，說「這是服務設計」、「那是設計思考」、「這是 UX」之類的？這沒有意義吧。

2.2.4 服務設計作為一種跨領域的語言

服務設計的基因就是共創，實務工作者們通常為了能連結不同穀倉的人而感到自豪，讓大家一起使用看似簡單，卻有意義、有幫助的工具。這些工具和視覺化方法（也稱為**邊界物件**[08]）可以由不同的專家對其進行不同解讀，使人們在不需要太了解彼此專業領域的狀況下，也能順利協作共事。這些工具非常簡單易懂，也足以提供彼此良好的合作基礎。因此，服務設計可以被視為一種共通語言，更是「各專業領域間的黏著劑」[09]，為跨領域合作提供共享、平易近人、且中性不偏頗的用語和活動。

08 見 3.2 節中的**邊界物件**（*Boundary objects*）文字框。

09 Arne van Oosterom 對設計思考的說法，寫在阿姆斯特丹 Design Thinkers 工坊牆上。

2.2.5 服務設計作為一種管理手法

當服務設計持續地深植組織中，它也是一種管理方式，既能為現有價值主張帶來漸進式創新，也能進行全新服務、實體或數位產品[10]、或是企業本身的跳躍式創新。迭代服務設計的流程包括一系列協作的循環。透過這種方式，作為管理方法的服務設計與其他迭代管理流程其實有一些相似之處[11]。但是，服務設計的不同之處在於它運用了更多以人為本的 KPI，較多質化研究方法，有針對經驗和商業流程的快速、迭代的原型方法，以及具體明確的領導方法。它重視內部利害關係人和整體顧客旅程的觀點，因此能為組織結構和系統帶來改變[12]。

10 「產品」一詞描述公司提供的任何商品內容，無論有形與否。在學術界，產品通常分為商品和服務。但是，產品通常也是一整組服務和實體／數位產品。由於「物品」一詞口語上被認為是有形的東西，我們在此指的是實體／數位產品。更多資訊，請參考 2.5 節中的**服務主導邏輯**文字框。

11 把服務設計流程與四步驟「PDCA」（規劃 - 執行 - 查核 - 修正，或規劃 - 執行 - 查核 - 行動）循環式管理流程相比較。PDCA 通常用於企業的專案管理和流程、產品或服務的持續改善。雖然 PDCA 和服務設計流程都是迭代循環的，但 PDCA 專注於改進可量化量測的 KPI，意味著迭代僅在每個循環之間發生，而不是在循環內進行。但是，設計流程卻是隨時都可以迭代的。

12 更多資訊請參考第 12 章：**讓服務設計深植組織**。

2.3　起源和進展

💬 專家意見

「設計在解決無法定義的問題（wicked problems）上扮演重要的角色。許多組織也利用設計的能力跳脫現況，也為自身注入不同的工作和思考模式。

世界各地的企業都在聘請設計公司執行專案、建立內部能力、收購設計公司進行設計思考或服務設計。這些企業打造創新實驗室，並改變工作環境，培養創新風氣，也象徵著新的思考和工作模式。」

— Brigit Mager

很多人（尤其是設計背景的人）提起服務設計時，彷彿這個詞包括了規劃和設計服務所涉及的一切。但是，若從服務設計的歷史看來，它其實只是一種做服務的手法，在 1990 年和 2000 年左右由設計師從設計方法發展而來。重要的是，服務設計師只是建立和塑造服務的眾多專業之一，其他還包括了系統工程、行銷和品牌、營運管理、客服和「組織」本身。

上述建構服務的專業是由 Adaptive Path 的 Brandon Schauer 所提出，他在 2011 年做了粗略的計算 [13]，估計每年在美國大約有 20 億美元花費在服務的規劃和設計，但只有 7000 萬美元（約其中 3.5%）真正用於「服務設計」。其他 96.5% 的工作則是由那些不認為自己是服務設計師的人包辦，這些人還可能從未聽過這個名詞。

世界正在改變。近年來，顧客體驗對於許多組織來說變得極為重要，而設計（更常見的是「設計思考」）也成為關鍵的創新和管理方法。服務設計位於設計思考和顧客體驗的交叉點上，也比以往更加被重視。傳統上，在許多成熟經濟體中，服務往往佔了最大的一部分 [14]。設計，則是用來確保能達到目標－因此，服務設計應能應用在多數的人類活動上。至少，它在漸進式和跳耀式的服務開發、創新、服務改善、顧客體驗、教育、培力、政府和組織策略中都佔有一席之地。

13　Brandon Schauer, 在 SDN conference San Francisco 2011 的簡報，也可在此取得 Schauer, B. (2014). " The Business Case for (or Against) Service Design," 見 *https://www.slideshare.net*。

14　從服務主導邏輯的觀點而言，它的確包含了一切。

2.4 服務設計不是什麼

即使在高度相關的領域裡，對於服務設計應該和可以做什麼，還是有諸多混淆之處。以下來談談服務設計「絕對不是什麼」[15]。

2.4.1 不只是美感或「化個妝遮醜」

服務的美感並非不重要，但這不是服務設計的主軸。比起服務的外觀細節，服務設計師更關心的是它是否有效可行、是否滿足需求和創造價值。美不美是必須被考量的一部分，但就只是一部分而已。

服務設計不只涉及表面、「美觀」方面的議題，也就是服務的前端或易用性。事實上，服務設計不僅關注服務的體驗本身，也重視服務的提供方式，甚至討論服務是否應該存在。服務設計工作往往遠超出視線所及之範圍，必須挑戰、重塑從營運到商業模式的一切。

2.4.2 不只是「客戶服務」

「客戶服務」（圖庫裡漂亮模特兒戴著耳麥的老梗照片）的確可以是服務設計專案的一個主題。我們可以檢視客戶的需求，以及客服人員如何滿足他們的需求，如何融入組織結構、用什麼技術來幫助客戶，以及如何為組織創造價值。但我們也要回頭問問自己，如何讓公司所提供的產品與服務更好，使客服的任務變得沒那麼必要。服務設計師不（僅）解決顧客的問題，更要設計價值主張、流程和商業模式。

2.4.3 不只是「服務補救」

服務設計不只在出現問題時才發揮作用，不是「售後」成本中心或可有可無的附加品。服務設計要處理整段顧客旅程或員工的旅程，從察覺需求開始，一直到成為常客或脫離服務關係。雖然必須釐清應該提供什麼服務、經驗應該如何，以及在問題發生時該怎麼做，但本質上還是要打造對人們有價值的服務，不僅僅是修復錯誤而已。

---

15 你若和 Adam 討論「服務設計」，他會回你，「我超、級、討、厭這個詞，這是由兩個簡單卻都被很多人誤解的字組成。大家都認為『服務』是對客戶親切友善或都彌補錯誤。而『設計』當然就是讓事物變美美的。因此，『服務設計』一定是類似⋯對客戶好、把東西變好看之類的吧。然後就點點頭，笑著離開了。」

2.5　重新檢視服務設計的原則

2.5.1　起源

在 2010 年的前傳《這就是服務設計思考！》[16] 中，作者整理了服務設計思考的五大原則，從那時起，這五項原則就被廣泛引用（也錯誤引用）。那麼，是否該被重新檢視？

五大原則是：

1 **使用者導向（User-centered）**：服務必須由顧客親身體驗。

2 **共創的（Co-creative）**：所有利害關係人都必須參與服務設計的流程。

3 **有順序（Sequencing）**：要將每個服務的環節視為一連串相關的行動。

4 **有證據（Evidencing）**：要將無形的服務、感受透過實體物件彰顯出來。

5 **全面的（Holistic）**：要考慮服務的整體環境。

這些原則隨著服務設計的發展而演變，但其中幾項經得起時間的考驗，有幾項則要重新檢視一下。

服務設計仍然是一種高度「**使用者導向**」的方法。有些人會問，「那員工呢？」但在 2010 版的原則中，「使用者」指的是服務系統內的任何人，一定有包括顧客和員工。用「以人為本」也許會更清楚一些，明確涵蓋了服務提供者、顧客和／或使用者，以及其他利害關係人，甚至是受到服務影響的非顧客。

在使用「**共創**」一詞時，作者想談的是兩個不同的概念。一是「共創」的字面意涵，就服務產生的價值而言，有顧客的參與，服務才會存在，因此價值是共同創造的。第二個概念是「協同設計（co-design）」的概念，也就是一群來自不同背景的人，在一起創造事物的過程。服務設計實務工作者重視後者的意義[17]，強調**服務設計的協作和跨領域特性**，並認為服務設計是一種語言，具有打破組織穀倉效應的力量。

16　Stickdorn, M., & Schneider, J. (2010): *This is Service Design Thinking*, Amsterdam: BIS Publishers.

17　不少設計師會混用「共創」和「協同設計」兩詞。如果覺得不清楚，最好還是提出來問一下。

「有順序」討論的是經驗在服務設計中的關鍵角色，以及構成服務體驗的各種時刻、步驟或「接觸點」[18] 之間的相互作用和關係。旅程圖依然是這個領域裡最清楚、也最廣為人知的工具。在五項原則中，「排序」一詞較不常見，也讓人有些疑惑。在一般對話中，通常會改用「連續（sequential）」。

「有證據（Evidencing）」是對整個服務中許多無形事物的一種確認，即使沒有親眼看見，也要讓服務所創造的價值被重視。證據的經典案例是飯店浴室裡摺成三角形的衛生紙，告訴你房間已經打掃過了。證明、彰顯價值是服務設計的重要角色和動力，也和品牌形象高度連結。

「全面的（Holistic）」也是一個合併了幾個概念的詞。其一是我們對某個經驗的整體感受；另一個概念是服務可以產生的各式各樣的旅程；最後則是服務設計對企業形象和組織目標的關聯性。我們經常用「全面性」這個詞來提醒自己，服務設計師的責任是塑造整體的服務，不僅僅是修補單一問題（雖然這是個好的開始），除此之外，還要致力於滿足顧客完整的需求，不能只是處理表層的狀況。

2.5.2 新的原則

那麼，原來的五項原則裡缺少了什麼？服務設計哪裡改變了，在原則中未被提及？

我們在原則裡看不到服務設計方法裡一個重要的特質，也就是對迭代的強調。**迭代是從小的、便宜的嘗試和實驗開始，允許失敗、從失敗中學習，並一路調整流程**。大家通常不容易掌握這個概念，畢竟我們很多人都習慣用決策－規劃－執行的方式工作。但是，這是設計導向手法的一個不可或缺的特質。

另一個缺少的重點是服務設計在實務上是以研究和原型設計為基礎，而不是靠意見或高高在上的概念。一如史丹佛大學的同仁認為設計思考是「以行動為主的（bias toward action）」，或像在工作坊[19] 時，大家穿的 T 恤用多國語言寫著「動手不動口（doing, not talking）」，都說明了服務設計本質上即是相當務實的手法。

但 2010 年時未明確列出，也是最重要的一點是，服務設計迫切地需要與商業緊密連結。雖然服務設計的基礎是要創造更好的體驗，但還是得透過

---

18 見 3.3 節中的**步驟、接觸點、關鍵時刻**文字框。

19 The Global Service Jam（*http://www.globalservicejam.org*）每年約在 100 個城市由世界各地志工所主辦。這個設計活動在全球服務設計方法的傳播上扮演了重要的角色。

對後台流程、技術機會，以及組織的商業目標的了解才能實現。服務設計若在商業上行不通、也做不出來，就更別說能否成功或永續經營了。

因此，我們提出幾項**服務設計實戰的新原則**：

1 以人為本（**Human-centered**）：考慮服務中所有人的經驗。

2 協作的（**Collaborative**）：各種背景和專業的利害關係人都應積極參與服務設計的流程。

3 迭代的（**Iterative**）：服務設計是一種探索性、適應性和實驗性的手法，一路迭代修正至落實。

4 連續的（**Sequential**）：將服務用視覺化的方式展現，並整理成一連串相互關聯的行動。

5 真實的（**Real**）：在真實場域中研究需求、測試想法，並用實體或數位的真實物件來彰顯無形的價值。

6 全面的（**Holistic**）：要能用整個服務流程持續滿足整個企業裡所有利害關係人的需求。

服務設計是一個務實的手法，幫助組織打造、改進其產品和服務。它與設計思考、體驗設計和使用者經驗設計等其他幾種方法有很多共同之處。服務設計源自設計公司，並融合了服務主導邏輯[20]。它是一套以人為本、協作、跨領域、迭代的方法，運用研究、原型和一些易懂的活動和視覺化工具來創造、編織經驗，以符合商業、使用者和其他利害關係人的需求。

20 雖然本書中經常提到服務主導邏輯，但我們並不認為這是一套取代其他理論的思想流派，最多是在一個不斷成長、變化的不完整知識體系中的寶貴小部分。如 Achrol 和 Kotler 所述：「Popper、Feyerabend 和 Lakatos 等哲學家強烈地主張理論多樣性和反對主導模式 [...]。Popper (1959) 指出，因為永遠不確定我們的理論是否正確，我們應該盡可能多地擴展理論，鼓勵科學知識的發展。」Achrol, R. S., & Kotler, P. (2006). " The Service-Dominant Logic for Marketing: A Critique." In R. F. Lusch & S. L. Vargo (eds.), *The Service-Dominant Logic of Marketing: Dialog, Debate, and Directions* (pp. 320-333). M.E. Sharpe, p. 331.

服務設計原則的發展

2010

2017

1. 使用者導向（User-centered）·············▷ **1. 以人為本（Human-centered）**

服務必須由顧客親身體驗。

考慮服務中所有人的經驗。

2. 共創的（Co-creative）·················▷ **2. 協作的（Collaborative）**

所有利害關係人都必須參與服務設計的流程。

各種背景和專業的利害關係人都應積極參與服務設計的流程。

3. 迭代的（Iterative）

服務設計是一種探索性、適應性和實驗性的方法，一路迭代至落實。

3. 有順序（Sequencing）———————▷ **4. 連續的（Sequential）**

要將每個服務的環節視為一連串相關的行動。

將服務視覺化，並整理成一連串相互關聯的行動。

4. 有證據（Evidencing）···············▷ **5. 真實的（Real）**

要將無形的服務、感受透過實體物件彰顯出來。

在真實場域中研究需求、測試想法，並用實體或數位的真實物件來彰顯無形的價值。

5. 全面的（Holistic）———————▷ **6. 全面的（Holistic）**

要考慮服務的整體環境。

要能用整個服務流程，持續滿足整個企業裡所有利害關係人的需求。

服務設計與服務主導邏輯：天作之合

作者：*MAURICIO MANHÃES*

無論組織身在哪個產業，其核心活動都是服務。無論是生產螺絲、洗髮精、汽車還是椅子，這些產品都是一項服務。所有產品都是用服務設計流程打造的，無論組織是否意識到這一點。

為了更能理解這些說法，我們要來認識一下由行銷教授 Steven Vargo 和 Robert Lusch 在 2004 年提出的服務主導邏輯[21]。

服務主導邏輯

服務主導邏輯（SDL）不只是當今世界的縮影，也對人類經濟史做了有趣的回顧，清楚顯示在所有經濟活動裡，「服務是起點、中點、也是終點」[22]。SDL 提出了 11 個基本前提，分為 5 個公理，用這樣的框架解釋單一服務（單數名詞，代表所有商品中的共同特徵）和服務項目（複數名詞，代表特定服務提供的產物）。

五個公理如下：

1　服務是交換的基本要素。

2　價值是由多個參與者共同創造的，也一定包括受益者。

3　所有社會與經濟的參與者，都是資源整合者。

4　價值由受益者用獨特、現象上的方式評定。

5　價值共創是透過參與者建立的制度和制度安排來進行[23]。

簡而言之，這些公理將所有產品都視為服務，模糊了有形或無形產品之間的界限（1）。幫助我們理解價值只能透過多個參與者的互動來創造，包括直接的顧客及至服務提供者（2）。讓我們了解到，只有參與者共同提供資源，服務才能實現，只有服務提供者是不夠的（3）。產品（商品和／或服務）本身沒有價值，受益者認可的才算數（4）。最後，價值的共創只能透過以人們提出的制度和制度安排的方式來實踐（5）。

21　Vargo, S. L., & Lusch, R. F. (2004). "Evolving to a New Dominant Logic for Marketing." *Journal of Marketing*, 68(1), 1–17.

22　Bastiat, F. (1964). "Selected Essays on Political Economy," (1848), Seymour Cain, trans, George. B. de Huszar, ed. Reprint, Princeton, NJ: D. Van Nordstrand.

23　制度包括規定、規範、意義、符碼、做法，和其他協作的輔助。制度安排則是幾個相互依存的制度集合體。見 Vargo, S. L., & Lusch, R. F. (2016). "Institutions and axioms: an extension and update of service-dominant logic." *Journal of the Academy of Marketing Science*, 44(1), 5–23.

這是用來做什麼的？

為了了解上述公理，我們來看看一個顯而易見的產品：椅子。一個人第一次接觸到任何物體時，會問什麼問題？可能是「這能幹嘛？」或「這是用來做什麼的？」對吧？那麼，椅子是用來做什麼的？只是給一個人的單獨座位嗎？一定要是特定的形式，有椅背和四隻腳嗎？如果「椅子」不是一個座位，而是一件歷史文物或藝術品呢？這樣仍然算是「椅子」嗎？這類問題可以無限延伸下去。

「椅子」究竟是什麼？
它是各種可能性的總和，包括大量的、提供給不同人的潛在服務。

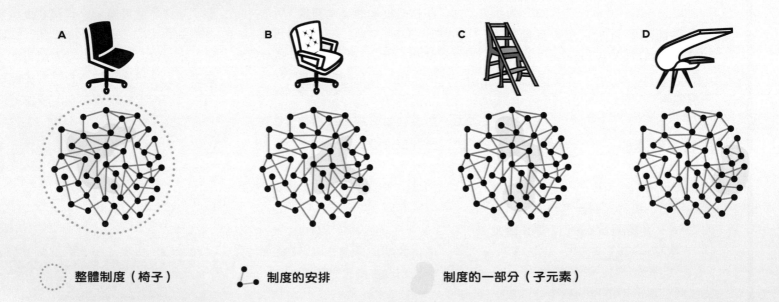

整體制度（椅子）　　制度的安排　　制度的一部分（子元素）

要精確地對一件事物下定義竟如此困難。當人們試圖描述一物體時，他們形容的往往是它所提供的服務。我們幾乎不太可能忽略事物對人們行動帶來的影響，只給予完全客觀的定義。換句話說，若無法理解某「事物」可能提供的服務，就無法理解事物本身。因此，當某人說出「椅子」這兩個字時，它實際上代表了各種可能性的總和，包括大量的、提供給不同人的潛在服務。

如左頁圖所示，椅子可以代表（Ａ）工作時的人體工學支撐物件、（Ｂ）一種狀態的象徵、（Ｃ）梯子，或（Ｄ）藝術品。這些都算是「椅子」嗎？

回到剛剛談的公理，了解潛在的行動—也就是所提供的服務（1），就可以了解一把椅子。這些服務只能由眾多參與者共同創造，如設計師、工程師、產品經理、裝修師、業務、商家，以及各方影響者，也一定包括特定的受益人（2）。事實上，現在各種產品（商品和／或服務）都必須靠廣大社會和經濟參與者整合各種資源，才能達成（3）。產品究竟是什麼，這件事只能由特定受益人的感受來決定（4）。在所有情況下，產品提供的潛在服務只能被認為是一種制度的協作和制度安排（5）。**基本上，這就是為什麼所有產品都是由服務設計流程創造的，無論有意無意。**

服務設計

因此，除了以服務為基礎，為人類經濟歷史帶來有趣的回顧外，SDL 更闡明了服務設計的角色。具體來說，我們可以用公理 5 來建立服務設計的定義：「服務設計是協調制度和制度安排的流程，並讓共創具有價值[24]。」

由此可見，SDL 真是服務設計的最佳拍檔。SDL 不斷地發展，也持續讓廣泛的服務相關概念或具體服務設計都變得更明朗。除了提供一致的語言來理解服務外，它更引導我們用「一連串服務的組合」的概念來看待產品（商品和／或服務），像是樂手和樂器組成的管弦樂隊。SDL 也致力讓創新的做法更加清晰有效。換句話說，它為服務設計的創新提供了強大的創造能量，是 SDL 對服務設計的主要貢獻之一。◀

24 這段服務設計的定義很有趣，因為它匯集了一組特定的概念：1.「價值共創」關注服務設計中的價值共同創造；2.「協作」將服務設計定調為協作的過程；3.「制度」則認為制度和制度安排是所有設計物基本和無形的結構；4.「行動者」讓我們能定義設計，將之視為一個由行動者產出進步結果的過程，也是建立制度和制度安排的理想流程。

服務設計十二誡

1 想怎麼稱呼，就怎麼稱呼

服務設計？設計思考？服務設計思考？顧客導向創新？名稱真的不重要，實際做比較重要！[25]

2 做出爛爛的初版

不要浪費時間對早期的版本做美化。在專案的初期，你需要的是量，而不是質。點子不需要完整，夠用來探索和捨棄即可。做得越漂亮，就越難放手。所以，爛爛的就好，不要太漂亮[26]！

3 你是引導者

客戶的知識一定比你強－因此，保持團隊的多元化，讓員工、專家甚至顧客一起共事是服務設計師最該做的事情。運用一些思考的技巧幫助大家工作，例如，將顧客資料轉成人物誌；用故事來說明過程；把複雜的想法分解成「我們該如何……？（How might we…?）」發想問題；把想法做出來，不要只說。將任務分成能用理性和直覺處理的小任務，但千萬別忘記問題真正的複雜性[27]。

4 多做，少說

意見很棒，每個人至少都要有一點。
但服務設計的基礎是實務。與其花很多時間討論，不如快點做出來，測試看看，了解需要改進的部分，然後再做一次。展示出來，不要用說的。
別再比較不同意見了，現在就開始測試原型吧[28]！

5 「對，但是……」和「對，而且……」

要擴充更多選項，並得到一些粗略的想法，請愛用發散思考（「對，而且……」）。若要縮小範圍，並將想法變得實際，就用收斂方法（「對，但是……」）。這兩種方式都很有用。將自己的設計流程設計成一連串發散和收斂的方法，並一邊修正團隊的協作模式，以符合目標[29]。

6 在提出對的解法之前，找到對的問題

當發現問題時，我們總想直接跳進去想解法。但是，我們是在處理真正的問題，還是只碰到更深層問題的表象而已？在考慮如何做改變之前，請先進到場域裡，用研究來挑戰你的假設[30]。

7 在真實場域中做原型測試

點子在腦中（或在閃亮的簡報中）永遠都可行，我們真是太喜歡自己的想法了。丟開「好點子」，努力產出很多點子，規劃好實驗，用原型來測試和發展這些點子[31]。盡快走出辦公室，製作互動原型，在服務的真實場域中與真正的使用者做探索和測試。

8 別把雞蛋都放在同個籃子裡

在研究中交叉使用不同的研究方法、研究人員和資料類型。追求大量的點子，而不只是一個「殺手級」點子。絕對、絕對不要只做一個原型。原型是做來失敗的，要從失敗中學習[32]。

9 重點不是用什麼工具，而是改變事實

新的旅程圖不是服務設計專案的結束。腦力激盪工作坊不代表協同設計。員工問卷調查並不能顯示他們的真實需求。蓋房子也一樣，並不是建築師的計畫書完成房子就蓋好了，同樣的，服務設計專案也不應該止於紙上談兵[33]。

10 為了迭代做準備，然後隨機應變

服務設計具有探索性，你無法準確預估每天的工作內容。但還是需要規劃時間投入和經費預算，因此，訂個夠靈活的計畫，以便在有限的時間內達成迭代的流程[34]。

11 放大，縮小

在進行迭代修正時，要在小細節或短暫交會之處，以及整體服務體驗之間不斷轉換關注的焦點。

12 一切都是服務

你可以將服務設計應用於任何事上：服務、數位和實體產品、內部流程、政府服務、員工或利害關係人體驗等等……。不只是讓「顧客」滿意[35]。

---

25 見第 2 章：什麼是服務設計？，和第 12 章：讓服務設計深植組織。

26 見第 6 章：概念發想，第 7 章：原型測試，和第 10 章：主持工作坊。

27 見第 3 章：基本服務設計工具，第 9 章：服務設計流程與管理，和第 10 章：主持工作坊。

28 見第 10 章：主持工作坊。

29 見第 4 章：服務設計核心活動，和第 10 章：主持工作坊。

30 見第 4 章：服務設計核心活動，和第 5 章：研究。

31 見第 4 章：服務設計核心活動，和第 7 章：原型測試。

32 見第 5 章：研究，第 6 章：概念發想，和第 7 章：原型測試。

33 見第 8 章：落實，第 9 章：服務設計流程與管理，和第 12 章：讓服務設計深植組織。

34 見第 4 章：服務設計核心活動，第 9 章：服務設計流程與管理，和第 12 章：讓服務設計深植組織。

35 見第 1 章：為什麼需要服務設計？，第 3 章：基本服務設計工具，第 7 章：原型測試，和第 8 章：落實。

O3
基本服務設計工具

從不同領域匯集而來的工具箱，用來研究、發想、原型和測試服務。

專家意見 ——————————————————————————————

Alexander Osterwalder   Hazel White   Mike Press

03
基本服務設計工具

3.1　研究資料 38

3.2　人物誌 41

3.3　旅程圖 44

    3.3.1　旅程圖的類型 50

    3.3.2　服務藍圖 54

3.4　系統圖 58

    3.4.1　利害關係人圖 59

    3.4.2　價值網絡圖 62

    3.4.3　生態系統圖 62

3.5　服務原型 65

    3.5.1　動作、互動服務流程和經驗的原型 67

    3.5.2　實體物件的原型 70

    3.5.3　環境、空間和建物的原型 71

    3.5.4　數位物件和軟體的原型 72

    3.5.5　生態系統和（商業）價值的原型 74

3.6　商業模式圖 76

工具 vs. 方法

在本書中，我們將工具和方法區分開來。

工具是具體的模型，例如旅程圖、電子表單和故事板樣板。這些通常遵循特定的結構或從既有的模板建立而來。

方法是完成或接近某些事情的特定程序，例如用脈絡訪查進行研究，或用桌上走查做原型測試。

工具指的是我們「用了什麼」，而方法通常描述我們「如何運用」某些工具來執行服務設計專案，例如訪談、整併和原型製作。本章介紹了我們在服務設計中使用的一些基本工具。我們會描述這些工具的樣式、結構、組成內容、替代方案，以及何時用、為何使用。第 5-8 章提供了更多詳細說明，解釋如何在服務設計專案中使用這些工具。

本章也包括

以假設為基礎vs.以研究為基礎的工具　40

邊界物件（Boundary objects）　43

戲劇曲線　48

步驟、接觸點、關鍵時刻　57

利害關係人術語　63

服務原型：這是你學習的方式，你也一直都是這麼學的。　68

實體證據　75

3.1 研究資料

研究資料是服務設計的核心工具之一。資料由可以收集、整併、解讀和分析的事實所組成，用以回答研究問題、傳達發現，甚至幫助預測未來結果。研究活動收集了無數的事實、觀察所得和各種素材。這些實證資料可以分為原始資料和解讀資料，也分別稱為第一層次和第二層次概念 [01]。原始資料是研究期間未經研究人員過濾的任何資料，如單純的統計資料，多少人進入商店或多少人觀看使用產品的影片等 [02]。原始資料描述未經研究員解讀的情境。

另一方面，解讀資料包含研究員對原始資料的解釋或理解，總結了研究員在原始資料或基本概念中找出的模式。由於解讀資料反映了研究員的推斷，因此，這受到研究員的教育、信仰和經驗，甚至是潛在的認知偏見的影響。解讀資料應該有充分的原始資料作為支持，以盡量減少潛在的認知偏見。

儘管研究員在研究過程中應該努力維持不可知的立場，但幾乎不太可能收集完全無偏頗的資料。打從研究員開始規劃工作的每一個決定，包括抽樣、應用的方法等等，都是有意識或無意識的選擇，影響著資料內容，及至最終研究成果。

原始資料的類型
（第一層概念）

 文本（實地記錄、逐字稿等）

數位（統計、指標等）

 照片和畫面截圖

 影片

 錄音

物件（票根、傳單、地圖等）

01 了解更多有關第一層次和第二層次概念，見 5.1.3 節**資料收集**。

02「產品」一詞描述了公司提供的任何事物，無論有形與否。在學術界，產品分為商品和服務。但是，產品通常是一整套服務和實體／數位產品。由於「商品」一般指的是有形的物品，因此我們喜歡將它稱為實體／數位產品。更多相關內容，見 2.5 節中的**服務設計與服務主導邏輯：天作之合**文字框。

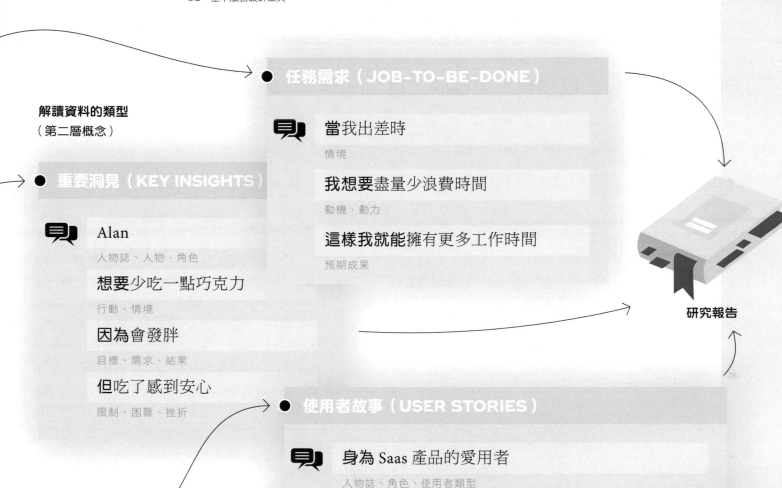

解讀資料的類型
（第二層概念）

重要洞見（KEY INSIGHTS）

Alan
人物誌、人物、角色

想要少吃一點巧克力
行動、情境

因為會發胖
目標、需求、結果

但吃了感到安心
限制、困難、挫折

任務需求（JOB-TO-BE-DONE）

當我出差時
情境

我想要盡量少浪費時間
動機、動力

這樣我就能擁有更多工作時間
預期成果

使用者故事（USER STORIES）

身為 Saas 產品的愛用者
人物誌、角色、使用者類型

我想要收據能直接寄給財務部門
行動

這樣一來我就不需要每個月自己處理
結果

研究報告

以假設為基礎 vs. 以研究為基礎的工具

當你必須使用由他人準備的工具（例如，旅程圖或人物誌）時，第一件事就是詢問這些資料是從研究而來還是從假設而來。如果只是基於假設，那就提出質疑吧。

確認服務設計中使用的工具內容是以假設還是研究為基礎，能幫助你了解案子有多扎實和可信。特別是當在看別人的工作成果時，這個因素決定你應該提出多少質疑。在工具內容中精確呈現背後的研究，例如標出註腳或引述，可以提高內容的信度。通常，研究聲明需有基礎研究設計重要的部分，包括使用哪種研究方法、在何時何地進行了多少次訪談或觀察，以及是否應用了理論飽和和三角交叉法的基本規則 [03]。

使用任何服務設計工具來傳達的資訊，例如人物誌、旅程圖、系統圖、商業模式圖等等，都可以從假設或研究而來。

→ **以假設為基礎**

這類工具的內容基於假設而非研究資料。資訊的品質取決於工具製作者對主題的了解。通常，你可以進一步區分「臨時」製作的工具，也就是用來做研究計劃的快速初版，以及在共創工作坊期間建立的工具。如果工作坊參與者對這一主題有深刻的了解，並獲得了適當的引導，那麼後者的品質就會非常好。

→ **以研究為基礎**

這類工具的內容基於研究資料。如果研究做得好，基於研究的工具會比基於假設的工具更厲害。以假設為基礎的工具常會慢慢發展成研究為基礎的工具，因為假設會受到挑戰質疑，也會發現研究缺口，接著透過迭代研究循環彌補起來。這需要較多的時間和資源，不過當然，若資訊來自真實的研究，那麼用於表現事物當前狀態的工具就更強大，也更貼近現實。◄

03 見 5.1 節 服務設計研究的流程。

3.2 人物誌

人物誌是特定一群人的側寫，例如一組客戶或使用者、市場區隔、一組員工或任何利害關係人族群。**這個側寫不是刻板印象，而是以真實研究為基礎的原型。**人物誌雖然是虛構的，卻能幫助我們更容易理解具有相似服務需求的族群。但是要注意，具有特定服務需求和目標的人不一定與傳統的行銷的目標客群一致。人物誌表達的需求通常會跨越幾個族群，因此能打破可能阻礙服務設計工作的行銷穀倉效應。人物誌應盡可能以研究為基礎，為一群有共同需求或共同行為模式的人們發聲 04。

人物誌可用在與團隊內部和外部、跨不同部門、跨組織分享研究成果和洞見。它是設計團隊可以共同討論的「角色」，也作為邊界物件來協調跨領域團隊 05。它能幫助團隊達成共識，建立對顧客族群的同理心，並穿上不同利害關係人的鞋子，用心了解需求，檢視他們的任務。人物誌在整個設計過程中都會是有用的參考，可以整理成對公司顧客或目標族群共感的形式，讓每個人都能共享運用。有些公司甚至還會把它做成真人大小的立牌，在開會的時候使用，以帶入某些觀點。

Ⓐ 角色照片

放一張代表性的照片或圖片。避免使用名人的圖像以防止產生偏見，也增加真實感。你也可以使用性別、年齡和中性族裔的草圖或照片來顯示共通屬性、目標、動機、任務或行為，以**避免帶有刻板印象的假設。**

Ⓑ 名字

名字反映了人物誌的背景和社會環境。有時候，也可以在副標加上原型，或附帶描述代表的利害關係人或目標族群。

Ⓒ 基本資料

基本資料（例如年齡、性別或地理位置）為人物誌增加了脈絡，也很快能為設計團隊建立特定目標群組的樣貌。這部分也容易落入刻板印象，所以要小心使用。基本資料對目標客群本身的意義並不大，且在預測品味或行為時，易產生誤導。

💬 專家意見

「人物誌的有效期限應為 12個月左右。在一年裡，有許多技術、組織和政策面都會改變，你不會想參考舊資料來進行設計吧。」

— Hazel White

04 有關如何在服務設計專案中使用人物誌，見 5.4.3 節**案例：發展並使用寶貴的人物誌。**

05 見下述**邊界物件**（*Boundary Objects*）文字框。

Persona

Morena Rivera
姓名

36　　👤　　鐵路公司會計
年齡　　性別　　職業

已婚，育有一子　　西班牙
婚姻狀況　　　　　國籍

💬「有時我就只想在沙發上放空休息，看整晚的電視……」
典型引述

Morena 就是家附近那位親切的母親。她在國家鐵路公司有份穩定的工作。她和先生 Marco 的稅後月所得為 5,000 美元。Marco 非常喜歡戶外活動，所以一有機會，夫婦倆就會和 9 歲的兒子 Josh 一起去健行。**Morena 對科技不太感興趣，她希望東西能順手好用就好。**

一般說明

20,000　　　**24 %**　　　**3**　　　**377**

Ⓓ **引述**
用一句話總結這個人物誌的態度。引述很容易記憶，有助團隊成員快速建立共感。

Ⓔ **情緒板**
這類圖片豐富了人物誌的背景，說明了角色的周遭環境、行為模式，以及目標和動機。人物誌口袋、錢包或包包裡隨身攜帶的物品照片就是一種常見的脈絡式圖片。你也可以用情緒板將手繪素材加到文字描述中。

Ⓕ **描述小故事**
用描述小故事來顯示人物誌的特徵、個性、態度、興趣、技能、需求、期望、動機、目標、挫折，喜歡的品牌或科技，或背景故事。這些資訊應包括研究問題內的細節或與人物誌有關的的公司。盡量避免使用與設計挑戰或研究問題無關的的人物誌內容。

Ⓖ **統計資料**
將統計資料視覺化來顯示相關量化資訊。具有代表性的統計資料可以提高人物誌的信度，特別是在以量化為基礎的管理或行銷情境會更有幫助。統計資料可以作為人物誌的起點，也可以當作質化描述的佐證。

邊界物件（Boundary Objects）

邊界物件是在不同的社會世界中具有不同意義的事物，但是這些事物的結構對於一個以上的世界來說共通性夠高，易於理解學習，也是一種轉譯手段。邊界物件的創造和管理是發展和維持相交社會世界間一致性的關鍵[O6]。

有時，如果有共同的物件，具有不同技能的人就可以更容易相互理解。

以旅程圖為例。由服務設計專家、業務人員和軟體開發人員組成的服務設計團隊在圖中看到的東西是不一樣的：例如，提升好經驗的機會點、交叉銷售的機會或潛在的技術挑戰。有趣的是，這三個人看的是同一張旅程圖，但每個人都可以擷取各自在專案中所需的部分，也就是在旅程圖上並不明顯，但卻可以被他們的專家之眼看到的資訊。當這些人看著同一個物件，他們會找出不同的問題區域，得出不同的結論，並產生不同的想法。在這個情況下，旅程圖就是一種「邊界物件」，幫助不同背景和實務社群的人們[O7]共同完成一項任務[O8]。

邊界物件在使用讓跨領域背景的人易於理解的語言和模型時效果最好。這類物件是一種簡單的語言，為利害關係人提供統一的溝通形式。本章介紹的服務設計工具就可以在服務設計流程的各種活動中當作邊界物件，以達到不同目的。但是，其實它們也不能一直這樣用。雖然邊界物件能幫助大家對概念有共同的理解，但在某些時候，專家還是需要用他們自己專業的語言在各自的領域內作業。部分服務設計工具可以加入其他人不懂的特定領域（技術）語言。為了將工作帶回自己的設計團隊繼續，專家可以修改現有的服務設計工具，或建立新的工具，再次成為具備共通語言的邊界物件，讓每個人都能使用。◀

O6 Star, S. L., & Griesemer, J. R. (1989). "Institutional Ecology, Translations' and Boundary Objects: Amateurs and Professionals in Berkeley's Museum of Vertebrate Zoology, 1907-39." *Social Studies of Science*, 19(3), 387-420.

O7 Wenger, E. (1998). *Communities of Practice: Learning, Meaning, and Identity*. Cambridge University Press.

O8 Rhinow, H., Köppen, E., & Meinel, C. (2012, July). "Prototypes as Boundary Objects in Innovation Processes." *Proceedings of the 2012 International Conference on Design Research Society*, 1-10.

3.3 旅程圖

旅程圖能讓我們清楚看見人們一段時間的經驗。例如，端到端顧客旅程圖可以展現顧客對服務、實體、數位產品或品牌的整體經驗。通常包括需求出現、搜尋服務、預訂和付款、使用服務等，以及在遇到問題時的客訴或再次回頭使用服務。

旅程圖是一套以人為本的工具，不僅包括顧客與公司互動的步驟，也顯示了關鍵經驗。旅程圖幫助我們找到顧客體驗中的缺口並探索潛在的解決方案。它們可用來展現既有經驗，以及可能的未來經驗。像電影中一連串的場景一樣，旅程圖也是由一連串的步驟所組成（也稱為事件、時刻、經驗、互動、活動等）。

旅程圖有各種比例和範疇，通常會需要幾份來表示一段經驗或服務的不同面向：從高層次的圖展現端到端的體驗，到關注一段高層次的旅程其中一個詳細步驟的圖，以及對微互動描述地非常詳盡的版本。不同比例、大小的想法適用於任何圖表。例如，當在開車跨越不同州時，需要一張大比例的地圖，顯示城市之間的主要快速道路，但到達目的地時，就需要一個較小比例的街道地圖來尋找特定的街道和地標。

不同「縮放」程度的旅程圖也是一樣的。旅程圖可以顯示 30 年的貸款經驗，從找房、簽合約、入住、付貸款、直到貸款付完為止。另一張則可以進一步放大，只詳細說明一小時的業務諮詢。你可以根據目的決定地圖中不同類型的資訊。當在比較不同的地圖時，圖上可能會有些一般資訊，但同時也有非常具體的資料。例如，街道地圖會特別彰顯駕駛所需的資料，航海地圖會有航行資訊，採礦地圖則顯示資源的確切位置。在旅程圖中也有類似的模式，圖上包含不同用途的特定資訊，同時也有一些一般的資料。

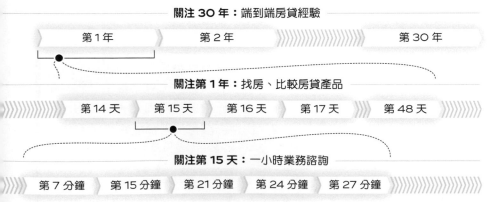

關注 30 年：端到端房貸經驗

| 第 1 年 | 第 2 年 | 第 30 年 |

關注第 1 年：找房、比較房貸產品

| 第 14 天 | 第 15 天 | 第 16 天 | 第 17 天 | 第 48 天 |

關注第 15 天：一小時業務諮詢

| 第 7 分鐘 | 第 15 分鐘 | 第 21 分鐘 | 第 24 分鐘 | 第 27 分鐘 |

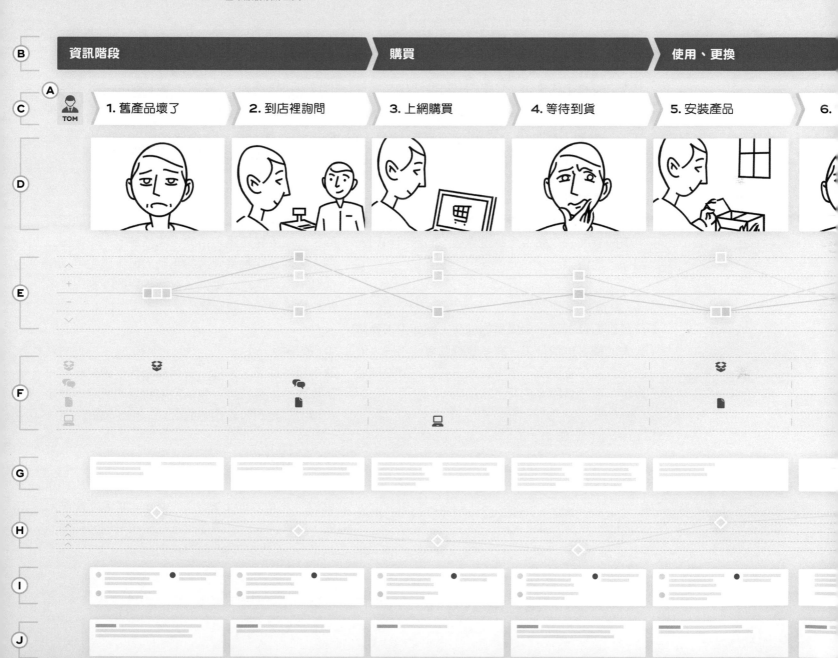

旅程圖使無形的經驗變得清晰可見，並促進團隊成員之間的共同理解。這是一種用簡單、共感的方式來將資訊視覺化，但圖的品質取決於來源資料的品質。旅程圖並沒有要展現整個複雜服務內的所有選項，像是決策樹或「假如…就…」循環，而是單純顯示一個典型或特別有趣的服務例子。旅程圖形成一種邊界物件[09]，讓不同的團隊能以顧客經驗為依歸，有效、有創意地合作。它也可以是一份活的文件，跟著工作坊和研究循環中不斷發展和改變，作為組織裡不同部門和利害關係人的橋梁[10]。

Ⓐ 主角

旅程圖始終關注一個主角的經驗，例如由人物誌代表的顧客群或員工。有些旅程圖會將不同人的視角放在一張圖上，用來比較不同顧客群之間的經驗，或比較顧客和員工的經驗。

Ⓑ 階段

階段代表主要角色的主要經驗段落，例如，典型的買方決策過程：「問題／需求產生」、「搜尋資訊」、「評估各種選擇」、「購買決策」、和「購買後行為」。階段幫助架構旅程圖，並建立圖的範疇。每一個階段通常帶有幾個步驟[11]。

Ⓒ 步驟

旅程圖將經驗用主角的視角，展開成一系列的步驟。一個步驟就是主角的一個經驗，例如與另一個人、機器或數位介面的互動。但步驟也可以是活動，像是走路或等待。每個步驟的詳細程度取決於旅程圖的整體範疇。

Ⓓ 故事板

故事板用插圖、照片、螢幕截圖或草圖來說明每個步驟的故事情境，包括環境背景和脈絡。故事板增加了我們對旅程圖的共感，也瀏覽更快速。

Ⓔ 情感旅程

情感旅程顯示主角在每一步驟裡的滿意度，通常是 -2（非常負面）到 +2（非常正面）的範圍區間。情感旅程可以顯示特定經驗中明顯的問題。

09 見 3.2 節中的 **邊界物件**（*Boundary Objects*）文字框。

10 有關如何在服務設計專案中使用人物誌，見 5.4.4 節 **案例：用旅程圖描繪研究資料**，以及 5.4.5 節 **案例：建立現況與未來旅程圖**。

11 見 Engel, J.F., Kollat, D.T., and Blackwell, R.D. (1968). *Consumer Behavior*; 1st ed., New York: Holt, Rine-hart and Winston。

Ⓕ 通路

通路指的是在特定步驟中用來溝通的方式，例如面對面互動、網站、App、電視廣告或紙本廣告物。找出主角會使用哪些通路，能幫助我們了解跨通路的經驗。高層次的圖能顯示所有可能通路，也對各種端到端旅程提供完整的概觀描述。

Ⓖ 利害關係人

在旅程圖每個步驟中的利害關係人列表，顯示了哪些內部或外部利害關係人是步驟的一環，或是負責此步驟的角色。這有助於你找到對的關鍵角色來進行研究、原型設計和落實。

Ⓗ 戲劇曲線

戲劇曲線描繪了每個步驟中主要角色的參與程度，例如，從 1（非常低）到 5（非常高）。這類有張力的曲線是戲劇、電影和書中講故事的常見概念。在服務設計裡，這些曲線通常用來反映經驗的步調和節奏。

Ⓘ 後台流程

後台流程用視覺化的圖表銜接了主角在前台經驗的步驟與後台的流程。後台流程顯示特定步驟中涉及或觸發的部門和系統。有後台流程的旅程圖可以提供和服務藍圖相同的資訊。這兩種工具常會混合並用。

Ⓙ 假如？

在每一步提出「假如？」的問句，像是「可能出現什麼問題呢？」這有助於檢視服務復原系統是否有到位。接著，就可以將中間發生的重要情境或問題展開為單獨的旅程圖。

代辦任務

代辦任務（JTBD，有時也稱為使用者／顧客任務）描述了特定的實體、數位服務或產品，幫助顧客在整個旅程地圖或特定的步驟中實現的目標。這能幫助我們跳脫現有的解決方案，創造新的框架，找尋機會點，也找出一些對顧客沒有價值，完全只因服務流程才存在的步驟。

轉換漏斗

轉換漏斗展現相關步驟之間的轉換率，例如，有多少人進入商店、有多少人瀏覽某產品、有多少人與員工互動，以及實際進行購買的數量。我們可以對線上和線下旅程圖進行轉換分析，顯示主角在哪一步離開某個流程，以提出問題，進一步研究這個人為何在這個時刻離開。

戲劇曲線

戲劇曲線（更常說的是「張力曲線」）是演藝界眾所周知的描述方式，意指一部作品或表演中高低起伏互動的順序和節奏。從亞里士多德、好萊塢，到夜店的 DJ，業內人士都知道，戲劇曲線決定了體驗的成敗。

讓我們談談服務：服務旅程的戲劇曲線可以讓我們深入了解人們真正的經驗，以及使用者認同或拒絕服務的原因。在旅程圖上把高度和低度互動的時刻標記起來 [12]，就可以清楚看見一段經驗的戲劇曲線，並用來理解這段經驗，幫助聚焦概念發想。

龐德電影（或搖滾演唱會）中經典的「砰！嗶！哇！哇啊啊！轟一！」[13] 曲線與遊輪或迪斯尼樂園等商業類體驗的曲線非常相似，如下頁這張圖，展現了一段有用的曲線，從強大的開始（「砰！」），接著是情緒的上升、間歇休止（「嗶！哇！哇啊啊！」），非常強烈的漸強（「轟一!!」），直到落幕（「啊……」）。在工作中，會出現各種不同的曲線，有很多種變化，效果則各有成敗。

服務體驗也有戲劇曲線，這些曲線通常都很獨特，但即使不是常見的模式，我們還是可以從分析和變化中有所獲得。要記得，互動高不見得都是令人興奮、熱鬧或「華麗」的時刻。只要與顧客（或觀眾）連結性強，安靜的時刻也可以非常吸引人。重要的是，戲劇弧線的高點不一定「好」，低點不一定「糟」。戲劇弧線的高低代表**互動程度**，而非滿意度。

我們常認為高價值等於「興奮、扣人心弦的」，低價值則是「冷場的」。但其實，兩者都有自己的位置一也正因為這樣的交互作用，讓服務經驗與眾不同。

試著在你的旅程圖中加入戲劇曲線。檢視經驗旅程是不是超載了？是否在前期就投注太多資源？前期的承諾有兌現嗎？低或高的互動期是否過長？是要增加一個亮點，還是要讓一個不太引人注目的步驟受到關注，以提高互動，並更清楚地顯示價值？（這通常蠻實用的）把曲線與情感旅程圖做個比較，如果有個不滿意的時刻（情感旅程的低點）卻又帶有高度互動（戲劇曲線上的高峰），這就有點危險了。例如，服務生在簡餐店把湯灑到你身上（滿意度低，互動度低），會有點煩人。但如果服務生在你的婚宴上把湯灑到你的禮服上（滿意度低，互動度超高），那就是一場災難。理想情況下，最愉快的經驗會發生在高度互動的時刻。◀

12 這些資訊可以透過觀察顧客的肢體語言和臉部表情、訪查技巧，甚至用生理測量（如測謊儀這類方法，當然這是高度侵入性）來找到。團隊若能看著旅程圖並且抱著誠實、甚至近幾懷疑的眼光來評估使用者在每個步驟的互動，就已經很夠概念發想了。

13 更多戲劇曲線和 007 相關資訊，見 Lawrence, A. & Hormeß, M. (2012). "Boom! Wow. Wow! WOW! BOOOOM!!!: James Bond, Miss Marple and Dramatic Arcs in Services." *Touchpoint* (4)2。

007 電影	第一特技 場景	片頭名單 和簡介	新地點 和風險	新地點	龐德 遇到危險	新地點	龐德 遇到危險	進入 大魔王領域	拯救世界	龐德最後 失敗了
遊輪	抵達 第一場宴會	私人船艙 休息	靠岸 晚間表演	私人船艙 休息	靠岸 晚間表演	私人船艙 休息	靠岸 晚間表演	私人 船艙休息	船長晚宴	私人船艙 休息　賦歸 遊輪離開
迪士尼 樂園	漫步園區	上廁所 休息	有趣景點 玩樂	買東西 吃東西	有趣景點 玩樂	買東西 吃東西	有趣景點 玩樂	買東西 吃東西	遊行 看煙火	放鬆和 遊客聊天

部分演藝界的戲劇曲線也能在顧客體驗中看到：

1　史詩型

（緩慢的開始，漸漸引人入勝）可以在建商服務或醫美手術中看到。就像「魔戒」故事一樣，但緩慢的開始可能帶來對專案的懷疑和放棄。

2　探案型

（開頭驚險又神秘，中段慢下來，來到刺激的結局）這像是精心設計的教育類服務，有個引人入勝的開始或未來亮點的「體驗活動」，帶著我們在經過期中的例行活動，直到期末考。

3　追劇型

（平緩、起伏較小的曲線，被刺激的「本季大結局」給中斷）非常類似愛爾蘭酒吧的曲線（週六、週六、週六、聖派翠克節 !!），或教堂（週日、週日、週日、復活節 !!），或是電信合約（帳單、帳單、帳單、新手機 !!）。

質化研究資料

質化研究資料如顧客或員工的引述、研究員的觀察，或影片、照片和螢幕截圖等，豐富了旅程圖，並提高了可信度。

量化研究資料

量化研究資料是統計資料和量測標準，例如，特定步驟或通路的滿意度調查，可以提高旅程圖的信度，並作為質化研究資料的佐證。

自訂欄位

你可以自行增加更多欄位，展現專案的特定內容。例如，關鍵績效指標（KPI）、其他旅程圖或文件參考（檔案、超連結等）、責任歸屬、或信度指標（基於假設或基於研究）。

3.3.1　旅程圖的類型

即使大多數旅程圖的結構都差不多，還是有各種不同類型。旅程圖所展現的品質、聚焦的面向和細節程度則取決於許多因素。

以下是在建立或評估、使用他人的旅程圖時需要考慮的六項因素。

1. 信度：以假設為基礎 vs. 以研究為基礎的旅程圖

一定要確認旅程圖內的資訊是以假設還是研究為基礎，因為這是關係到信度的重要因素之一 [14]。

2. 旅程圖狀態：「現況」vs.「未來」旅程圖

旅程圖可以顯示現況經驗（「現況」旅程圖），也可用來展現未來的經驗（「未來」旅程圖）[15]。

現況圖表描述一個人如何體驗現有的服務或實體／數位產品。現況旅程圖主要用來檢視目前經驗中的缺口，並找出改進服務和實體或數位產品的機會點。可以作為組織團隊成員或部門之間、跨領域共創團隊的成員之間，或設計公司與客戶之間的邊界物件，清楚傳達顧客體驗中的缺口。

未來旅程圖展現了一段人們在還未存在的服務或實體／數位產品中可能會有的體驗。未來旅程圖可以幫助人們想像、理解和試用預期的經驗和使用脈絡，幫助挑選應進行原型測試的部分或特定步驟。

14 見本章前半段**以假設為基礎 vs. 以研究為基礎**的工具文字框內容。

15 見 5.4.5 節**案例：建立現況與未來旅程圖**中的範例，在服務設計專案中使用現況和未來旅程圖。

3. 主角／視角：「顧客」vs.「員工」旅程圖

雖然旅程圖主要是用來展現顧客經驗，但它也可用來展現其他利害關係人（如員工）的經驗。**積極的員工是良好顧客經驗的關鍵因素，因此，討論員工的經驗應該是非常有價值的吧？** 員工旅程圖涵蓋了每日例行公事或每月銷售週期，幫助我們了解可以怎麼改善員工的工作體驗。

其他旅程圖其實結合了將顧客與員工的經驗。這樣一來，顧客和員工之間的互動以及發生在後台的員工行動（例如，在顧客等候時）都能清晰可見。另一方面，這類混合的旅程圖還可以揭露顧客在員工接觸不到的活動中遇到的問題，例如，顧客在等候車子進廠維修的一小時期間，都在做什麼？

4. 範疇和大小比例：高層次 vs. 細節旅程圖

建立旅程圖時最大的問題之一是比例的選擇：從哪裡開始？在哪裡結束？應該關注什麼？這張圖的「縮放程度」為何？

這取決於專案進行的階段，以及建立這份旅程圖的原因。如果這份旅程圖是為了建構後續研究，那應該就要非常全面。但是，若現在的目標是傳達一個想法或問題，那麼聚焦於一小部分重點，展現大量顧客需求，也說明你的想法如何滿足這些需求就會很有用。這樣可以提供強大的情感訊息，也是電影製作人這類說書人會專注於某些關鍵場景的原因。

就像戲劇或電影可以在一些場景中展示人的一生一樣，旅程圖也可以用局部視角展現服務的整體價值和調性。顧客旅程的規模可能從幾秒鐘（飯店的辦理住宿手續經驗）到幾十年（房地產貸款的端到端體驗）。拉得越遠，經驗就越長（但細節較少）；放得越大，描繪得經驗長度就越短，也帶有更多細節。要用哪種通常不用二選一，但你得不斷在不同的縮放程度之間來回。

5. 聚焦：產品導向 vs. 經驗導向的旅程圖

產品（或提供者／品牌）導向的旅程圖只會有接觸點 [16]，換句話說，僅表示顧客與服務、實體或數位產品或品牌之間的互動的步驟。這類旅程圖忽略了所有公司無法觸及到的步驟。在某些情況下，產品導向的旅程圖有助於展現特定且詳細的體驗，例如某個軟體的入門（onboarding）經

16　見 3.3 節中的**步驟、接觸點、關鍵時刻**文字框。

驗，或像是顧客生命週期圖這類非常高層次的經驗。但有時，會有這類旅程圖往往只是因為認為顧客的心中只有我們家公司，完全不想別的事一樣。例如，能源供應商想要建立一份旅程圖，說明新客戶在遷入此區時如何註冊電力服務。如果只繪製接觸點（在網站上收集資訊、線上註冊、收到合約和簽約等），而不考慮客戶搬家時必須做的其他步驟（打包、搬家、改地址等），這張圖就會錯過許多可能的問題和機會，也完全不能反映整個情境脈絡。

經驗導向的旅程圖反映了情境脈絡，展示了接觸點在整體經驗中的樣貌。很多時候，使用服務或產品並不是人們的主要目標。你可能聽過哈佛行銷教授李維特（Theodore Levitt）的名言：「人們要的不是電鑽，而是要打一個洞。」但事實上，人們其實也不是想要在牆上鑽洞，他們要的只是一個舒適的客廳。為了實現目標，他們需要做很多事，例如與同居者一起選一幅畫、買畫、在牆上鑽一個洞，然後安裝掛鉤把它掛上去。只關注電鑽、畫或掛鉤都會讓我們忽略人們使用這些物件的主要原因[17]。

回到剛剛電力服務的例子，人們根本不是想「成為你的顧客」或處理任何相關事項。大家只是想要打開開關時，家裡的燈會亮。以體驗為中心的旅程圖讓我們更能貼近人們真正想實現的目標，而不僅是與公司的互動。

這也改變了公司努力解決的設計挑戰。例如，從「我們提供給顧客什麼樣的入門體驗呢？」（較產品導向的問題），轉向「人們搬家的整體經驗是什麼？」「在這情況下，能源供應商的角色是什麼？」以及「在這情況下，能源供應商與其他如水、瓦斯、電話、網路等服務供應商相比，角色是什麼？」（較經驗導向的問題）。

⁙ 6. 欄位和深度：
在旅程圖中增加欄位

我們可以用不同的新欄位來讓旅程圖變得更完善。本章所述的欄位只是一些例子，並不追求完整性。哪些比較有用取決於專案的主軸，欄位也常常必須修正，以符合專案的目的。

---

[17] 在旅程圖中，這部分通常用代辦任務（JTBD）或使用者／顧客任務欄位來說明。

經驗導向的旅程圖從顧客的角度展現整體經驗（例如：從一個家搬到另一個家）。產品導向的旅程圖則只關注接觸點，也就是顧客與產品／服務／品牌的互動。

經驗導向的旅程圖

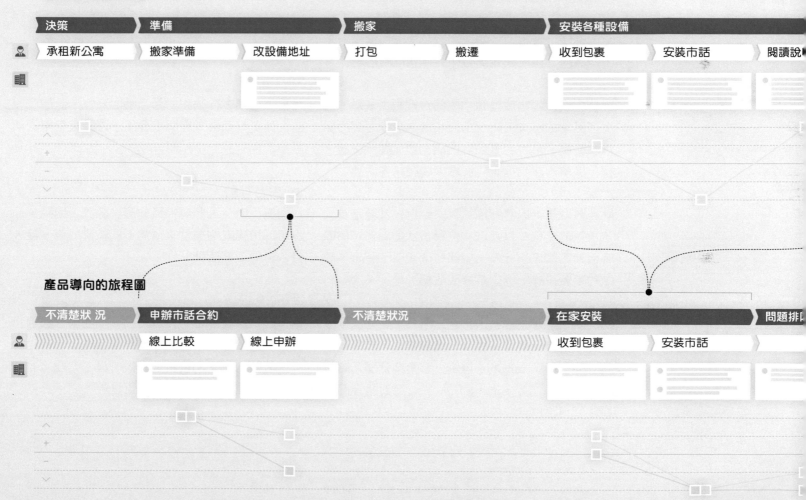

決策	準備		搬家		安裝各種設備		
承租新公寓	搬家準備	改設備地址	打包	搬遷	收到包裹	安裝市話	閱讀說

產品導向的旅程圖

不清楚狀況	申辦市話合約		不清楚狀況	在家安裝		問題排
	線上比較	線上申辦		收到包裹	安裝市話	

3.3.2　服務藍圖

服務藍圖可以說是旅程圖的延伸，目的是連接顧客經驗與前台、後台員工流程以及支援流程。**「前台」是與使用者直接接觸的人和流程，「後台」是使用者看不見的人和流程，**支援流程則是由組織內其他人或外部合作夥伴執行的活動。[18]

服務藍圖以顧客旅程圖中的前台經驗為基礎，增加了更深的層次，顯示前台和後台流程之間的關係和從屬。它說明了顧客的活動如何觸發服務流程，以及內部流程如何反過來觸發顧客活動。

服務藍圖還可以詳細描述單一部門，甚至是員工／角色的流程，以及這些流程彼此的關係、與顧客活動的關係。此外，服務藍圖說明了特定步驟中的實體證據，例如票據或收據。

Ⓐ 實體證據

實體證據是顧客會接觸到的實體物件，也是經過設計的。除了 tangible 物件，透過非實體通路傳遞的訊息（像是 email、簡訊、或互動語音回覆系統）也都包含在內。

Ⓑ 顧客行動

顧客行動描述了顧客在旅程圖的每一個步驟做的事情，一個顧客行動可能包括多個實體證據。當行動觸發一段前台／後台流程，或反過來被某個流程引起的行動時，顧客行動會與前後台互動相互連結。

Ⓒ 互動線

互動線是顧客行動和前台互動的分野。若顧客和前台員工有互動，藍圖上會用一跨越互動線的線段顯示。

Ⓓ 前台行動

這個欄位顯示人們看得見的第一線員工活動。你也可以用獨立的欄位來描述不同職責的第一線人員各自的細部活動。

Ⓔ 可見線

第一線人員將前台、後台行動分隔開來。若前台員工跑到後台，他做的事就會顯示在後台行動欄位。若前台員工和後台或支援的員工有往來，這樣的互動在藍圖中就會跨越可見線。

18　關於服務藍圖，大家常引用的一篇文章是 Stostack, G. L. (1984). "Designing Services That Deliver." *Harvard Business Review*, 62(1), 133–139。另一篇是 Bitner, M.J., Ostrom, A. L., & Morgan, F. N. (2008), "Service Blueprinting: A Practical Technique for Service Innovation," *California Management Review*, 50(3), 66–94。關於服務藍圖的範例，見 5.4.1 節**案例：運用民族誌法，獲得可行的洞見。**

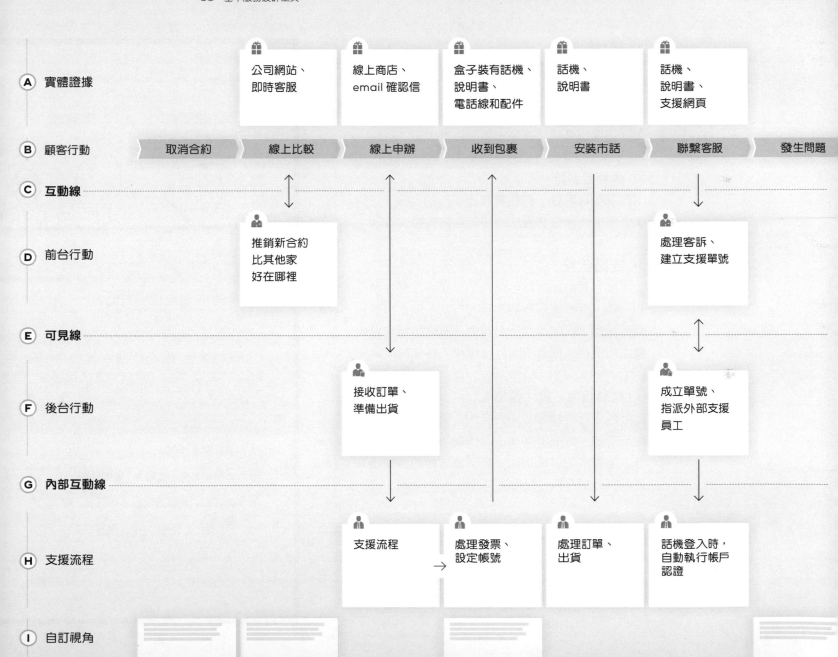

Ⓕ 後台行動

後台行動是第一線人員所執行，但顧客看不到的事，這些活動在可見線以下發生。後台互動有時會與前台行動和支援流程相互關聯。你也可以用獨立的欄位來描述特定人員的行動。

Ⓖ 內部互動線

內部互動線劃分了與組織其他部門的界線。這條線之下的流程是其他部門或團隊的支援流程。

Ⓗ 支援流程

支援流程是由組織其他部門或外部合作夥伴執行的活動。支援流程會觸發顧客行動、前台行動和後台行動，或被這些行動觸發。有時，也可以用獨立的欄位來描述不同外部單位、夥伴的活動。

Ⓘ 自訂視角／線／欄位

你可以自行根據專案的內容加入更多的線段、欄位，例如，數位前端和後端的欄位、技術系統列表、規範準則、或是加一條明確的外部活動線來彰顯與外部夥伴、組織的互動。

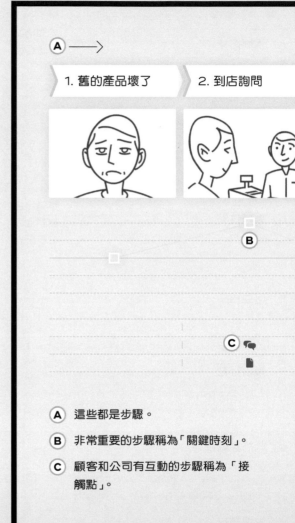

Ⓐ 這些都是步驟。

Ⓑ 非常重要的步驟稱為「關鍵時刻」。

Ⓒ 顧客和公司有互動的步驟稱為「接觸點」。

步驟、接觸點、關鍵時刻

旅程圖從一位主角的觀點出發，用一連串的步驟來描述一段經驗。這位主角可以是使用者、顧客、員工、目標族群、人物誌等等。並不是所有的步驟都是和公司的互動，很多重要的事往往會發生在公司觸及不到的地方。為了釐清這些步驟，我們需要清楚的用語，可惜這些術語目前還沒有普遍的定義，有時同一個團隊內的人也會根據自己的目的交叉並用。以下是本書中關於旅程圖的幾個主要相關用語。

步驟

步驟就是主角的經驗。一個步驟可以是與另一個人的對話、和某機器的互動、或數位介面的使用，但步驟也可以是活動，例如走路或等候。每一步驟的細節程度取決於旅程的的規模大小。有時，一個步驟可能是好幾天的經驗（例如：等候商品寄達），也可能只有幾秒鐘（例如：在櫃台打招呼）。

接觸點

所有顧客與公司的互動都稱為「接觸點」[19]。這些接觸點可能涵蓋不同的管道，像是觀看電視廣告或線上閱讀產品詳細資訊。接觸點也分為直接的接觸點，例如打給客服、在公司網站上找資料，和間接的接觸點，例如在第三方網站上閱讀評價。

關鍵時刻

使用者、顧客或組織決定性的步驟通常稱為「關鍵時刻（MoT）」[20]，是顧客對公司、服務或實體、數位產品改觀的關鍵性步驟。例如，當顧客第一次聽說某新產品時（產生期待）或第一次見到產品本人時（產生嚮往），或第一次使用產品時（將產品的品質、經驗感受與心中的期待比較）。◀

19 自90年代初以來，「接觸點」這個詞就已在品牌相關文獻中出現，用來描述顧客和品牌之間任何接觸的時刻。在服務設計的文獻中，Jeff Howard 整理了這個詞是在何時首次被使用，以及它在服務設計中的發展。取自 Howard, J. (2008). "On the Origin of Touchpoints," 見 *http://designforservice.wordpress.com*。

20 我們對「關鍵時刻」的定義與其原始含意並不同。這個詞最初由 Richard Normann 在1980年代提出，後來由 Jan Carlson 推廣普及，見 Carlson, J. (1987). *Moments of Truth: New Strategies for Today's Customer-Driven Economy*. Ballinger。Carlson 認為 MoT 指的是顧客與公司之間的任何互動，但 MoT 的定義隨著時間不斷演變，網路上也有不少文章和研討會討論。我們在本書中採用它共通的說法，關鍵時刻是顧客互動高的重要接觸點，決定了整體經驗的成敗。

3.4 系統圖

系統圖將系統的主要組成元素用視覺或實體的方式展現出來，涵蓋了組織、服務或實體／數位產品。系統圖可以包含大量的元素，例如人、利害關係人、流程、結構、服務、實體產品、數位產品、管道、平台、地點、途徑、見解、原因、影響、KPI 等。系統圖一般是畫在紙上，用實體模型的方式展現，或呈現一群相似的真實人物關係。

我們通常會用特定視角、特定的時刻來展現系統。由於生態系統隨時間的變化，我們需要幾份圖來表示系統的不同狀態，或使用動態的方法來說明變動之處。

把系統所有的主要元素描繪出來後，我們就可以對這些元素之間的相互作用進行分析、設計。有了視覺化的展現，複雜系統變得更易於理解，這對於處理無法定義的設計問題特別有用。系統圖不僅能反映現有（「當前狀態」）系統，更能反映未來（「未來狀態」）系統的各種情境，幫助了解決策、新元素或關係變動所帶來的影響。系統圖可用來找出或預測系統中預期或非預期的優缺點，在專案早期找出受影響的利害相關人，並納入專案過程，以增加認可或成功的機會。

「系統圖」是以系統理論／系統思考為基礎來進行概念視覺化的通稱，這些圖的名稱可能因你的背景或組織而異。以下是在服務設計中常用的系統圖 [21]：

→ 利害關係人圖

利害關係人圖描述一段特定經驗中不同利害關係人的涉入方式。這類圖可以用來了解參與者有誰、以及參與者和組織的關係。

→ 價值網絡圖

價值網絡圖是利害關係人圖的延伸，描述利害關係人之間的價值交換。這類圖可以用來了解例如金錢、商品、服務、資訊或信任感等這些價值的流動。

→ 生態系統圖

生態系統圖是利害關係人圖或價值網絡圖更大的延伸。這類圖用來說明帶有許多元素的複雜系統，例如人、機器、介面、裝置、平台、系統等等，以及各元素之間關係的的相互依賴性。

21 除了本書中的三種系統圖外，還有更多如流程地圖、流程圖或技術圖等類型。請根據你的專案選用適合的圖。

3.4.1　利害關係人圖

利害關係人圖描繪了經驗中的各個利害關係人。基本上表達的是：「誰是這段經驗裡最重要的人和組織？」當我們列出不同的客群或人物誌、前後台員工或部門、合作組織以及對經驗有直接或間接影響的其他利害關係人，就可以繪製和分析這些群體之間的相互作用。利害關係人圖幫助我們了解哪些利害關係人在生態系統裡，釐清現有關係，找出利害關係人之間非正式的網絡或摩擦，並幫我們找到看不見的商業機會。

在顧客旅程中，顧客會與各個內部和外部利害關係人互動。當人們使用網站、App、機器、平台時，他們並不會知道這之中有哪些利害關係人，也不會想是誰在負責維護系統、誰處理資訊[22]。利害關係人圖讓設計團隊能對設計系統進行重新設計，可以增加或移除某些利害關係人，建立、改變或消除利害關係人之間的關係，也可以刻意加強或減弱某些關係。

💬 專家意見

「即使是速成的系統圖也對展現因果很有幫助，特別是在有認知落差，需要進行更多研究時更有用。這些圖能彰顯我們的已知，以及無知！」

— Mike Press

1　區塊

利害關係人圖的背景取決於其目的。最簡單通用的方式是畫三個圈圈，代表不同的利害關係人族群：（A）顧客、（B）內部利害關係人、以及（C）外部利害關係人。你也可以用三個圈圈表示利害關係人圖的影響程度：（A）必要利害關係人、（B）重要利害關係人、（C）其他利害關係人。

2　利害關係人

利害關係人分別位於圖上的各區塊，可以根據部門或族群來配置（例如，依照顧客如何看待這些人）。顧客導向的組織通常將顧客放在圖的中心，但這會根據利害關係人圖的目的而有所不同，像是在內部專案中，中心可以放某個部門，在員工體驗的專案裡，則將某個員工放中間。

3　關係

利害關係人之間的關係應被清楚描繪，也要詳細地說明。關係可以說明正式和非正式網絡，顯示在系統內作為中心或瓶頸的利害關係人，也顯示正式和非正式的決策權或權力結構。

---

22 用個簡單的例子來說明使用者和顧客之間的區別：如果你幫你養的貓咪買貓食，貓咪就是吃貓食的使用者，但你則是購買貓食的顧客。

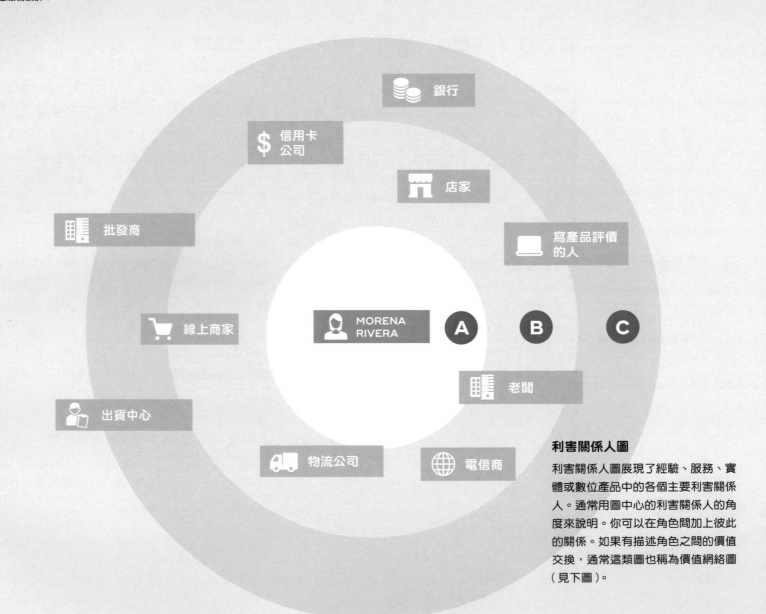

利害關係人圖

利害關係人圖展現了經驗、服務、實
體或數位產品中的各個主要利害關係
人。通常用圖中心的利害關係人的角
度來說明。你可以在角色間加上彼此
的關係。如果有描述角色之間的價值
交換，通常這類圖也稱為價值網絡圖
（見下圖）。

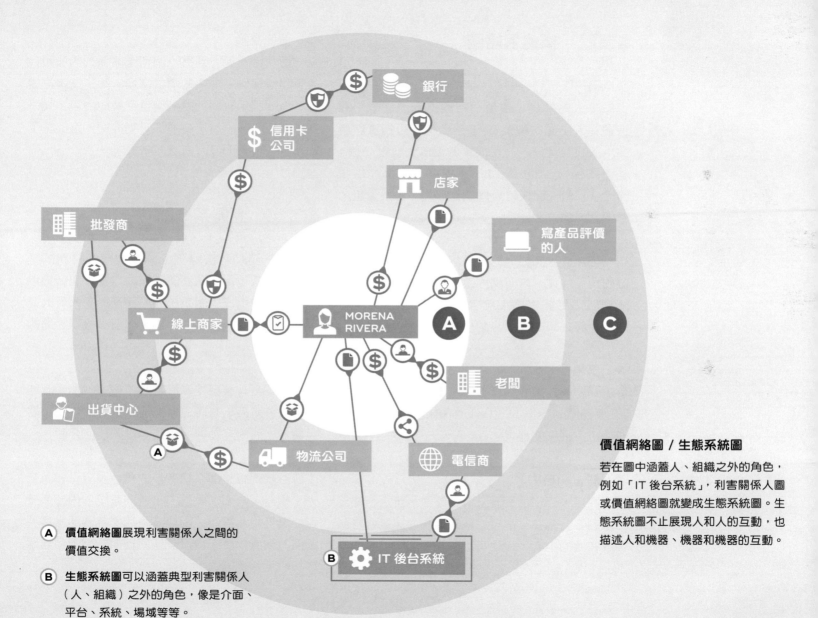

價值網絡圖 / 生態系統圖

若在圖中涵蓋人、組織之外的角色，
例如「IT 後台系統」，利害關係人圖
或價值網絡圖就變成生態系統圖。生
態系統圖不止展現人和人的互動，也
描述人和機器、機器和機器的互動。

(A) **價值網絡圖**展現利害關係人之間的
　　價值交換。

(B) **生態系統圖**可以涵蓋典型利害關係人
　　（人、組織）之外的角色，像是介面、
　　平台、系統、場域等等。

3.4.2 價值網絡圖

價值網絡圖是利害關係人圖的延伸。除了描述利害關係人的關係，價值網絡圖更細部描述了利害關係人之間的價值交換。「價值」可指實體產品、服務及金錢，一段簡單的價值交換可以是：利害關係人 A 付錢給 B，利害關係人 B 提供服務給 A。價值交換也可以是無形的，像是資訊、信任感或地位。

與利害關係人圖相似的是，價值網絡圖也是用某個視角，描述一段時間內系統的某個時刻。但價值網絡圖更能表達系統中價值的傳遞，像是資訊、金錢在網絡裡的流動。

1 區塊

價值網絡圖的形式因專案有所不同，可以很簡單（三個圈圈的版型），也可以描繪不同部門背景，或城市、國家的地域。

2 利害關係人

利害關係人分別位於圖上的各區塊，可以根據部門或顧客的認知來配置。顧客導向的組織會將顧客放在圖的中心，但也可以放某個部門或某個員工。

3 價值交換

從一個利害關係人到另一個利害關係人的箭頭代表了利害關係人之間的價值交換。除了文字描述外，icon 圖示有助於說明價值交換的內容。幾乎在所有情況下，價值交換都是雙向的，這反映了那句俗語「天下沒有白吃的午餐」。

3.4.3 生態系統圖

生態系統圖是利害關係人圖或價值網絡圖的延伸。這些圖包括了利害關係人、以及人和組織以外的其他角色。生態系統圖不僅涵蓋了人與人之間的互動，也涵蓋人與機器、機器與機器之間的互動。

現在已經沒有服務或實體產品不帶有附加或互連的服務或產品。有時，這些連結自動發生在機器與機器之間的互動間，也甚至沒有任何介面。

生態系統圖將整個系統牽涉的角色視覺化－包括人、機器、介面、設備、平台和系統。由於系統可能變得相當複雜，因此，生態系統圖通常需要不同的縮放程度，從沒有任何細節的概覽到非常詳細的子系統描述。

生態系統圖展現以下內容：

1　區塊

生態系統圖可以根據其關注的重點，使用各種不同區塊來架構。除了一般樣板（如三個圓圈）外，底板也可以表示不同的組織、部門或地理區域（例如：建築物、城市或國家）。

2　角色

生態系統圖中的角色只要是能描述系統的都算：人、部門、組織、場所、機器、介面、設備、平台、系統等。

3　關係或價值交換

生態系統圖可以使用任何方式來描述角色之間的互動，從簡單的關係描述到價值交換的插圖皆可。

利害關係人術語

服務設計中使用的術語因組織與其文化而有所不同－特別是當涉及到不同的參與者時，差異就更大。由於這可能會讓人困惑，以下列表是本書中術語的使用方式：

→ **利害關係人（Stakeholder）**
對某專案、組織或產品有所連結或有關係的人、團體或組織。

→ **使用者（User）**
使用某服務或實體／數位產品的人。

→ **顧客（Customer）**
購買某服務或實體／數位產品的人[23]。

---

23 利害關係人圖常由旅程圖延伸而來，這也是為什麼有些旅程圖會有利害關係人欄位的原因。

→ 客戶（Client）

儘管「Customer」和「Client」常常指的都是客戶，但把這些用語的意義分開會比較好做事。在服務設計脈絡裡，客戶是指向設計公司、企業內設計部門或顧問訂購和購買（服務設計）服務的個人、團體或組織[24]。

→ 服務團隊

組織內負責提供服務給使用者或顧客的個人、團體或部門。

員工

組織聘請的人。

第一線人員

組織內提供服務，並與使用者和顧客有直接互動的個人、團體或部門。

支援人員

組織內支援第一線人員，並與使用者和顧客無直接互動的個人、團體或部門。

→ 設計團隊

參與服務設計流程的一群人。

核心（服務）設計團隊

總管服務設計專案的一（小）群人，包括流程和活動計畫、工具和方法選擇以及主持引導。這些人通常是服務設計的專家。

延伸（服務）設計團隊

參與服務設計專案中不同活動（比較大的）一群人。這些人通常是跨專頁和跨領域的專家，具備與服務設計專案主題相關的特定能力。

設計公司

為其他人、團體或組織（也就是他們的客戶）在服務開發或評估時提供服務（包括設計、主持引導、顧問）的個人、團體或組織。

企業內設計部門

組織內部為組織內其他人、團體或組織（也就是他們的客戶）在服務開發或評估時提供（服務設計）服務（包括設計、主持引導、顧問）的個人、團體或部門。

顧問

暫時提供（服務設計）顧問的內外部個人、團體或組織。◀

---

24 這類情況就像一般 B2B 服務一樣，「客戶」很少只是一個人。你可能要研究一下問題本身到底是發生在誰身上，是與你聯絡的窗口，還是即將共事部門的經理。

3.5　服務原型

💬 專家意見

「原型設計對於測試創意是
非常重要的。正如 Linus
Pauling 所説,『若想要有
一個好點子,最好的方法就
是想很多點子。』原型設計
能以低擬真的方式平行測試
很多點子,這樣可以刪除不
好的點子,也讓好的點子更
進一步發展。」

— Hazel White

服務原型是仿造服務的某一段,特別安排的前後台體驗和流程(例如:排練、演練、模擬或前測),一般會慢慢提高擬真度,也會在不同的環境中測試 [25]。服務原型涵蓋或放大其他形式、更傳統實體或數位的原型作為重要的道具或階段,例如:實體草模、比例模型、wireframe 線框圖或可點擊模型。

原型這個字來自希臘文「*prototypon*」,意為某事物「最初、早期的形式」,在我們的例子中,指的是實體或數位的服務與產品。服務原型需要打造服務本身或服務體驗初步、早期體驗形式 [26]。

➡ 目的

原型是用來在服務設計流程的不同活動中進行探索、評估和溝通服務的概念。透過與原型的互動,設計團隊可以快速找出新概念中重要的部分,然後探索不同的替代解法,並評估概念在現實世界中的可行性。此外,原型也可以作為溝通工具,用來強化協作,並作為簡報、說服或激發靈感的幫手。隨著原型的進行,你可以系統性地跟著測試學習,並不斷朝向概念落實作修正,也能在服務營運期間進行改善。

➡ 原型想問的問題

原型可以間接或明確地指出問題,可能是存在整個服務中的,或服務的某部分,或是實體、數位產品物件。原型可以關注整體的端到端顧客體驗,也可以聚焦於流程中的單一步驟,或者可以放大檢視某個後台流程、問題或技術。因此,所有原型的目的都是為了後續的學習而刻意打造的,接著,我們便可以退後一步,反思並理解結果 [27]。

---

[25] 在這裡,「特別安排」指的是要把原型讓選定的受眾刻意地進行體驗,並從旁學習、研究。也就是說,如果不是特別為了學習而設計的原型,就不算是(服務)原型。

[26] 關於如何準備、規劃和管理原型測試,見第 7 章:**原型測試**。

[27] 換句話說:為了要理解和分析從原型裡獲得的回饋和資料,就必須了解原型問題。

→ **擬真度**

原型有不同的形式，細緻的階段和細節層次，反映在整個服務或服務無形、有形、數位的部分中。根據目的和想問的問題，原型可能「有點粗糙、不太完整」，也可能在早期階段就得很完美。低擬真的原型例子包括用於探索顧客旅程中重要步驟的桌上演練（desktop walkthrough）、用來了解未來產品樣貌初步想法的紙板原型（cardboard prototype），或在數位使用者介面早期階段畫的紙本草圖（sketches）。高擬真原型包括用於測試技術和可行性的情境模擬（contextual simulation）或前測（pilot）、3D 列印或沈浸式

數位 3D 模型以評估詳細的外觀，或已經與概念落實很接近的程式碼 [28]。

→ **情境和受眾**

原型要在哪裡、什麼時候使用／運作，又該由誰來體驗以獲得回饋和其他資料，是一個有意識的選擇。例如：想在店裡的營業尖峰時，讓真的顧客實際模擬，還是要在安全的實驗室環境下，請同事來作測試？受眾的問題也和擬真度有關，像是當擬真程度較低時，受眾就必須有能力「看懂」原型，也要能學會使用。

28 見 7.1.4 擬真度，有更多關於原型擬真度的深度討論。

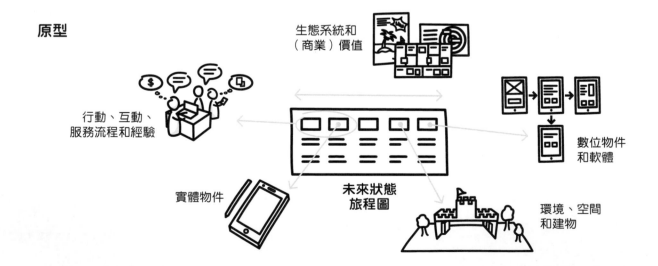

原型

生態系統和
（商業）價值

行動、互動、
服務流程和經驗

數位物件
和軟體

實體物件

未來狀態
旅程圖

環境、空間
和建物

即使早期的原型通常都是在設計師的工作室裡打造和使用，情境原型（例如：在家中與潛在使用者測試、在工作場所、在路上）還是應該儘早進行。原型測試的情境與未來的使用情境越相近，獲得的回饋可信度就越高 [29]。

→ 方法

原型測試的方法和工作有很多。大家耳熟能詳的有紙上原型、紙板原型、或戲劇手法等。製作原型的方法在設計過程中取代概念落實的手法，讓我們能以更快、更省資源的方式有效學習，或也只是在幫我們好好思考概念要怎麼落實。

原型究竟要長什麼樣也取決於想測試的事物：你想製作未來服務和實體、數位產品的哪一部分來回答你的疑問呢？

在本書裡，以下是我們區分出來並關注的原型：

→ **行動、互動、服務流程和經驗的原型**
→ **實體物件的原型**
→ **環境、空間和建物的原型**
→ **數位物件和軟體的原型**
→ **生態系統和（商業）價值的原型**

29 亦見 7.1.4 節中的測試受眾和原型測試的情境。

3.5.1　行動、互動、服務流程和經驗的原型

服務原型是安排好的經驗和流程，聚焦服務體驗的某一段。執行的方式可以是簡單的說故事法、快速的逐步演練或講述、稍微深入的戲劇排演法，或更複雜、涉及前後台、組織各部門人員的服務模擬。服務原型涵蓋了傳統形式的實體或數位原型，也是重要的道具或舞台，例如：實體模型、縮比模型、wireframe 線框圖或可點擊模型。

回到「原型」這個詞的本意，服務原型建立了服務或服務體驗最初、早期的經驗形式。這關係到員工、顧客，或其他利害關係人在服務裡會怎麼做、經驗感受為何，以及他們在新的服務情境下會怎麼表現。精確地說，服務原型能指出在未來的狀態下，事情的做法和經驗會如何不同。

Ⓐ 角色

演員為服務故事或行動、互動設定了角色，例如：顧客、員工或其他利害關係人。演員會用舞台、道具和服裝來協助演出。在早期或探索性的原型裡，通常是專案團隊的成員穿上顧客和員工的鞋子，試圖模仿他們的行為。在較完整的原型裡，用真實的顧客或員工作為服務原型的角色是很重要的。

服務原型：這是你學習的方式，你也一直都是這麼學的。

如果一個人想要學新事物，像是學會說新的語言、彈奏新的樂器、或做一道新的菜，你會怎麼做？你可能會開始找資料來看、和朋友或專業的人討論、觀察別人怎麼做，然後自己開始試試看。你可能會去上課，或求助於線上資源，然後自己多加練習。做就對了。跨出搖搖晃晃的第一步、跌倒了、適應了、接受一些回饋和建議、然後再試一次。這就是學習的方式。

而實際上，團隊或組織在面對新事物時也是一樣的。假設你要更了解顧客的語言、在工作流程中導入新系統、或學習和新同事共事的不同方式，你會怎麼做？可能一起參與訓練課程、找位顧問幫你度過搖搖晃晃的第一步、跌倒了、適應了、也從與你和團隊互動的人身上學到不少。接著，坐下來和團隊一起檢討反省，接受一些回饋和建議，然後再試一次。這就是團隊或組織學習的方式。

這樣的學習旅程有很多種名稱。有些人稱之為練習、嘗試、排練、演練、前測、試驗、試行、Demo、模擬、實驗，或準備。

所有這些例子都是服務原型，也都可視為未來完美版本的最初或早期實驗版本。這樣說來，大部分的組織已經每天在做服務原型測試了，只是通常都太晚做、沒有系統性地計畫，也各有各的名字。◀

而「角色」這個字指的是「演出的人」，而非「假扮別人的人」。

B 道具

道具是不屬於固定架構的物件和人造物。道具通常在故事的演出期間會使用或至少會是故事的一部分。原型本身應能在原型問題的脈絡下釐清其用途和意義。原型可以是實體或數位的，通常也會帶有圖示、符號。

C 舞台

服務原型的舞台是服務行動發生的空間。包括室內設計、建築以及（感官）環境，如照明、氣味等。舞台可以是非正式的。在進行早期調查性排練或肢體激盪時，空空的活動空間就可以作為舞台。漸漸地，當加上越來越多的元素，舞台就會變得更複雜、更真實。在情境原型設計中，我們會使用實際的業務環境，將現有的商店或辦公室變成原型的舞台。與道具相比，舞台元素通常是固定在舞台上的，也很少移動。

D 服務故事、行動、互動和對話

服務故事、行動、互動和對話描述了（可見的）所採取的任何行動，也是服務原型的核心。本質上來說，它們描述了舞台上發生的事情，例如，角色說什麼和做什麼（包括基本行動、對話或與其他角色的互動）以及環境或道具會怎麼反應。服務故事可以在現場即興創作出來，也可以參考旅程圖產出，或用細緻的腳本來準備。

E 主題內容

主題內容是在互動中、對話中討論、使用或處理的資訊或知識，也可以作為實體或數位道具的一部分。在傳單、手冊、書籍、App 等內容中明顯可見，並延伸到角色欲完成工作所需的專業知識和技能。

3.5.2 實體物件的原型

在工業或產品設計中，原型是產品本身早期、低擬真的版本。例如，我們可以做一個「看起來像」的、帶有實體產品外觀風格的原型，展示給他人看以獲得回饋。或者，也可以是功能性的、「用起來像」的原型並讓人們測試它。此外，將實體原型放到整個服務原型中有助於探索或評估產品在使用者生活中的作用。

Ⓐ 功能
原型可以表現出不同程度的功能。原型的功能定義了它可以做些什麼或受眾可以用它來做什麼。原型中可用的功能可能是真的、模擬的或假的。在原理驗證的原型中，只會做出關鍵的功能，而可點擊原型則要盡可能展現大部分的功能。

Ⓑ 造型
實體原型的造型描述了未來實體產品或人造物的外型和美感，包括顏色和材質。除了基本幾何造型外，也能有助於檢視更廣泛的面向，如平衡、比例或單獨元素的重點。

Ⓒ 大小和比例
原型的大小和比例決定了原型與未來實體產品或人造物之間的不同。服務設計中的小比例模型通常會與桌上演練法或架構模型結合使用。全比例模型通常會作為情境演練中的舞台元素或道具。

Ⓓ 素材（與工具）
我們可以使用不同的素材和工具來建立實體原型。早期原型通常使用易處理且不需要專門工具或知識的素材（如紙板或木材）。較完整的的原型則常使用較具彈性的素材（如塑膠）來創造功能，或探索更廣泛的素材選擇，以確認最終產品的美感。使用更高階的素材通常需要特殊工具，如 3D 列印機、CNC 切割機／銑床、成型設備，以及最終實際量產的工具鏈。

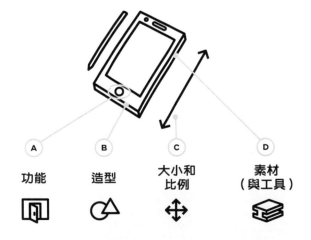

功能　　造型　　大小和比例　　素材（與工具）

3.5.3 環境、空間和建物的原型

環境、空間和建物的原型其實是實體物件原型的特殊案例。在建築裡，這些原型通常是空間或建築物的縮比模型，用來測試和溝通概念。另外，數位 3D 模型能用虛擬實境的 VR 頭戴式裝置讓你沉浸在新的空間裡。

Ⓐ 平面規劃和空間
建築模型處理的是固定空間內的建築物方位或平面規劃。對比實體產品，建物是不能任意移動的，因此，建築模型通常會展現未來的建築物或結構在周遭空間、造景、燈光情境中的樣貌。

Ⓑ 造型
建築原型或模型的造型描述未來的建築物的外型和美感，包括顏色和材質。除了基本幾何造型外，也能有助於檢視更廣泛的面向，如量體、空間、體積、材質、燈光、陰影，和單獨元素的素材。

Ⓒ 功能
建築原型和模型可以表現出不同程度的功能。原型的功能定義了它可以做些什麼或受眾可以用它來做什麼。建築原型中欲探索和評估的功能包括對生活的支援、對情緒的影響，或最基本的氣候、冷暖氣，和通風。

Ⓓ 大小和比例
原型的大小和比例決定了原型與未來空間、建築物或結構的不同。小比例的模型通常會在桌上演練中使用。全比例模型通常會用在情境演練中。

Ⓔ 素材（與工具）
我們可以使用不同的素材和工具來建立空間和建物的原型。早期原型通常使用易處理且不需要專門工具或知識的素材（如紙或紙板）。較完整的的原型則常使用電腦模擬和沉浸式 3D 環境，或探索更廣泛的素材選擇，以確認對的美感。

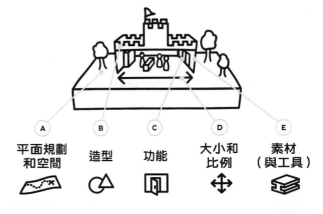

Ⓐ 平面規劃和空間　　Ⓑ 造型　　Ⓒ 功能　　Ⓓ 大小和比例　　Ⓔ 素材（與工具）

3.5.4 數位物件和軟體的原型

軟體或網頁開發的原型有很多種，從介面手繪稿、裝置試用、數位模型、可點擊模型，及至已帶有某部分實驗用程式碼、安裝在行動裝置上的可用原型。也可以將原型放到整個服務原型中，以探索或評估軟體在使用者生活中的作用。

現在已有許多好用的原型設計工具和框架，能幫你在短時間內把原型做得更真實，打造數位軟體原型不再受限於擁有技術專長的人。只要好好運用易用／容易上手的原型設計軟體，幾乎任何人都可以快速學會建立早期版本的軟體或網頁專案。

Ⓐ 顯示
原型的顯示區域表示未來裝置會顯示 [30] 的樣子（如智慧手錶、智慧手機、平板、桌機或其他機器的螢幕）。

Ⓑ 螢幕
螢幕是放置內容和互動元素的畫布。可以使用熱點或按鈕等互動元素來建立並串接多個螢幕。點選或點擊時，基本是從一個螢幕切換到另一個螢幕。在更複雜的原型中，螢幕還可以包含用於模擬更複雜行為的圖層。

Ⓒ 互動元素
螢幕上有互動元素。常見元素包括看得到的導覽，或如按鈕、連結、輪播圖、輸入區域等互動元素。觸控介面的互動原型還會有手勢、看不見的熱點或其他互動方式。

Ⓓ 內容元素
顯示區域上會有內容元素，放置主題內容，通常帶有主標、副標、文字框、圖像、聲音或影像等傳統文字元素。內容元素也包括用於互動元素的標籤（例如，定義按鈕或其他導覽元素上的語言）。比起樣本內容，使用實際資料、文本、圖表、視覺化素材或照片素材會造成非常大的差異，因此，應儘早測試。

Ⓔ 架構與流程
螢幕或介面不同元素串接的方式定義了原型的基本結構。這能讓你了解單一功能的流程或整體使用經驗。這包括對底層資訊架構（IA）和資料模型的討論，因為不夠靈活的資料模型或資訊架構可能會對後續版本的數位產品帶來障礙。

---

30 當然，「顯示」也可以用音效或觸覺介面等替代。

(F) 功能

原型的功能定義了它可以做些什麼或受眾可以用它來做什麼，也和互動與內容元素息息相關。原型中可用的功能可能是真的、模擬的或假的。在原理驗證的原型中，只會做出關鍵的功能，而可動原型則要盡可能展現大部分的功能。功能原型是為了評估可行性和實驗想實驗的部分而打造的，有助於判斷實際所須的心力。

(G) 介面外觀／圖形元素

介面外觀為可見或感受得到的元素和系統的過場／反應增添了美學和體驗。這關係到整體風格、排版、關鍵圖形、關鍵圖像、配色、圖案，以及如視覺平衡、比例或單一元素的強調等更廣泛的面向，或是時間和適應性。早期的介面外觀原型與情緒板非常相似，因為它也是試圖捕捉有趣、重量、輕盈或情緒等角度的方向。

(H) 媒介與原型環境

我們可以運用不同的媒介來打造數位軟體的原型。早期的原型通常用筆和紙來做，因為非常容易使用，也不需要專業知識。更完整的原型則會用到專門的數位原型設計工具，如頁面或圖層為主的原型設計環境。或者，(虛擬)程式碼可用來評估不同環境或堆疊中的設計問題：從在過程早期探索不同的工具鏈，到在實際開發、測試環境或量產系統上進行可行性實驗皆可。

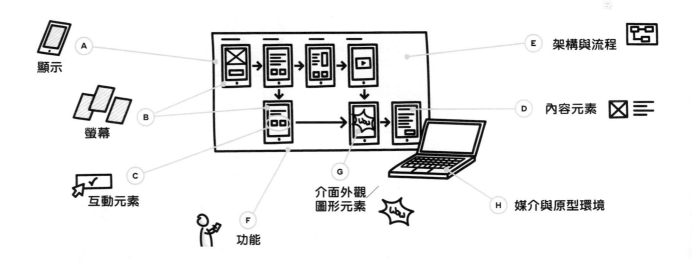

顯示 A

螢幕 B

互動元素 C

功能 F

介面外觀／圖形元素 G

E 架構與流程

D 內容元素

H 媒介與原型環境

3.5.5 生態系統和（商業）價值的原型

由於所有服務和實體／數位產品都是複雜生態系統的一部分，並且直接接觸各種（市場）的力量，因此我們需要許多不同類型的原型。每種原型都是特別為了了解、和探索這些複雜網絡和關係的觀點所製作。常見的工具包括服務廣告（合意性和感知價值的原型）、桌上系統圖（整體業務系統的複雜動態原型）、商業模式圖（核心商業模式的早期原型），或是商業實驗或模擬原型（*pretotype*；追求假戲真做、弄假成真概念的原型方法，幫助探索和驗證核心價值主張）[31]。

---

31 見 7.3.6 **案例：使用多面向原型來創造並迭代修正商業和服務的模式**，說明如何從正在進行的原型測試中學習，幫助你對其他人可能認為太大膽的商業模式產生信心。

範例

服務廣告

測試合意性和感知價值的
原型

桌上系統圖

測試整體業務系統的
複雜動態原型

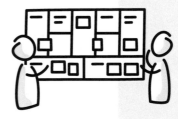

商業模式圖

測試核心商業模式的
早期原型

實體證據

證據或服務證據是與服務相關的實體或數位人造物（例如信件、電子郵件、手冊、標誌、紀念品、簡訊、票據、帳單、收據、贈品、貼紙等）。一個常見的例子就是飯店房間摺角的衛生紙，這個實體證據表示浴室已經打掃過了。

有時，這些實體證據是服務裡的一個部分，但並沒有好好設計，帶給顧客不必要的挫折。舉個例子，一家奧地利信用卡公司每個月都會發一則每月帳單的通知簡訊給客戶。但這簡訊卻是在半夜發出，吵醒了一堆客戶，只是為了通知他們帳單寄到了。了解現有實體證據是否為顧客帶來價值，常是組織進行服務設計行動的第一步。

你也可以把實體證據加到現有體驗中，例如，刻意在顧客旅程中加上一些步驟。像是在飯店裡贈送免費紀念品或贈品，讓客人回到家整理行李時能再次想起這次的住宿。在這個情況下，實體證據（如贈品）即是有意延長顧客旅程，並觸發某些行為（例如，贈品結合一段話，以求增加正面網路評論）。實體證據也可以讓後台流程被顧客看見，如摺角衛生紙的例子 [32]。◀

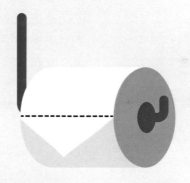

飯店浴室摺了角的衛生紙就是一個無形後台流程（打掃房間）的實體證據的經典案例。

32 見 8.6.1 節**案例：讓員工都有能力持續地落實服務設計專案**。有更多關於實體證據重新設計的好例子：例如，機車之旅後的最後大合照，就會影響整體體驗。

3.6 商業模式圖

商業模式圖 [33] 是一個簡單的樣板，使用九個核心方格把商業模式畫出來。考慮商業模式是服務設計流程中不可或缺的：對組織結構、流程、產品、實體或數位產品、服務、利害關係人或顧客群的任何改變都會對商業模式有所影響，而對商業模式的改變則會影響員工體驗、顧客體驗。

商業模式圖和類似的圖表可用於了解各種選項對員工、顧客體驗以及對商業的影響，還可用來描繪競爭對手，將對方的商業模式與自己的進行比較。這樣就能了解需要從競爭對手中脫穎而出的地方。

商業模式圖上方七個方格直接連接到前述的基本服務設計工具。納入資源、收益流和成本結構等「客觀事實」，這樣的框架讓設計師和管理者在任何組織結構中，都能有討論新服務概念的共同基礎。財務類方格（**成本結構**和**收益流**）能讓設計團隊預估商業模式的潛在盈利能力 [34]。

1 價值主張

價值主張 [35] 歸納公司所提供的商品，例如其服務或產品（無論是實體或數位的），包括有別於競爭對手的獨特賣點。這格描述了公司向顧客提供的顧客旅程前台部分，涵蓋服務和實體、虛擬產品以及影響顧客購買決策的無形價值。

與價值主張方格有關的方法：

☑ **旅程圖：** 顧客旅程圖從顧客的角度描述關鍵經驗。通常，顧客關注的是主要利益或欲完成的待辦任務（意即，顧客使用特定服務或產品的原因，無論實體或數位）。這裡的摘要描述了價值主張。

☑ **原型：** 服務或實體／數位產品的原型可以讓價值主張變得有形、可量測。

2 目標客群

目標客群描述公司核心目標族群的不同市場區隔。這些目標客群通常由相似的需求和屬性標記，並且可以估算各族群的大小。

33 更多關於商業模式圖的資訊，見 Osterwalder, A., & Pigneur, Y. (2010). *Business Model Generation: A Handbook for Visionaries, Game Changers, and Challengers*. John Wiley & Sons。

34 見第 7 章原型測試，有更多關於商業模式圖的用法。

35 亦見價值主張圖，Osterwalder, A., et al. (2014). *Value Proposition Design: How to Create Products and Services Customers Want*. John Wiley & Sons。

商業模式圖

| 客戶 | 設計者 | 日期 | 版本 |

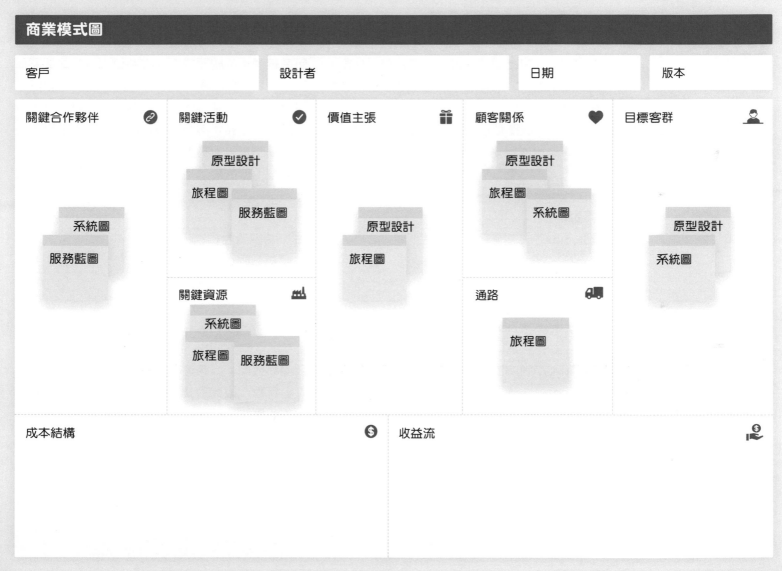

關鍵合作夥伴 🔗

系統圖
服務藍圖

關鍵活動 ✅

原型設計
旅程圖
服務藍圖

關鍵資源 🏭

系統圖
旅程圖 服務藍圖

價值主張 🎁

原型設計
旅程圖

顧客關係 ❤️

原型設計
旅程圖
系統圖

通路 🚚

旅程圖

目標客群 👤

原型設計
系統圖

成本結構 💲

收益流 💰

與目標客群方格有關的方法：

☑ **人物誌**：人物誌能讓目標客群變得較不抽象，也更好掌握。它能幫助團隊對顧客和使用者共感。

☑ **系統圖**：系統圖能用來描繪目標客群及客群之間的關係和依賴性，例如利害關係人圖或價值網絡圖。

3　通路

通路顯示顧客在整個顧客生命週期間會怎麼與之互動，哪些方法最有用、CP 值最高。這一格包括在整段旅程中聯繫和行銷的線上、線下通路。

與通路方格有關的方法：

☑ **旅程圖**：端到端顧客旅程圖會有的資訊包括顧客用什麼通路購買產品、與公司聯繫溝通。泳道圖形式的圖表非常適合，方便描繪顧客使用的通路和其他可能的通路。

4　顧客關係

顧客關係描述公司與每個客群所建立和維護的關係模式，也常與企業的理念、文化和調性有關。因此，描述的內容通常會比其他格模糊一些。

與顧客關係方格有關的方法：

☑ **系統圖**：系統圖帶有利害關係人彼此之間關係的資訊，例如顧客與組織各部門之間的關係。

☑ **旅程圖**：端到端顧客旅程圖涵蓋關係品質等資訊，例如顧客與公司來往的頻率、溝通過程是自動回覆，還是人工對答。

☑ **原型**：原型可以用來讓互動關係變得有形，也測試與顧客溝通的調性是否合適。

5　關鍵活動

關鍵活動歸納了公司要產出、提供其價值主張必須執行的後台流程。

與關鍵活動方格有關的方法：

☑ **服務藍圖**：服務藍圖銜接了前台顧客經驗和後台流程，因此對公司關鍵活動有全面的概觀。

☑ **旅程圖**：旅程圖描述在旅程的某些步驟會牽涉到哪些內部利害關係人，特別是當旅程圖涉及員工或其他後台流程、利害關係人時。

☑ **原型**：原型可以用來測試關鍵內部活動和人與人、人與機器、機器與機器在內部及外部的互動。

6 關鍵資源

關鍵資源歸納公司維持與支持營運所需的一切，如實體、智慧財產（品牌專利、版權、資料資料）、人員或財務資產。在商業模式中，關鍵資源包括自產／購買或內部執行／外包的決策。

與關鍵資源方格有關的方法：

☑ **系統圖**：系統圖包括相關內部利害關係人（利害關係人圖或價值網絡圖）以及其他關鍵資源（生態系統圖）的詳細資訊。

☑ **服務藍圖**：服務藍圖包括相關內部利害關係人的細節資訊。

☑ **旅程圖**：旅程圖描述在旅程的某些步驟會牽涉到哪些內部利害關係人，以及哪些人算是關鍵的資源，特別是當旅程圖涉及員工或其他後台流程、利害關係人時。

7 關鍵合作夥伴

關鍵合作夥伴描述公司營運的直接生態系統，包括所需的關鍵資源和關鍵活動的供應商，以及其他重要戰略合作夥伴等利害關係人。

與關鍵合作夥伴方格有關的方法：

☑ **系統圖**：系統圖包括有關內部和外部利害關係人的詳細資訊。利害關係人圖或價值網絡圖能幫助我們理解公司與其外部利害關係人之間的關係，並弄清楚哪些人應該是商業模式中的關鍵合作夥伴。

☑ **服務藍圖**：服務藍圖包括相關外部利害關係人的細節資訊，其中有些人就是關鍵合作夥伴。

8 成本結構

成本結構簡單說明商業模式中最重要的固定和變動的成本因素，也說明這些因素是否會受經濟和範疇影響。

成本結構方格與商業模式圖上半部七宮格皆有相關。

9 收益流

收益流描述公司如何從每個客群或主要合作夥伴獲得收入。包括每個客群支付的金額、花在什麼上、怎麼支付、以及這些來自銷售、使用或訂閱費用、授權費、退佣或廣告的進帳對總體收益的貢獻程度。

收益流方格與商業模式圖上半部七宮格皆有相關。

04
服務設計核心活動

這是一個靈活的框架，專為自己的人員、
目標和組織量身打造的服務設計流程。

專家意見 ————————————————————————————

Christoph Zürn   Francesca Terzi   Jamin Hegeman   Simon Clatworthy

O4
服務設計核心活動

4.1　探索設計服務的流程... 83

4.2　設計流程裡的核心模式 85

　　4.2.1　思考和實作的發散與收斂..................................... 85

　　4.2.2　在用對的方式解決問題之前，確保這是對的問題....... 86

　　4.2.3　所有設計流程的相同之處就是…都不一樣 88

4.3　TiSDD服務設計框架中的核心活動... 91

本章也包括

VUCA時代的迭代與適應性設計　84

小徒弟，有點耐心啊，很快就輪到你了　87

適應調整、往前迭代（不原地打轉的方法）　90

服務設計流程中的四個核心活動　92

4.1 探索設計服務的流程

在本章和後面的章節裡，我們勾勒出一個框架，幫助了解設計服務的基本活動和整個流程，也有助於了解其限制。我們會討論以下問題：

➡️ 究竟能做多少計劃，以及如何專業地控管期望和剩下的不確定性？

➡️ 在流程仍然需要迭代和探索的狀況下，如何同時維持時程和預算？

➡️ 需要多少架構才夠？架構複雜到什麼程度，就會對結果的品質產生負面影響？

這些問題沒有簡單的答案，沒有什麼正確的流程、也沒有寫好的步驟清單、更沒有萬靈丹。不過，這就是服務設計的優點之一，帶有一定的靈活度。**好的設計流程是能根據問題做彈性調整的，而不是讓問題來適應流程本身。**比起嚴謹的理論式流程，我們的方式更有力：來自真實世界專案的新模式和活動，這就是服務設計流程的戰略組成。

你想在專案中運用的具體流程取決於組織、問題挑戰、問題的複雜性、涉及的人、潛在的想法或問題，當然還有（尤其是）可動用的預算、時間和其他資源。

設計整個流程並選擇正確的方法和工具是服務設計的核心技能。即使在本書中接觸了許多流程圖和議程，還是讓各位知道，直接依樣畫葫蘆是不夠的。一定要調整流程，以適用於手邊專案的人員、文化和目標。

VUCA 時代的
迭代與適應性設計

迭代和適應式設計流程再也不是旁門左道。

迭代和適應式的概念在大型組織中逐漸被採納，包括像是美軍這類非常保守、務實的組織都已慢慢接受。面對越來越多變、不確定、複雜與模糊不清（VUCA）的現實環境，美國陸軍在 2010 年採用了一套新方法，及新版野戰手冊 *FM 5-0*。野戰手冊「是軍事指揮官在戰場執行規劃和決策時應遵守的一套準則。*FM 5-0* 很特別，因為這是設計（『設計思考』，也就是典型設計所考慮的解問題的迭代流程）第一次被運用到野戰手冊的軍事用語中。[01]」◄

---

[01] 源於 1990 年代的軍事用語，意為「多變（Volatile）、不確定（Uncertain）、複雜（Complex）與模糊不清（Ambiguous）的世界，簡稱 VUCA。指的就是科技創新引發產業與生活型態急劇變化的現象。在前言中，手冊指出：「隨著設計進入我們的專業領域，我們強調在進行傳統規劃流程尋求解法之前，更充分地理解複雜問題的重要性。見 US Army (2010). *The Operations Process FM 5-0*. Headquarters Department of the Army。

世界正以前所未有的速度發展創新，越來越多的產業正在歷經顛覆性的轉變。商業界常被形容為 VUCA：非常多變、不確定、複雜與模糊不清[02]。面對這麼大的壓力，你也要能夠快速調整自身解決問題、創新和設計的技能。你和你使用的流程都得保持高度靈活性，並隨著不斷變化的挑戰而持續成長。

本書提供了靈活的服務設計流程規劃框架。用一套經過驗證的工具，幫助你確實建立、管理專案和組織所需的服務設計手法。當服務設計流程更加成熟發展，你會發現在自己的環境中更好的做事方法。但要達到這一點需要演練、技巧和大量的經驗。

補充一點，在閱讀接下來的章節以及第一次運用 TiSDD 框架時，我們希望你能試著在雞蛋裡挑骨頭。我們想要你建立專屬於自己的服務設計流程，並試用看看。我們也希望你也對自己的流程抱持質疑態度。要一直問自己：什麼有用？什麼行不通？為什麼行不通？怎樣才能在下個專案中做得更好？

---

[02] 更多例子，參考 Bennett, N., & Lemoine, J. (2014). "What VUCA Really Means for You." *Harvard Business Review*, 92(1/2), 27。

4.2 設計流程裡的核心模式

4.2.1　思考和實作的發散與收斂

所有設計流程的核心都是反覆創造選項，再減少選項：

A 研究活動期間會用研究方法產生大量知識，然後經過整理和提取關鍵洞見再次聚焦。

B 在發想活動期間，會創造許多機會點，接著在決策過程中篩選出一些較可行的想法。

C 在原型設計和落實中，會透過探索和打造潛在解決方案來發散，然後經過評估和決策，再次聚焦。

這些模式即是發散和收斂的思考和實作，也是所有設計流程中最重要的模式之一。**發散思考**和收斂思考這兩個術語是由心理學家 Joy Paul Guilford 在 1956 年首先提出 [03]，並於 1980 年 [04] 由 Paul Laseau 引進設計和建築領域。本質上來說，兩位學者都發現成功的設計和解決問題的過程可以被稱為發散（找機會或創造機會）和收斂（做決策）之間的相互來回 [05]。

從身為這類設計流程的團隊成員的角度來看，進行發散和收斂思考需要不同的技能，心態也不同。有些人偏好發散思考和實作，特愛發想和探索新的想法；另一群人則是看到一個想法就馬上看到風險和潛在的問題：「行不通。太貴。太政治了。不合法。」之類的，總是能立即發現概念在他們習慣的世界裡不可行的地方。這兩個方面被稱為「對，而且…」（試圖找新的解法）和「對，但是…」模式（立即挑戰或審核每個想法的可行性）[06]。不過，先不要對哪一種模式比較好下定論。發散（「對，而且…」）和收斂（「對，但是…」）的技能在服務設計中都是必須的。

設計過程是發散階段（找機會）和收斂階段（做決策）之間的相互來回。

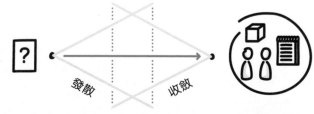

發散　　收斂

03 Guilford, J. P. (1956). "The Structure of Intellect." *Psychological Bulletin*, 53(4), 267.

04 Laseau, P. (1980). *Graphic Thinking for Architects and Designers*. John Wiley & Sons.

05 有時也稱發展和減少。

06 見第 10 章：**主持工作坊**。「對，而且……」暖場方法。

💬 專家訣竅

「擁有的專業知識和經驗越多，就會發現自己更容易處於『對，但是……』這一邊。這就是為什麼有時帶進一些外部或天真的觀點是好事，因為天真自然而然就會出現『對，而且……』的行為。」

— Jamin Hegeman

專案要成功，兩種技巧都很必要：用發散技能來創造足夠的基礎素材，以獲得很棒的成果或突破性的概念，加上收斂技能，幫助團隊保持合於理法、不任意超支、進行風險管理，最後，再做出決策。重點是要清晰地規劃和管理做什麼、何時做、用什麼方法，以及誰參與。這對於工作坊層級和整個服務設計流程都是一樣的。

在規劃或管理服務設計流程時，發散和收斂思考可作為通用、高層次的透視鏡：預計使用的活動或方法，哪些是收斂或發散的？在邀請利害關係人參與共創活動時，這也可以是另一個視角：在發散和收斂思考兩方面，各自需要何種心態？當前應該使用哪種模式？大家的想法都有同步嗎？

4.2.2 在用對的方式解決問題之前，確保這是對的問題

設計流程是清楚設計好的，以確保在花時間和金錢解決問題之前，先確定這是對的問題。聽起來好像沒什麼，但卻是非常根本的，也不見得人人都會。許多公司都被訓練成很擅長立即解決問題並直接落實，這在許多情況下也應該會被視為是一件好事。但是，當面對新的問題時，你怎麼能確定你正在解決對的問題呢？或者，如果別人要

你解決問題，你怎麼知道專案金主或客戶一開始有準確地找到了問題？你會不會只是在解決一個表面症狀？或者對方是否真的擁有所有相關資訊，並都交到你手上了？

這就是設計方法的不同之處：我們不直接進入問題（這樣常會導致明顯的解決方案），而是先退後一步。先確保在繼續之前，找到並理解了對的問題，這樣才能提出真正的好解法。

2005 年和 2007 年時，英國設計協會（UK Design Council）對產業中成功的設計團隊進行了研究[07]，他們發現設計師都用了這樣的方法。團隊將他們的專案分成兩個部分，在第一部分中，以市場／使用者／設計研究來了解問題，從中定義專案範疇，而不依靠假設或感覺。到了第二部分，大家才開始使用跨領域手法、視覺化管理、原型設計來發展解決方案，不斷測試直到新實體、數位服務或產品落實、上市[08]，並從市場獲得回饋。

07 Design Council (2007). "11 Lessons: Managing Design in 11 Global Companies: UK Design Council.

08 「產品」一詞描述的是公司提供的任何商品，無論有形與否。在學術界，產品通常分為商品和服務。但是，產品常是一系列服務和實體／數位產品的組合，又因為「商品」一詞在一般人的理解裡指的就是有形的東西，我們在此便使用「實體／數位產品」。更多相關內容，見 2.5 節中的**服務主導邏輯**文字框。

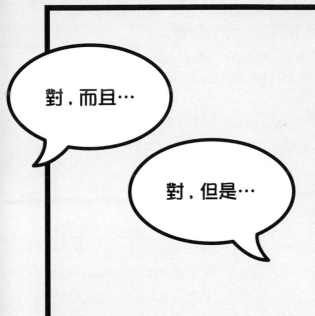

對，而且…

對，但是…

小徒弟，有點耐心啊，很快就輪到你了

很多人在會議中遇到這種情況，團隊一半的人處於「對，而且…」模式，但另一半已經處於「對，但是…」模式，隨時準備打槍其他人的新想法。然後就開始意見不合。要處理這個問題並不難，只要能好好解釋並接納這兩種工作模式，明確讓團隊知道現在應該進入哪一種模式即可。例如，在進行概念發想時，明確要求團隊切換到「對，而且…」模式，先不要有批判和負面意見。接著，告知大家待會可以再對這些想法進行篩選、檢視和評論，這樣會更有效，也請「對，但是…」這群人先有點耐心，「很快就輪到你了！」[09]

「對，而且…」和「對，但是…」為發散和收斂的思考方式加上了簡單的語言，若引導得好，很快就能成為團隊中意見討論的重心：「欸，我們現在是在『對，而且…』模式嗎？還是已經換成『對，但是…』模式了？來確認一下吧！」◀

09 試著使用「對，而且……」的暖場法來向團隊介紹兩種模式。見第10章：**主持工作坊**。「對，而且……」暖場方法。

挑戰最初的假設，並以計畫性的研究來開展專案是一個好方法。但別忘了，即使這代表要從研究開始，還是存在著許多例外情況（例如，當專案要以先前研究或現有機會領域為基礎時）。

4.2.3 所有設計流程的相同之處就是⋯都不一樣

在過去幾十年間，從業者和文獻發表的各種設計流程實在太多了。

在服務設計領域也是如此。有時是用詞的不同，和活動、步驟或階段數量的差異（通常在三到七個之間）。但如前一章所述，這些差異背後的意義和原則其實大同小異。以下是幾個例子：

A 探索（Discover）、定義（Define）、發展（Develop）、實行（Deliver）[10]

B 探索（Explore）、創造（Create）、評估（Evaluate）[11]

C 探索（Exploration）、創造（Creation）、反思（Reflection）、落實（Implementation）[12]

D 找出需求（Identify）、打造（Build）、量測（Measure）或知悉與發現（Orientate and Discover）、產出（Generate）、整併與打造（Synthesize and Model）、定義（Specify）、

量測（Measure）、生產（Produce）、轉移（Transfer）和轉型（Transform）[13]

E 見解（Insight）、點子（Idea）、原型（Prototyping）、實行（Delivery）[14]

F 發現（Discovering）、概念發展（Concepting）、設計（Designing）、打造（Building）、落實（Implementing）[15]

我們很快就會發現，在這個層級上，服務設計和其他設計專業的核心設計流程比起來幾乎沒什麼差別（有的話也很少）。不同之處在於服務設計使用的特定工具和方法（例如，顧客旅程、服務藍圖、服務原型），而不是設計流程本身。無論設計什麼，都需要了解使用者的需求，都要迭代修正，也都有發散和收斂的階段等等。因此，我們要更深入了解這些服務設計專案的進行方式，以及背後有哪些模式和活動。[16]

10 Design Council (2007). "11 Lessons: Managing Design in 11 Global Brands," UK Design Council.

11 Dark Horse Innovation (2016). *Digital Innovation Playbook*. Murmann Publishers.

12 Stickdorn, M., & Schneider, J. (2010). *This is Service Design Thinking*. BIS Publishers.

13 Engine 設計流程的概觀和步驟拆解。見 Engine (n.d.). "Our Process." 見 2012 年 12 月 27 日。*http://www.enginegroup.co.uk/service_design/our_process*。

14 Reason, B. (2009). "Service Thinking for Health Services" [slides]. 見 *http://liveworkstudio.com*.

15 DesignThinkers Academy (2009). "Design Thinkers Service Design Method" [slides]. 見 *http://www.slideshare.net/designthinkers/designthinkers-service-design-method*。

16 這也帶出對商品、服務、產品和經驗等彼此差異的討論。更多細節見 1.1 節中的*服務？產品？經驗？*文字框。

雙鑽石設計流程

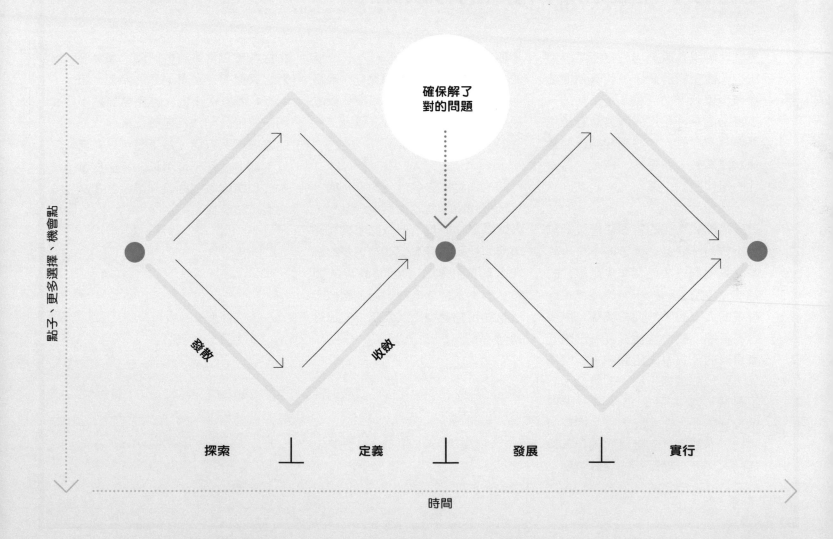

確保解了
對的問題

點子、更多選擇、機會點

發散　　　　　　收斂

探索　　　定義　　　發展　　　實行

時間

適應調整、往前迭代（不原地打轉的方法）

早點理解服務設計流程絕不是線性流程（能預先計劃，並朝著預期結果照步驟執行的活動）是重要的。事實上是正好相反。服務設計流程需要探索和迭代，必須能夠根據各種狀況調整，在重複、深化、探索性的迭代循環中運作。

這樣適應和迭代的特質使得設計流程不容易被看見。儘管非本意，許多視覺化的方法仍然多少是線性的結構，特別是對於不熟悉這種工作模式的人來說，線性的流程可能較容易理解。要把迭代流程畫出來其實蠻難的，有些人用圓圈來說明迭代，但是圓圈還是線性的概念，到了最後一步，要重新從第一步開始。實際上，在設計流程中的任何時候，你都可以直接跳去進行其他活動，只要合理就行。設計流程不是原地轉圈圈，而是一去不復返的，不斷前進和適應調整。太嚴格地遵循線性流程，像是用檢核表或嚴謹的指南，都可能會讓設計工作受限，更會減慢速度。

例如，你可能會做一些初步研究，然後根據所學到的進行概念發想，再開始製作原型，但做完才發現必須回頭做更多發想或甚至更多的研究來解決在製作原型時發現的問題。但你還是要繼續透過各種核心活動往可動原型迭代修正，並最終達到落實。

在探索和日常業務的時間、預算壓力之間似乎存在著必然的摩擦。第 9 章：服務設計流程與管理描述了如何使用計劃迭代等概念來建立一個總體專案架構，這不僅可以在流程中創造信任，還可以在不必放棄迭代和探索原則的狀況下，為組織帶來可預測性。◄

你很快就會注意到，雖然各種核心活動都各自有它的有用之處，但卻沒有指定的順序。這就是為什麼在本書中我們不想談核心「階段（phases/stages）」，而是討論核心「活動」的原因。

4.3 TiSDD服務設計框架中的核心活動

在繼續解釋第9章中整體服務設計流程的詳細機制之前，我們將在第5至8章討論服務設計流程中的四個核心活動。

→ **第5章 研究**：在服務設計中，研究是用來理解人以及人們與服務或產品相關的行為，無論是實體或數位的。設計研究使設計團隊能夠與他們設計的對象共感，並對這些人的日常生活有真正的理解。這讓團隊在整個專案中以使用者為中心的角度來做事，並有機會邀請在後續階段的研究中遇到的人一起參加概念發想或原型設計。

→ **第6章 概念發想**：發想點子是服務設計專案的重要的一環，但這其實並不像許多人想像的那樣重要。在服務設計中，點子只是更大的進化過程中的一個起點。但我們要能有系統地集中發想、混合、重組、剔除、精煉、進化或暫停。真正的價值通常不在於點子本身，而在於從點子衍生出來的成果。

→ **第7章 原型測試**：在服務設計中，原型設計用來探索、評估和溝通人們在未來服務情況下的體驗或行為。原型設計使設計團隊能夠找出新概念的重要面向、探索替代解決方案，並評估哪一個解法在日常實際業務中可能是可行的。

→ **第8章 落實**：落實是實驗和測試之後的事，進入了生產和上市的步驟。服務設計專案的落實會涉及多個領域，例如組織程序和流程的變革管理、App和軟體的軟體開發、為了生產實體物件的產品開發或工程，以及環境和建築物創造中的的建築和建設。

→ **第9章 服務設計流程與管理**：研究、概念發想、原型測試和落實是服務設計專案裡主要的組成部分。本章提供了一個框架，協助你規劃、準備、管理並不斷調整迭代方法，為你的組織建立信任和交付好結果。

服務設計流程中的四個核心活動

發展重要見解
繪製系統圖
整理研究報告
建立研究牆面
建立人物誌
產出代辦任務見解
繪製旅程
撰寫使用者故事

資料視覺化和分析

初步研究
二手研究
桌上研究
自傳式民族誌
自我民族誌手法
線上民族誌

非參與式觀察
參與式手法
行動民族誌
文化探針

資料蒐集

參與式觀察
參與式手法
深度訪談
脈絡訪查
焦點團體

研究

了解人們如何改變
了解什麼會改變
信念和情感
改變的關鍵策略

變革管理

前置準備
點子板
研究
概念發想和小型衝刺
軟體原型
打造
產品上線

軟體開發

服務設計／產品管理

想像
支援／使用
定義
實行
支援／使用
退出／撤回

服務設計／架構

落實

需求評估
心態改變
測試
創造
監督
打造

此為本書所介紹的服務設計流程中四個核心活動的概述。

四個核心活動的內容並非彼此互斥，也可能存在著重疊。例如，進行原型設計時會做發想和研究，或在進行概念落實時也會包含其他部分，像是研究、發想和原型測試。

分解大挑戰

用未來系統圖發想點子

「我們該如何（How might we）…？—從洞見引出問題」

用旅程圖發想點子

發想前方法

腦力激盪和腦力接龍

10 加 10 發想法

產出很多點子

肢體激盪

使用牌卡和檢核表

用類比和聯想發想點子

增加點子深度／廣度

理解／群組／排序

章魚群集法

三五分類法

點子合集

決策矩陣

減少選項

快速投票法

肢體投票法

服務流程和體驗

物件和環境

桌上演練

數位原型

調查性排練

局部服務排練或演練

紙板原型

劇場方法

潛臺詞

生態系統和商業價值

其他方法

紙上原型

線框圖

服務廣告

草圖

桌上系統圖（商業摺紙）

媒體板

商業模式圖

綠野仙蹤法

劇場方法

數位服務排練

概念發想

原型測試

O5
研究

挑戰你的假設；了解人和情境。

專家意見 ———————————————————————————————————

Anke Helmbrecht	Geke van Dijk	Jürgen Tanghe	Maik Medzich
Mauricio Manhães	Phillippa Rose	Simon Clatworthy	

05
研究

5.1　服務設計研究的流程.................................**100**

　　5.1.1　研究範疇與研究問題 100

　　5.1.2　研究規劃 102

　　　　研究循環 102

　　　　樣本選擇 103

　　　　研究情境 104

　　　　樣本大小 104

　　5.1.3　資料收集 105

　　　　研究方法 107

　　　　方法三角檢測 107

　　　　資料三角檢測 108

　　　　研究員三角檢測 110

　　　　建立索引 110

　　5.1.4　資料視覺化、整合與分析 111

　　　　將資料視覺化 111

　　　　同儕審查與共創 113

　　　　將資料編碼 113

　　5.1.5　研究成果運用 114

5.2　資料收集的方法..................................**117**

　　桌上研究：初步研究 118

　　桌上研究：次級研究 119

　　自我民族誌手法：自傳式民族誌 119

　　自我民族誌手法：線上民族誌 120

　　參與式手法：參與式觀察 120

　　參與式手法：脈絡訪談 121

　　參與式手法：深度訪談 122

　　參與式手法：焦點團體 123

　　非參與式手法：非參與式觀察 123

　　非參與式手法：行動民族誌 124

　　非參與式手法：文化探針 124

　　共創工作坊：共創人物誌 125

　　共創工作坊：共創旅程圖 126

　　共創工作坊：共創系統圖 126

5.3　資料視覺化、整合與分析的方法.............**127**

　　建立一面研究牆 128

　　建立人物誌 128

建立旅程圖 129

建立系統圖 130

發展關鍵洞見 131

產出代辦任務的洞見 131

撰寫使用者故事 132

彙整研究報告 132

5.4 案例 **134**

5.4.1 案例：運用民族誌法，獲得可行的洞見 136

5.4.2 案例：在服務設計裡運用質化和量化的研究 ...139

5.4.3 案例：發展並使用寶貴的人物誌 142

5.4.4 案例：用旅程圖描繪研究資料 146

5.4.5 案例：建立現況與未來旅程圖 149

本章也包括

外顯 vs.隱蔽研究　106

一段顧客旅程的基本階段　112

問題空間 vs. 解法空間　115

超越假設

在服務設計中，研究被用來了解人、人的動機、及人的行為。通常研究是一個服務設計專案最先開始的活動之一，但也常用在發想、原型、或實作階段，當團隊碰到新問題時，就需要重新進行研究活動。設計研究能幫助團隊：

➔ 同理使用者，並真實了解他們做事的方法和習慣。

➔ 將自己沉浸在不熟悉的領域或主題中，學習未來會碰到的特定情境－可能是非常技術性或專精的情境。

➔ 跳脫既有的慣例與假設，用全新的觀點來看待某個主題。

通常研究員努力想找出顧客如何體驗一個特定的實體或數位產品、服務、或品牌（顧客經驗）。此外，研究也被用來了解不同員工的經驗和行為（員工經驗），以及其他相關的利害關係人。更廣泛來說，從研究可看出一個主題、服務、商品、產品所處的生態系統，包含其他的參與者、地點、物件、流程、平台與利害關係人，以及他們彼此如何互相連結。

「我們將研究階段視為一種
從顧客或員工角度了解世界
的方式，如果你覺得已經有
在做了，表示你有讓點子和
概念更好、更合理可行的方
法。」

– Simon Clatworthy

研究對於服務設計來說非常重要，因為它能幫助
一個設計團隊突破原有的假設。從幫設計團隊找
靈感的簡單研究，到能揭露（有效）發現的紮
實資料都有。研究可分為量化方法與質化方法，
二種對服務設計來說都很有用。量化研究通常
適合挖掘一個經驗「是什麼」與「怎麼做」，而
質化研究則能告訴你「為什麼」－即人的動機和
需求。然而，在一個服務設計的專案中，不同的
階段有不同形式的研究，我們可能會接觸確認需
求的前期研究，以找出經驗缺口和其他問題；接
著是測試原型的研究，驗證已實現的解法並協助
發現更多點子（透過系統化地收集現有資料，避
免做了別人早就做過的設計）。在每個階段中，
研究都是用來提供決策所需的資訊，讓決策以真
實資料與洞見為基礎，而非根據可能帶有偏見的
假設 [01]。

服務設計研究是一種包含計畫性迭代的結構式流
程。從一個研究主題，或是單或多個研究問題開
始，通常以產生洞見為目標。研究設計是根據
以使用者／人為中心的設計，常包含民族誌的研
究方法 [02]。當你開始去探索這個領域，你可能會
發現常用的方法和詞彙都很模糊或沒有統一的
定義－這是學術界和設計師常自我批判的問題。

此外，對於在商業領域習慣量化研究的人來說，
會覺得這類質化研究有點不踏實，但通常最後還
是會發現它很有價值 [03]。質化研究提供的是「一
個」相關的事實，而非尋找「唯一」的事實。相
較於單純量化研究的資料，質化研究的洞見通常
更容易執行，因為它回答了「為什麼」的問題，
讓新的觀點和細微的差別浮現出來。透過呈現使
用者實際情況的引述、照片或影片，便能創造對
於問題的共識，驅使人們改變做事的方法，讓組
織也發生改變。

由於本書是關於實作，這個章節呈現的是一個可
執行的服務設計研究框架，並以常見的學術標準
為基礎。

02 嚴格說來，這些比較像是「受到民族誌啟發」的研究方法，在「真實」
民族誌研究專案中，民族誌學家通常會比設計師更深度沉浸在一個組織
或文化中。對民族誌學家來說，花數個月甚至數年針對一個特定主題做
場域調查，是很常見的事情。關於設計師如何執行民族誌研究，更完整
的介紹請參考 Nova, N. (2014). *Beyond Design Ethnography*. Geneva: SHS Publishing。

03 研究應該要扎根於（也許起始於）質化方法，但包含量化研究同樣也是
必要且有用的。採用更全面、綜合性的設計研究方法能增加其他利害關
係人的接受度。

01 見 5.4.2 節**案例：在服務設計裡運用質化和量化的研究**，說明如何在一個
服務設計專案中同時運用質化和量化二種研究方法。

服務設計研究的基本流程

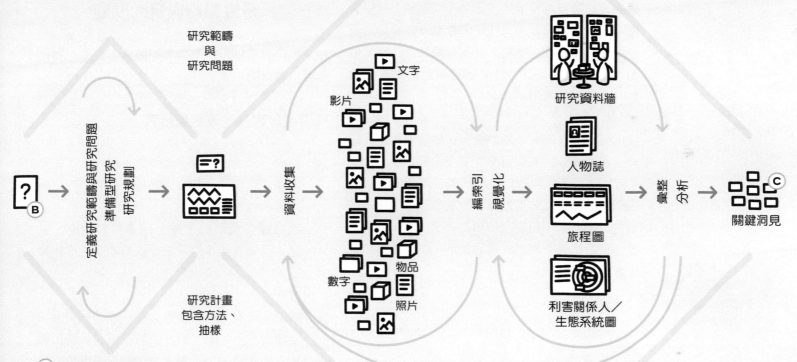

研究範疇
與
研究問題

定義研究範疇與研究問題
準備型研究
研究規劃

研究計畫
包含方法、
抽樣

資料收集

影片 文字

數字 物品
照片

編索引
視覺化

研究資料牆

人物誌

旅程圖

利害關係人／
生態系統圖

彙整
分析

關鍵洞見

(A) **迭代與研究循環**
設計研究是一個迭代的過程－在活動內部與彼此之間的一連串研究循環

(B) **起點**
通常研究始於一個內部或外部客戶的簡報，根據準備型研究，定義研究問題並開始研究規劃

(C) **產出**
從非正式的靈感到正式的研究報告，設計研究的潛在產出非常多元。

研究與其他概念發想、原型測試和落實活動都是迭代修正過程的一部分。

5.1 服務設計研究的流程

研究可以被用在設計流程中的不同階段，包含掌握顧客的問題和需求以找出機會點；研究現有服務或產品（實體或數位）的經驗缺口[04]；從其他領域獲得靈感；或透過測試蒐集對於點子、概念、及原型的回饋。

好的服務設計研究，應該要有一個清晰的研究設計，將民族誌的某些層面與主要的批評納入考量[05]。即使不是每個研究流程都需要廣泛的計畫，這個架構也許能幫助你以較少的資源，得到更豐富的成果。你不用完全依照每一步去做，但應該當作是對研究有幫助的經驗法則。以下會描述各步驟的細節。

04「產品」一詞泛指一家公司提供的任何東西一無論有形或無形。學術界常將產品區分為商品與服務，然而產品通常是服務與實體 / 數位產品的集合。雖然「商品」在口語上被理解為實體的物品，我們傾向用來指稱實體 / 數位產品。更多的解釋請參考 2.5 節中的**服務主導邏輯**文字框。

05 一個清楚表達的研究設計可參考 Peffers, K., Tuunanen, T., Rothenberger, M. A., & Chatterjee, S. (2007). "A Design Science Research Methodology for Information Systems Research." *Journal of Management Information Systems*, 24(3), 45–77. 關於民族誌研究內部及外部信效度的簡短學術討論可見如 LeCompte, M. D., & Goetz, J. P. (1982) Problems of Reliability and Validity in Ethnographic Research. Review of Educational Research, 52(1), 31-60。

5.1.1　研究範疇與研究問題

在定義研究範疇時，考量專案適合下列哪一種選項會很有幫助。

探索型研究 vs. 確認型研究

→ 探索型研究在了解一個特定主題時，不先預設任何明顯的假設，目的是在沒有預設可能原因的情況下，尋找「為什麼」。你也可以透過探索型研究，從不同產業、地區、文化、目標族群等的解法（或是問題）尋找靈感。

→ 確認型研究可用來驗證你在研究前提出的特定假設，目的是了解一個假設或假說是否能被研究證實。舉例來說，之前在工作坊根據假設產出的旅程圖，就可以透過顧客經驗的紮實資料來檢視。

研究現有服務與實體、數位產品
vs. 新點子／概念

➡ 研究現有的實體／數位產品或服務,多數會在現有的情境下進行類似民族誌的場域調查。我們會觀察或訪談顧客、員工、及其他利害關係人,詢問問題,了解他們實際上與目標服務或實體／數位產品的互動。

➡ 研究新點子／概念也會用類似的民族誌方法,但由於沒有現成的實體／數位產品或服務可用,我們常透過原型或實驗來獲得與未來情境盡可能相近的結果。

一開始就設定研究問題,能確保你的團隊(及潛在的客戶)有一致的研究目標。 初步研究問題可能從(客戶)簡報、顧客抱怨、工作坊、或其他地方得來,為了提出研究問題,你常需要在定義研究範疇之前或期間,做些初步的研究[06]。

一個研究問題可以有不同的目標:也許為了解顧客需求(「人們為什麼使用自拍棒?」)、尋找現有顧客經驗的缺口(「在我們的店裡,顧客會在哪裡碰到問題或選擇離開?」)、確認旅程圖上假設的步驟(「當顧客開始使用我們的軟體時,

06 見 5.2 *初步研究*。

哪些步驟在旅程圖上沒有寫到?哪些步驟被跳過了?」)、或是了解一個實體／數位產品或服務的生態系統(「我們的採購流程中有哪些直接和間接的參與者?」)。

在擬定研究問題時,一定要記得想遠一些,問問你自己要如何運用答案。你知道專案的下個活動是什麼,所以你可以試問「這個問題的答案,能如何幫我們產出一系列的洞見和點子,以創造新的(或更多)價值?」來測試一個研究問題。

研究問題在一開始通常很廣泛且模糊,但經過迭代的過程後,會縮小到一個或是數個特定問題。**就像在一個叢林中要找到出口:出發時不知道路要怎麼走,只有一個模糊的目標,你慢慢往那個方向移動。接著,如果碰巧發現了一條小溪,最好能順溪而行,因為也許這條小溪能帶你更快到達有趣的地方。**

要注意的是,設計研究具有迭代和探索的特質,使得研究問題常需要隨著時間做修正。一般來說,你應該避免簡單的「是非題」—否則研究可能很快就結束了,得不到什麼成果。研究問題通常是開放式的,有時候面會接著問「為什麼」以得到更細節的洞見。一開始不要只準備一個問題,試著準備十個或二十個問題,再從中選出一

個或幾個你喜歡的，會很有幫助 [07]。經過幾次練習，你就能學會如何擬定問題，但永遠需要不斷回頭修正問題。

根據你對主題累積的了解，就能逐漸把問題修飾得更好，在場域研究中改進收集資料的流程和方法，並將你的紀錄修正得更精確。

5.1.2 研究規劃

當在規劃研究時，應該針對你提出的研究問題，考慮最能產出豐富答案的研究方法。另一方面，你的研究要能符合某些商業上的限制，因為你永遠需要考量如何有效運用專案的時間、經費和人力。

先查看現有資料會是不錯的開始，讓你能「站在巨人的肩膀上」。 看看這個主題之前的研究和現有的資料，詢問市場調查和研發部門是否有任何相關資料，收集對你的研究有用的統計資料，掌握組織裡其他部門對這個領域的了解。除了組織內部的現有研究外，也花點時間在傳統的理論研

究上：使用（學術）研究平台尋找那個主題的學術論文。許多時候，你也許要花一個小時左右瀏覽研究的概況，直到你能夠判斷是否值得花更多時間閱讀已經發表的研究。如果你找到有趣的研究，能幫你省下時間和經費，讓研究聚焦在真正有用的部分。

除了進行一些初步的研究，你的研究規劃將包含決定研究循環、樣本選擇、研究情境、樣本大小、以及研究方法 [08]。

研究循環

規劃質化研究時，永遠要有一系列研究循環的迭代過程。成果豐碩的設計研究通常會從一個較廣泛的焦點開始，然後以快速聚焦為目標。第一個研究循環可以很短：在一個小時到一天之間完成。

透過迭代式的研究循環，就可以更有信心地知道，這個研究正在有效瞄準重要的問題。

每個循環應該要包含一些不同的資料收集方法，以及至少一種簡單形式的資料整合與分析。

[07] 你可以在第 6 章：**概念發想**中找到一些有用的方法，為你的設計團隊想出許多研究問題。

[08] 迭代不是指重複作同樣的事情，而是針對你找到的新資料進行反思，調整你的策略後再開始另一次的實驗。更多內容請參考 4.2 節中的**適應調整、往前迭代（不原地打轉的方法）**文字框。

樣本選擇

抽樣就是定義研究對象。對任何研究來說,受訪者是誰、與如何篩選出受訪者,都是決定信度非常關鍵的議題。一群偏頗的研究受訪者很可能會扭曲你的結果—舉例來說,當你只訪問某個年齡層的族群,或是只問覺得滿意的顧客(「抽樣偏誤」)。不論是要作大型量化研究取得有代表性的資料集(機率抽樣),或是為了針對某個特定族群進行深度質化研究(非機率抽樣),策略都有百百種。根據量化機率抽樣的研究結果通常可以被歸納,但如果是質化非機率抽樣的結果就並非如此。服務設計研究大多使用質化研究方法,以非機率抽樣的手法來選擇受訪者,例如:

→ **方便抽樣:**找一些人來參與你的研究(最簡單,但也是最偏頗的抽樣方式)。

→ **自我選擇抽樣:**讓受訪者自行決定參與你的研究,不去定義任何條件或配額—例如,透過公司網站上的連結(也是一種非常偏頗的方式)。

→ **滾雪球抽樣:**先找幾個與你的研究目的相關的人,再請他們推薦別人(例如,電動車的使用者可以透過他們的人際網絡介紹其他車主給你)。

→ **配額抽樣:**根據某些條件找出一個母群體的結構,設定每個條件你想要多少受訪者配額(例如,性別),並為每個配額隨機選擇受訪者。

→ **極端個案抽樣:**找非常不尋常的受訪者以了解極端的情況(例如,有趣的科技的超早期採用者,或是相反地人,那些極端反對或從來沒想過要使用你的服務/產品/科技者)。

→ **立意抽樣:**在場域調查時跟隨浮現的新線索走,彈性利用新知識。

→ **最大變異抽樣:**找在某個主題向度差異非常大的受訪者,目的在發掘他們之間的中心思想或相似之處(例如,不依照產品設計的初衷,而用各種不同方式使用產品的人)。

→ **最大貢獻抽樣:**找對於整體經驗或系統了解非常全面的受訪者,以從精挑細選的受訪者中取得大量的資料(例如,經歷過一個完整顧客生命週期的人)。

💬 **專家意見**

「當我們跟比利時 CarGlass
公司合作時，我們發現在白
天或是晚上換擋風玻璃的經
驗大不相同，一個為白天設
計的良好流程，對於晚上來
的女性顧客來説卻很嚇人，
因為在夜晚身處偏遠的市
郊，以及顧客不同的情緒狀
態。」

— Jürgen Tanghe

💬 **專家意見**

「理論飽和很重要，但是很
難事先預測，通常是根據之
前的經驗和基本法則做提
案，當資料和結果顯示還未
達到飽和狀態時，保有持續
進行場域調查的彈性。」

— Geke van Dijk

機率抽樣對於服務設計研究來說也是有用的，尤
其當你需要較大量的樣本、或是大型量化研究的
代表性樣本時。以下是幾個機率抽樣的手法：

➡ **簡易隨機抽樣：** 從一個抽樣架構中隨機挑選
受訪者。

➡ **系統隨機抽樣：** 隨機選一個數字，例如 10，
然後從一連串的人中，每 10 個人選出第 10
位作為受訪者。

➡ **分層隨機抽樣：** 將你的抽樣架構根據特定條
件分組，再用簡易或隨機抽樣從每組中選出
受訪者。

➡ **群集抽樣：** 根據特定條件列出若干群集，從
中隨機選出幾個群集，再從這幾個群集中隨
機挑選受訪者。

多數專案會混合使用不同的抽樣技巧，例如系統
隨機抽樣結合滾雪球抽樣。通常你需要設定某些
選擇標準作為篩選問題（例如：「你是否開電動
車？」）。在設計時，別忘了一定要做立意抽樣，
也就是如果發現了有趣的東西，千萬不要忽略
它。一個可靠的抽樣策略是為了要避免抽樣誤
差，像是系統化排除掉原本應該要考慮的某群人。

研究情境

除了「找誰」的問題，定義研究情境也很重要：
於「何時」在「何地」進行研究。這也許看來
明顯－但是仔細想想，例如你在週間早上的火車
站會碰到的人（通勤上班／上課？）、週間的中
午（外出午餐？）、週間的下午（下班／下課回
家？）、或是週間的晚上（休閒活動？），然後跟
週末的這些時間會碰到的人做比較。此外，季節
也很重要：想想夏季時要在滑雪場研究顧客經驗
會有多麼困難。

在受訪者習慣的環境、或特定的主題情境裡與受
訪者互動通常是有幫助的。訪談常會在人們家中
進行，因為大家在家裡最自在。觀察或脈絡訪談
則應在人們使用特定服務、或實體／數位產品的
地點進行，因為在那個環境裡能讓他們更容易聯
想到自己的經驗，甚至可能指出他們喜歡或不喜
歡的層面。此外，也要考量會影響經驗和行為的
外在因素，例如天氣、國定假日、重大事件等。

樣本大小

在收集資料前，你需要決定是要固定樣本的大小
（有幾名研究受訪者）還是保持彈性，這個問題
會取決於研究的目標和方法，以及資源和時間上
的限制。

服務設計的樣本大小，決定於以理論飽和概念為基礎的民族誌研究方法。換句話說，當新資料不再為研究問題帶來額外的洞見時，你就可以停止收集資料。

在量化統計中，你的樣本大小取決於資料是否需要代表一個特定的群體（母群體）。在質化研究－尤其是受到民族誌啟發的設計研究－研究員則是尋找重複出現的模式。用足夠的研究－例如訪談或觀察－來幫助你找出模式。當更多研究只是在證實已經找到的模式，你就達到了理論飽和點。這表示做更多研究只會證實你已經知道的事情，而不會帶來任何新知。就像易用性測試是為了找出軟體最嚴重的問題而設計，服務設計研究是為了找出一個實體或數位產品、服務、或任何（顧客）經驗中最大的問題（或機會）。跟量化統計不同，服務設計對於到底多少人碰到一個議題的精確比例不感興趣，而是想找出需要修正的議題排序或是簡短問題清單、作為概念發想依據的靈感、或是顧客想要的功能等等。

在設定樣本大小時，應該要能大到可以找出重複出現的模式。易用性研究員 Nielson 和 Landauer 在 1993 年發表了一篇文章，揭露易用性測試只要找 5 個受測者，就能找到 85% 的易用性問題。既然服務經驗更加複雜，一個好的作法是從一群少數但文化上有差異的受訪者開始做起。如果你

💬 專家意見

「當我們公司開始服務設計研究時，不是每個團隊成員都相信這些與顧客家庭訪談和共創工作坊得到的結果。然而，後續的量化問卷證實了同樣的結論，團隊成員現在越來越能體會到這些質化方法的可靠。」

－ Maik Medzich

已經看到模式開始浮現，用下一組人來確認你發現的模式，然後看看你是否已經到達這些模式的理論飽和點 [09]。

5.1.3　資料收集

在服務設計中，有很多種研究方法能讓你收集到有意義的資料。我們使用量化方法，像是問卷（線上及線下）、任何形式的自動化統計資料（例如：轉換率分析）、與手動蒐集的量化資料（例如：簡單算出的來店客數）。然而，我們多半使用質化方法，尤其是以民族誌為基礎的方法，選擇並列出一連串研究方法來收集、視覺化、整合、與分析你的研究資料。細節見此章節和 5.1.4。

09 「要做多少訪談才夠？」理論飽和能幫助瞭解我們已經做足夠的時間點，但無法幫助我們事先定義一個樣本的大小。舉例來說，當你已經訪問了 20 名（隨機選擇的）受訪者且找出了模式，再從接下來 20 名受訪者的身上，找到完全不同模式的機率是微乎其微的（所謂的理論飽和）。然而，當你開始看到這些模式前，你無從得知你總共需要問多少人－可能是 10、20、30 或甚至更多。見如 Guest, G., Bunce, A., & Johnson, L. (2006). "How Many Interviews Are Enough? An Experiment with Data Saturation and Variability." *Field Methods*, 18(1), 59-82。理論飽和的學術評論，見如 Bowen, G. A. (2008). "Naturalistic Inquiry and the Saturation Concept: A Research Note." *Qualitative Research*, 8(1), 137-152。關於這個主題較批判性的反思，見 O'Reilly, M., & Parker, N. (2013). "'Unsatisfactory Saturation': A Critical Exploration of the Notion of Saturated Sample Sizes in Qualitative Research." *Qualitative Research*, 13(2), 190-197。

外顯 vs 隱蔽研究

當你使用會以任何形式與人－也就是與你的研究受訪者，你的「研究對象」－接觸的研究方法時，你可以決定要進行外顯或隱蔽的研究。

對於像自傳式民族誌、脈絡訪談、線上民族誌、非參與式和參與式觀察這樣的研究方法來說，這是一個特別重要的決定，有優點也有缺點，並涉及研究倫理[10]。

外顯研究描述的情形是，研究員明白表示他們的研究意圖，並確認研究對象了解狀況。這樣做的好處是，研究員可以誠實說明他們要做的事情，避免倫理議題，例如：欺瞞或缺乏知情同意等，也可以避免研究員與受訪者在情感上太過親近。任何外顯研究都有個重要

的缺點－連線上研究也是一樣－就是「霍桑效應」或「觀察者效應」，當受訪者改變行為，以符合研究者或一般社會的預期（這通常被稱作「社會期許偏誤」）。

隱蔽研究是當研究者不向受訪者揭露研究意圖，等於去「臥底」。即使隱蔽研究很明顯的優點是避免或至少降低潛在的觀察者偏誤，幾乎自動都會連結到倫理的疑慮，因為研究者可能欺瞞受訪者或缺乏知情同意。如果你決定在專案中使用隱蔽研究，一定要考量研究倫理，甚

至是進行研究的國家和組織的法律架構。

你可以事先決定外顯研究是否符合你的專案範圍，而有時你可能輪流使用這二種研究方法。但如果有任何疑慮，就選擇外顯研究，畢竟為了增加研究的信度，（通常）也不值得冒隱蔽研究的潛在法律風險。

◀

10 針對外顯研究倫理的簡短學術討論，見 Van Deventer, J. P. (2009). "Ethical Considerations During Human Centred Overt and Covert Research." *Quality & Quantity*, 43(1), 45-57。針對外顯和隱蔽民族誌研究，較概括性的學術文獻回顧，見 Amstel, H. R. V. (2013). "The Ethics and Arguments Surrounding Covert Research." *Social Cosmos*, 4(1), 21-26。

研究方法

你應該要考慮融合不同方法，因為每種研究方法都有各自的潛在偏誤。大家常說「坐而言，不如起而行」，也的確**常會看到人們說一套、做一套**，而可能的原因有很多種，像當訪談者的風格和人格特質影響到受訪者產生的「訪員效應」；當人意識到被觀察時，會改變自己的行為的「霍桑效應」；或是當研究者試圖尋找跟自己的信仰或假設一致的資訊，而忽略其他與信仰不符的資料而產生的「確認偏誤」。不過，一個好的研究方法組合能夠平衡掉潛在的偏誤。

挑選一個好的研究方法組合時，基本原則是從下列類別各選出一種方法[11]：

→ **桌上研究**，像是初步研究、次級研究。

→ **自我民族誌手法**，像是自傳式民族誌、線上民族誌。

→ **參與式手法**，像是參與式觀察、脈絡訪談、深度訪談、焦點團體。

→ **非參與式手法**，像非參與式觀察、行動民族誌、文化探針。

→ **共創工作坊**，像共創人物誌、旅程圖、及系統圖。

方法三角檢測

當我們選擇「正確」的，也就是能產出許多有用資料的研究方法時，我們總會面對該用多少種研究方法的問題。在有限的預算裡，研究員常需要決定是否要將預算投入一種方法並做到好，或是將預算分散使用多種不同的研究方法。我們總是建議後者，根據方法三角檢測的概念[12]。三角檢測是根據經典的導航與土地測量技巧而來，簡單來說，三角檢測讓你可以量測至少二個不同地標的方向，用以推測你自己的位置。根據幾何學的基本原理，量測的地標越多，計算出的位置就越準確。同樣的，**研究員可以使用不同方法收集同樣現象的資料，來證明研究的準確與豐富**。

如果不同方法得到同樣的結果，你就能對發現更有信心。然而在設計研究中，三角檢測較少用來

💬 **專家訣竅**

「我們的口訣是看看顧客（觀察）、聽聽顧客（對話）、成為顧客（自我民族誌）—三種了解顧客或員工相輔相成的方法。」

— Simon Clatworthy

[11] 所有方法的細節將在 5.2 中描述。

[12] Denzin (1978) 指出四種三角檢測：方法（方法論）三角檢測、資料三角檢測、研究員（調查員）三角檢測、以及理論三角檢測。更多資訊見 Denzin, N. K. (1978). "Triangulation: A Case for Methodological Evaluation and Combination." In N. K. Denzin (ed.), *Sociological Methods: A Sourcebook* (pp 339–357), Routledge。

研究員三角檢測　　　　　　　方法三角檢測

尋求研究結果的確認或驗證。而是確保洞見來自一個豐富且全面的資料集，紮實到足以提供設計決策的基礎。尤其當你做的是找新點子靈感的探索型研究時，資料和觀點的豐富性更是關鍵。

在一個研究情境中，方法三角檢測的基本概念在於用不同方法交叉檢視研究發現。

資料三角檢測

不同的研究方法會產出不同類型的資料，例如文字（如場域筆記或訪談逐字稿）、照片、影片、物件（如票券、資訊傳單）、及統計資料。有些方法可以產出不同甚至多種類型的資料，研究員應該要規劃他們需要的是哪一種資料。記得遵循三角檢測的原則，要在研究過程中努力創造出不同類型的資料。

資料三角檢測讓研究員能用不同的基礎支持發現，並讓你的資料集更豐富且更容易理解。使用不同類型資料的其中一個好處是，可以用一個簡單的例子做說明。想像一個脈絡訪談的情境，如果研究員只做場域筆記，就只會寫下自己認為重要的事情。如果加上該情況的照片，別人就能了解訪查的情境脈絡。如果加上訪查的錄音並事後寫成逐字稿，別人就也有機會能解讀該場訪查。如果他們將情況錄成影片，別人也能針對肢體動作和情境脈絡進行解讀。不同的資料類型能幫助你獲得一個更豐富的資料集，降低研究員的主觀性。

另外的差別在於初級及次級資料之間的區隔。初級資料是研究員為一個特殊目的收集的資料，次級資料是別人為了其他目的收集之資料，但被一個研究員為了新目的而使用。

－使用不同類型的三角檢測
　來消除不同形式的研究偏
　誤：

－研究員三角檢測可避免偏
　見與傾向

－方法三角檢測可取得同一
　個主題的不同觀點

－資料三角檢測可獲得較豐
　富且全面的資料集

如果你的組織要進行多個服務設計專案，就應該
整合成一個資料或知識管理系統。一個專案初級
研究的成果，能作為另一個專案的次級資料，因
而省下時間和金錢。研究員能以前期研究的成果
為基礎（即次級資料），將一筆研究預算用在更
聚焦的初級研究上，「站在巨人的肩膀上 13」。

第一層次與第二層次概念（不同於初級與次級資
料）之間的差別在於一個重要的因素，影響其他
研究員能如何運用這些資料。基本上，第一層
次概念是「原始資料」（如一場訪談的直譯逐字
稿），第二層次概念則包含研究員的詮釋。在實
務上，第一層次概念可能是研究員從觀察或訪談
得來，關於研究的任何證據－例如訪談逐字稿，

但也可能是照片或影片。第二層次概念可能是摘
要過的場域筆記，或是研究員為了找出模式而
篩選過、或偏頗地詮釋過，任何形式的資料 14。
雖然二者都有用，收集足夠的原始資料（第一層
次概念），不包含研究員的詮釋，是很重要的，
因為這樣的原始資料之後才能被其他的研究員解
讀。被記錄的資料，像是照片或影片大幅保留原
始內容，呈現結果時會比任何第二層次概念都要
有說服力。**當你只能做場域筆記時，記得區分研
究情境的真實描述、與你個人的詮釋，讓你能隨
時回去重新修正這些詮釋。**

13　見 12.5.6 節案例：**建立跨專案服務設計知識**，其中一個如何重複使用之
　　前研究的例子。

14　第二層次概念是一個分析家用來組織和解釋這些 [第一層次]「事實」
　　的「理論」(p.39)，而「理論在場域中經過測試、再測試、與再一次的測
　　試」(p.51) 引用自 Van Maanen, J. (1979). "Reclaiming Qualitative Methods for Organizational
　　Research: A Preface." *Administrative Science Quarterly*, 24(4), 520-526。

研究員三角檢測

當一個（設計）研究員使用民族誌的方法時，設身處地換位思考是很重要的。所有的研究員都有自己的背景、知識和偏見，可以說是幾乎不可能避免「研究員偏誤」，但如果你能意識到自己解讀資料和下結論時的傾向，會很有幫助（如透過其他研究員對於潛在偏誤和傾向的同儕反思）。

研究員同時應該意識到自己的「研究員地位」，也就是在研究群體中身為一名研究員的社會地位。受訪者會根據你的地位，對你的問題有不同的反應，這是你的研究規劃要考慮到的。你如何跟受訪者溝通你的研究？你的受訪者會對這樣的溝通有什麼期待，哪些潛在的意圖會對研究造成影響？

有一種處理研究者偏誤的方式，是在資料蒐集、與整合分析期間，廣納不同的研究者參與。這樣的研究員三角檢測可幫助降低民族誌研究的主觀程度，讓團隊在專案期間保持一致的知識程度。增加參與研究員數量的其中一種方式，是使用積極讓受訪者與研究員融為一體的資料收集方法（如日誌研究或行動民族誌），或是讓研究員站在受訪者立場的方法（如服務探險或自我民族誌）。

一般而言，如果你的設計流程能有從客戶的組織或管理階層來的人，以及其他利害關係人一同參與，你將得到更多有根據的對話，並增加客戶或管理階層的認可。邀請他們參與你的場域調查－即使他們時間有限。多數情況下，接觸顧客及其他研究受訪者會提升對於研究的重視，以及對顧客需求的關注。

有時候也會有缺點，像是來參加的客戶或管理階層可能會利用這樣的機會，對受訪者解釋或甚至推銷他們的產品／服務，或是偏重單一的使用者或回饋。對於搞不清楚狀況的客戶，可以指派一個清楚的角色給他們，像是訪談助理或觀察員，讓主要的專案團隊成員能主導場域調查。

建立索引

在研究期間為你的資料建立索引是很重要的，讓你能夠找到洞見根據的資料來源。一個簡單建立索引的方法是將資料標示簡短的編號，像是用「i6.17」代表第 6 場訪談的第 17 行，或是用「v12.3:22」代表第 12 個影片中的 3 分 22 秒處。這讓你之後做設計決策時，不只能參考產出的洞見，也能根據原始資料。你甚至可以將提到某特定現象的受訪者，都涵蓋進你的解法原型中，以改進原本的情況 [15]。

5.1.4 資料視覺化、整合與分析

「通常在每個階段內進行迭代是蠻值得做的，在不同手法之間迭代也是一樣：資料編碼完進行過濾及篩選，然後分析以萃取洞見。舉例來說，在日誌研究中，我們將所有的意見寫在一個試算表中，尋找相同的模式特別標出或標上顏色，然後針對特定議題再度深入挖掘，重新分析意見。找到的議題會在退場訪談中被深度探索。」

– Phillippa Rose

在設計研究中，整合與分析資料（也稱作意義建構）的方法有很多種。一般來說，我們可以分成二種主要的進行方式：學術方式與實務方式。雖然我們主要針對的是實務方式，還是可能從學術方式學到很多東西。

處理質性資料的學術方式多半包含編纂資料，然後從中尋找模式。這個流程常被稱作內容分析─有很多方法、軟體[16]都能協助研究員進行分析，但只用紙筆當然也可以做到。舉例來說，一個研究員可以從訪談逐字稿中，找出句子貼上特定標記來編纂資料。研究員的第二步是去數特定標記出現的次數，或用軟體工具自動完成[17]。這個過程需要一些時間，但當你要處理大量的資料時特別有用，因為它能讓你將資料分組，然後逐步進行分析。這常在當你用傳統專案管理方式規劃研究設計時發生：一段資料收集期間之後，是一段資料分析的期間。

然而，如果採用迭代的研究設計，以及偏視覺的整合與分析流程，就不會被資料淹沒，因為你進行多次迭代的資料收集、整合、與分析階段。

將資料視覺化

將資料視覺化能幫助團隊取得資訊數量的概觀，為複雜的資料帶來結構，顯示模式，並揭露資料中現有的缺口，也深化團隊對於一個主題的了解，對研究對象發展出共感。用視覺化來呈現研究工作的方法有很多，而一個方法是否合理，則取決於你的目標。以下清單摘錄一些在服務設計中，視覺化研究資料的常用手法，也簡短說明各手法為何有用[18]：

→ **研究牆**[19]：為資料、混合的研究方法、以及資料類型提供簡單的概觀；可能包含這邊列出的其他項目。

→ **人物誌**：舉例說明不同族群的人，像是顧客或員工，以及他們個別的特性、目標、和／或任務。

→ **（顧客）旅程圖**：將顧客經驗依照時序視覺化。

[16] 研究員使用非常多元的軟體整合與分析資料，從簡單的試算表或文件，到複雜的質性研究軟體，如 ATLAS.ti、MAXQDA、NVivo 或 QDA Miner 等，依據目的不同，有很多非常專精的研究軟體可供選擇。

[17] 有些方法需要將錄音及錄影檔案轉成逐字稿，讓研究員只需處理文字檔。新的軟體則能對多種資料格式進行編碼：文字的某幾行、錄音及錄影檔的某幾段時間、照片裡的某些姿勢都可被編碼。

[18] 所有的方法將在 5.3 詳述。

[19] 將研究牆與點子牆（如果有的話）分開。點子牆的概念會在第 6 章：概念發想中解釋。

一段顧客旅程的基本階段

這是一個高層次顧客旅程的基本元素清單，這份清單能作為實用的檢核表，檢核是否已經涵蓋所有主要的步驟，或是是否需要做更多研究，填補任何潛在的缺口。

服務前

1 **覺醒：覺察。** 顧客被動地覺察到服務提供和／或他們的服務。

2 **認識：知道更多、了解、考慮。** 顧客尋找更多資訊，包含第一次與同類族群、評價網站、或服務提供者、以及決策過程的直接互動。

3 **參與：進入（服務）系統。** 顧客一同設計與／或協商服務或合約，並簽約或購買。

服務

4 **設定：準備專案或服務，準備使用產品。** 顧客設定好服務，準備第一次使用。

5 **啟用：第一次親身接觸，第一次使用產品。** 顧客體驗服務，在這個階段，會提供一些給新顧客，但尚未提供其他給老顧客的支援系統。

6 **續用：重複共創價值（習慣使用）。** 服務共創計畫好的價值，顧客定期體驗服務。

7 **搞砸（了）：解決意外或問題。** 發生了問題；也許顧客回報一個問題，顧客的疑惑或問題被回答並解決。

8 **成長：延伸服務或產品的使用。升級。增加。** 當顧客變得更有經驗，他們也許會開始延伸使用程度，或在現有的組合中添加更多的服務項目。

9 **買單：為服務支付。** 顧客為服務付出金錢、資料、注意力或其他價值交換。

10 **結束：停掉服務或停止使用產品。** 顧客決定停止使用服務（或續約）。

服務後

11 **表達：分享你的經驗。** 顧客與別人分享自己的經驗。

12 **傾聽：保持互動。** 顧客收到廣告、偶爾的來電、或活動邀請，與服務保持互動，即使現在已不是客戶了。循環到這邊結束，回到「覺醒：覺察」步驟。

→ **系統圖**：呈現利害關係人與產品－服務生態系統之間的關係。

→ **關鍵洞見**：突顯出顧客或潛在顧客在某實體／數位產品或服務中遇到最大的問題。

→ **代辦任務**：強調顧客想要達到的整體概況。

→ **使用者故事**：確保跟軟體工程師溝通時使用同樣的語言。

→ **研究報告**：確保一個全面的研究總覽，常包含上述的許多工具。

在進行視覺化時，考慮目標族群是重要的，先問問自己你到底想要分享什麼。不同的族群會有不同的需求－需要簡潔的研究洞見還是很多的原始資料？是否需要正式且一目了然的視覺化，讓成果能在不同的部門或組織被使用？或者成果只有內部團隊需要？任何研究成果，一旦需要跟團隊以外的人溝通時，都需要好好潤飾。

同儕審查與共創

增加研究品質的一個簡單方法就是透過同儕審查，包含其他研究員、顧客、員工、與利害關係人，取得多元觀點，降低確認偏誤的風險。如果你想要在這個階段讓其他人參與，他們必須能夠理解你的資料，並提出自己的結論。因此，以蒐集越多原始資料（即第一層概念）越好為目標，並拿你自己的詮釋與同儕的互相比較。切記洞見永遠要能回溯到你的原始資料（使用索引），讓審查者能了解並贊同從資料到洞見的轉譯。

一個經驗法則是，在整合與分析階段，早期讓其他人一起參與會比較容易，因為你可以使用共創的方式整理資料並分出類別，而非單純找別人來審查你的工作。不過，有時候共創的工作坊不一定可行；這時候，同儕審查就是個降低主觀性與研究偏誤的好選擇。

將資料編碼

當你將資料編碼時 [20]，一個重要的問題是：這些編碼的類別是從哪裡來的？質性研究大多會使用歸納的手法，研究員「沉浸」在資料中，從資料中產出分類與洞見。另一方面來說，有時候研究員會用推論的手法，從文獻或別的研究中找出一組既定的類別，再透過資料整合來刪除或添加類別。

[20] 注意**資料編碼**與**建立索引**之間的差別。用來建立資料索引的標記通常很難懂，而且只用來找到原始資料集中的某項資料（如「i6.17」或「o12.3:22」）。用來將資料編碼的標記或標籤則常是摘錄或詮釋部分資料的關鍵字，可能是顧客問題的類別，或是顧客重複提到的用詞（如「買票機」或「太少時間去選擇」）。然而，在實務上索引和編碼常被混用或互換。

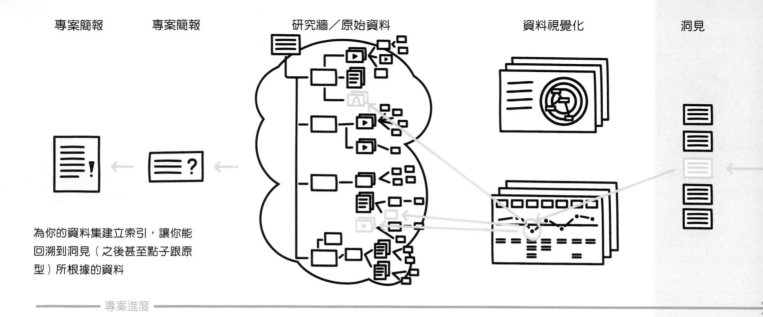

専案簡報　　　専案簡報　　　　　研究牆／原始資料　　　　　　　資料視覺化　　　　洞見

為你的資料集建立索引，讓你能
回溯到洞見（之後甚至點子跟原
型）所根據的資料

專案進度

推論質性分析力求檢驗特定的假設或概念，因而常將資料分類在已經既定的類別裡。**雖然設計研究多半透過歸納去找出顧客經驗的缺口或人們的需求，但測試原型的研究則常屬於推論型。**

5.1.5　研究成果運用

服務設計研究的成果通常會作為其他的服務設計活動，像概念發想或原型測試的參考基礎。在某些情況下，研究產出甚至可以直接用在執行的活動。舉例來說，研究有時可以針對一個軟體，揭露簡單的易用性精進方向，以使用者故事的方式描述，並直接應用在軟體開發中[21]。然而以一般情況來說，在研究過程中找到的主題會透過人物誌、旅程圖、系統圖、關鍵洞見、使用者故事、或研究報告視覺化，這些可用來在後續的概念發想活動中，找出問題點或機會點[22]。如果你已經有一些現成的想法能解決發現的問題，你也可以直接試圖將解法在原型設計的流程中實作出來[23]。

---

21 使用者故事的描述見 5.3 節中的**撰寫使用者故事**，如何將這些應用在軟體開發見 8.3 節**服務設計與軟體開發**。

22 見第 6 章：**概念發想**。

23 見第 7 章：**原型測試**。

問題空間 vs. 解法空間

立即解法通常只能治療症狀，而非底層更深的問題（或機會）。

在典型的研究活動中，你仔細探索一個經驗、流程、或系統的現有問題，試圖質疑所見並挑戰假設，至少這是該做的事。不幸的是，身為人類的問題是，我們都被訓練要去解決問題。當我們看到一個問題，就要立即開始想可能的解法。

不幸的原因是，這些解法可能都無法解決根本的問題。如果要解，你需要投資更多的精力去理解問題，你需要在問題空間中持續更久的時間，不能太快就跳進解法空間中。

有時候，設計團隊最好能清楚了解自己的目前位置。你是在問題空間中試圖更細節、更深入地理解某人的問題，多方探索挖掘出根本的原因嗎？或是你正在解法空間中努力尋找點子，解決一個定義好的問題？你可以運用視覺線索，像是貼在團隊工作空間牆上的一張海報，以在會議和工作坊中釐清你們目前的位置。

當然，設計團隊在研究活動中也會想到很多的點子，如果這些點子遺失了就很可惜。當在研究過程中想到點子時，將它們寫下放在點子牆上[24]後就放手。

或者，你也可以將點子當成假說，將它改寫進原有的假設中－可在下一輪研究迭代中當成一個新的研究問題。另外，你可能也需要在設計流程的下個步驟，像是研究後的概念發想活動之前，先跟你的團隊做個簡報。◀

24 如何處理天外飛來一筆的點子，詳見第 6 章：**概念發想**。

05
研究

方法

更多方法與工具歡迎參考免費的線上資源：

www.tisdd.com

5.2 資料收集的方法

本節提供了多種在服務設計研究中收集資料的研究方法。除了章節談到的之外，還有更多其他的方法，而且同種方法常有幾個不一致的名稱。每個方法我們只能提供非常簡短的介紹，如果你想更深入了解，有許多文獻－有些方法甚至有書籍－提供細節描述和範例 [25]。這些研究方法的架構可分為五個類別：

→ **桌上研究：** 初步研究、次級研究。

→ **自我民族誌手法：** 自傳式民族誌、線上民族誌。

→ **參與式手法：** 參與式觀察、脈絡訪談、深度訪談、焦點團體。

→ **非參與式手法：** 非參與式觀察、行動民族誌、文化探針。

→ **共創工作坊：** 共創人物誌、旅程圖、及系統圖。

這些類別不是學術標準，因為每種研究方法有很多的變異與名稱，每個類別之間的分界可能是流動的。然而，以基本原則來說，我們建議在你的研究中，每種類別都至少使用一種方法以擁有較好的方法檢測機制。

[25] 這些方法更詳細的線上版本見 *www.tisdd.com*。

桌上研究
初步研究 👆

在開始正式研究或場域調查前，自己的準備工作 [26] 。

初步研究常包含深入挖掘一個企業、組織、競業、或類似產品，以及客戶對於一個研究問題的想法與觀點、他們的脈絡、認知、內部衝突或互動等。初步研究比較不是關於找答案，而是找出對的研究問題。初步研究可能導出文字節錄的摘要和／或一整套照片、螢幕截圖或影片，或者視覺化成一個情緒板。

準備： 初步研究常以非常廣泛的研究問題或主題開始，從像是「家的感覺是什麼？」的軟性主題，到像是「這個科技還能有什麼其他的應用？」的特定主題。

使用： 初步研究可以包含進行內部訪談；篩選社群媒體；聽播客（podcast）、線上影片、或研討會的演講；及讀特定企業的科學或特別主題的出版品、新聞、一般的雜誌。

預期產出： 文字、統計資料、照片、和影片、及心智圖、情緒板等諸如此類。

(A) 「初步」研究常包含線上搜尋某些關鍵字、公司、及競業，也包含搜尋特定主題的學術研究。

(B) 當進行次級研究時，做筆記並迭代探索潛在有趣的主題。

(C) 智慧型手機和／或簡單的筆記本常是記錄自傳式民族誌研究的最佳工具。

---

26 有關初步研究對整個服務設計過程重要性的簡要說明，請見 9.2.2 節 *初步研究*。

桌上研究
次級研究 📠

現有研究的收集、整合與摘要 [27]

與初步研究相反，次級研究（常被簡單稱為「桌上研究」）只使用現有的次級資料－為了其他專案或目的蒐集的資訊。主要的概念是在確認針對某個主題的研究是否已經存在。這幫助我們形成一個更精確的研究問題，並找出可能的資料收集、視覺化、和整合方法。桌上研究應該永遠是研究流程的起始點，以避免重工，也在開始主要研究時能站在巨人的肩膀上。

準備：收集一個潛在可能的內部和／或外部資源清單，像是學術論文、白皮書、和報告，以及研究主題的專家。

使用：搜尋與研究主題相關的質化與量化次級資料，使用線上搜尋引擎、科學資料庫和期刊、圖書館、研討會、及專家演講與訪談。

預期產出：文字、統計資料、心智圖等諸如此類。

自我民族誌手法
自傳式民族誌 📠

研究員自己探索一段特別的經驗，並使用場域筆記、錄音、錄影和照片自行作記錄 [28]**；也稱作自我民族誌／紀錄。**

除了「真正的」（即較學術的）自傳式民族誌研究，即研究員讓自己沉浸在一個組織中數個月，服務設計常用較精簡的版本：讓團隊成員親身在真實的情境脈絡中，探索一段特別的經驗，多半作為顧客或員工。其他的變化版包含購物秘密客、秘密員工、服務探險、探索式服務探險、或日誌研究。

準備：自傳式民族誌常是第一個被使用的研究方法之一，因為有助於研究員在進行訪談或觀察時對於行為的解讀，要決定的是進行研究的時間和地點。

使用：自傳式民族誌可以針對一個或多個通路，也可以是多人或獨自、和／或機器互動的行動。在做場域筆記時，將第一層次（「原始資料」）與第二層次概念（「詮釋」）分開記錄：例如，將所見所聞記在左半頁，詮釋與感覺記在右半頁。

預期產出：文字（逐字稿、場域筆記）、錄音、照片、影片、物件。

---

27 針對在研究中使用次級資料，較系統性流程的描述與討論參見如 Johnston, M. P. (2017). Secondary data analysis: A method of which the time has come. *Qualitative and Quantitative Methods in Libraries*, 3(3), 619-626。

28 關於質性研究如何使用自傳式民族誌，更全面的介紹參見如 Adams, T. E., Holman Jones, S., & Ellis, C. (2015). *Autoethnography: Understanding Qualitative Research (Oxford University Press)*。

自我民族誌手法
線上民族誌 🖱

一種調查人們如何在線上社群互動的手法[29]，也被稱作虛擬或網路民族誌。

線上民族誌可以透過自我民族誌研究、非參與式民族誌、或參與式人物誌的方式執行－但都會聚焦在線上經驗，能夠看到許多不同層面，像是一個線上社群內的社交互動，或是人們的自我意識在線上與真實生活中的差異。

準備： 根據研究問題，定義哪些線上社群適合成為主角。決定你要如何記錄經驗；如透過螢幕截圖或螢幕錄影、系統或旅程圖、或簡單作場域筆記。

使用： 線上民族誌常混合不同的方法，像是觀察、用分享螢幕的方式在線上進行的脈絡訪談、或是與其他社群成員進行深度的回溯式訪查。

預期產出： 文字（引述、逐字稿、場域筆記）、螢幕截圖、錄製影音（螢幕錄影或錄音）

參與式手法
參與式觀察 🖱

研究員讓自己沉浸在研究對象的生活中。

參與式觀察是多樣方法的泛稱，像是影隨、一日人生、或一同工作[30]。

準備： 根據你的研究問題，選擇合適的受訪者，並規劃進行研究的時間、地點、及記錄方式。你要如何接近受訪者？如何開場和收尾？如何處理「觀察者效應」？預計花多少時間？

使用： 觀察也許是在受訪者的辦公室、家中、或甚至陪他們經歷一個流程，如一次度假的行程。利用情境脈絡請受訪者解釋特定的活動、物品、行為、動機、需求、痛點、或獲益。如果比對受訪者與他的行為，有時言行不一的情況能透露很多內情。**在參與式觀察中，不只要觀察人們做的事情（透過解讀他們的肢體語言和手勢），他們沒做的事情也很重要。**

預期產出： 文字（逐字稿、場域筆記）、錄音、照片、影片、物件。

29 其中一個最常被引用的虛擬民族誌描述為 Hine, C. (2000). *Virtual Ethnography.* Sage。

30 根據 1980 年代一本關於參與式觀察的經典著作，研究員的參與程度是一個連續體，從非參與式到被動、中度、主動、與完全參與式。見（新版）Spradley, J. P. (2016). *Participant Observation.* Waveland Press。

參與式手法
脈絡訪談 📖

在情境脈絡中，針對顧客、員工或其他利害關係人進行與研究問題相關的訪談 [31]，也被稱作脈絡訪查。

脈絡訪談被用來對一個特定族群有更多的了解（他們的需求、情緒、期待、與環境－對人物誌有幫助），揭露正式與非正式的人際網絡，以及特定人員的隱藏動機（對系統圖有幫助），或是了解特別的經驗（對旅程圖有幫助）。脈絡訪談可以，舉例來說，與員工在辦公室進行，或與顧客在顧客經驗的特定時刻進行。

準備： 與實驗室訪談相反，脈絡訪談在「情境脈絡」中進行，讓研究員能夠觀察周圍環境，受訪者能指出環境中的元素。根據研究問題，定義訪談的對象、時間、地點、及要如何將情境脈絡記錄下來－包含受訪者的情緒、手勢、與肢體語言。

使用： 試著請受訪者示範主題經驗的具體細節。在有具體的例子可舉的情況下，人們通常比較容易說出他們的動機和經驗。

預期產出： 文字（逐字稿、場域筆記）、錄音、照片、影片、物件。

Ⓐ 當研究員執行參與式觀察時，常在被動觀察與主動詢問的情境之間轉換，以對使用者需求取得更深入的了解。

Ⓑ 脈絡訪談幫助受訪者說出問題和需求，因為身處在情境脈絡中，他們可以直接指出事物的所在之處。

Ⓒ 在脈絡訪談或觀察中，如果可能的話，錄音或錄影以進行資料三角驗證。

31 參見如 Beyer, H., & Holtzblatt, K. (1997). *Contextual Design: Defining Customer-centered Systems*. Elsevier.

(A) 注意受訪者的肢體語言和手勢，寫下有趣的觀察。這些通常會引出更深入的問題。

(B) 試著區別實際的觀察和你自己的解讀（第一層次／第二層次概念）。

參與式手法
深度訪談

一種進行深入個別訪談的質性研究技巧。

深度訪談常針對相關的利害關係人或外部專家，了解特定主題的不同觀點。這些訪談能幫助研究員對特別的期望、經驗、產品、服務、商品、運作、流程、與擔憂，以及一個人的態度、問題、需求、想法、或環境，有更多的了解。

準備： 深度訪談通常以半結構式的方式收集有用的資料。舉例來說，訪綱的內容可以同理心地圖為基礎[32]。深度訪談常以面對面的方式進行，讓研究員能觀察肢體語言，製造較親近的氣氛。但也可以在線上或透過電話進行。

使用： 這些訪談可根據共創的跨界物件，像是塗鴉或心智圖、或使用人物誌、旅程圖、系統圖、或其他有用的模板，也可以包含像是卡片分類的任務，去了解使用者的需求，或是用實體的接觸點卡片說故事，將經驗視覺化。

預期產出： 文字（逐字稿、場域筆記）、錄音、照片、影片、物件。

32 原始的同理心地圖包含下列主題：**誰是我們要同理的對象？他們需要做什麼事情？他們看／說／做／聽到什麼？與他們的想法和感受（痛點與獲益）為何？** 在 2017 年，**誰是我們要同理的對象？他們需要做什麼事情？** 被加進原有的模板中。見 Gray, D., Brown, S., & Macanufo, J. (2010). *Gamestorming: A Playbook for Innovators, Rulebreakers, and Changemakers*. Sebastopol: O'Reilly。

參與式手法
焦點團體 🖱

一種執行訪談研究的經典方法，研究員邀請一群人然後問他們關於特定產品、服務、商品、概念、問題、原型、廣告等問題。

在焦點團體中，研究員努力了解對於一個特定主題的認知、意見、點子、或態度。雖然焦點團體通常被用於商業領域，在服務設計的應用有限，但一般缺乏情境脈絡，也沒有像是人物誌、旅程／系統圖等共創的跨界物件，因為結果只根據經過引導的討論，加上觀察者效應、團體思考、社會期許等偏誤，常導致能提供資訊的價值有限 [33]。

準備：焦點團體多半在一個非正式的環境下舉辦，像是會議室、或一個特別的房間，讓研究員可以透過單面鏡觀察情況。

使用：研究員常只提出一個初步的問題，然後觀察團體的討論與互動。研究員會作為主持人引導團體討論一系列的問題。

預期產出：文字（逐字稿、場域筆記）、錄音、照片、影片。

非參與式手法
非參與式觀察 🖱

研究員透過行為觀察收集資料，不主動與受訪者互動。

在非參與式觀察中，研究員不跟研究受訪者互動；他們就如同「牆上的蒼蠅」一般。研究對象常是顧客、員工或其他利害關係人，在與研究問題相關的情境中被觀察。**通常非參與式觀察用來平均掉其他方法的研究員偏誤，揭露人們說的話與實際行動之間的差異。**

準備：規劃研究的執行者、時間、地點、與對象。有時當研究員隱密進行非參與式觀察時，他們會假裝成顧客或過客，甚至使用單面鏡，將「觀察者效應」的風險降到最低 [34]。

使用：在非參與式觀察中，重點不只在觀察人們做什麼事情（例如從他們的肢體語言和手勢中解讀），也要觀察人們什麼事情沒做（也許是忽略說明或不開口尋求協助）。

預期產出：文字（場域筆記）、照片、影片、錄音、草圖、物件、統計資料（如每小時來客數）。

---

33 你可能在文內發現焦點團體是帶有某種偏誤的，因為「焦點團體實際上被一些學科的重要洞見視為禁忌」，哈佛商學院的榮譽教授 Gerald Zaltman 說，「說法與實際行為之間的相關性通常很低或是負相關。」引自 Zaltman, G. (2003). *How Customers Think: Essential Insights into the Mind of the Market*. Harvard Business Press, P. 122。

34 你也可以做外顯的非參與式觀察，例如當研究員現場旁聽會議或工作坊，但不作主動參與，就像是「牆上的蒼蠅」一樣。見 5.1.3 節中的**外顯 vs 隱藏研究**文字框。

非參與式手法
行動民族誌 📑

整合多種自傳式民族誌，在引導式的研究設定中，透過如智慧型手機等行動裝置收集資料 [35]。

一個行動民族誌的研究專案可以包含數個到上千個來自各地的受訪者，通常包含使用者、顧客、或員工，在自己的智慧型手機上，透過文字、照片、影片、或量化評估、以及日期、時間、與地點自行記錄他們自身的經驗。研究員可以即時檢視、彙整、分析、並匯出收集到的資料。

準備： 規劃給受訪者的受訪費（招募常是最困難的部分！）。在你的邀請函中，提供清楚且簡短的說明，解釋如何參與及進行記錄。根據受訪者資料定義問題，以便將受訪者依照你的人物誌做分組。

使用： 行動民族誌適合用在超過一天或數天的較長期研究。一旦你開始收集資料，你就可以開始彙整與分析。

預期產出： 文字、照片、影片、錄音、日期與時間資訊、地點資料、受訪者資料的統計資料。

[35] 行動民族誌與其他民族誌手法的比較，見 Segelström, F., & Holmlid, S. (2012). "One Case, Three Ethnographic Styles: Exploring Different Ethnographic Approaches to the Same Broad Brief." In *Ethnographic Praxis in Industry Conference Proceedings*, 2012 (1), 48-62。更多旅遊業對於行動民族誌的應用，見 Stickdorn, M., & Frischhut, B. (eds.) (2012). *Service Design and Tourism: Case Studies of Applied Research Projects on Mobile Ethnography for Tourism Destinations.* BoD– Books on Demand。

非參與式手法
文化探針 📑

挑選過的研究受訪者根據研究員給的特定任務收集資訊 [36]。

在文化探針中，研究受訪者被要求透過場域筆記和照片、和／或收集相關物品，自行記錄某些經驗。文化探針也常透過虛擬的方式執行，使用線上日記平台或行動民族誌的應用程式。

準備： 準備好寄一個包裹給受訪者，裡面包含一組說明、一本筆記本、一台拋棄式相機。你也可以準備一個簡單的劇本讓受訪者跟著做，或指示他們用照片記錄如何在不同脈絡中使用特定產品。

使用： 文化探針的目標是取得沒有偏誤的資料，受訪者於沒有研究員在場的情況下，自己從脈絡中收集資料。他們能幫助研究員了解並克服文化的界線，將多元觀點帶進設計流程中。文化探針通常混合了多種手法，也能與深度訪談結合，以回溯的方式檢視收集到的資料。可以包含記錄一天、一週或甚至幾年的日記。

預期產出： 文字（自己記錄的筆記、日記）、照片、影片、錄音、物件。

[36] 關於如何在設計上使用文化探針，見如 Gaver, B., Dunne, T., & Pacenti, E. (1999). "Design: Cultural Probes." *interactions*, 6(1), 21-29。

共創工作坊
共創人物誌 🖰

運用一群參與者的知識建立一組人物誌。

一個共創人物誌工作坊結果的品質，取決於你帶進工作坊的研究資料，以及參與者對於你想要參考的人物誌族群有多了解－例如，第一線員工的工作坊通常對於建立顧客人物誌很有幫助。**若要減少結果的偏誤，避免只邀請對於主題有抽象知識的人，因為結果也許看起來可信，但實際上卻非常偏頗。**

準備：邀請工作坊參與者時，應該提供車馬費並說明工作坊的目標。挑選的參與者，要對人物誌針對的利害關係團體有深度認識。寫一份主持的議程，在工作坊中創造一個安全空間[39]。

使用：這些工作坊常遵循類似這樣的結構：開場及分組，建立初步人物誌，呈現與群聚，討論與合併，視覺化與驗證，迭代。

預期產出：人物誌草稿（實體或數位）、工作坊照片、參與者的發言（錄音或文字）、工作坊進度影片。

(A) 受訪者在自己的智慧型手機上使用行動民族誌的應用程式，回報並評估他們每一步的經驗。研究員即時看到資料並立即開始分析[37]。

(B) 用來研究飛行旅遊經驗的文化探針（觀察包）[38]。

(C) 即使年齡與性別總是人物誌一種簡單的起點，人口統計可能造成許多誤導。想一想哪些因素可以區分出人物誌代表。

37 照片：ExperienceFellow。

38 照片：Martin Jordan。

39 見 3.2 節 **人物誌：**主持與創造安心的空間的實際秘訣，見第 10 章：**主持工作坊。**

共創工作坊
共創旅程圖 🖐

運用一群參與者的知識建立一或多個旅程圖或服務藍圖。

邀請對於主題經驗有深厚知識的參與者。如果你想要建立一個關於顧客經驗的旅程圖，參與者可能是顧客（是的，真的顧客！）和／或第一線的員工。共創工作坊的成果通常建立在假設上，結果也許看起來可信，但卻常是偏頗的。這些成果應該要被理解為幫助開發的工具、設計研究流程的起始點、或是用來評估與增進收集到的資料。

準備：考慮邀請一群觀點相同（像是一個特定目標族群的顧客）或是有著不同觀點（像是不同目標族群的顧客、或顧客與員工）的工作坊參與者。清楚溝通旅程圖的範圍，像是高層次的旅程圖，或是針對高層次圖中某個特定情況的詳細旅程圖。

使用：定義主角與旅程的範圍，開場及分組，找出階段與步驟，迭代與修正，增加觀點像是情緒旅程（非必要），討論與合併，迭代。

預期產出：旅程圖草稿（實體或數位）、工作坊照片、參與者的發言（錄音或文字）、工作坊進度影片。

共創工作坊
共創系統圖 🖐

運用一群受邀參與者的知識建立系統圖 [40]。

針對每一個系統圖，定義一個特定的觀點並邀請有深厚知識的參與者。你在決定邀請誰來參加時，同時也決定了要囊括哪些有趣的觀點。不斷用扎實的研究挑戰你的假設，時間一長，建立在假設上的圖應該會發展成建立在研究上的圖。

準備：除了工作坊參與者的知識外，第二重要的因素是將之前做的質化研究帶進工作坊，例如透過一面研究牆。

使用：設定一個清楚的範圍與脈絡情境，協助工作坊參與者建立共識。這樣的工作坊常遵循類似這樣的結構：開場及分組，建立初步的利害關係人圖（1. 列出利害關係人，2. 排列優先順序，3. 將利害關係人在圖上視覺化呈現，4. 描繪利害關係人之間的關係），呈現與比較，討論與合併，迭代與驗證，在生態系統內測試不同的情境（非必要）。

預期產出：系統圖草稿（實體或數位）、工作坊照片、參與者的發言（錄音或文字）、工作坊進度影片。

40 參見 3.4 節 **系統圖** 與第 10 章：**主持工作坊**。

5.3 資料視覺化、整合與
分析的方法

本節介紹服務設計用來視覺化、整合、與分析收集到資料的方法，如前所述－有時這樣的過程也被稱作「意義建構」。這只是一個簡單的總覽；還有許多其他視覺化資料的手法，與溝通點子與洞見的合適方法。此外，同一種方法有不同名稱（也許由於使用上的不一致）。如果你想要深入了解，也有許多文獻可供參考，有些方法甚至有整本書描述了細節與案例。

本節呈現八種資料視覺化與分析的方法：

→ 　建立一面研究牆
→ 　建立人物誌
→ 　建立旅程圖
→ 　建立系統圖
→ 　發展關鍵洞見
→ 　產出代辦任務的洞見
→ 　撰寫使用者故事
→ 　彙整研究報告

(A) 像是旅程圖這樣的視覺化手法，能幫助參與者了解每個步驟的脈絡，讓他們能夠更快進入狀況。

(B) 紙本模板常能幫助參與者開始認真看待一項任務。他們對一個工具越熟悉，模板對他們來說就越不重要。

(C) 價值網絡圖可能很快就會變得複雜。試著提供一個有特定焦點的圖作為總覽。

建立一面研究牆 🖱

透過研究資料在牆上的視覺排列，整合與分析研究資料 [41]。

你可以將研究牆想像成在許多驚悚片中，警探們解構犯罪現場資料的較複雜版本（想想 *CSI* 犯罪現場影集）。牆上有許多類型的資料（引述、照片、網站或影片的螢幕截圖、統計資料、物件等），幫助你找出資料中的模式，同時也是一個讓你與他人分享研究進程的地方。

準備： 準備一個牆面或大型的紙板，把資料貼出來。此外，也要考慮誰應該跟你一起建立這片牆。

使用： 將素材貼上牆面，然後開始整合資料，依據特定主題做分類，像是某些顧客族群、共同的問題、旅程圖的步驟等。為分群命名，並尋找分群之間的連結，與單一素材之間的連結（注意潛在的確認偏誤）。你找出的各種模式，可再用人物誌、旅程圖、系統圖、關鍵洞見等工具做進一步的探索－這些工具也可以成為研究牆的一部分。

預期產出： 研究資料的視覺排列。

建立人物誌 🖱

建立關於一個特定虛擬人物的豐富描述，舉例說明一群人的典型樣貌，像是一群顧客、使用者、或員工 [42]。

人物誌聚焦在特殊類型的顧客動機與行為，幫助同理一群人，以找出能解決真正問題的辦法。你可以為現有的市場分群建立人物誌，或是為了挑戰現有的分群方式。

準備： 人物誌模板或同理心地圖有時對建立人物誌有幫助。你常要混合不同的手法－舉例來說，從共創工作坊中發展出的假設人物誌開始，然後用研究充實並支持他們。

使用： 建立約三到七個核心人誌代表主要的市場分群。遵循「為一般人設計－找極端值來測試」的原則，建立更多的「邊緣」人物誌，找使用者光譜中較極端的人來測試點子與原型。

預期產出： 人物誌。

---

41 見 8.3 節 **服務設計與軟體開發**，以案例說明一面研究牆如何用來連結從研究、概念發想、原型測試、到導入等不同的服務設計活動。

42 關於建立與使用人物誌更全面的介紹，見 Goodwin, K. (2011). *Designing for the Digital Age: How to Create Human-centered Products and Services*. John Wiley & Sons。

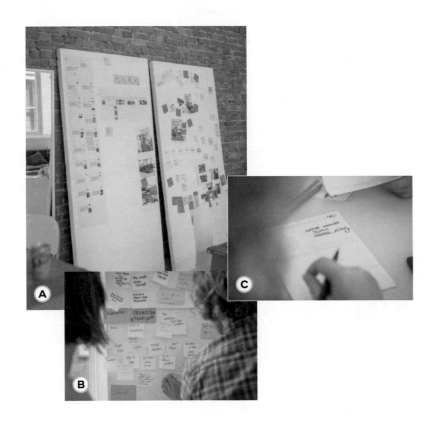

Ⓐ 使用發泡板作為研究牆，幫助研究團隊在不同地點間移動時，還能保存研究資料（像是引述、照片、螢幕截圖、物件等）。

Ⓑ 透過群集及在不同區域加上標題，建構你的研究牆。

Ⓒ 若從人口統計開始建立人物誌，像是年齡、性別、國籍、工作等，會有刻板印象的風險。嘗試從你的研究中建立人物誌，從資料中的行為模式開始。

建立旅程圖 🖱

用視覺化圖表展現主角的特定經驗，之後常會以人物誌作示範。

旅程圖能視覺化地展現 [43] 現有經驗（現況旅程圖）或規劃好的經驗（未來旅程圖）。一個旅程圖的基本結構由步驟與階段組成，定義視覺化經驗的層次，有呈現完整經驗的高層次旅程圖，也有只呈現幾分鐘的細節旅程圖。

準備：雖然假設型的旅程圖建立起來相對容易且快速，但可能非常偏頗。如果你從以假設為基礎的旅程圖開始，記得不斷挑戰你的假設。過了一段時間後，假設型的旅程圖應該能發展為研究型的圖，建立在研究資料的紮實基礎上（要小心確認偏誤）[44]。

使用：建立一個旅程圖的過程看起來通常像這樣：準備與印出資料、選擇一個主角（人物誌）、定義精細程度與範疇、建立步驟、迭代與修正、增加欄位。

預期產出：旅程圖。

43 將經驗用圖表視覺化的方式有很多種，見如 Kalbach, J. (2016). *MApping Experiences: A Complete Guide to Creating Value through Journeys, Blueprints, and Diagrams*. O'Reilly。

44 案例描述如何在服務設計專案中使用旅程圖，見 5.4.4 節**案例：用旅程圖描繪研究資料**，以及 5.4.5 節**案例：建立現況與未來旅程圖**。

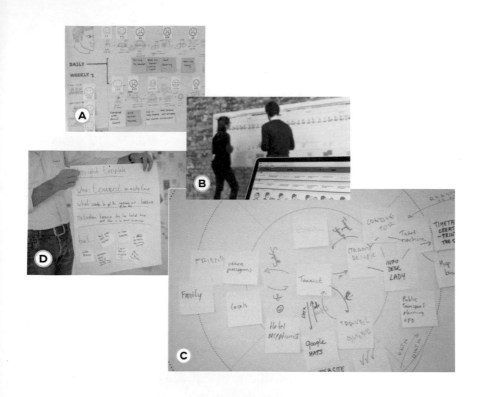

建立系統圖 🖱

用視覺化圖表展現服務與實體或數位產品的生態系統。

「系統圖」是一些不同視覺化手法的統稱，如利害關係人圖、價值網絡圖、或生態系統圖。這些圖都可以從多方觀點來建立，一個系統從顧客觀點與從商業內部觀點來看是截然不同的。系統圖與其他服務設計的工具有明顯的關係，如人物誌與旅程圖 [47]。

準備：因為系統可能會非常複雜，定義一個清楚的焦點是很重要的。不要在同一張利害關係人圖上，試圖視覺化你能想到的每一個利害關係人；建立多種視覺圖因應不同目的會比較有幫助。系統圖是整合研究資料的絕佳工具，所以事先準備研究資料會很有用。記得研究是迭代的，可以使用這些圖來尋找研究中的缺口，讓你能在之後的研究迭代中進行調查。

使用：通常，系統圖是這樣建立的：準備與印出資料、收集利害關係人、排序利害關係人、在圖上畫出利害關係人、描繪利害關係人之間的關係（非必要）、找出缺口並迭代。

預期產出：系統圖。

(A) 一個帶有二種不同層次視覺化的旅程圖，展現每日及每週的使用者活動，包含一份草圖故事版、一份情緒旅程、與使用者需求 [45]。

(B) 旅程圖軟體能幫助你快速建立專業的旅程圖，即使團隊分散各地 [46]。

(C) 核心團隊之外的人常難以理解系統圖。當你用系統圖來溝通時，要將圖精簡到最重要的事實。

(D) 使用模板或特定的架構幫助發展關鍵洞見，但要不斷問自己，洞見的每一個層面是否都夠特定且清楚，是否有足夠的研究資料支持。

---

45 照片：Wuji Shang and Muwei Wang, MDes, Service Design and Innovation, LCC, University of the Arts, London。

46 照片：Smaply。

47 建立系統圖在產品服務系統創新的脈絡中特別有用。見如 Morelli, N. (2006). "Developing New Product Service Systems (PSS): Methodologies and Operational Tools." *Journal of Cleaner Production*, 14(17), 1495-1501。

發展關鍵洞見 👆

以精簡可行的格式,摘錄主要的發現,與專案團隊進行內外部溝通 [48]。

關鍵洞見建立於研究之上,且有原始資料的支持。關鍵洞見通常包含情境脈絡、想要的成果、以及限制、障礙、或阻力。最先的洞見常根據你在收集資料、建立研究牆、或為資料編碼時找到的模式產生。如果你沒有足夠的資料能嚴謹回應一個假設,就收集更多的資料。設計研究是迭代的!

準備:發展洞見有許多種方式(與模板),例如:⋯[主角] 想要 [行動] 因為⋯[動機],但是⋯[壓力],可幫助在研究過程中的任何階段,寫下洞見的最初點子,之後再用研究資料進行嚴謹的檢視。

使用:通常,關鍵洞見是從初步的假設、假說、與立即的洞見(試著避免確認偏誤)發展而來。過程常是這樣:準備與印出資料;寫下初步的洞見;分群、合併、排序;連結關鍵洞見與資料;找出缺口並迭代。關鍵洞見的用詞應該要小心謹慎,因為這會是後續設計過程的參考點。

預期產出:一些關鍵洞見。

[48]「不同於豐富的資料,洞見相對較少見。[⋯] 不過當它們產生時,聰明地運用資料得來的洞見是非常強而有力的。有能力從任何層次的資料發展出重大洞見的品牌與公司將會是贏家。」Kamal, I. (2012). "Metrics Are Easy; Insight Is Hard," 見 *https://hbr.org/2012/09/metrics-are-easy-insights-are-hard* 。

產出代辦任務的洞見 👆

摘要顧客使用服務或實體╱數位產品時想要達成的重點目標。

代辦任務(JTBD)是一種專門用來形成洞見的方式,根據 Clayton Christensen 所建立的架構而來 [49]。代辦任務描述一個產品能幫助顧客達成的目標,可以為一整個實體 / 數位產品或服務而發展(旅程圖背後的主要目的),另外也可以為旅程圖中的某些步驟而發展,問問你自己,一個顧客或使用者想要做到什麼事情,並將你的發現加入旅程圖的額外欄位。代辦任務能幫助團隊脫離現有的解法,根據顧客真正想達到的目標,挖掘出新的解法。

準備:通常代辦任務的架構為:當⋯[情境] 的時候,我想要⋯[動機或驅力],這樣我就能⋯[預期成果]。寫代辦任務時,準備好並印出研究資料、人物誌、與旅程圖。

使用:代辦任務洞見可以與資料收集一同迭代產出,可以遵循下列流程:寫下初步的代辦任務洞見;分群、合併、排序;連結代辦任務洞見與資料;找出缺口並迭代。

預期產出:代辦任務洞見。

[49] Clayton, M. C., & Raynor, M. E. (2003). *The Innovator's Solution: Creating and Sustaining Successful Growth*. Harvard Business School Press.

撰寫使用者故事 🖰

摘要顧客想要能夠做到的事情；用來橋接設計研究與定義軟體開發的規格 50。

使用者故事在軟體開發中被用來從使用者觀點定義規格，取代產品導向的規格文件。使用者故事的描述通常為：身為…[某類使用者／人物誌／角色]，我想要…[行動]，這樣我就能…[成果]。在服務設計中，使用者故事可以用來連結設計研究與可行的方案，讓 IT 部門將洞見和／或點子做成軟體。除了軟體開發之外，使用者故事也可以用來定義實體／數位產品或服務的規格。

準備：如同旅程圖有許多不同聚焦的層次，軟體規格也有不同層次。雖然使用者故事通常描述細節的規格，一組使用者故事可以結合為一個「史詩故事（epic）」，也就是軟體重點功能較長但較不帶細節的描述。事先定義細節層次是重要的。

使用：使用者故事不應該包含特定的資訊專用術語，而是要用簡單、經典的文字，讓每個人都能理解。撰寫使用者故事通常的流程為：撰寫初步的使用者故事、將故事群集成史詩故事、連結使用者故事與資料、找出缺口並迭代。

預期產出：使用者故事。

彙整研究報告 🖰

整合研究流程、方法、研究資料、資料視覺化和洞見。報告通常是一個必要的產出。

研究報告可以有很多形式，從書面報告到更視覺的照片及影片，依專案會有各種的用途，像是提供改進一個實體／數位產品或服務的可行準則、為了讓內部買單一個服務設計專案的「亮點報告」、證明研究預算的合理性、一個讓其他專案也能使用的研究資料總目錄等。

準備：將你的研究流程、研究資料、以及不同的視覺化圖表（人物誌、旅程圖、系統圖）與洞見準備好。想想可以邀請哪些同儕來幫忙檢視報告。

使用：撰寫出研究報告的初稿，然後問自己：參與者有誰、使用了哪些方法及工具、做了幾次迭代？加上一個關鍵發現與關鍵視覺化的摘要，再加上原始資料作為佐證，然後用目錄表示還有更多的資料根據。接著邀請其他研究員或研究參與者來同儕檢視你的報告並迭代修正。

預期產出：研究報告。

50 使用者故事被用在許多敏捷軟體開發的架構中，像是極限開發（XP）、Scrum、看板（Kanban）等。注意不同手法使用特定的模板來描述使用者故事。見如 Schwaber, K., & Beedle, M. (2002). *Agile Software Development with Scrum (Vol. 1)*. Upper Saddle River: Prentice Hall。

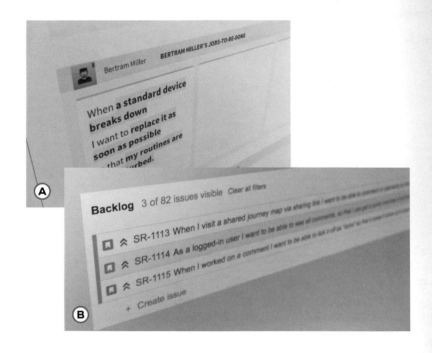

(A) 代辦任務整合進旅程圖的其中一欄。

(B) 一個「史詩故事」（即新功能）的軟體開發的
清單範例，包含三則使用者故事。

05
研究

案例

⟶

下列五個案例示範了服務設計研究在實務上如何進行：如何在服務設計專案中運用民族誌獲得可行的洞見（**5.4.1**）、如何在服務設計專案中同時運用質化和量化的研究（**5.4.2**）、如何在服務設計專案中發展並使用寶貴的人物誌（**5.4.3**）、如何在服務設計專案中用旅程圖描繪研究資料（**5.4.4**）、以及如何在服務設計專案中建立現況與未來的旅程圖（**5.4.5**）。

5.4.1 案例：運用民族誌法，獲得可行的洞見 136

Zahlhilfe計畫：一個防治斷電的跨界組織

– Nina Weschenfelder，minds & makers 資深服務設計師

– Michael Wend，E.ON 資深顧客體驗經理

5.4.2 案例：在服務設計裡運用質化和量化的研究 139

政策實驗室Work & Health專案

– Cat Drew，英國政策實驗室資深政策設計師

– Laura Malan，Uscreates 資深顧問

5.4.3 案例：發展並使用寶貴的人物誌 142

Met Offic App：一個目標導向人物誌的案例

– Phillippa Rose，current.works 服務設計師與主持人

5.4.4 案例：用旅程圖描繪研究資料 146

推廣青年心理健康：旅程圖的影響力

– Jamin Hegeman，Adaptive Path 設計總監

5.4.5 案例：建立現況與未來旅程圖 149

看遠一點：建立專案更長遠與策略性的價值

– Geke van Dijk，策略總監，STBY

– Ozlem Dessauer-Siegers，Vodafone 資深服務體驗設計組長

5.4.1 案例：運用民族誌法，獲得可行的洞見

Zahlhlife 計畫：一個防治斷電的跨界組織

✍ 作者

Nina Weschenfelder
資深服務設計師
minds & makers

Michael Wend
資深顧客體驗經理
E.ON

minds &
makers

e·on

挑戰

每一年，德國約有 35 萬戶家庭因為繳不出電費而被斷電[51]。對這些人來說，影響非常大且常導致更深層的社會問題。對電力供應商來說，斷電會產生成本，且對公司形象造成負面的影響。能源相關的債務通常只是複雜債務問題的一個層面，因此需要全面性的處理。有鑑於此，除了公家單位、私人企業、及社會機構共同努力合作外，我們沒有其他選擇。

專案目標

本專案意圖避免斷電，減少能源債務，並阻止這些狀況一再發生。為了達到這些目標，所有利害關係人對於能源貧窮領域的多元觀點都需要被納入考量。本專案希望能建立並整合求職中心、債務諮商慈善機構、與能源提供者之間的跨界合作。

我們的目標是開發服務給顧客、求職中心、與顧問慈善機構，產生中期的影響與長期的利益，並在德國各地實行服務。

我們的專案流程：從簡報到評估共六個階段

我們於 2014 年啟動 Zahlhilfe 專案，包含六個主要階段。在發現、理解、與開發階段後，我們在為期六個月的測試階段中，與 300 個真實顧客、求職中心、與顧問慈善機構測試了服務概念。

一同參與的 minds & makers 與 E.ON 專案團隊，目前正在 E.ON 內部為這個服務系統的落實，開發必要的技能與資源，並準備流程與人員配置。此外，我們穩定地邀請更多求職中心與債務諮商慈善機構參與，朝向將這個服務系統遍布德國全境的目標（落實階段）前進。在持續監測的過程中，我們也分析公司運作的質化與量化資料，讓這個服務的社會及經濟效應能被看到且被溝通（評估階段）。

---

51 Bundesnetzagentur (2015). *Monitoring Report*, p. 192.

(A) 在脈絡訪談中，可以從需求及斷電通知看到人們面臨的戲劇化情境。

(B) 根據連結到洞見與機會點的服務概念，專案團隊在共創工作坊中開發出第一個原型。

(C) 服務藍圖在洞見、機會點、與個別機會點的原型補充下，讓利害關係人對這個服務有實質上的了解。

系統化手法：
可靠度的保證、決策的基礎

我們的系統化手法在面對利害關係人之間複雜的合作，以及專案的長時間挑戰時特別有效。我們系統性地將研究結果整合進創新流程的所有階段。為了達到這樣的目標，我們使用一組精確的編碼系統，以便隨時回溯我們工作流程的每一步，到對應的研究結果：從受訪者的原始經驗和紀錄，到從中發展出的洞見，一路到找出機會點、子概念與概念、與最終的執行。

嚴謹的編碼系統，是讓創新與服務概念的脈絡保持透明與溝通良好的絕對先決條件。舉例來說，我們總是會將一個洞見的編碼，連回它根據的原始引言。在概念描述中，我們總是引用概念的洞見與機會點來源。這樣的可追溯性不只應用在線性連結單一專案階段與上一個步驟；因為有這樣的方法論，我們可以從任何的專案階段，回溯到任何的其他階段。

我們精心設計的研究系統，可預防產生與洞見無關的創新與服務概念，以免違背了我們一直以來以人為本的觀點。對於任何利害關係人來說，專案的全部內容永遠都是透明且可理解的，因此決策的根據是可驗證的研究結果，而非意見或品味。

成果

求職中心、慈善顧問機構、與能源供應商密切合作，讓 E.ON 能在顧客旅程中的不同階段點，提供顧客合適的幫助：透過一支專線，顧問慈善機構與求職中心可以直接找到 E.ON 中有立即暫停斷電指令權的聯絡人。在緊急情況下的顧客，可接受初步的外部債務電話諮商，幫助他們找出解決方案。

有合理應付款的無息分期付款方案，立即可減輕顧客的能源債務，以及能源提供者的獲利損失與其他成本。這些只是少數案例，我們包羅萬象、跨機構的服務系統，已經在全德國實行，並進入整合的流程。

三個利害關係方－求職中心、慈善顧問機構、與能源提供者－正在從相輔相成的層面，同時解決能源貧窮這個複雜的社會問題。最後，為了確保專案有正向產出，我們使用社會影響評估來長期監測這個服務系統，持續找出並落實優化的可能。

因為 *Zahlhlife* 計畫，能源的貧窮、繳款及斷電問題，已在公司結構內取得一個永續穩固的地位。

重點結論

01

高度透明化： 使用這個手法以確保解法非常透明且容易理解。這在較複雜的合作關係中尤其重要，例如當不是所有的利害關係人都有參與專案的每一個步驟時。

02

完整度與有效性的持續驗證： 這個手法持續驗證是否不同利害關係人關心的點都被納入考量，並確認提供的服務是否能解決找到的問題。

03

彈性運用： 顧客與其他利害關係人觀點的原始引述展現了他們擔心的事情；在這個手法中，研究發現被用來支援負責單位的決策過程。

04

以研究為基礎： 建立在最初進行的研究工作上，這個手法讓概念較不容易被臨時的變動或流程縮減所影響。

05

持續努力： 這個手法在開始時稍微更重要一些，但在複雜又長期的專案中，它尤其能降低整體的錯誤率，以及後續階段需要投入的時間與精力。

5.4.2 案例：在服務設計裡運用質化和量化的研究
政策實驗室 Work & Health 專案

✎ 作者

Cat Drew
資深政策設計師
英國政策實驗室

Laura Malan
資深顧問
Uscreates

uscreates

問題

在英國約有 250 萬人領取健康相關的社會福利金，每年約花費 150 億英鎊[52]，而在勞動年齡層的人，因健康問題請病假和未工作所帶來的廣大經濟成本，估計超過一千億英鎊[53]。人們領這些福利津貼越久，回到職場的可能性越低，沒有工作對人的健康與幸福有很大的影響。另一方面，找到對的工作對人的健康則非常有益。

手法

英國政府的政策實驗室協同工作與健康小組（一個由國家衛生署、就業與退休金部門共同贊助的單位），與服務設計公司 Uscreates、民族誌公司 Keep Your Shoes Dirty、及資料科學組織 Mastodon C 建立了一個跨領域的團隊，約有 70 個服務提供者、使用者與利害關係人參與以解決問題。在經過三天衝刺，清楚診斷問題後，我們進入民族誌與資料科學的探索階段，以及共創點子原型的開發階段，目前我們正在擴大原型的規模。

我們與 30 位使用者以及他們的支援人員：醫生、雇主、求職中心員工、與社區團體，進行民族誌研究。

洞見

我們使用資料科學的技巧（桑基圖分析與 k-means 集群分析）從理解社會（Understanding Society）調查的受訪者中尋找模式，驗證了現有的洞見：人們一旦進入長期的疾病社福支持，就傾向持續依賴福利金，而領有健康相關福利津貼的人，也有非健康相關的需求。同時也揭露了新的洞見，舉例來說，分群顯示有二個接受健康福利津貼的族群回報，自己相對來說是健康的，表示非健康相關的介入對他們比較重要，而這二個族群有顯著的不同（一群之前的薪資高，另一群薪資低）。因此，我們需要提供個人化的回應，與不同的支持方式。

我們使用綜合的技巧，包含與民眾花時間在他們的家中或工作場所，根據他們照的照片進行訪談，並進行使用者旅程訪談。

52 Black, C., & Frost, D. (2011). "Health at Work — An Independent Review of Sickness Absence," Annual Report of the Chief Medical Officer.

53 Department of Health (2013). "Annual Report of the Chief Medical Officer 2013."

二個關鍵洞見：

→ 人們需要跟許多不同的服務單位多次敘述他們的故事，因為服務單位之間沒有分享資訊，表示沒有服務單位能完整得知某個人的需求。

→ 部門主管與自信心，是人們想不想回去工作的重大影響因素。

產生點子

我們將這些洞見轉化為經過實證的挑戰，使用者、醫生、雇主、與政策制定者在共創工作坊中，各自帶來不同的觀點。點子的形成圍繞著一位職業與健康教練，將人們分派到不同的非健康服務，與他們的員工聯絡並做調整，然後建立他們的自信。我們知道無法從頭打造全新的服務，因此各地求職中心與社區團體，將服務的元素做成原型，看看原型如何能融入他們現有的服務。

在彭贊斯地區，求職中心測試一個網站和海報，讓雇主能把服務介紹給他們的員工去使用。一位員工說：「像之前工作時，若有這樣的東西對我會非常有幫助。因為身體狀況的關係，我跟其他員工比較起來，做事沒有那麼快，但大家都無法理解。它也許能夠幫助我跟主管更清楚說明我的健康問題，以及我需要他的哪些協助。」

在紹森德地區，求職中心測試了提供給當地的醫生的服務，方便醫生介紹病人給中心。在東倫敦，求職中心與一個當地社區團體合作，測試如何一同將當地服務的整合性知識，提供給職業與健康的教練。在伯恩茅斯地區，求職中心測試一本職業與健康的書冊，讓使用

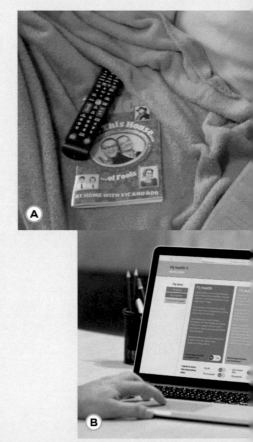

者能將他們的資訊收整在一起。一位使用者表示：「這幫我整理了情況與重點，找出我需要做什麼才能達成目標。」

(A) 一位民族誌研究受訪者的照片，呈現她的日常經驗。

(B) 健康與工作的數位原型。

(C) 共創日的參與者探索資料激發新點子。

(D) 用 k-means 集群分析技巧來區分那些領有健康相關社會福利者。

擴大規模

質化回饋顯示原型具有真實的價值。我們現在已經擴大這個點子的規模，專案也引發更大的系統變化。之中的洞見為健康相關社會福利的新申請者提供了更正面且全面的對話。我們建立了一個數位版本給仍在職場上的民眾，以預防失業。這個專案對於工作與健康小組的成立（專案進行到一半時成立的）以及後續四千萬英鎊的工作與健康創新基金，都有著重要的影響。

重要收穫

一個很有價值的經驗是，從資料科學得來的洞見如何提供資訊給民族誌（例如，揭露心理與生理健康之間的關係），以及民族誌如何為資料科技提供資訊（例如，強調健康相關社會福利者的非健康需求）。

同時使用這二種技巧能產生強大的力量，資料科學提供廣泛、大量的「事實」，民族誌則提供深入、豐富的「原因」。

重點結論

01

透過不同事件的相關性，資料科學能夠為民族誌洞見提供情報（且反之亦然）。

02

結合資料科學去了解大規模的脈絡，以及民族誌去決定研究的深層意義或原因。

03

當進行研究時，要與各種年齡、層級、與觀點的人們對話。

5.4.3 案例：發展並使用寶貴的人物誌

Met Offic App：一個目標導向人物誌的案例

✎ 作者

Phillippa Rose
服務設計師與主持人
current.works

我近期帶領新的 Met Office App[54] 使用者研究，取代它的舊版天氣 App。我與 The App Business 設計團隊、Met Office 緊密合作了超過六個月的研究，**證明目標導向的人物誌是最有一致性且最有影響力的工具。**

傳統人口統計的指標並不適用，因為深化對使用者行為模式的理解是更加重要的事情，而關鍵就在於動機。

我們需要了解什麼？

新 App 設計的目標族群，是要給所有人用。一如往常，我們需要在設計解法前，確定我們真的了解問題。

天氣對每個人有著不同的影響程度，越來越多的人有智慧型手機，也使用手機來看天氣資訊－因此若要設計一個給所有人用的經驗，我們就必須了解人們對於天氣感興趣的程度以及動機。我們需要理解使用者的任務與目標，也需要考慮科技、當然還有人的行為與能力，確保這個 App 提供剛剛好的正確資訊，又快又容易取得。

為了回答部分的問題，我們選擇建立目標導向的人物誌。這個手法對於辨識與滿足使用者需求、讓利害關係人廣泛參與、以及提供資訊給設計決策來說都很重要。

步驟一：
利用現有素材－
我們已知什麼？

我們整理分析了現有的 Met Office 桌上研究與報告、舊版 App 的資料、網站、加上 Met Office 公共天氣服務台收到的回饋。根據這些資料，我們建立對於行為與動機之間任何共同的目標、任務、或關聯的理解。

步驟二：
萃取資料，畫出價值曲線

接著，我們從這些研究中萃取證據，來支持我們自己做的使用者研究－包含超過 500 場的訪談、線上問卷與場域研究－產出一組會受到天氣影響且共通的使用者任務與活動。然後

54 Met Office 是英國的全國性氣候資訊服務。

我們將依照關鍵考量作排序，建立一組包含 11 個共通任務／情境的價值曲線。

步驟三：
透過卡片分類測試假設

我們也需要測試我們的假設，看看什麼資訊對人們來說是最重要的，因此我們進行了線上卡片分類的活動，收集到 139 個回覆。

步驟四：
價值曲線趨勢分析

我們將 11 個價值曲線擺放在一起，尋找他們之間的共通性與模式。從價值曲線中浮現出三個分群。附圖顯示四個價值曲線形成一個廣泛集群的案例。

步驟五：
親和圖表活動

我們接著檢視所有的發現，進行親和圖表的活動，更深入鑽

研各種任務，看看個別任務／目標有什麼樣的行為與考量。

從這個過程中出現了三個目標導向人物誌的基本假設：

彈性規畫者：根據預報的狀況調整計畫／時間／地點者（準備好等待或尋求最佳天氣的時機）。

☑ **事先準備**：因應天氣狀況做好準備及補給品，為了維持大致上的計畫，或是配合天氣狀況預報調整計畫。

☑ **高風險／高影響**：高風險的戶外活動／事件的規劃，因有他人的參與，需要長期的天氣預報以做決策。

步驟六：
人物誌建立工作坊

我們舉辦一個建立目標導向人物誌的工作坊，以 Lucy Kimbell 製作的人物誌模板作為起點，深化並充實人物誌。我們調整

了 Lucy 的模板，減少個別的特性，更聚焦在目標、環境、與議題。

以下是我們輪流深化人物誌後，發現最有用的最終版清單：

☑ 目標。
☑ 情境與考量（可與時間、物流或心態相關）。
☑ 環境與資源（可包含人員、資訊來源、與實體環境）。
☑ 關係與連結（包含人員與組織／品牌）。
☑ 議題／挑戰（什麼阻止了他們？）。
☑ 替代方案／機會（可能的解法，如何解決問題）。

我們也利用這個場合，根據 GDS 政府數位服務的準則，為每個人物誌更深入研擬出一組使用者需求 [55]：

55 這個模板也被稱作「使用者故事」。見 5.3 節中的**撰寫使用者故事**。

A 身為一個⋯[誰是使用者？]

B 我需要⋯[使用者想要做什麼事？]

C 這樣才能⋯[為什麼使用者想要做這件事？]

步驟七：
分享

我們接著更深入萃取資料，並用文字與圖片呈現，與 Met Office 團隊與利害關係人分享精煉過的人物誌，並貼在專案室的牆上。

步驟八：
持續進行迭代

在進行使用者研究的過程中，我們視需要持續檢視並調整人物誌。人物誌描繪的特性直接被用來招募為期一週的日誌研究受訪者，研究使用的記錄軟體為 Dscout 與 ExpericenFellow。

在易用性實驗室測試訪談中，我們提出問題以測試假設，為不同人物誌找出相關的目標、任務、與行為實例。

我們也在 2016 年持續舉辦一系列的設計發想工作坊，根據我們三個核心人物誌的需求與目標，產出 App 更新與功能的點子，並製作一個精美的 Trello 板記錄這些點子，用顏色標籤標示相應的人物誌。

經驗與後續

這個手法與我之前做的人物誌不同之處在於，我們特意專注在目標及任務上，而減少特性的描述。三個人物誌都是獨特的，大家可能會覺得自己跟其中一個比較像，但我們每一個人都可能在不同情境或人生中的不同階段，經歷過至少二個人物誌的使用者需求。

第二個不同處在於，這些人物誌經過了六個月的發展，而我

一般是透過更短、更快速的迭代在與團隊製作人物誌的。我與 The App Business 的 Rob Jung、Dima Shvedun 密切合作，在 Met Office 的 Chris Frost 及 Jay Spanton 的協助下，花了很長的時間發展及演化這些人物誌。

重點結論

01
考慮將手法聚焦在共通的目標，而非單一的人物誌，有助於找出使用者需求。

02
隨著更多洞見的發現，顧客人物誌在一段時間後會變得更完善。

03
不要忘記使用能協助提供資訊的現有資料。

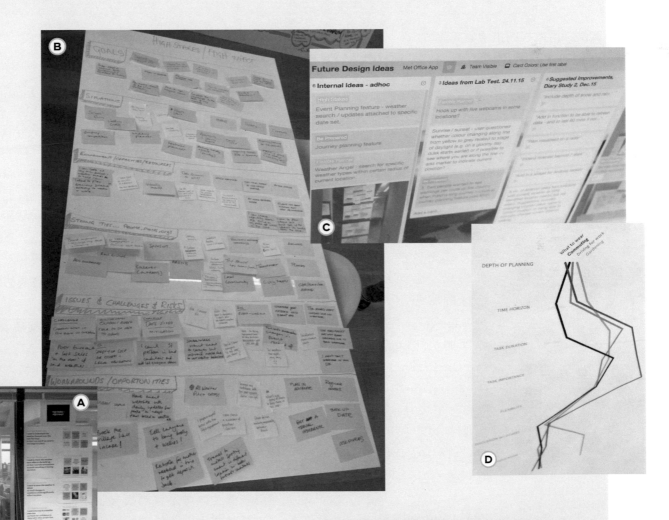

(A) 洞見被萃取進使用者故事，展示在辦公室裡。

(B) 我們使用一個人物誌發展的模板，聚焦在目標、環境、與議題。

(C) 我們舉辦一系列的設計發想工作坊，持續產出未來更新的點子。

(D) 三個價值曲線集群的其中一個，顯示資料之間的模式。

5.4.4 案例：用旅程圖描繪研究資料

推廣青年心理健康：旅程圖的影響力

✎ 作者

Jamin Hegeman
設計總監
Adaptive Path

★ EDGEWOOD
Transforming Lives. Restoring Hope.

挑戰

在舊金山一個心智障礙者社區裡，我們能如何幫助有心理健康問題的青年？他們需要哪些服務？提供服務最好的方式是什麼？我們如何提供資訊，協助政策制定者為這樣的服務取得經費？這些是 Edgewood 兒童與家庭組織顧問中心（Edgewood Center for Children and Families' Organizational Consultation）團隊，在 2014 年初與舊金山西增區青年服務非營利機構 Mo' MAGIC 合作案子時面臨的問題。

Edgewood 團隊尋求以人為本的設計手法來面對這個挑戰。他們找了 29 位在西增區東南地區 Magic Zone 參與課後輔導的青年，並與 15 位西增區及全市的成年社區利害關係人進行了 24 場質性訪談。

在探索與研究階段後，Edgewood 與 Adaptive Path 接觸，藉由他們的服務設計專業建立旅程圖，並舉辦與社區利害關係人的概念發想與排序工作坊。Adaptive Path 團隊由一位服務設計師與一位視覺設計師組成，設計了二場三小時的工作坊：一場主要在收集資料以建立旅程圖，另一場則根據旅程圖的架構產出點子。

旅程圖工作坊

在第一個工作坊，我們找來了一小群曾在不同職位或活動中與青年接觸過的領域專家，以及 Edgewood 團隊，他們已經與 29 位參加 Magic Zone 課後輔導的青年做過初步的研究。

我們尋求的資訊包含旅程的階段、行動、想法或期待、感受、人員、服務、與階段相關的地點。我們也想要找出每個階段的高點與低點。為了簡化資料收集，我們用大型防水厚紙製作模板（每個階段一張），放置需要的資料。

旅程圖視覺化

在工作坊之後，我們同時以編輯和視覺化的方式揉合資料，將資料移至試算表中，歸類相似的項目，並在資訊上運用編輯者的視角。我們這樣做是為了讓資訊聚焦，變成簡明且好懂。

在工作坊中，為了協助編輯的過程，我們使用制式的工作表，記錄需要被溝通的精華。

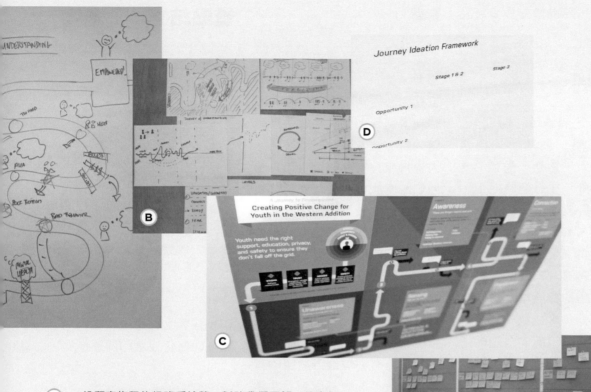

我們的視覺化設計過程從紙上開始快速地探索點子，接著使用 Illustrator 繼續完成視覺的架構。當視覺符合我們想要描述的故事，我們分層加入內容。經過幾輪內部的評論，與利害關係人分享以收集回饋。

在旅程圖的內容上應用編輯者的視角，本身就是一種技巧與藝術。

成功旅程圖的關鍵包含：

1　收集對的內容（然後編輯清楚、精準並排序）。

2　透過溝通設計表達一個觀點。

3　建立一個有效的資訊層級，確保關鍵資訊的傳達，讓讀者能從不同的層次取得資訊。

(A) 一份顧客旅程的粗略手繪稿，幫助我們了解一位青年參與心理健康輔導的經驗。

(B) 旅程素描顯示故事的不同層面。

(C) Mo' MAGIC 旅程圖描繪青年走向自主的完整旅程，包含途中要面對的障礙。

(D) 概念發想工作坊產出了 140 個廣泛被定義的新概念，接著進行排序。

(E) 我們收集所有顧客旅程的資料點，經過分析以描述一個完整的故事。

換句話說，要遵循有效溝通設計的核心原則。

旅程圖成果

旅程分為五個階段（時期）。每個時期用一個單字的標題表示：未知、感覺、覺察、連結、及參與。在每個時期中，用一句引言代表青年主要的感覺或信念，接下來是更多關於情境事實的描述－例如，「青年不考慮改變」。每個路障包含青年用語的對話框。深灰色箭頭強調青年常在旅程中的各個時期，偏離了通向自主的道路。

在概念發想與排序工作坊中，我們根據旅程的階段，建立了一個概念發想的架構，包含一個旅程階段與機會點的表格。在一段固定的時間裡，跨組織的團隊從概念發想架構的每格中抽取解法。

影響力

這個專案透過幾種方式發揮影響力。首先，它提供了共同的工具和語言給不同的組織，並讓利害關係人接觸到解決舊問題的新方式。其次，利害關係人覺得旅程圖對於與青年討論他們身處旅程中的何處，有很大的幫助。最後，旅程圖提供一個看複雜問題的新方式，並成功為多個提案爭取經費。

「議題被徹底研究了」，Mo' MAGIC 的執行長 Sheryl Davis 這麼說。她表示，建立旅程圖以了解為有心理健康問題的青年提供服務的複雜度是「非常不同的」。旅程圖為利害關係人指出哪裡有缺口，並引導新的行動方案。以我們的旅程圖與新服務概念作為有力武器，該組織得到市長辦公室 20 萬美金的經費。這就是服務設計帶來的影響力。

重點結論

01

一個成功的顧客旅程圖包含收集對的內容（然後編輯清楚、精準並排序）。

02

一個顧客旅程圖提供不同的組織共同的工具和語言，讓利害關係人得以用來解決問題。

03

在旅程圖上應用編輯者的視角能幫助簡化複雜的問題。

5.4.5 案例：建立現況與未來旅程圖

看遠一點：建立專案更長遠與策略性的價值

✎ 作者

Geke van Dijk
策略總監
STBY

Ozlem Dessauer-Siegers
資深服務體驗設計組長
Vodafone

..STBY...

引言

在過去四年間，Vodafone 的設計服務組長開發並微調了一個服務體驗設計的方法論，並將之用在荷蘭所有的 Vodafone 顧客旅程上，後續也擴及其他 Vodafone 服務的國家。而 STBY 的貢獻在於針對數個旅程進行深入的設計研究。

每個專案聚焦在一組特定的顧客旅程，目標在於更了解顧客的經驗、行為、動機、偏好、潛在需求、與痛點。同時，這些專案透過結構式的作業，創造了可觀的額外價值。這個手法的結果已經形成了一個改變全公司的活動，其關鍵的附加價值在於特定專案的顧客旅程可以連結到一個更策略層次的顧客生命週期上。服務設計因而為企業產生了策略性的宏觀價值，而不只限於個別的顧客旅程專案。

「顧客旅程與顧客生命週期相連結，能提供較策略性的概觀，與整個組織產生關聯。」
—*Ozlem Dessauer-Siegers*，資深服務體驗設計組長，*Vodafone*

顧客旅程圖描繪現況與未來的服務經驗 [56]

顧客旅程是服務設計手法其中一個關鍵工具。在許多服務設計專案中，顧客旅程圖被用來探索人們的經驗、以及與服務

[56] 在本書中，目前（as-is）與將來（to-be）旅程圖分別被稱作「現況」與「未來」旅程圖。見 5.3 節中的**建立旅程圖**。

提供者之間的互動。這些顧客旅程圖提供一個重要的基礎，分析現有情境，找出重複出現的模式、痛點、與機會點。一種類似的形式也會有不同的用途，用來展現服務經驗如何在未來版本中精進。

在 Vodafone 與多個不同團隊合作的每個專案中，典型的互動與專案流程是這樣進行的：**在場域研究階段，用顧客旅程圖來調查最近真實發生的情況（現況）。** 引導出的洞見包含可精進之面向（容易實現的目標），以及重大的服務創新機會點（新提案）。在由幾個部門的利害關係人策略性地排序找到的機會點後，接著在專案的概念發想階段產出新服務概念的點子。**透過新的顧客旅程圖（未來）**

表達這些概念方向，**標明新舊顧客的顧客經驗如何被精進，** 一般會以草圖繪製出這些新服務概念能為顧客經驗添加的價值。接著，概念點子與草圖會被導入專案中，被進一步定義並打造成新的服務。

STBY 與 Vodafone 進行了許多專案，聚焦的重點舉例如下：

☑ 與顧客的新合約（選擇新合約或續約，選擇一台新手機）。

☑ 新商業合約（利害關係人溝通與決策的複雜過程）。

☑ 花費（於合約期間監督並管理使用與成本）。

☑ 收訊（於合約期間的網路經驗）。

☑ 跨國使用（於合約期間出國旅遊）。

☑ 多個聯絡人（顧客與服務提供者之間的複雜互動）。

☑ 多個合約（於合約中增加其他人或其他功能）。

「為進行跨專案的比較，使用系統化的手法是很重要的。」
—*Geke van Dijk*，*STBY* 倫敦及阿姆斯特丹 策略總監

用系統化手法產出漸進式成果

為了讓不同專案的結果能互相做參照比較，**使用系統化的手法是很重要的，確保專案成果以類似的方式呈現，讓大家能漸進式的理解與追蹤。** 跨階段的活動包含量化分析、質化分析、共創及設計。

(A)

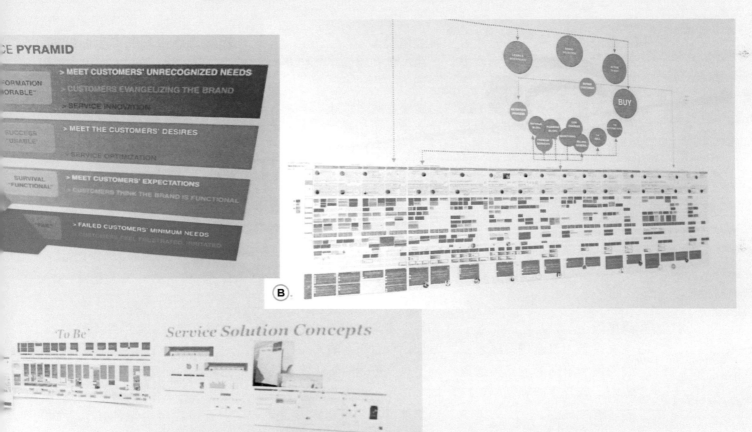

A 顧客體驗金字塔 © Ozlem Dessauer（2015）。

B 麥肯錫的顧客決策旅程（顧客生命週期）在顧客旅程
圖上由左至右呈現。從設計研究得來的痛點與洞見、
通路分析與財務分析則由上而下列出。

C 系統化的專案產出有助於漸進式的理解與追蹤。

D 專案中記錄的一些現況與未來顧客旅程範例。印刷的
海報（約 5 公尺長）貼在牆上供團隊工作用。

探索階段：

☑ 量化洞見分析：找出現有服務的痛點與弱點。

☑ 質化資料收集：與抽樣的顧客進行深度訪談（包含年輕人與老人、男性與女性、多種類型的手機與合約）。

☑ 文件記錄：共創最近與相關服務經驗的顧客旅程，以照片、影片、與錄音描繪。

☑ 設計研究分析：執行內容分析以找出顧客經驗的模式。

定義階段：

☑ 現況成果：整合過的顧客旅程海報、附圖的洞見與建議報告、以及連結到原始資料的佐證。

開發階段：

☑ 與內部利害關係人的共創工作坊。

☑ 高層次概念設計。

☑ 未來成果：精進的未來服務經驗顧客旅程。

產出階段：

☑ 供落實的細節設計。

在定義階段，整合過的現況顧客旅程，是根據個別顧客旅程中，重複出現的顧客行為及痛點模式繪製。相關洞見接著被萃取出現有服務的直接精進方向，以及重大的新服務概念方向。每一個未來的顧客旅程產出三個層次的服務解方成果：修正（營運面的的調整）、優化（服務精進）、與改變（服務創新）。

從顧客旅程到顧客生命週期

顧客旅程雖然是為特定專案及團隊製作，也能為顧客服務提供者的互動提供更策略性的概觀給整個組織作為參考。Ozlem[57] 想出一個方法，透過連結不同的顧客旅程圖，形成顧客生命週期圖，他發現這在一同參與後續目標明確的服務設計專案時，這個方法效果非常好。

顧客生命週期是商業策略領域的一個關鍵工具。一個顧客生命週期的範圍比顧客旅程廣，因為包含了全部的關係，從第一天顧客與組織的正式互動（如一位新顧客詢問報價）到最後一天（如顧客停止使用服務）。在 Vodafone 的案例裡，顧客生命週期從提供第一個合約給顧客開始，到合約終止不再續約的那天為止。

---

57 Ozlem Dessauer-Siegers，資深服務體驗設計組長，Vodafone。

在顧客旅程中，流程的起始點與終點的定義就沒有那麼清楚。通常從顧客表達一個特定需求，並進行活動以滿足這個需求，一直到這個需求被完全滿足（或顧客決定終止這個流程）。這表示一個顧客生命週期中可以有數個不同的顧客旅程。

顧客旅程圖若能聚焦在顧客試圖完成的目標，會對顧客觀點的同理以及特定服務概念的改善非常有幫助。但若從組織的觀點來看，旅程需要被整合，以建立更具戰略性及策略性的概觀，與整體的企業營運相互配合。這就是顧客生命週期的價值。

更廣的顧客生命週期，需要在發展特定專案資產時就被考慮進去。**為了將每個專案的產出與一段整體的顧客生命週期做銜接，跨專案使用基本相似的架構是很重要的。**同時，服務設計團隊不只需要專注在手邊專案的產出，也要預期這些產出後續能如何連結，透過對於顧客旅程與顧客生命週期之間連結的紮實理解，建立一個更長期且策略性的觀點。

重點結論

01
幾個目標明確的顧客旅程能被整併進一個更全面且策略性的顧客生命週期。

02
顧客旅程的形式能表達顧客經驗的現況，以及展望未來的精進版顧客經驗。

03
根據顧客旅程的分析與發想，能引導出現有服務的直接精進方向，以及重大的新服務概念。

04
為了能銜接至顧客生命週期，我們需要使用系統化的顧客旅程圖方法。

06
概念發想

產出、發散、發展、分類、和挑選點子。

專家意見 ———————————————————————————————————

Chris Ferguson Belina Raffy Jürgen Tanghe Mauro Rego Satu Miettinen

06
概念發想

6.1　點子 158

6.2　決策 160

6.3　概念發想的流程 163

　　6.3.1　規劃概念發想 163

　　6.3.2　產出點子 165

　　6.3.3　挑選點子 167

　　6.3.4　做紀錄 169

6.4　概念發想的方法 177

　　發想前：將大問題分解成小任務 177

　　發想前：用旅程圖發想點子 178

　　發想前：用系統圖發想點子 179

　　發想前：從洞見和使用者故事中提出
　　「我們該如何⋯⋯？」發想主題 179

　　產出許多點子：腦力激盪法和腦力接龍法 180

　　產出許多點子：10加10發想法 180

　　增加深度和廣度：肢體激盪法 181

　　增加深度和廣度：使用牌卡和檢核表 182

　　增加深度和廣度：用類比和聯想來發想 182

　　理解、分群並排名：章魚群集法 183

　　理解、分群並排名：三五分類法 184

　　理解、分群並排名：點子合集 185

　　理解、分群並排名：決策矩陣 185

　　減少選項：快速投票法 186

　　減少選項：肢體投票法 186

6.5　案例 **188**

　　6.5.1　案例：將設計工坊開放給你的顧客.............190

　　6.5.2　案例：用混合方法共創 193

　　6.5.3　案例：站在紮實研究的基礎上.................196

　　6.5.4　案例：用混合的方法發想.....................200

　　6.5.5　案例：用視覺物件激發創造力.................203

本章也包括

逆推思考　161

無意識思考　166

畫出來　170

狩野模型（Kano model）　174

點子從何而來

大家普遍認為，創意就是擁有最好的點子。在藝術工作者、各類型的創意工作者、以及設計師總是被問：「你的點子哪來的？」當組織一開始向服務設計師尋求幫助時，也經常會說「我們想先有一些好點子。」創意被視為價值創造的寶貴起點。

讓我們先來挑戰這個觀念。當然，產出創意是任何服務設計專案重要的一環，但這其實並不像大家所想像的那麼重要 [01]。在服務設計中，點子代表了進展過程中的一個點（或是幾個點），並且是解決問題的關鍵部分。點子將所發生的事具體化，也是即將發生的事的火花。**點子本身並不特別有價值：它們既不好也不壞，但也許有用。**

因此，令許多新手驚訝的是，服務設計並不是一開始就要著手想出一個殺手級點子。相反地，點子是在過程的各個階段一起產出、混合、重新組合、剔除、提煉、進展或停止。我們叫這個過程概念發想，而概念發想永遠不會停止。

[01] 在 Ted Gross 2015 年的 TEDTalk " The Single Biggest Reason Why Startups Succeed," （*https://www.ted.com/talks/bill_gross_the_ single_biggest_reason_why_startups_succeed*）中，他表示主要的成功因素不是點子的品質，而是團隊的時間點和技巧。時間點尤其重要，因為服務設計可以儘早進行原型和測試。

6.1 點子

雖然發想通常是一個發散的過程步驟，在專案規劃中常有一個概念發想的階段，也就是本書中的視覺化章節，但這不是我們產生點子的唯一的時候，在專案的整個過程中都會有點子不斷產生。**大腦產生點子的意念很有價值，但我們應該仔細區分在不同脈絡下的想法，因為每個脈絡都會帶有各自的偏見。** 非常早期的點子也許有用，但我們真的了解挑戰了嗎？點子常從研究中得來，但是刺激這個點子的資料或情境是合理、有代表性的嗎？對於許多「叮噹客（thinkerer）」而言，原型是我們用手思考的終極創意產生器，但我們是否只是喜歡厲害的原型功能，還是滿足了真正的顧客需求？

因此，在整個專案的過程中，我們會不斷產出可能有用的點子，也要把這些點子保留下來。我們的創意管理系統可能像點子牆一樣簡單，就是一個簡單的便利貼集中地（或更有結構一點）。想更完整的話，就使用知識管理的協作平台和工具。可以記下每個想法的原始背景，這樣就能適時提供偏見警告。總之，最好是以懷疑態度來看待所有未經證實的點子。

除了有事沒事會冒出的想法外，我們還是會特別找個時間發想點子或解法，也就是專案中的發散階段，我們會運用發散的手法，以量而非質為目標（至少一開始是這樣）。有句話是這麼說的，大量的點子是通往成功的路[02]。無論這句話是真是假，服務設計專案中還是有不少追求點子數量的理由。

產生點子的過程是參與者開始有意識探索主題的一種很有效的方式。追求數量則有助於人們從顯而易見的想法往更有趣、大膽的想法更近一步。團體發想也是發展點子共享所有權的好方法，因為參與者會延伸、激盪彼此的想法，最後，沒有人會說這個想法究竟屬於誰。因為團隊必須暫時先避免批判，所以產生許多想法會是對發散思考的良好訓練。而且，更重要的是，這可以打破完美主義和擁有主義的習慣。如果能鼓勵專案參與者在短時間內產生很多點子，他們就會更容易接受這些點子的粗糙和不完美，儘管可能仍然有用。而且，若從一大堆點子開始，就比較容易能放棄大部分點子。**學會放棄點子，為新的點子讓路是服務設計的關鍵技能**，也是需要練習的技能。

💬 **專家訣竅**

「不要太熱愛某個點子。你要能擴展各種可能，之後再回頭看時，可能會看到很棒的點子－不過，目前還是先播種吧。」

— Belina Raffy

---

02 點子量與質之間的關係仍具有爭議（例如，見 Paulus, P. B., Kohn, N. W., & Arditti, L. E. (2011). "Effects of Quantity and Quality Instructions on Brainstorming." *The Journal of Creative Behavior*, 45(1), 38-46）一部分是因為很難確定該怎麼決定推進一個「好的」點子而非所有的點子。在服務設計裡，重點是這個點子是否對專案進展有用。只要能產生有用的問題或原型，即使是不完整、帶有錯誤或不切實際的想法，都還是很有價值。

基本概念發想流程

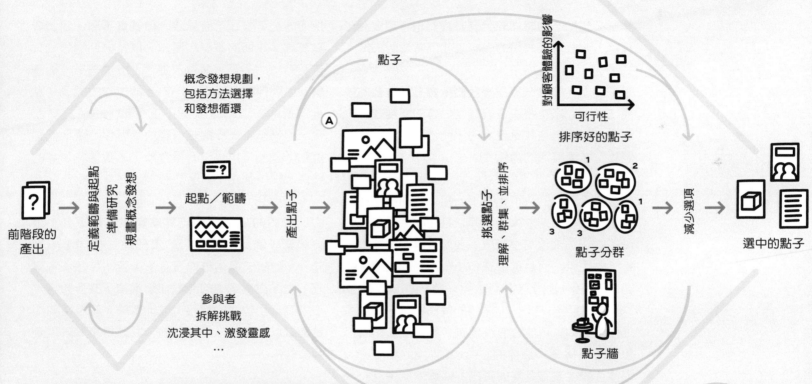

概念發想規劃，
包括方法選擇
和發想循環

點子

對顧客體驗的影響

可行性

排序好的點子

起點／範疇

前階段的
產出

定義範疇與起點
準備概念發想
規畫概念發想

產出點子

挑選點子
理解、群集、並排序

點子分群

點子牆

減少選項

選中的點子

參與者
拆解挑戰
沈浸其中、激發靈感
…

Ⓐ 其他想法點子： 在研究過程中也會自然地產生點子。這
些點子可以先收起來，然後加到正式發想產生的點子
庫。在原型製作過程中出現的點子也可以先收起來，再
加到以後的發想迭代中，或者也可以立即進行概念的原
型製作。

Ⓑ 迭代與發想循環： 發想通常是一個迭代的過程，它具有
一系列的循環，例如概念發想活動內的迭代，以及在點
子挑選或原型製作後，再度回到概念發想的循環。

概念發想與其他研究、原型測試和落實
活動都是迭代修正過程的一部分。

6.2 決策

除了發想點子的時期外，有時我們也會想要減少選項，收斂至最有用的內容。我們需要做決定。

在工作上，做決策似乎是我們所擁有最重要的技能之一。大家也將決策視為是領導的關鍵技能，商業上的決策往往是重大的，而「決策者」這個詞更意味著資深的角色。

在服務設計中的決策比較不一樣。我們不是在決定公司或專案的未來，我們只是在收斂的工作階段持續、經常地縮小選項。我們也盡量避免做出重大的決策，而是進行許多小小的、低風險、臨時的決策，並同時自問「要從哪裡開始？」或「接下來要測什麼？」。這樣的做法對新接觸這種工作模式的人可能會有點困難，而不少參與者都想花時間挑選「最棒的」、或最完美的點子。大家往往覺得沒有足夠的資訊，就難以下決定。

團隊必須知道，在設計過程中，並不是要選到一個超完美點子，然後馬上投入大量資源來實現它。我們其實是要快速找到幾個有趣、符合專案目標、也「差不多夠好」的點子來進行實驗性的進程。

快速的決策乍聽下有風險，但其實不然。我們會靠著專案後期的原型和測試，以及後期的迭代來確認點子的品質，並做改進 [03]。這也是另一個會讓共創夥伴感到不安、不熟悉的工作方式 [04]。點子挑選的方法可以讓選擇正規化，也使其更踏實，但仍須不斷提醒較無經驗的夥伴，讓他們知道點子並不是再也沒有機會改了，我們在專案的整個過程中都在不斷發想和調整。

由於我們的決策比傳統專案管理風險更低，也更頻繁，因此制定決策的責任往往轉向專案團隊 [05]。團隊成員本身就擁有不少資訊、想法和靈感。團隊從專案中的無數細節累積了許多知識，不太容易用快速的簡報有效地傳達，因為這些知識是難以言喻的、待發展的、共感得來的、也是抽象的。

---

[03] 見 6.5.2 節 **案例：用混合方法共創**，以一個上線後的概念發想為例。

[04] 在（公司）政治中，堅持想法通常被視為一種積極的特徵。但在創新上，做好準備並願意轉換聚焦方向則是一關鍵技能。在新創公司中，我們討論的軸轉是「結構化的修正，專門用來測試產品、戰略和成長引擎的新基本假設」，這也是一個關鍵的成功因素。引述自 Reis, E. (2011). *The Lean Startup*. New York: Crown Business, p. 149。

[05] 在決策過程中的設計引導者的角色在第 10 章：**主持工作坊**有更多著墨。

逆推思考

作者：*JURGEN TANGHE*

逆推思考是一種讓設計與其他工作、思考和決策模式有所不同的思考方式。

逆推思考的邏輯是「可能」[06]。逆推思考是整併資料、並用未曾做過的心態來理解資料，從而根據觀察結果和個人及專業上的經驗，找到新的、最合理的解釋。當你設定了一個挑戰（更具體地說，就是你要為顧客和這個世界創造的價值），你的逆推思考就開始了。

對大多數的人來說，最好的方式是「低科技」、小小一群人在牆上貼便利貼。這樣的大空間很有幫助，因為逆推思考需要找出模式。開始的步驟有：總結資料、分散開來、消化、解讀，並找出吸引你的部分，以及整件事的意義。見解就是從這裡出現，讓你從資料中找到新的觀點。

逆推思考是直觀的－直覺與研究資料的相結合。它直觀的本質意味著不確定性，告訴你事情「可能」是什麼樣的。你也必須接受：**逆推思考並非討論「對的事」，而是「可能」的事。**

逆推思考通常在低科技的環境中進行。

這種面對情境的新觀點，包括了對人們經驗的假設、設計挑戰的機制，以及相信對情境的解釋，會有助於創造價值。有時也可以用隱喻來表示。

這樣的新觀點非常激勵人心，為概念發想注入活力，也為設計和創新做好準備。◀

06 見 Dorst,K.(2011)."The Core of 'Design Thinking' 及其應用 " *Design Studies*, 32(6), 521-532。亦見 Kolko, J. (2010). "Abductive Thinking and Sensemaking: The Drivers of Design Synthesis., *Design Issues*, 26(1), 15-28. 亦見 Martin, R. L. (2009). "The Design of Business: Why Design Thinking Is the Next Competitive Advantage," *Harvard Business Press*。

將隱性知識保留在流程中的必要性，導出了服務設計決策的關鍵概念之一：**與專案關係密切、理解選擇的起源和意義的人員一定要參與所有重大決策。**

溝通無可言喻的知識的難度（特別在各部門穀倉之間）就是為什麼人員的連續性在服務設計專案中這麼重要的原因。

雖然團隊的組成可能在專案過程中有所變動，我們要確保在後期落實階段中，至少要有一些在早期階段就已經參與的人，也就是了解顧客需求的人，有跟到落實階段。在數位專案裡，至少有一位程式工程師要在前期研究中見過顧客；且至少一位顧客意見專家要在軟體做出來上線時，跟著參與。

我們並不孤單，因為在做決策時，時不時都會需要納入不屬於發想或原型製作過程的人。技術、戰略或品牌議題、高階管理層，法務團隊等專家都可能會在特定時刻被找進來，但這些有價值的「局外人」不應該在資訊架空的狀況下做決定。

團隊所提供的豐富的細節和對事情的印象是有價值的，但也可能使決策變得繁瑣。大家如何篩選資料，以關注重要的事情？大家要怎麼退後一步，拋下他們喜歡的想法呢？我們需要一套工具

決策時間通常是團隊從發散階段進入收斂階段的關鍵時刻。

和方法來保護團隊免於決策癱瘓、協助與外人共同決定，同時充分利用他們來之不易的知識和同理心。工具可以是蠻輕量的，像若只是決定「接下來要嘗試哪五個點子？」時，就不太需要進行複雜的分析。

6.3 概念發想的流程

即使許多「臨時起意」的發想活動常在沒有什麼計劃下發生，明確的流程仍然能帶給系統化的發想不少益處。

💬 專家訣竅

「需要一大堆點子嗎？那就做個原型，到處找人用用看─不是只有用便利貼才叫發想。」

— Belina Raffy

6.3.1 規劃概念發想

當在準備發散概念發想活動時，把基礎打好會蠻有幫助的。在服務設計專案中，通常會事先做些研究，接著，通常在產生洞見之後就會開始準備概念發想。或是在原型階段進行完畢後，回頭將所獲用在發想上。概念發想通常會從整理洞見得來的挑戰或問題作為起點，在規劃發想活動時，你會透過觀察和資料建立洞見和問題，接著產出點子，然後在一連串循環中對點子進行擴展和過濾。在規劃時要考慮以下事項。

Ⓐ 起點／範疇

重新檢視之前的工作（例如，研究或原型設計結果），納入核心專案團隊會很有幫助。接著，決定概念發想的起點和範疇 07。有時，你可能希望在範疇內保留一些模糊性，以增加具有破壞性或

更新穎解決方案的機會。像是刻意不向部分參與者說明研究、加入隨機意見、允許產生誤解的機會 08 等等。根據你的起點，做一些額外的準備研究，以檢視現有的解決方案或類似的問題 09。

Ⓑ 沈浸其中、激發靈感

想想如何從你之前的工作中帶入事物本質和原始資料。除了將活躍於研究或原型設計階段的人員納入外，還可以展示物件、影片和引述，讓原始資料隱藏其中，但仍可取得。你也可以從資料中發展關鍵洞見，更要想想在實際概念發想階段之前，哪些靈感元素或活動是有價值的。

Ⓒ 拆解挑戰

你不需要一次就考慮所有事情，也最好是將概念發想活動（以及整個專案）分成多個好管理的類別。使用「大任務分解術」，或將「我們該如何……（How might we……）」問項群集成機會領域，為後續的概念發想提供方向 10。

07 發想活動的範疇有時在專案中做研究或原型時定義。

08 例如，見 6.5.5 節 **案例：用視覺物件激發創造力**。

09 你要好好決定與團隊共享這些資訊的時機。

10 見 6.4 節 **概念發想的方法**。

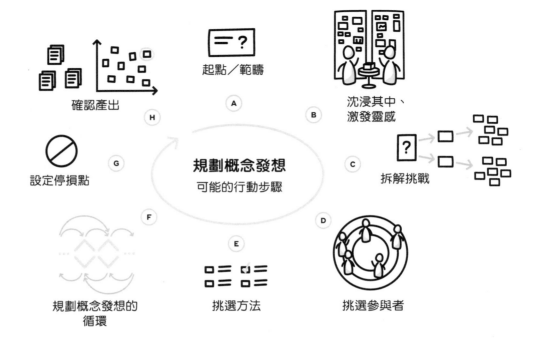

確認產出 H

起點／範疇 A

B 沈浸其中、激發靈感

規劃概念發想
可能的行動步驟

設定停損點 G

C 拆解挑戰

規劃概念發想的循環 F

挑選方法 E

D 挑選參與者

D 挑選參與者

為每個機會領域建立利害相關人地圖，以找出誰可以為這個領域帶來有意義的貢獻。確保平衡使用者、關鍵參與者、和自己組織的需求。若能混合內部人員、外部人員、專家和使用者的組合就更好。人們天生傾向組成異質性群體，但往往同質性群體可以帶來更多極端的想法。專家雖然善於發現雷區，但有時候會過於主導。你可以試著在不同的回合中不斷重新洗牌，以從不同的組合中獲得最佳效果 [11]。

E 挑選方法

把一系列概念發想和做決策的方法列出來，放上點子合集，並做個選擇 [12]。

F 規劃概念發想的循環

問問自己，每場不同的概念發想和決策彼此之間如何相互融合。如有必要，準備好在進行期間靈活地變更方法。記得要在每場活動之間規劃「無意識」思考、發想的時間。 [13]

[11] 見 9.2.3 節中的延伸專案團隊，有更多關於團隊組成的討論。

[12] 見 6.3.2 節產出點子，以及 6.3.3 節挑選點子。

[13] 見 6.3 節中的無意識思考文字框。

G 設定停損點

要設定一個停止的標準。最簡單的是設一個想要達成的點子數量，或決定找專家評估。和研究中的理論飽和一樣，當概念發想長不出新的原創點子時，可能就會停止[14]。你也應該評估進行原型設計或進一步研究的必要，因為可以確定的是，一定會出現新的問題。

H 確認產出

決定你最終要挑選的點子數量（也就是說，之後想做幾個原型），以及點子的形式，以持續點子的進展。

6.3.2 產出點子

向參與者說明並激發靈感

如果還沒有正式的研究，或者正處於預備發想階段、在專案的後期才會進行研究時，就可能要靠其他方法來連結現實。你可以讓參與者做功課：不見得是想點子[15]，而是要讓他們穿穿顧客的鞋

子，與之共感[16]。另一種選擇是講故事，讓參與者分享他們自己的經歷，或聽取第一線顧客或同事的說法。

你也可以用一些相關背景資訊來讓參與者進入發想主題，告知事情的脈絡，並讓他們探索這些資訊，像是用世界咖啡館的對談形式[17]進行。激發想法也是不錯的方式，這能讓參與者彼此的認知一致，給予他們重要主題上的基礎[18]。

方法選擇

一定要考慮方法的混用。與研究方法一樣，許多概念發想方法都有其固有的偏見，盡量讓不同類型的人都有不同程度的貢獻。很多人都習慣把點子寫在便利貼上，但也有不少人更擅長用視覺手法（例如：手繪草圖）、草模[19]、或動作（例如：肢體激盪）來表達。

概念發想方法的混用可以消除潛在的偏見，並接納參與者各種不同的長處。 你可以根據概念發想挑戰或問題的複雜程度，從以下類別中選擇一種或多種方法[20]。

---

14 更多關於理論飽和，見 5.1.2 節 **研究規劃**。

15 在這項研究作業之後給一些發想作業是蠻有用的。參與者在集體思考場合之外產生的想法會比較多樣化，也比較深思熟慮。但人們可能會不小心愛上這些點子，因此，將這階段作為進一步發想的跳板，或者快速原型化，以讓點子有機會失敗並開始深化發展。

16 本質上來說，這就是研究。其實許多研究手法都可以帶來很不錯的產出，例如自我民族誌、服務探險、日誌法、文化探針或訪談。

17 見 *http://www.theworldcafe.com*。

18 但是，在讓所有參與者查看現有解決方案前要三思，因為這可能降低想法的多樣性。見 Smith, S. M., Ward, T. B., & Schumacher, J. S. (1993). "Constraining Effects of Examples in a Creative Generation Task." Memory & Cognition, 21(6), 837-845.

19 見 6.5.3 節 **案例：站在紮實研究的基礎上** 中所使用的幾個方法。

20 這些方法都在 6.4 節 **概念發想的方法** 中有詳細說明。

無意識思考

作者：*SATU MIETTINEN*

小組或團隊使用「無意識思考」進行概念發想就是設計工作者
的日常，關注新點子和解法的產出。

史丹佛大學 Becky Currano 發現[21]，
矽谷設計師們的創新理念大多是在
公園、淋浴、隨意塗鴉或慢跑等情
境下無意識的思考時產生的。

當我們在服務設計中進行發想時，
應該要混合方法和流程來讓主動和
無意識的思考都能發生。

結合團隊或小組的主動發想以及無
意識的單獨思考能幫助你理解、處
理大型資訊群集，並透過愉快的無
意識活動來緩慢思考[22]。你可以運
用手機裡的點子記事本、浴室裡的
麥克筆或車上的筆記本，在新靈感
造訪時隨手把它記下來。◀

試著刻意在工作坊中規劃無意識
思考時間。例如，在每場活動之
間安排單獨的戶外活動。

21 Currano, R. M., Steinert, M., & Leifer, L. J. (2011). *Characterizing Reflective Practice in Design – What About Those Ideas You Get in the Shower?* In *DS 68-7: Proceedings of the 18th International Conference on Engineering Design* (ICED 11), *Impacting Society Through Engineering Design*, Vol. 7: *Human Behaviour in Design*, Lyngby/ Copenhagen, Denmark, 15.–19.08. 2011.

22 Kahneman, D. (2011). *Thinking, Fast and Slow*. Macmillan.

→ **概念發想前**：把大問題切成小任務、用未來旅程圖或未來系統圖發想點子、從洞見提出的「我們該如何⋯⋯（How might we⋯⋯）」發想問題。

→ **產出很多點子**：腦力激盪法、腦力接龍法、10 加 10 發想法。

→ **增加深度和廣度**：肢體激盪法、使用牌卡和檢核表、用類比和聯想來發想。

簡單的設計挑戰用 15 分鐘快速的概念發想活動就能解決。較複雜的問題通常會與不同利害關係人一起發想，可能會延續個幾週，可以先試著將問題分解成幾個發展方向，然後與員工、顧客和專家一起進行多場概念發想。每場概念發想可以直接建立在前一場產出的點子上，讓點子更多樣、更完整。

管理能量

越來越多的證據表明，無聊能帶來好點子[23]。雖然這是值得探索的（可能可以把長時間或重複的準備任務當作流程的一部分），但故意讓參與者感到無聊並不會使大家喜歡這個專案。相反地，暖場可以讓我們感覺更有活力，也更有動力，這在概念發想之前特別有價值。也很重要的是，這還可以幫助我們建立安全空間[24]，這使我們對失敗更容易接受，並幫助我們能更大膽的思考。在每場概念發想工作坊中，你應該跟小組做些適當的暖場，並細心安排暖場的時機。我們通常會在工作坊開始時進行暖場，但也有大量證據證明[25]，延遲或故意分散注意力可以增進概念發想的結果[26]。因此，也可以考慮在設定概念發想的挑戰後、開始產出點子前進行暖場。

6.3.3 挑選點子

哀嚎區

服務設計流程的許多表現形式，如著名的雙鑽石[27]，會在發散階段之後立即進入收斂階段。這種突如其來的變化對於專案參與者來說往往非常

---

23 例如，見 Mann, S., & Cadman, R. (2014). "Does Being Bored Make Us More Creative?" *Creativity Research Journal*, 26(2), 165-173。

24 更多關於安全空間、暖場、和發想引導，見第 10 章：**主持工作坊**。

25 見如 Jihae Shin 的著作，見 Grant, A. M., & Sandberg, S. (2016). *Originals: How Non-Conformists Move the World.* Viking 的報導。

26 一般是認為注意力的分散或延遲能讓參與者的潛意識有一些時間解決問題。現代的創造力「琢磨」理論則認為，這是在幫助遺忘障礙。無論哪一種，都是有用的。

27 見第 4 章：**服務設計的核心活動**。

? 發散區　　哀嚎區　　收斂區　　收尾區 ✔

Kaner 及其同仁 [29] 在「參與式決策鑽石」中提出的哀嚎區。從發散直接進到收斂的活動其實很難。

困難，甚至感到痛苦。參與者通常都還沒有準備好要放棄才剛產出的新選擇 [28]。

在參與者準備好做決定之前，會需要對他們身邊的選擇有相互的理解。每個人的點子層級可能不太相同－有些是概念或系統、功能或細節。有些是重新定義的需求，有些則已經是相當具體的解法了。團隊也許要透過問問題、分類或者用一些邊界物件 [30] 來探索和整理腦中的想法，讓事情更清晰明朗。有時參與者可能只是需要休息一下、用個小遊戲來分散注意力、或者回家睡個覺、隔日再戰。在規劃流程時要把這些考慮進去。

但是也不要拖太久。**花在思考、解釋和調整想法上的時間越多，對它的投入就越多－就更容易愛上它。**如果團隊難以放棄點子，那會有點麻煩。因此，有時候還是要認同雖然其他點子也值得關注，但為了繼續前進，我們只能帶走一部份，並要參與者將其他點子暫停。即使你沒有正式回頭處理這些點子，被遺棄點子之中的好想法還是會在未來迭代的 DNA 中冒出來。

做決策的環境

做決策的環境很重要。許多人喜歡在相對中立的環境中保持「頭腦清醒」，並做決定。這就是為什麼我們會在樹林裡散步、在海灘上沈思。但在服務設計專案中，我們不是要做重大的決策，而比較像在進行決策的引導流程，並引發對話。把工作的產物放在附近，這樣我們就可以快速回到先前任一點，討論便利貼、或再摸一下原型。視覺上複雜的環境似乎能帶來更好的認知功能，也就能做更好的決策 [31]。你可以看看哪些作法適合你的團隊。

28 參與者進入了「哀嚎區」，見下圖。
29 Kaner, S. (2014). *Facilitator's Guide to Participatory Decision-Making*. John Wiley & Sons.
30 見 3.2 節中的**邊界物件**文字框。

31 Davidson, A. W., & Bar-Yam, Y. (2006). Environmental complexity: information for human-environment well-being. 收錄於 A. Minai & Y. Bar-Yam (eds.), *Unifying Themes in Complex Systems*, Vol. IIIB (pp. 157–168). Springer Berlin Heidelberg。

同意做決定並選擇方法

許多決策工具實際上並沒有真的幫你做決定。這些工具透過對資訊進行分類、標記喜好、或將大決策切成更小、更易於掌握的問題來為決策做準備。在某些情況下，方法會讓決策非常清晰，稍微看一下大家就知道可以繼續往前了。但通常在事情明朗之前，我們仍需要進行討論或投票。

在這種情況下，小組最好是能事先決定如何、何時要做出決定，以及怎麼處理「被剪掉的」點子。在使用方法之前，參與者可以決定哪些決策因素最重要、想要花費多長時間。這個段落介紹的幾種方法蠻有幫助的－但世界上沒有任何方法能為你做決定。方法只能協助、引導你的決策過程。

根據經驗，如果想減少摩擦，將決策過程分解為幾個步驟，並從下列類別中選擇一個或多個方法來使用會比較好 [32]：

→ **理解、分群與排名：**例如使用章魚群集法、三五分類法、點子合集、決策矩陣

→ **減少選項：**例如快速投票法、肢體投票法

---

32 這些方法都在 6.4 節 **概念發想的方法** 中詳細說明。

6.3.4 做紀錄

概念發想是一個很容易變得複雜且相當消耗的過程，因為丟棄的點子實在比採用的多太多。概念發想的最終紀錄是從發想過程中長出的原型，但這永遠無法完全包含整個過程中的複雜度。可以思考如何追蹤做過的發想活動，並確認點子的方向和組成。

在最簡單的層面上，可以保留概念發想的實體物件，沿著牆面展示點子－就像研究牆一樣，鼓勵對話和各種連結的探索。也可以將每輪的結果數位化以供將來參考，或者使用更複雜的索引方法，將想法與專案起源連結起來。「這個原型來自這個點子，這個點子是從另一個點子的一部分而來，這部分的點子從這個而來，這個『我們該如何…』問題是從這個策略機會領域而來，這個機會領域則是來自這個洞見，這個洞見又是從這個原始顧客陳述得來的 [33]。現在播放錄音。」當能說出這樣的話時，真是非常有力。另一方面，索引也是很累人的工作 [34]。找到…

---

33 見 9.2.8 節中的圖：**證據的軌跡**。
34 見 5.1.3 節 **資料收集**，有更多關於索引的討論。

Illustration: Mauro Rego

Illustration: Mauro Rego

狩野模型（Kano model）

當我們在決定要探索哪些想法時，試圖了解顧客如何評價我們的服務以及實體或數位產品 [35] 的各個面向會非常有幫助。狩野模型 [36] 可以告訴我們從哪裡開始。

狩野模型是顧客滿意度的理論。它提供了有用的洞見，讓我們知道顧客在意什麼，以及又是如何隨著期望而變化的。狩野模型通常是用圖表來展示，將顧客滿意度與價值主張的落實程度（技術發展水準或產品服務的普遍性）相對應。圖表上的曲線代表不同類別 [37] 的價值主張。

產品的某些功能可以被視為基本（狩野稱之為必要條件品質；Must be Qualities）。如果沒有這些功能，顧客就會不滿意－但無止盡改善這些功能也永遠不足以使顧客滿意。例如，如果手機連不上網路，人們就會生氣。但是，除非是住在非常偏遠的地方，否則擁有一支一直能連上網的手機並不是什麼特別的事。

另一屬性是表現的因素（一維品質；One-Dimensional Qualities），這個因素越好，顧客滿意度就越高。電池容量就是一個例子－手機的待機的時間越長，我就越滿意。

第三種類型有時被稱為喜悅或興奮因素（魅力品質；Attractive Qualities）。沒有的話沒什麼關係，但如果有，則可以帶來高度顧客滿意。手機上的 3D 螢幕就是一個很好的例子，大多數手機都有 2D 螢幕，如果是 3D 螢幕很令人開心，但沒有也並不代表會感到失望。

狩野模型顯示了從價值主張中獲得的滿意度如何隨時間衰減，因為興奮因素會轉為表現因素，然後變成基本。一個很好的例子是手機上的相機。當手機第一次有了相機時，這是一個令人興奮的因素－大家想都沒想過，覺得非常有趣。幾年後，製造商就陷入了「像素規格競賽」，而在我們寫這本書的當下，大部分手機都已經可以拍出遠遠超越需求的照片了。一個好的 2D 手機相機正在迅速成為一個基本因素－對於大多數人來說，如果少了，就會影響我們的滿意度。

---

[35] 「產品」一詞意指公司所開發、提供的產物，無論實體與否。在學術界，產品被區分為物品和服務，但產品往往是服務和實體／數位產品的組合，而「物品」在口語上則泛指實體的東西，因此，我們選擇了實體／數位產品的說法。詳細資訊請參照 2.5 節的**服務設計與服務主導邏輯：天作之合**文字框。

[36] Kano, N., Seraku, N., Takahashi, F., & Tsuji, S. (1984). "Attractive Quality and Must-be Quality from the Viewpoint of Environmental Lifestyle in Japan." 收錄 於 H.- J. Lenz, P-T. Wilrich, & W. Schmid (eds.), *Frontiers in Statistical Quality Control 9* (pp. 315–327). Physica-Verlag HD。

[37] 由於日文的翻譯或其他作者的影響，這些類別常有不同的名稱。

狩野模型顯示了曾經讓大家感
到新奇的新產品或服務，很快
就變成基本要求了。

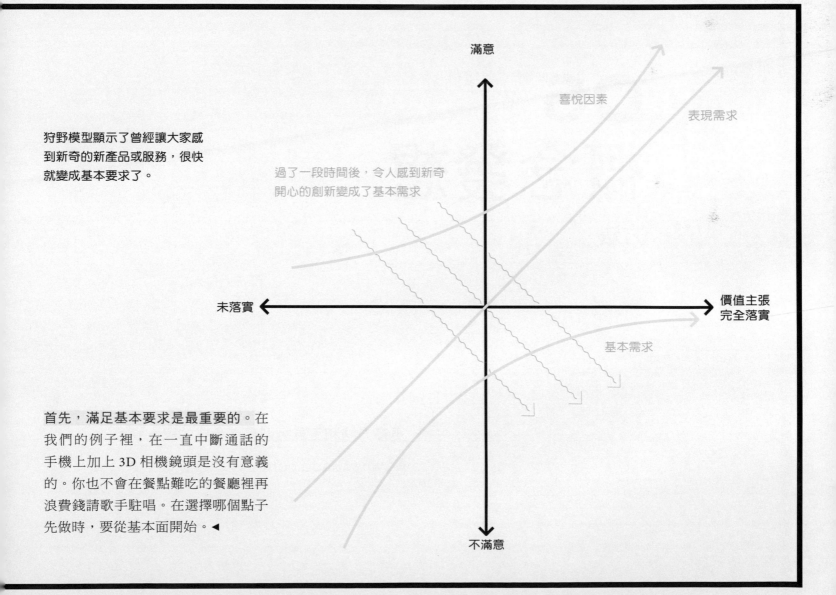

滿意

喜悅因素

表現需求

過了一段時間後，令人感到新奇
開心的創新變成了基本需求

未落實

價值主張
完全落實

基本需求

不滿意

首先，滿足基本要求是最重要的。在
我們的例子裡，在一直中斷通話的
手機上加上 3D 相機鏡頭是沒有意義
的。你也不會在餐點難吃的餐廳裡再
浪費錢請歌手駐唱。在選擇哪個點子
先做時，要從基本面開始。◀

06
概念發想

方法

更多方法和工具歡迎參考免費的線上資源：

www.tisdd.com

6.4 概念發想的方法

這一整個產業都與點子發想和選擇相關。點子通
常被視為創造力的基石，並且通常會用不同名
稱、各式各樣的方法來創造、過濾和選擇。在此
我們介紹一些愛用的方法：

→ **發想前**：將大問題分解成小任務、用旅程圖
發想點子、用系統圖發想點子、從洞見和
使用者故事中提出「我們該如何…？」發想
主題。

→ **產出許多點子**：腦力激盪法、腦力接龍法、
10 加 10 發想法。

→ **增加深度和廣度**：肢體激盪法、使用牌卡和
檢核表、用類比和聯想進行發想。

→ **理解、分群並排名**：章魚群集法、三五分類
法、點子合集、決策矩陣。

→ **減少選項**：快速投票法、肢體投票法。

發想前
將大問題分解成小任務 🖱

把一個大的發想挑戰切成一些比較容易處理的小任務。

概念發想的主題常常太大或太抽象，以致於無法掌握。
這時，你可以用些小工具將大主題拆解為更容易處理的
子任務，幫助團隊更容易發想。常見的例子包括六項思
考帽（*Six Thinking Hats*），讓參與者從不同的觀點（過
程、事實、感受、創造力、謹慎和益處）中進行思考；
屬性列表（*attribute listing*），是從設計挑戰的屬性（實
體的、程序性的等）開始；*5 Ws + H*，則是讓團隊從
誰、哪裡、什麼、為什麼、何時以及如何開始思考；以
及五個為什麼（*Five Whys*），問自己五次「為什麼？」
每個答案都可以是概念發想的起點。

準備和使用：這個過程取決於使用的方法。通常
我們會先邀請合適的人（了解專案背景或將負
責落實和提供服務的人、專家、使用者、管理
者等）。讓參與者使用這些方法[38]，然後檢視點
子。他們提出了什麼樣的點子？該重複做一次
嗎？覺得差不多時，就進入點子選擇階段。

預期產出：更多可掌握的設計挑戰、更多種
手法。

38 更多相關內容，見 10.3.4 節 **創造安心的空間**。

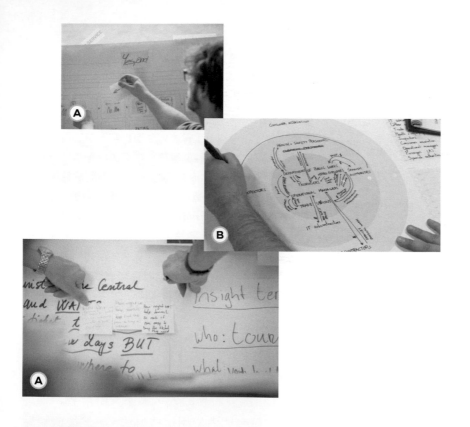

(A) 快速拼幾段未來旅程圖，開始發想點子。

(B) 找尋加值的機會點，強化系統圖上的關係。

(C) 根據發掘的洞見，產出幾個「我們該如何…？（How might we...？）」發想問題。

用旅程圖發想點子 👆

運用經典的視覺化工具產出與經驗和流程相關的點子。

從現況圖開始，或運用你的研究和經驗，建立新的未來旅程圖。一邊畫，就會一邊產生許多可以繼續延伸或做成原型的點子。對於能用旅程概念來思考的團隊，這可以讓你儘早考慮整體流程和預期產出[39]。

準備和使用：讓小組看看現況旅程圖，可以的話，也看一下背後的研究（如果沒有旅程圖，用故事說明也是可以的）。一次進行一張圖，參考研究所提供的資訊，與人物誌共感，或用桌上演練、調查性排練或肢體激盪來模擬流程和經驗，以找出旅程圖中關鍵的步驟。運用其他發想工具對每個關鍵步驟做概念發想，記錄洞見、點子和新問題。現在把最可行的點子粗略畫成一張新的旅程圖。這些改變對旅程的其他部分（技術、流程、經驗、戲劇線、期望）有什麼影響？

預期產出：點子說明（文字）、點子草圖（視覺圖像）。

39 見 6.5.5 節案例：用視覺物件激發創造力、6.5.4 節案例：用混合的方法發想（文內範例），以及 6.5.2 節案例：用混合方法共創。

發想前
用系統圖發想點子 🖱

運用經典的視覺化工具，以關係為基礎來發想點子。

嘗試用增加、刪除或替換元素，以及檢查利害關係人之間的價值交換等方式為現有（或快速建立的）系統圖增加價值。

準備和使用：讓小組看看現況系統圖，可以的話，也看一下背後的研究（若沒有系統圖，快速用假設做一張圖也是可以的）。一次進行一張圖，如果實際使用商業摺紙法或利害關係人系統圖 [40] 速度會更快。我們會問這些問題：是否能加強關係？關鍵人物如何成為英雄人物？可以引導哪些價值交換？如果某些元素被刪除、增加或修改了，網絡要怎麼持續運作？

寫下你的洞見、點子和問題。運用其他發想工具進行點子的延伸，然後把有趣的點子畫成新的未來系統圖。要怎麼讓每張圖都可行？還有缺少什麼，或哪裡不平衡？運用新的旅程圖、服務藍圖或原型來探索更多。

預期產出：點子說明（文字）、點子草圖（視覺圖像）。

發想前
從洞見和使用者故事中提出「我們該如何……？」發想主題 🖱

一種系統化的方法，以研究和知識為基礎來做概念發想 [41]。

當你有研究或經驗基礎，或需要退一步回到需求和機會時，就用這個系統性的方法。

準備和使用：從研究活動中發展的洞見或使用者故事開始，檢視每個洞見或使用者故事中的各個部分，並將每個洞見或故事轉成用「我們該如何…」開頭的發想問題。將這些問題分類至幾個分群或「機會區域」。找策略專家和高階主管來幫忙確定優先順序。

看看分群內的問題，再決定除了一般的研究員、負責落實和提供服務的人、使用者、管理者等班底外，還要請哪些專家來參與討論。對最重要的分群內的問題進行概念發想，然後接著選擇點子。

預期產出：發想問題（文字）、點子分群圖。

40 利害關係人系統圖是一種實體模型，人們代表了不同的利害關係人，分布站在一個空間裡，就像在系統圖上一樣。請參考線上說明獲得此工具更詳細的資訊。

41 這個版本是從 IDEO 2009 年以人為本的設計工具包（https://www.ideo.com/post/design-kit）而來，已由許多人不斷發展演變。

產出許多點子
腦力激盪法和腦力接龍法 🖱

這兩種常見的方法可以幫助團隊保持發散模式，同時快速產生點子。

使用口頭腦力激盪[42]法作為起點，掌握主題、增加能量或增加選項。當點子較複雜、或要維持多樣性、或者當組員多、要鼓勵較不說話的參與者時，則使用沉默、需要深思熟慮的腦力接龍法[43]。

準備和使用：準備好充足的資訊[44]，並提醒大家不要批評、接納瘋狂的點子、衝數量、並要借圖發揮、多多發展他人的點子。說明發想主題，然後在開始前做一個分散注意力的暖場。在腦力激盪時，讓小組在你把點子寫出來時大聲說出來。在腦力接龍時，則要參與者安靜、單獨地寫出、畫出他們的想法，每頁畫一個。他們可以把點子交給別人發展延伸、貼在牆上、或者留著保密一下。最後，把這些點子貼在牆上給大家看，進行分群、討論並開始選擇。

預期產出：點子說明（文字）、點子草圖（視覺圖像）、點子分群圖。

產出許多點子
10 加 10 發想法 🖱

一種結合點子廣度和深度的視覺發想方法。

10 加 10 發想法[45]是一個可以對實體或數位情境、介面進行發想的好方法。它可以幫助團隊快速產出各式各樣的概念，並對概念有深入了解。非常視覺的手法也有助於概念的具體化。

準備和使用：選擇一個設計挑戰、進行暖場，然後一桌一桌分組。一組用幾分鐘單獨、安靜、非常粗略地對設計挑戰畫出 10 個想法，內容要是現實世界能用的東西，而不是隱喻或概念。當時間到時，每個人簡單向組員解釋草圖內容。接著，每組快速選一個看起來有趣的草圖，再繼續安靜畫 10 個概念延伸。這樣我們總共就會有兩個回合、一廣一深的 20 個草圖供選擇。

預期產出：點子草圖（視覺圖像）。

42 Osborn, A.F. (1963). *Applied Imagination*, 3rd ed. New York, NY: Scribner.

43 更多關於腦力接龍法的資訊，見 Rohrbach, B. (1969). "Kreativ nach Regeln – Methode 635, eine neue Technik zum Lösen von Problemen," *Absatzwirtschaft* 12, 73-53。

44 見 6.3 節中的**向參與者說明並激發靈感**。

45 Greenberg, S., Carpendale, S., Marquardt, N., & Buxton, B. (2011). *Sketching User Experiences: The Workbook.* Elsevier.

(A) 安靜的腦力接龍法能產出比腦力激盪法更多樣的想法，也讓比較低調的團隊成員有發聲的幾會。

(B) 10 加 10 發想法能快速地產生具體的點子。這個方法追求數量、也鼓勵產出「爛爛的第一版」。

(C) 肢體激盪法讓大家用演戲的方式來發想機器介面的情境。點子來的又多又快，因此要安排一個人在旁記錄。

增加深度和廣度
肢體激盪法 🖐

一種實際用肢體來發想的方法，有時被稱為「身體的腦力激盪 [46]」。

運用這個肢體探索的方法來幫助理解、發想和顯示問題。當挑戰內容與肢體或人際關係有關，或活動中需要增加同理心、能量或帶來一點刺激時，就會非常有用。肢體激盪法比調查性排練 [47] 更簡單、更快，但較不深入。

準備和使用：用研究或實地訪查讓組員沉浸在設計挑戰的脈絡裡。若組員能夠清楚了解情境，那麼講故事就夠了。把有趣的情況或點子列出來。在真實情境或工作坊的空間中，一次把一種情境演出來 [48]。一開始時一定會嘻嘻哈哈的，但記住這是在工作，如果大家變得太隨便或開始隨性討論，要從中提醒。當替代方案出現時，就可以試演看看或暫停。要在一旁做紀錄，幫助組員記住他們發現的事，接著重複進行其他的情境。整理一下，將點子帶進選擇階段。

預期產出：肢體激盪的影像／照片紀錄、點子說明紀錄（文字）、問題清單（文字）或點子草圖（視覺圖像）。

46 Gray, D., Brown, S., & Macanufo, J. (2010) *Gamestorming*. O'Reilly.

47 見第 7 章：**原型**。

48 在用這個方法時，安全空間特別重要。見 10.3.4 節 **創造安心的空間**。

增加深度和廣度
使用牌卡和檢核表 🖱

牌卡（和檢核表）在概念發想活動中聚焦單一問題或點子，結果是很驚人的。

當組員覺得有點卡住或無法擺脫熟悉的思考方式時，就使用發想、創造力、腦力激盪和方法牌卡（名稱有很多種）。牌卡能促進討論、引出新的探索途徑、幫助思考、激發靈感。有許多現成牌卡組，和類似的列表可用，或自己設計。牌卡也能作為檢核表─跟著牌卡做，就不會遺漏重要的事。可以用牌卡來排序優先順序，幫助整理最重要的問題或點子，或當作標題，用來分群點子和觀察結果。

準備和使用： 每種牌卡的使用流程會有所不同，請詳閱說明。如果你的目標是發想，就要使用暖場方法，特別是在聯想和發展延伸彼此點子時，暖場特別有用。可以試著在每張卡片上花比想像再長一點的時間，以超越顯而易見的舒適圈。

預期產出： 點子說明（文字）、點子草圖（視覺圖像）。

增加深度和廣度
用類比和聯想來發想 🖱

以轉譯現有解法或找尋隨機刺激物之間的連結來進行發想。

類比是轉譯現有點子的一種方式。我們不糾結在新的問題 A 上，而是將已知的解法應用在本質相似（類比程度高）但較熟悉的問題 B 上 [49]。聯想的做法和類比差不多，但會試著在隨機的文字或圖像上尋找關聯性，幫助我們重新定義問題，並用新的方式思考。這個方法最好是在其他比較簡單的方法之後再用。

準備和使用： 好的類比運用是很厲害的，當你有了經驗，準備起來也就更容易。基本上，你可以把設計挑戰精簡到只剩基本特徵，讓它與脈絡分離，並在其他領域中尋找具有類似特徵的問題。選擇最適當的類比，並考慮類比本身，而不是最初的挑戰。什麼可行？做筆記、嘗試各種不同的類比。這些點子和經驗能否被直接轉譯？

隨機聯想的基本過程相同，但是以隨機的字詞、短句或圖像開始。隨機打開一本書，或上網找隨機單字和圖像產生器來用。

預期產出： 點子說明（文字）、點子草圖（視覺圖像）。

49 見 6.5.3 節案例：站在紮實研究的基礎上。

理解、分群並排名
章魚群集法 🖰

一種非常快速的團體方法，用來分類和群集點子或資訊。

運用章魚群集法來分類大量的點子、洞見和資訊—任何在便利貼上的東西都能用。除了分類外，每個人都有機會瀏覽素材內容，也對點子產生一些共有的感受。

準備和使用：讓大家一排一排站在便利貼牆前面。由最前排開始對便利貼進行分類；第二排給意見，其他排有各自的角色。每隔 30 秒，最前排就移動到最後排，每個人往前站，進到一個新角色。提醒他們稍微注意一下沒被分類的單張便利貼，也要記得把過大的分群拆開。幾個回合後，便利貼就會被分類好，組員們也都看過了內容。

在這個活動中，人們做得快、彼此也靠近，所以這個方法也是很好的暖場方式。此外，每個人都會碰到很多便利貼，捏的皺巴巴、舊舊的，這樣一來，大家就不會對這些點子緊抓不放。新的群集有助於我們理解原始內容的整體結構，或為下一步提供不同的方向。

預期產出：點子分群、點子牆的照片紀錄。

(A) 章魚群集法：將一大群參與者排成五排，大家很快地在幾分鐘內分類上百張便利貼。

(B) 牌卡組可以幫助概念發想的聚焦或擴展，也能打破僵局。

(C) 隨機的字詞或圖像能讓概念發想變得更寬廣多樣，也減少障礙。

(A) 三五分類法：交換紙張。

(B) 用三五分類法分享想法。

(C) 點子合集。在右上方的是快速致勝點（圈起來處），
也可以選擇探索長期目標（左上），還有一些重要的
基礎任務則能開啟未來的機會（左下）。

理解、分群並排名
三五分類法 🖐

**一種快速、有活力的方法，能從大量選項中選出最有趣
或最受歡迎的選項。**

這個方法 [50] 適合較大的團體，並能根據你想要的任何
條件，快速對大量的內容進行排名。它可以用來選出組
員認為最有趣的點子或發表內容。也可以用它來決定活
動的優先順序、合作規則等等。

準備和使用：讓大家排排站，每個人手上拿著一
張上面畫著清楚概念草圖的紙張。當音樂播放
時，開始快速在彼此間走來走去，不斷和遇到
的人交換手上的紙張。當音樂停止時，與隔壁的
那個人比較兩人手上的草圖，用 45 秒的時間在
這兩個概念之間分配 7 分。重複五個回合，再把
結果加總。除了對內容進行排名之外，點子在活
動中徹底被混合，讓大家開始建立共有的感受，
也使紙張看起來舊舊的，這樣組員就不會難以放
手。接著，也可以運用**肢體投票法**來對排名高的
幾個有趣的點子進行分組。

預期產出：點子排名。

---

[50] 我們在此使用了對許多服務設計師來說比較熟悉的名詞，但這其實是來
自 Thiagi 的一款叫「三十五（Thirty-Five）」的有趣遊戲。見 Thiagarajan, S. (2005).
Thiagi's Interactive Lectures. American Society for Training and Development.

理解、分群並排名
點子合集 👆

一種分析程度稍高的選擇方法，能快速但可靠的進行分類。

我們根據兩個變項做排名，並將點子分布排列在圖表上 [51]。由於使用了兩個變項，這個方法可以平衡不同的需求，也受分析型思考模式的人歡迎。它為做出明智決策打好基礎，讓我們可以對選項進行策略性的觀察。

準備和使用：首先確定標準：我們彎建議使用「對顧客體驗的影響」與一般「可行性」這兩個軸向。在牆上或地上畫出圖表，一次一個點子，讓組員對兩個變項分別做 0 到 10 的給分，將點子放在圖表上，同時，彼此的討論也與圖表本身一樣重要。當把所有點子都放好後，再討論要深入探索哪些。通常，影響力高和可行性高的點子是最有趣的，但為了保有多樣的選擇，可以納入一些有長遠效益或差異性大的點子。接著，用旅程圖、藍圖或原型設計進一步的探索選中的點子。

預期產出：點子排名、視覺點子合集。

理解、分群並排名
決策矩陣 👆

一種更具分析性、多因素的決策方法。

這類 MCDA（multiple criteria decision analysis；多標準決策分析）方法 [52] 廣受分析型思考者的歡迎。它涵蓋決策中的多個標準，但讓我們能一次考慮一個。

準備和使用：整理選項內容，並將其列在表格的一側。在表格每列的標題欄位分別填寫決策因素，也可以為每個決策因素賦予權重。但要注意的是，加權的微小差異會對結果產生很大影響。對於每個點子，給予每個因素一個數值。將值乘以加權後寫下來。總數值最高的就是優先要考慮的點子，但應該選擇一些混合的點子往下走。

與許多「決策」工具一樣，使用工具時、在選擇決策因素和權重時進行的討論，與工具本身一樣重要。決策矩陣常常會讓討論時間變得很長，導致團隊基本上都在猜測因素的高低價值。關注這個狀況，也可用此工具來突顯彼此理解的落差，然後用研究或原型來作為討論的依據。

預期產出：點子或選項排名。

51 點子合集採用有相似概念的決策表格、矩陣或圖表等方法。見 Martilla, J. A., & James, J. C. (1977). "Importance-Performance Analysis." *The Journal of Marketing*, 77-79。亦見 See also the Impact & Effort Matrix in Gray, D., Brown, S., & Macanufo, J. (2010). *Gamestorming: A Playbook for Innovators, Rulebreakers, and Changemakers*. Sebastopol: O'Reilly。

52 Pugh, S. (1991). *Total Design: Integrated Methods for Succe ssful Product Engineering*. Addison-Wesley.

減少選項
快速投票法 🖱

快速獲得多數人的看法，大小團隊都適用

大多數情況下，面對選擇或決策的一群人會習慣陷入討論的狀態。這時可以採用快速的方法來探索哪些點子、洞見或資料最有趣，或看看大家心裡是否已經做了決定[53]。

準備和使用： 點點投票法（Dot voting）是讓每個團隊成員用固定數量的點點貼紙或筆跡來表達喜好。晴雨法（Barometers）讓大家在紙標籤上寫下評分，或高舉便利貼來表示贊同或不贊同（可以配合使用從 +2 到 -2 的李克特量表）來評估每個選項。指鼻子投票法（Nose picking）則是要透露出組員的選擇。每個人將一根手指放在鼻子上，一起數到三，再快速指到自己喜歡的項目上，慢出的人就失去投票權。

在使用這類方法之前，最好是（快速！）先找到一致的標準。如果有點不確定，問自己「現在最被看好的是哪個？」然後用這些方法來幫助決策，或看看是否已經有了決策（不是做出決策）。這些方法不該取代重要的討論，但可以讓我們迅速得知有沒有必要進行討論。

預期產出： 大家的決策、點子排名或大家的喜好。

減少選項
肢體投票法 🖱

快速了解大家比較喜歡哪些點子，也為下一步進行分組。

這類肢體投票法讓每個人都能看到彼此支持的點子、以及想要被分在哪組。所有變化都是快速、簡單和明瞭的[54]。

準備和使用： 在一個地面空間中，把紙張放在地上讓參與者瀏覽。請他們選一張紙站在上面表示支持或加入某一組。當物件較大或內容需要時間消化時可以使用這個方法，例如電梯簡報、構想草圖或服務廣告。

在珊瑚投票法（Coraling）中，組員看著牆上的物件，把一隻手指放在最喜歡的物件上。其他人則陸續搭著第一人的肩膀加入，集結成像珊瑚一樣的一串串隊形。這方法可以在當牆上貼的東西不好拿下來時使用，例如一整堆便利貼分群。

如果你要分組，就要檢查一下分好的小組狀態。看起來可行嗎？會太小或太大嗎？有誰要換組，到別組幫忙？小組有沒有忽略了哪些重要的點子？如果正在挑選點子，平衡和多樣性有足夠嗎？缺少了哪些重要的點子？需要更關注哪些點子？

預期產出： 點子或選項排名、新的分組（若用來分組）。

---

53 亦見 6.5.4 節 **案例：用混合的方法發想** 中在點子合集之前使用的飛鏢分類法（bull's-eye）。

54 以這種方式進行的分組可能會不太平均（通常對短期較有幫助），因此用這個方法為工作坊的下一個任務分組就好，不要用在專案團隊的長期分組上。

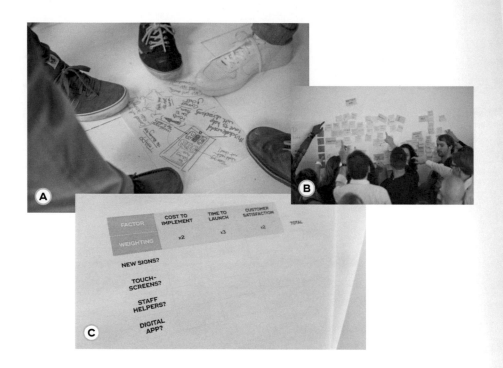

(A) 把選項散佈在地面空間中,讓團隊成員站在自己喜歡的那張上。

(B) 用珊瑚投票法來分組,工作坊參與者選擇有興趣的點子分群,把手搭在其他人的肩膀上「加入」。

(C) 決策矩陣。和所有決策工具一樣,這個方法並不直接幫你做決定,而是協助決策流程和促進對話。

06
概念發想

案例

$\longrightarrow$

本章中的案例展示了在一個成功的專案中，正式和非正式的概念發想如何與其他活動相結合。案例中包含與顧客的發想和協同設計（6.5.1）、如何混用發想方法以符合專案需求（6.5.2）、從研究發想解決方案（6.5.3）、用混合的方法產出點子（6.5.4）、以及運用視覺化工具和誤解來鼓勵創造力（6.5.5）。

6.5.1 案例：將設計工坊開放給你的顧客 190

荷蘭航空關心您：與顧客共創、發展點子
– Marcel Zwiers，31Volts 創辦合夥人

6.5.2 案例：用混合方法共創 193

90天從願景走到現實
– Florian Vollmer，InReality 合夥人兼體驗長／CXO
– Chris Livaudais，InReality 創意總監

6.5.3 案例：站在紮實研究的基礎上 196

為英國的心理健康與支持性就業打造數位工具
– Sarah Drummond，Snook 共同創辦人兼董事總經理
– Valerie Carr，Snook 創意總監

6.5.4 案例：用混合的方法發想 200

病人體驗創新機會點
– Marc Garcia，We Question Our Project 專業研究員
– Itziar Pobes，We Question Our Project 專案負責人

6.5.5 案例：用視覺物件激發創造力 203

使用顧客旅程圖來了解肯亞的爐具使用者
– Fiona Lambe，斯德哥爾摩環境研究所 研究員
– Hannah Wanjiru，肯亞奈洛比斯德哥爾摩環境研究所非洲中心 能源研究員
– Sophie Andersson，Transformator Design 資深服務設計師
– Per Brolund，Transformator Design 資深概念設計師
– Erik Widmark，Expedition Mondial 共同創辦人兼服務設計師
– Susanna Nissar，Expedition Mondial 共同創辦人兼執行長

6.5.1 案例：將設計工坊開放給你的顧客

荷蘭航空關心您：與顧客共創、發展點子

✏️ 作者

Marcel Zwiers，
創辦合夥人
31Volts

在過去十年間，包括荷蘭航空在內的許多航空公司都致力於提供越來越完善的自助服務，讓顧客能夠更能掌握自己的旅行體驗。以往由地勤人員提供的服務，像是列印登機證、行李托運標籤，到托運行李現在都要顧客自己來。檢查護照、列印登機證以及將行李箱放到輸送帶上變成了荷航員工的過去式。但未來會是什麼樣子？如果團隊不再需要做這些事，那要做些什麼呢？

在許多專案中，通常是用解法來回答問題或挑戰。在這個情況下，我們的想法是給員工更多自由，來提供荷航顧客好的旅行體驗。但自由指的是什麼呢？多少自由？更難的是，誰來管理這種新的自由？

我們的主要目標是使用（服務）設計，盡可能多了解荷航所在乎的人們：世界各地的旅人來到機場、離開機場或者只是從阿姆斯特丹轉機。我們試著了解什麼對他們有價值、重視什麼以及對他們來說，旅行的意義是什麼。

時間倒回……2010 年，冰島的埃亞菲亞德拉火山爆發，大量的火山灰噴出，瀰漫在空氣中。整整五天，大部分往返歐洲的航班都被取消，許多人滯留在機場，阿姆斯特丹機場也被迫關閉。但奇妙的事情發生了，大部分荷航員工都回到了機場，這並不是因為他們必須來（沒有航班要起飛），而是因為他們在乎。荷航員工心中的自由不是個人利益，而是要與那些滯留在阿姆斯特丹機場的人們站在一起。

這一事件以及後續發生的許多事對荷蘭航空來說意義重大。這也是我們幾個服務設計專案的間接起點。從「靈感之牆」到「點子畫布」，再到「SurpriseUs」遊戲，最後設計了《No Day Is the Same》這本書，收集了 100 多個故事。

服務設計工坊

這些小專案後來變成了我們為荷航成立的服務設計工坊，就位在機場熙熙攘攘的人潮中。在 2013 年春天的兩個月裡，我們幾乎全天候開放，與人們交流互動。服務設計工坊是一個沒有門的開放空間，每個人都可以過來提問和參與。

用設計作為溝通的語言

在設計裡，與人交談意味著讓他們參與活動，用設計來幫助人們表達自己。每週我們都會選擇一個相關的主題，從「帶孩子一起旅行」到「安心舒服」，還有「連結」。**在工坊的環境下，運用小型的設計作業，讓荷航員工與經過阿姆斯特丹的人們互動。**設計手法和這樣的工作方式對他們來說是陌生的。但是，與來到機場的人們一起做事，是他們熟悉的領域。

在習慣的環境中，用新工作方式工作，這樣的結合效果出奇地好。服務設計工坊成為了員工和乘客就討論好顧客經驗的安全場域。

(A) 漂亮的服務設計工坊，特別設在機場裡與顧客互動。

(B) 荷蘭航空的員工一起試著了解顧客。

(C) 顧客分享旅行的經驗。

(D) 31Volts 的設計師 Eriano Troenokarso 每週結束時用圖像做一次總結。

(E) 員工們自主管理所有的專案。

結論

那麼自由呢？ 所有專案團隊都是由荷航員工組成的，他們自主管理我們設定的目標。他們才是真正的設計師。

我們對服務設計工坊以及與荷航共同完成的事感到非常開心驕傲。這條路並不簡單。對於一個高度依賴快速執行、安全和時程的組織來說，設計方法的探索性和創造性其實非常難以融入，特別是當專案的結果從一開始就不明確時，就更不容易。而當我們產出了 50 多個洞見時，大家還是會問：「誰來負責下一步？」

在這段期間裡，我們與荷蘭航空都學到了很多東西。最重要的實務經驗是在開放的環境中，以設計師的手法與人們互動共創的價值。透過一起做事、與人們交談，就能讓你深入理解組織與顧客之間的關係。

重點結論

01

當以顧客為本的組織或以顧客為本的文化是你服務設計專案的一個關鍵面向時，試著讓專案室明顯易見，並確保每個想要參一腳的人都可以輕易接觸到。把這件事本身變成一個案子。

02

開放式、每個人都可以看到的設計最初可能會讓大家感到不太習慣。別擔心你的弱點就是你的力量。任何不適應都會比你想像中過得更快。

03

為客戶組織裡非設計背景的人提供服務設計工具，並引導他們。創新的討論每天都會有所不同。

04

設定每日或每週目標（例如，在工坊的活動裡說明主題）。

05

「你非得這樣做不可！」這是一位旅客的意見，指的是一定要用超越一般問卷調查的方式傾聽顧客的意見。這是荷航服務設計工坊收到最好的稱讚了。

6.5.2 案例：用混合方法共創
90 天從願景走到現實

✎ 作者

Florian Vollmer
InReality 合夥人兼體驗長
／ CXO

Chris Livaudais
InReality 創意總監

inReality®

danze

專案背景

假設你需要買一個新的廚房用水龍頭，你會怎麼開始？很多人可能會走一趟附近的廚具衛浴展售中心。到了店裡，放眼望去是大量的選擇，牆上掛滿各種形狀和大小、閃閃發亮的零件設備。小小的產品名稱標示、製造商零件編號以及難以理解的專業功能，各種複雜資訊充斥腦中。然後，會有門市人員上前招呼，若他們有意願的話，才會開始幫你介紹、挑選理想的廚房水龍頭。這整個過程讓消費者負擔很大，也很難對任何一個品牌產生忠誠度。

上面描述的旅程在世界各地以不同的形式反覆發生。這是 Danze 公司面臨的狀況。Danze 是廚房衛浴品牌中的「平民奢侈品牌」。Danze 想要成為業界公認的領導品牌。他們設想了一項創新，目標有兩個：（1）創造優化的顧客體驗；（2）新的通路合作夥伴要能在展售店內落實這樣的體驗。

人與設計專案摘要

這個專案的關鍵人是富有遠見的執行長 Michael Werner。他和團隊聯繫了 InReality，並在專案的各個階段積極與我們合作。他的積極也激勵了他們內部業務、行銷以及營運團隊讓我們從一開始就獲得了基本的接納。廣告代理商和同業公會代表等外部合作夥伴在早期就是重要的夥伴。在創新發展緩慢的產業裡，這樣的共同合作為服務創新鋪路，讓大家更易接納。那我們是如何為這個創新、重新構思的展示門市體驗構建願景的？

我們很清楚用傳統的板條牆來展示產品會限縮顧客經驗的想像，也讓品牌識別設計難以跳脫現有的樣式。

因此，我們評估了汽車展示中心首屈一指的創新、最棒的零售體驗和博物館體驗（倫敦 V&A 博物館等）。對這些經驗的設計師進行的訪談讓客戶了解如何使大膽的願景落實成真。我們在第一階段完成了觀察性研究和對業務助理的訪談。

從理解到創造：「野生的」服務設計工具

InReality 團隊運用共創的方法與主要利害相關人進行了一場協作工作坊。在工作坊中，我們快速從分享目標進入合作空

間，使每個參與者都能夠貢獻並提出想法。最歡樂的是某一場的肢體激盪／顧客旅程混合活動，基本上就是在做顧客旅程圖時，讓顧客逐格把旅程步驟演出來，然後在旅程中的每個時刻表達自己的感受。在一旁觀看的參與者則要從他們的角度分享想法：包括品牌、產品、行銷、營運、業務等不同領域。

在準備會議中，我們很清楚知道必須計劃一種方式來感染所有專案裡的利害相關人，讓大家對過程充滿熱忱。

採用即時旅程圖與播放靜態投影片的方法相比，前者能對使用者和其他（內部和外部）利害相關人產生更高的共感。參與者可以自由地分享過程中特別喜歡的步驟，以及他們覺得特別難的部分，讓後續階段的設計摘要內容更加豐富。

解決方案

我們共創的顧客旅程後來演變為服務藍圖，概略描繪了實體形式和數位元件的需求。這是以顧客為本的思維、重視利害相關人、對品牌形式語言細膩的解讀與對數位技術的深入理解的相互結合。

我們把產品樣品裝在帶有 RFID 的可拆卸底座上。顧客或助理可將產品放在「智慧貨架」上，智慧貨架也帶有安裝在觸控螢幕下方的 RFID 讀取器，根據放置在貨架上的產品提供動態內容顯示。這樣一來，人們就可以瀏覽產品細節、材質與表面處理、搭配的產品等。這個解決方案能促進實體產品、數位內容和操作人員之間的「三方對話」。在不使用時，螢幕就作為品牌的資訊傳遞站，吸引顧客並加強品牌心占率與知名度。

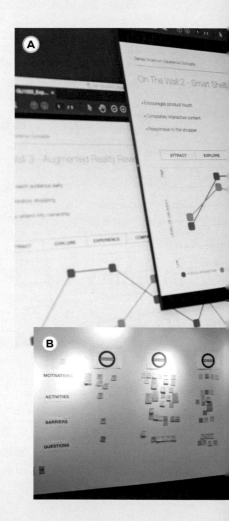

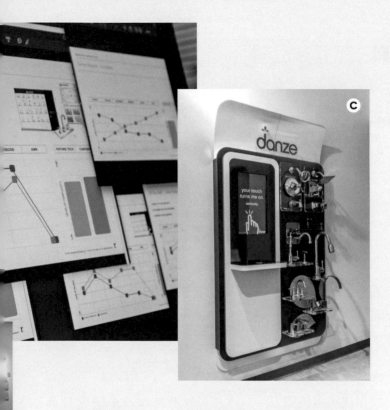

(A) 在整個研究過程中，我們將重點放在「服務設計的意志力」上，也就是要把服務願景變為現實的工作。研究結果以及商業策略需求從專案一開始就是為了成就完整的設計需求摘要。

(B) 工作坊只能用超棒來形容：工作空間裡的能量滿滿，所有人都深深感受到了共同的成就感。

(C) 顧客的購物體驗和展示中心代表的銷售體驗非常不同，因此我們的客戶很容易切入新的銷售通路，策略性地擴大其分銷基礎。展示中心合作夥伴對新服務的接納採用程度高、速度也比最初預測的要快很多。

這樣的解決方案需要佔用的線性牆面空間較少（展示產品的花費較少），並增加了以往在這類展售環境中沒有的參與互動。而使用數位互動更能以前所未有的方式做整理和分析。

實際落實

我們在三個月內將系統打造出來並佈建至幾百個點。然而，智慧貨架的使用率並不如預期般高。究竟是怎麼回事？我們的客戶設計公司協作夥伴關係沒有指責，而是讓我們主動尋求解決方案。**我們做了快速的啟發式發想，發現輪播廣告內容並沒有達到預期的集客效果，因此，我們把播放內容改成更強的行動呼籲設計。**接著與設計公司合作，重新開發了內容並迅速把設計修正放進場域。這些調整大大提高了使用率。

運用與傳統行銷和工業設計工具緊密結合的服務設計工具，可以達成快速的開發週期和領先業界的體驗，最終超越客戶的商業目標。

重點結論

01

即時旅程圖帶來了超乎想像的參與和接納程度。

02

數位導向的體驗產生很大的價值，我們現在可以先用最小可行性產品（MVP）進入市場，然後再進行迭代。

03

與所有利害相關人建立真正的夥伴關係，也建立信任和長期的相互尊重，鼓勵大家都能主動思考和解決問題。

6.5.3 案例：站在紮實研究的基礎上

為英國的心理健康與支持性就業打造數位工具

✏ 作者

Sarah Drummond
Snook 共同創辦人兼董事總
經理

Valerie Carr
Snook 創意總監

Department
of Health

Department
for Work & Pensions

英國政府在心理健康的服務上每年花費約 700 億英鎊[55]，而這數字還不斷在增加。2014 年，國家衛生署（DoH）、就業與退休金部門（DWP）以及蘭德（RAND）歐洲報告概述了有關心理健康干預的現有證據，並呼籲必須「提供線上心理健康以及就業評估與支持[56]。」

Snook 與 The Point People 受委託進行研究案合作，探索數位產品和服務的未來機會點，特別聚焦數位服務的潛力，如何延伸第一線服務對正向心理健康的支持、如何擴展自我管理治療以及認知行為治療（CBT）等過程。

這是政府數位服務計畫（GDS）的專案，重點是執行 GDS 服務手冊中的探索階段[57]。在這個階段中，我們的工作重點是確認不同階段的機會和使用者需求，接著由設計團隊接手，發展解決方案。

身為研究和設計團隊，我們不把重點放在產出「解法」，原因有兩個：

1 探索階段是在就業的核心階段找出使用者的需求，例如「我是部門經理，我需要了解員工心理健康的工具，這樣我就可以在他們達到危機點之前給予支持」和「我失業了，我需要鼓勵和工具讓我相信自

己的能力，因為我現在自尊心很低。」

2 我們設計的系統相當複雜，並不是 GDS 的一兩個產品而已。我們的成果可能會用在各種脈絡下，像是提供 NHS Choices 健保服務的內容和工具、建立原則以刺激民營部門的市場、以及開發滿足需求的數位工具。

「如果有人因手腳骨折無法工作，大家通常會給他們幫助支援。但如果有人因精神健康問題而無法工作，大家卻會說『哦，他們會自己振作起來的』這類的話……我覺得大家真的需要對這些事有多一點了解。」
—*Charles*（研究受訪者），*45 歲*

55 Elliott, L. (2014). "Mental Health Issues 'Cost UK £ 70bn a Year,' Claims Thinktank." 見 2016 年 3 月 26 日 *http://www. theguardian.com*。

56 RAND Europe. (2014). "Psychological Wellbeing and Work: Improving Service Provision and Outcomes." 見 2016 年 3 月 26 日 *https://www.gov.uk*。

57 Government Digital Service (n.d.). "Service Manual" 見 *https:// www.gov.uk/service-manual*。

我們與全英國從北到南的人們進行了使用者研究，以了解他們工作的狀況經驗以及對他們心理健康的影響。我們的受訪者未診斷出精神健康症狀，專案報告裡有完整的受訪者背景資料細節，包括使用科技的能力。

研究階段

Snook 的研究共分為兩階段：

1　探索階段：以使用者研究探索人們獲得心理健康支援的經驗以及目前數位平台使用現況。

2　前期設計階段：以協同設計開發數位平台和工具，支援人們在整個就業過程中維持心理健康。

Snook 的工作內容包括深度訪談、焦點團體、和工作坊，並全都使用特別為專案開發的工具。這些工具幫助我們建立人

們就業歷程的視覺圖像，清楚地說明了心理健康的高低起伏，以及服務提供時的數位創新機會點 58。

探索專案的重點研究結果非常廣泛，因此我們根據聘僱者和使用者族群的重點階段對其進行拆解。在「有工作」階段，我們的重點研究結果顯示在工作場所內需要更多的資源和工具，以便部門經理和員工討論、處理健康相關事項。我們的研究顯示出發生這個需求的關鍵時地，從置入工具到電子郵件帳號，及至年度考核流程。

在「找工作」階段，我們主要協助人們主動思考求職的需求，包括拓展人脈和技能開發等更多選擇，以及了解其他人是怎麼達成目標的。因此，我們的研究獲得了在整個就業旅程中宏觀和微觀需求／見解。

58 在整個專案中，Snook 與計畫合作夥伴（國家衛生署、就業與退休金部門和 GDS）進行了工作坊，展示研究成果並確定開發重點項目。

我們著重在就業的三個主要階段：找工作、有工作／失業、以及管理工作。根據豐富的使用者研究結果，我們建立了一份設計摘要，說明需求、洞見和挑戰，並附上案例研究。此外，我們也概述了一份設計原則列表，提供給數位工具開發領域的相關工作者作為參考。

關鍵工具與流程

專案中使用了三個關鍵工具和流程使用案例（use cases）、生命旅程（life journey）、和低擬真線框圖（low-fidelity wireframes）。選擇這些工具是為了讓產品開發團隊在了解設計需求的脈絡後，更容易為我們定義的使用者需求進行更深度的研究和服務設計。

概念發想過程中運用了許多種方法，如草圖繪製（sketching）、尋找其他產業的類比、以及建立旅程圖和低擬真草模。設計師用草圖將形式轉為點子，這

(A) 向使用族群展示高擬真的原型。

(B) 用高擬真線框展示資料層級，以及用分析工具來為使用族群提供客製的資訊。

(C) 製作草模以彰顯我們在整合系統中現有就業旅程工具的策略建議。

(D) 一個高擬真的模型展示我們的初版階段，從使用者主導的內容形成概念，以降低在「失業」階段關鍵時刻的焦慮。

些點子也都與我們定義的使用案例相呼應。他們會在限定時間的工作坊發展點子，發想每個使用案例，為使用者發展有用的想法，有時也會混搭多個需求和使用案例來形成獨立的產品或服務機會點。

我們透過討論來發展概念，利用草圖將基本的形式畫成點子。我們確認一兩個關鍵特點，以在後續過程中還能認得每個點子的樣貌，關注概念的功能，並快速將點子描述給其他人聽。**我們也會尋找各種創新和現有產品與服務的案例，以激發類似靈感，應用在心理健康的脈絡和我們設計的情境中。**

為了進一步發展概念，我們畫出使用者的旅程和正在開發的概念，以描述服務概念的特點以及與要使概念成真會需要的落實機制。這不僅幫助於我們提供服務和產品設計主張，更有助於在政府、業主和健康系統中說明可能會在落實機制中涉及的利害相關人。

在核心發想階段完成後，我們製作了只關注特點的低擬真草模，草模完全不帶有顏色、字型等美學的設計。我們用這樣的過程對不同點子的核心特徵做出具體的設計決策，並在整個過程中思考系統如何與產品和服務的運作前後串連。

「這份研究探討了可能的使用者族群、需求和對潛在的線上心理健康、工作評估與支援工具的偏好，為人們的經驗和需求帶來了寶貴的見解。它提供人們在與精神健康症狀共存的生活經驗和服務提供方面的資訊。這份研究概述了數位服務對特定族群的有益之處，並運用早期的設計原型測試，為潛在的線上工具提出了不少想法。」

—Lauren Jones，國家衛生署，心理健康與就業小組，政策主管

展望未來

這個專案的工作方式對於英國國家衛生署來說是第一次經驗，這些方法是來自傳統的市場研究手法，為數位發展提供開發參考。運用使用者研究所產生的深度洞見超出了客戶的原始期望，更在後續 NHS Choices 健保服務、就業與退休金部門和國家衛生署的專案中廣泛被採用。

我們客戶能夠直接將我們提供的策略建議、想法和更廣泛的使用者需求和洞見運用到當時進行的專案中，為正在開發中的產品和服務提供參考。在每個階段裡，我們都致力確保客戶有機會能把結果用在進行中的專案工作上。

雖然這是一個專門針對數位工具的研究專案，但一些研究結果對於為更廣泛的政策決策仍然非常有用，我們也向 Nesta、NHS Choices 以及 GDS 內部團隊進行了簡報。國家衛生署對這些報告給予正面回應，並將內容全數公開，作為未來心理健康和就業支援設計的參考。

重點結論

01

進行探索研究時，在確認使用者需求、清楚溝通洞見之前不要開始想解法。

02

運用旅程圖來思考產品或服務在端到端的範疇中如何融入整個系統。在用研究找洞見，以及後續階段提出需求時可以使用此方法。

03

當在場域中工作時，確保了解整個組織、人員、其他利害關係人和正在進行的工作計劃。這樣一來，你就知道發展中的專案知識能往哪裡投放、如何投放，你也可以有策略性地為工作定位，以增加產生正面影響的可能性。

04

專注於功能，而不是形式，特別是在測試原型時更要這樣。盡可能讓一切維持低擬真度，以確保在測試功能本身。

05

沒有什麼靈丹妙藥可以「解決」心理健康問題。服務支援的問題不屬於一個部門或組織，你也無法設計「解決方案」。確保對產品或服務設計的見解清楚傳達，作為後續團隊或投資者在大系統的一部分內啟動落實開發時有用的參考。

6.5.4 案例：用混合的方法發想
病人體驗創新機會點

✎ 作者

Marc Garcia
We Question Our Project
專業研究員

Itziar Pobes
We Question Our Project
專案負責人

WE QUESTION
OUR PROJECT

SJD
Sant Joan de Déu
Barcelona · Children's Hospital

聖胡安德巴塞隆納兒童醫院
（Sant Joan de DéuBarcelona
Children's Hospital）在當地被視
為病人家屬創新與共感照護的
代名詞。用他們自己的話來說，
這是「一間人性化的醫院」。

2015 年，聖胡安德醫院成為
西班牙第一家設立病人體驗部
門的醫院，透過服務設計思考
方法讓病人、家屬和員工共同
參與，系統性地重新思考並重
新設計他們的照護模式。

發掘機會點

巴塞隆納服務設計公司 We
Question Our Project 與新部
門合作了一個基礎專案。專案
包括對幾類病人及其家屬的經
驗的廣泛研究：包括患有糖尿
病或複雜慢性疾病的 18 歲以
下兒童和年輕人、患有腫瘤和

骨科疾病、在原國家無法獲得
治療的外籍兒童、以及孕婦。
這個研究目的是要找出新的數
位和面對面服務的機會點。

> 這是我們第一次看到病人的整
> 個治療過程。
> －糖尿病照護主管

脈絡訪查工作包括觀察、行動
民族誌、以及與家庭、病人和
醫院內幾乎所有專業人員的深
度訪談：包括護理師、醫生、
支援服務人員（住院和接待、
客服、社會服務、志工和捐贈
者協調、溝通、數位行銷和管
理等部門）。接著，我們將所
有資訊整併為詳細且有價值的
使用者旅程圖。

由於醫院工作人員非常忙碌，
要大家積極參與是有難度的。
我們最後只好把工作坊提前幾

個月，並把所有事用兩個小時
做完，兩個小時內要讓所有人
進入狀況、有進展並收集成
果，這幾乎完全沒有建立安全
空間的時間！

首先，我們讓與每種病人類型
相關的專業人員檢視對應的使
用者旅程圖，各自進行紅綠燈
評估可行的（綠色）、可以改
進的（深黃色）、根本不可行
的（紅色），也寫出缺少的。
在分享並群集每個人的筆記之
後，他們將分類轉成以「我們
該如何……」開頭的發想問
題。此時，我們注意到他們各
自在使用者旅程中找到的大多
數問題都非常相似。在病人類
型和服務方面有八個重要的
機會領域，例如處理恐懼和期
待，或讓孩子在住院時還是感
到自己很正常（相對於生病的
感受）等。

(A) 像這個影像檢查室裡特別的設備和流程，早在病人體驗部門創建之前就已經是聖胡安德醫院多年來所做的其中一部分的努力，為的是讓兒童在醫院時能更輕鬆一些。

(B) 在與病人體驗團隊進行民族誌研究時，我們的專案室是設在醫院護校裡。在牆上貼滿孕婦的逐字記錄分群。桌上放著兩個治療過程的早期結構。地上則是正在進行中的複雜的慢性病使用者旅程圖。

(C) 我們把初步研究結果用使用者旅程圖的方式與相關的利害關係人分享，並請他們在圖上加上更多知識。在某些情況下，閱讀病人說出來的話會感到蠻震驚的，但這能引發改變流程或態度所需要的有意義的對話。

(D) 醫院工作人員針對使用者旅程用紅綠燈評估手法來整合研究成果，並將浮出的主題轉成「我們該如何……？」問題，進入發想階段。

點子原型

接下來，我們開始混合不同單位的員工，不再用以病人類別為主的小組做事。**我們用不同角度的腦力接龍產生了大量的點子，並使用飛鏢分類法對點子進行了優先排序：最相關的放中間，最不相關的放外圈。**接著快速畫了草圖、描述點子運作的方式，將點子發展成概念；確定要繼續發展的概念；並考慮概念的創新程度、可行性和能帶來的影響力有多少。

「每次見面都感到充滿希望。我們真的有在改善每天看到的問題。」—外籍病人個案管理師

最後，工作人員更製作了原型，把概念更向前推進一步。有些組詳細描繪了新的系統和流程，有些人則專注於數位工具，並產出了早期的互動原型。我們對這些原型稍作改進，在醫院裡與病人和家屬進行游擊測試、驗證概念。

長期的版本和行動

我們用點子合集再次對專案進行優先順序排列之後，部分概念已經由病人體驗部門和相關的利害關係人落實了，例如，用語境敏感的方式來傳達壞消息，以及給家庭的資源中心。

這個案例也證明了服務設計方法對管理的價值。在個別的專案之外，病人體驗也成為醫院新策略計劃的基礎之一。

運用這樣寬廣的手法是在未來幾年內與專案建立長期願景的關鍵。同時，讓不同單位和層級的工作人員都參與其中，在研究過程中作為資訊提供者，也作為共創者，從而建立了共同的理解和改變的善意。

重點結論

01

如果與服務設計專案的利害關係人和使用者合作條件不那麼理想，請不要氣餒。接受限制，並充分利用人們的承諾。

02

無論時程安排多嚴謹，都要對意想不到的結果做好準備，也要跟著調整工作步調。

03

在創新或設計方面經驗不足的參與者往往會混淆機會和解決方案。確保在發想過程中清楚知道現在處於什麼階段，以及希望產出什麼。

04

當與習慣一起共事的團隊發想點子時，他們可能會一直討論相同的主題。讓他們表達意見，但要請他們思考更多的選項，而不只是提出抱怨和尋常的解決方案。

6.5.5 案例：用視覺物件激發創造力
使用顧客旅程圖來了解肯亞的爐具使用者

✎ 作者

Fiona Lambe
斯德哥爾摩環境研究所
研究員

Hannah Wanjiru
肯亞奈洛比斯德哥爾摩環境
研究所非洲中心能源研究員

Sophie Andersson
Transformator Design
資深服務設計師

Per Brolund
Transformator Design
資深概念設計師

Erik Widmark
Expedition Mondial
共同創辦人兼服務設計師

Susanna Nissar
Expedition Mondial
共同創辦人兼執行長

幾十年來，儘管捐助組織和政府投入了大量的資金，全世界仍有 30 億人仍在使用煙霧瀰漫的傳統爐灶和明火，許多開發中國家尚未大規模停用傳統的生物質烹飪方式，導致了每年有 430 萬人死於呼吸系統疾病。但是，典型了解行為的方法往往是量化的，我們幾乎無法得知家庭採用（或未採用）以及使用新型爐具和乾淨燃料的確切方式和原因。服務設計方法有助於釐清肯亞新型爐具使用者的需求和整個背景脈絡。這項工作為此特定情境提供了具體的見解，但也可用在未來其他開發中國家爐具改良的設計和落實。

2015 年 9 月，由服務設計師和 SEI 研究人員組成的團隊對肯亞奇安布縣的家庭進行了 19 場深度訪談，內容是關注一款飛利浦的生物質顆粒爐的採用和使用。我們與爐具經銷商 SNV 荷蘭發展組織（Netherlands Development Organisation）以及當地的微型融資機構 VEP（Visionary Empowerment Programme）合作，這個機構提供貸款給當地婦女購買爐具使用。

「對我們來說，看到婦女完整的旅程真的很有用－不僅僅是收到爐具，還有她們如何獲得資訊、如何學習使用爐具、發生問題時會如何處理。這有助於我們了解現在和未來可能出現的問題，以及讓我們知道如何與合作夥伴一起解決這些問題。」

－ *VEP 現場員工*

訪談是在當地翻譯的協助下進行的，為了克服語言障礙，我們使用視覺素材來展示與烹飪有關的不同情境和建議。視覺素材讓受訪者能分享故事，並幫助引導訪談。在展示視覺素材時，我們會問「這是什麼？」、「你會怎麼使用它？」、或「如果看起來／用起來是這樣呢？」，他們也會開始分享自己的故事。在第一場初步訪談之後，我們可以從顧客旅程中的模式看出來，使用者的經驗並不理想。為了更清楚了解這些問題，我們使用其他視覺素材向受訪者展示新情境、新服務或不同的爐具設計。

概略發想流程

在第一輪訪談中，使用者都說對爐具的使用感到滿意，沒有特別的改進建議。**但是當展示有不同高度、寬度或不同製造材質的爐具圖像時，突然就不**

一樣了。使用者自然地開始討論不同設計的優缺點，這也透露了更多他們目前使用爐具上的線索。例如，「喔！如果高度變高應該會變好的，這樣就不會把菜燒焦」或者「比較寬的爐具一定能減少燃燒顆粒在底部的浪費。」

他們甚至開始對設計、服務和解決方案提出新建議。當不同的受訪者看了不同的爐具設計點子時，他們會自動修正比較有價值的點子，並篩出較無感的點子。

「這能幫助我們了解現場工作人員在銷售爐具時面臨的日常物流挑戰，也了解該如何共同應對這些挑戰，使整個系統更加順暢。」
— VEP 現場員工

我們鼓勵大家對眼前視覺素材中的內容隨意解讀、假設和評估。這是概念發想過程中很重要的一部分，簡單粗略的草圖

保留了解讀的空間，讓受訪者加上自己的需求和願望。正如各位服務設計師所知，概念發想過程中的核心活動並不是要確認「設計師才華」產出的想法，而是真正與使用者共創。除非點子滿足了使用者的需求，否則點子和創新本身並沒有任何價值。

多虧訪談和概念發想的迭代流程，我們得以共同定義新型爐具接受度的相關挑戰，並與使用者共創解決方案。

使用者遇到的一部分問題是比較實際的，例如將新燃料和爐具送到家中的物流。另一部分則是在關鍵的開始階段，他們的新習慣才剛開始形成時面臨了缺乏支援的問題。由於使用和付費模式的差異，使用者也難以比較和評估不同類型的燃料。

「從顧客旅程圖開始是蠻好的，因為它能顯示每個人—爐具使

(A) 使用半成品視覺素材讓受訪者填空。我們向受訪者展示一份產品介紹傳單原型，他們回應關於想了解產品哪些方面的資訊。

(B) 使用描繪產品、情境和主題的發想素材。

(C) 在受訪者用圖片和文字建立了自己的顧客旅程後，我們請他們把情感旅程也畫出來，進而產生更細緻和深入的故事。

(D) 顧客旅程圖包含了爐具使用者、他們的親友、經銷商，NGO 和政府的經驗，以充分了解各方觀點。

用者、他們的親友、經銷商、NGO 到政府—在整個系統中互動的樣貌，也讓我們知道如何協作以改善使用者經驗。」
—SNV 專案經理

用 CJM 作為與利害關係人的溝通工具

我們用顧客旅程圖來總結並展現使用者購買和使用新型爐具的經驗，也顯示了要實現新型爐具獲得廣泛接納會遇到的瓶頸和門檻。我們在利害關係人工作坊中使用這份圖，作為整理利害關係人之間角色和關係的基礎。事實證明，顧客旅程圖是很重要的溝通工具，讓彼此對使用者的需求和經驗有了共同的理解，也有了整合的重點。

本案例的成果也讓我們在 2016 年第一季時，被尚比亞的一家爐具公司聘請用相同的方法進行合作專案。

重點結論

01

在有語言障礙的情況下進行訪談時，可以使用視覺素材開啟對話，並確保翻譯人員對方法有所了解。

02

展示物件、情境或主題的視覺素材可以幫助受訪者願意敞開心房，並表達他們的想法和經驗。

03

概念發想流程不應該是設計師專屬、獨立的階段。概念發想需要與研究階段結合，也要納入使用者以找到最有感的解決方案。

04

參考使用者的經驗有助於釐清服務生態系統周遭有哪些參與者和面向，對於理解和改進服務或系統很重要。

07
原型測試

在現實中探索、挑戰和發展你的想法。

專家意見 ———————————————————————————————

Alexander Osterwalder Carola Verschoor Francesca Terzi Johan Blomkvist Kristina Carlander

O7
原型測試

7.1　服務原型測試的流程..................212

  7.1.1　決定目的...................................212

    用來探索的原型測試 212

    用來評估的原型測試 213

    用來溝通和展示的原型測試 213

  7.1.2　決定原型測試要問的問題 214

  7.1.3　評估要做些什麼 216

  7.1.4　規劃原型測試........................218

    測試受眾 218

    團隊中的角色 219

    擬真度 220

    原型測試的情境 221

    原型測試的循環 223

    多重追蹤 224

    方法選擇 224

  7.1.5　進行原型測試........................226

  7.1.6　資料整合與分析 228

  7.1.7　將原型資料視覺化.................228

7.2　原型測試的方法..................231

  測試服務流程和經驗的原型：
調查性排練...............................232

  測試服務流程和經驗的原型：
潛臺詞......................................232

  測試服務流程和經驗的原型：
桌上演練...................................233

  測試實體物件和環境的原型：
紙板原型測試............................234

  測試數位物件和軟體的原型：
數位服務排練............................235

  測試數位物件和軟體的原型：
紙上原型測試 235

  測試數位物件和軟體的原型：
互動式點擊模型 236

  測試數位物件和軟體的原型：
線框圖......................................236

  測試生態系統和商業價值的原型：
服務廣告...................................237

  測試生態系統和商業價值的原型：
桌上系統圖（又稱為：商業摺紙法）...............238

  測試生態系統和商業價值的原型：
商業模式圖...............................239

一般方法：情緒板 239

一般方法：草圖 240

一般方法：綠野仙蹤法 240

7.3　案例 **244**

　7.3.1　案例：透過最小可行解法和情境式模型
　　　　　帶來有效的共創 246

　7.3.2　案例：運用原型與共創來創造主導權，
　　　　　以及設計師、專案團隊與員工
　　　　　之間的密切合作 252

　7.3.3　案例：讓員工和利害關係人都能做原型
　　　　　測試，以持續翻新 256

　7.3.4　案例：最小令人喜愛產品、實際生活原型、
　　　　　與高擬真度程式碼草圖 259

　7.3.5　案例：在大規模1：1原型中使用角色
　　　　　扮演與模擬 262

　7.3.6　案例：使用多面向原型來創造並迭代
　　　　　修正商業和服務的模式 264

本章也包括

來自經驗的角度：越來越具體　217

願望清單和人質　220

服務原型的兩種類型：直接的經驗 vs. 間接的想像　227

面對失敗的原型和批評　229

從專門的方法到自己的實際生活原型實驗室　242

降低不確定性

在服務設計中，原型是用在探索、評估和溝通人們對一項未來的服務，可能會如何反應或如何體驗。**原型測試可幫助設計團隊：**

→ 快速找到新服務概念的重要面向，並探索不同的替代解法。

→ 系統性地評估哪些解決方案有機會可以在我們實際的日常生活中實行。

→ 有效建立對初始點子和概念的共識，強化溝通、合作和跨領域利害關係人的參與。

原型測試是必要的，以在早期降低風險和不確定性，並盡可能減少花費，如此可改善產出成果的品質，最終能成功地落實專案。原型通常是在服務設計專案中一些初步研究和概念發想之後進行，但也可以用來開啟專案，特別是用在現有的產品上。原型經常能揭露新的問題，並讓團隊回頭繼續做研究或概念發想，引出更多想做原型來測試的選項。透過將點子轉換成原型，並讓真實顧客和現實生活中的利害關係人測試情境，就能隨時檢查個人偏見[01]。**透過原型測試，產出以現實為基礎的設計，而不是根據假設和意見。**

實際上，在整個服務設計專案的過程中，你會用到各式各樣的方法，從快速不拘泥的原型，到模擬和測試與現實接近的原型，以產出紮實且有效的（市場）資料。原型測試是一個結構性、但本質迭代的流程。通常是以探索一個簡單的想法或問題開始，再針對服務的特定部分進行迭代，並探索這些變化對整體端到端體驗的影響。服務原型測試使用走查、戲劇排練或流程模擬，還有來自各類專業領域的傳統模型製作和測試的技巧。雖然服務設計的原型範疇可能會有所不同，仍應在所有步驟上不斷平衡整體觀點，並詳細關注每個單一接觸點或經驗。你可以運用民族誌研究方法來評估和理解收集到的資料。在許多方面－特別是用在探索和驗證目的時－**服務原型可被視為是關注未來服務情境的研究。**

---

[01] 由於我們現在正在解決方案上努力，我們－得意的服務概念或解決方案創造者－特別容易出現確認偏誤。也就是說，我們希望我們的孩子能夠成功。所以，關於我們的點子在落實時表現會如何的假設和預估，很有可能會太過樂觀。請小心這些偏誤，特別是在建立原型的測試時。要時時嘗試弄壞原型。記得：若你沒有弄壞，你的客戶（或委員會在最終發表時）也會弄壞。

服務原型測試的基本流程

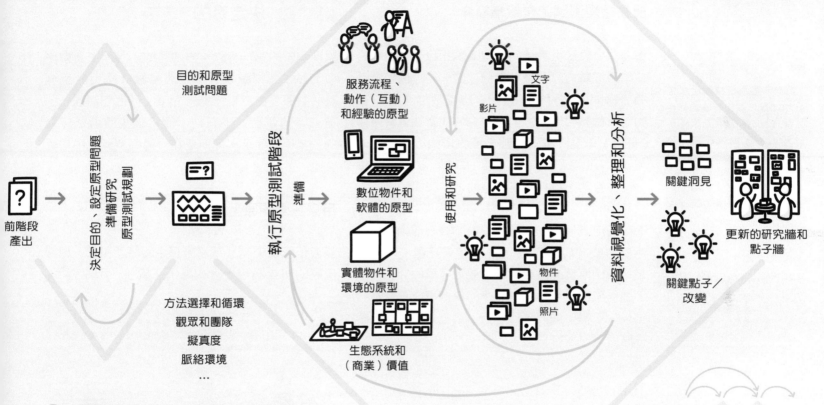

目的和原型
測試問題

服務流程、
動作（互動）
和經驗的原型

文字

影片

數位物件和
軟體的原型

關鍵洞見

更新的研究牆和
點子牆

實體物件和
環境的原型

物件

照片

關鍵點子／
改變

前階段
產出

決定目的、設定原型問題
準備研究
原型測試規劃

執行原型測試階段

準備

使用和研究

生態系統和
（商業）價值

資料視覺化、整理和分析

方法選擇和循環
觀眾和團隊
擬真度
脈絡環境
…

Ⓐ **以研究為基礎：** 原型本身的建立只是一個起點，使
我們能夠專注於使用和測試原型，並從中學習。

Ⓑ **迭代和原型的循環：** 原型設計是一個具有一系列原
型循環的迭代流程。它的挑戰是要在單一（互動）
動作、物件或 App 的細節、以及整段體驗之間找
到平衡。

原型測試與其他研究、概念發想和落實
活動都是迭代修正過程的一部分。

7.1 服務原型測試的流程

💬 **專家訣竅**

「千萬不要低估原型測試帶來的能量。做出有形的物件且能很快看見結果是很令人振奮的。它也能打開激勵的對話；創造熱情、驕傲和責任感；它能吸引內部的注意，有時外部的人都會注意到。原型測試能夠驅動團隊和組織向前。這些看似正面的副作用，也是本身就很重要的理由。」

— Kristina Carlander

服務原型測試工作架構簡介

與其他（設計）領域的原型測試相比，打造服務或產品經驗的原型是更全面性的。從一個較廣泛的脈絡開始，討論服務和實體或數位產品[02]是如何被體驗和使用，但也包含傳統對關鍵資產如（實體）產品、軟體、建築或實際內容進行的原型測試，也因此在執行上更加複雜。本章節提供一個在實務上打造服務原型的工作架構簡介。

一如任何其他服務設計流程中的核心活動，清晰明確的設計能為原型測試[03]帶來好處。即使不是每一個原型測試活動都需要大規模的計畫，以下工作架構可幫助你以更少的資源達成更豐富的結果。不需要按照步驟進行，這是一份原則，讓你應用至原型打造上。

02「產品」一詞描述的是公司提供的任何商品，無論有形與否。在學術界，產品通常分為商品和服務。但是，產品常是一系列服務和實體／數位產品的組合，又因為「商品」一詞在一般人的理解裡指的就是有形的東西，我們在此便使用「實體／數位產品」。更多相關內容，請見 2.5 節中的**服務主導邏輯**文字框。

03 有趣的是，服務原型測試的流程也可用在其他形式的原型測試上。其中一個原因是服務原型通常以實體或數位的產品作為道具，或用建築作為舞台。因此，要創造一個完整的服務原型，我們也需要納入所有其他形式的原型測試。

7.1.1 ## 決定目的

原型測試的第一步就是釐清目的：為什麼要做原型測試、想要達成什麼。服務設計使用原型測試的主要理由有三：進行探索、評估和溝通[04]。但三者的區別並不嚴格，通常這些活動是綜合的－某種程度上，即便是在一場原型測試中都會發生。

用來探索的原型測試

探索型原型測試（或用來探索的原型測試）根據現有的初步服務概念或點子（或前一版原型），

04 見範例 Blomkvist, J., & Holmlid, S. (2010). "Service Prototyping According to Service Design Practitioners." In *Proceedings of the Service Design and Innovation Conference* (pp. 1–11). Linköping University Electronic Press. 有趣的是，此研究也顯示了服務原型測試中所缺乏的共同概念和語言。因此，在與同事對話時，不要帶有假設，試著詢問他們究竟在做什麼，以及為什麼這樣做。

原型測試在流程的各個階段用來探索、評估和溝通。

來建立新選項、新的未來解法。你可以把它當作概念發想的一種形式，或「用手思考」。可以學習到更多解法空間中的機會和挑戰。

探索型原型測試主要是為自己或核心專案團隊所做 [05]。我們會同時建立不同原型，以快速比較不同的選項和觀點。明確地說，這些原型就是做來丟掉用的，所以最好是用一些能快速製作的素材或平台。在流程的初期，這些應該要是工作室中隨手可得的東西。探索型的原型測試可帶來許多洞見、新的問題、和未來服務會如何創造價值、可不可行或感受如何的假設 [06]。

用來評估的原型測試

評估型的原型測試 是用來了解人們如何體驗我們原型的未來樣貌。有時候會以正式的測試謹慎評估假設，有時則是以打帶跑的方式邊做邊測 [07]。無論正式與否，評估型的原型測試可幫助你再度收斂，以開始減少手邊選項的數量，並決定重點

的聚焦。計畫評估型的原型測試時，心中要先有一組想要測試的問題或假設。這類原型通常是為了潛在顧客或其他特別挑選的團隊外部利害關係人所做 [08]。

在進行正式評估型原型測試時，要力求打造各方面都相當擬真的原型。若你對因服務（或服務的一部分）所產生的情緒反應有興趣，就必須讓顧客體驗它。在評估的部分，這類原型測試會以質化的研究和分析方法進行，以提供重要的事實和指標，像是脈絡訪談和深度訪談，以及一些觀察的方式。

用來溝通和展示的原型測試

溝通型的原型測試 是用來向特定受眾溝通專案的重要面向。特別量身訂做的原型和原型測試活動可幫助你減少誤解，並點燃火花，在團隊或組織內、或與其他利害關係人針對關鍵問題進行有意義的討論。溝通型原型幫助從一開始就促進協作、支持決策、並減少專案裡的摩擦。不同的個人觀點和潛在的衝突會變得清楚可見，且可公開被討論。除了為實驗建立一個安全的空間外，這些活動也是凝聚團隊的好工具。

05 然而，這並不代表你不能或不該在探索型的原型測試中納入團隊之外的參與者（即顧客或其他利害關係人）作為共創者。請見 6.5.1 節 **案例：將設計工坊開放給你的顧客**，一個讓顧客互動的好範例。

06 它也可以被用來作為研究期間的工具，用實體的形式來更了解使用者需求或渴望。例如，見 Buchenau, M., & Suri, J. F. (2000). "Experience Prototyping." In *Proceedings of the 3rd Conference on Designing Interactive Systems: Processes, Practices, Methods, and Techniques* (pp. 424–433). ACM。

07 原型本身可視為表達假設的一種無可言喻的方式，因此它很難明確地被說清楚。原型本身就是一種假設。

08 即使在流程的早期，又即使只有粗糙、低擬真度的原型，你還是可以使用評估型的原型測試。可以在需要做出決策，或需要減少後續進行的原型數量時使用。

💬 意見

「一畫勝千言，一個原型勝過一千個會議。」

— @johnmaeda[09]

針對更廣泛的受眾，展示型的原型可以作為說故事簡報的道具。在簡報中，觀者幾乎不會與原型互動[10]。這版原型是來自先前的原型測試活動，且通常已經修飾的相當完善。妥善使用下，**展示型原型可以是相當具有價值的策略性工具，用於展示、說服和啟發管理層或主要利害關係人。**

7.1.2 決定原型測試要問的問題

在每次的迭代修正前，你都必須闡明想要藉由原型學到或達到的事，設定一個或幾個原型測試問題。可以把這些原型測試問題想成是原型測試階段的研究問題[11]。在原型測試中，我們發現價值、外觀感受、可行性以及整合度，對產出初始原型測試問題是蠻有幫助的角度，並能在原型測試期間，關注服務概念的關鍵面向[12]。如 Stephanie Houde 和 Charles Hill 所指出，「原型測試是一種檢視設計問題和評估解決方案的方法。選擇原型要測試的重點是一門藝術，以找出最重要的開放式設計問題[13]。」透過設定一個或多個原型測試問題，就能確認團隊（以及潛在客戶）有共同的原型測試目標。

從價值原型開始

價值原型是個很好的開始。通常，若你已經有強大的價值主張，便會更容易找到合適的技術或商業模式。要注意的是，測試外觀和技術可行性的原型，建立起來可能需要耗費許多時間和精力。若價值主張仍快速地在改變，這可能很容易就浪費了。**你可以花很多精力和時間把外觀做得很棒，但是如果不是建立在研究或原型測試支持的紮實價值主張上，那就非常有可能只是在燒錢。**

評估點子和專案背景

要時時記得，你實際的起點通常是視個別專案而定。在時尚產業裡，測試外觀感受的原型會比更注重價值的 B2B 商業顧問產業更能獲得關注。而在必須使用特殊技術的專案中，測試可行性的原型也會擁有較高的優先順序，因為它能定義許多解決方案的遊戲規則。你的決策也會取決於專案是否需要產出立即的成果，或是要用來探索創

09 Maeda, J. [@johnmaeda on Twitter, 5 Oct 2014]. "If a picture is worth 1000 words, a prototype is worth 1000 meetings." — saying at @ideo. 見 2016 年 9 月 27 日 https://twitter.com/johnmaeda。

10 講者通常會根據原型的不同面向做完善的準備（例如：透過 App 原型展示先前建立的按鈕路徑）。有些人將這樣的做法稱為 demo。

11 見 5.1.1 節 **研究範疇與研究問題**。

12 這裡所描述的模型引用自 Houde, S., & Hill, C. (1997) "What Do Prototypes Prototype?" *Handbook of Human-Computer Interaction*, 2, 367–381。其中使用了一組適用於一般性原型測試手法的高層次觀點。雖然我們（作者）發現這些對大部分的專案時都相當有用，但我們知道這一定不是唯一可用的觀點。例如，另一個廣泛被使用的模型是人－商業－技術，也可能對某些狀況適用。

13 Houde, S., & Hill, C. (1997). "What Do Prototypes Prototype?" *Handbook of Human-Computer Interaction*, 2, 367–381.

找出原型測試問題的好觀點

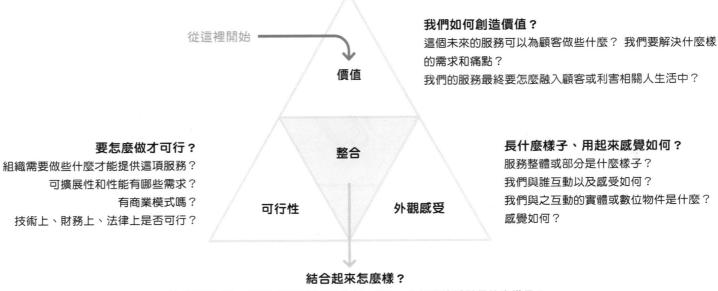

從這裡開始

價值

整合

可行性　**外觀感受**

我們如何創造價值？
這個未來的服務可以為顧客做些什麼？ 我們要解決什麼樣的需求和痛點？
我們的服務最終要怎麼融入顧客或利害相關人生活中？

長什麼樣子、用起來感覺如何？
服務整體或部分是什麼樣子？
我們與誰互動以及感受如何？
我們與之互動的實體或數位物件是什麼？
感覺如何？

要怎麼做才可行？
組織需要做些什麼才能提供這項服務？
可擴展性和性能有哪些需求？
有商業模式嗎？
技術上、財務上、法律上是否可行？

結合起來怎麼樣？
當我們將價值、外觀感受和落實結合在一起時，整個顧客體驗是什麼樣子？
服務的不同方面如何相互運行？
我們如何平衡、解決限制？

新的未來解決方案，作為未來開發的啟發－像是汽車產業中的概念車。

迭代修正

隨著專案的進行，一邊修正價值、外觀感受、可行性，要一邊做整合，以確保不會浪費時間和精力在可能無法實現的概念上。早點找出不同面向之間的依賴關係，並學會如何將之整合到你的設計裡。處於價值原型下太久會容易導致概念難以實現－這對短期專案來說是個難題。另一方面，當你在尋找具啟發性的概念以作為未來工作的依循時，這可能就是了。

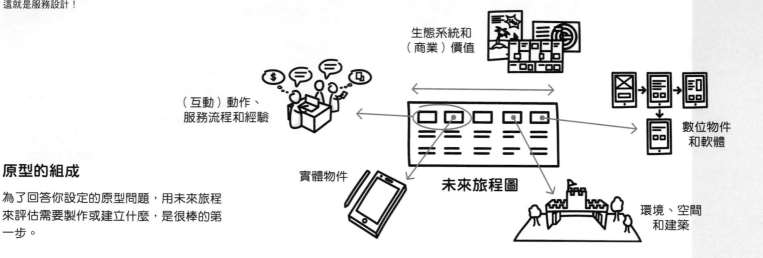

生態系統和
（商業）價值

（互動）動作、
服務流程和經驗

數位物件
和軟體

實體物件

未來旅程圖

環境、空間
和建築

原型的組成

為了回答你設定的原型問題，用未來旅程
來評估需要製作或建立什麼，是很棒的第
一步。

7.1.3　評估要做些什麼

首先評估一下，未來服務和實體或數位產品的哪
些部分是你真正需要做出來才能取得想要的答
案，然後就開始做。顧客或主要利害關係人的未
來狀態旅程是很棒的第一步[14]。通常，這可以讓
你將原型挑戰拆解成以下幾個主軸：

→ （互動）動作、服務流程、體驗
→ 實體物件
→ 環境、空間、建築
→ 數位物件和軟體
→ 生態系統、（商業）價值

---

[14] 你選定的範疇可能是前台，也可能是後台。通常會先檢視顧客和前台員
工的旅程，但視你的特定目的和原型測試問題而定，也可以（並應該）
延伸至其他主要利害關係人。

對部分原型測試問題來說，也許是相當直觀的。
舉例來說，如果你正在進行居家自動化系統的新
專案，你對硬體和軟體相關的問題可能要用一個
軟體的功能性原型，以及一個帶有網路裝置的實
體原型來了解。

然而，對於更複雜的問題－舉例來說，這個居家
自動化服務是否能為顧客創造真正有意義的價
值、是否能讓他們過得更開心－便無法直接回
答。

在此脈絡下，使用服務或產品（無論實體或數位）
的經驗，都可以連結成一齣（互動式的）戲劇表
演。雖然戲劇創作者無法直接設計觀眾的情緒，
但他們還是有很多事能做。他們可以創造引人入
勝的故事內容、寫出吸引人的對話、創造出漂亮

來自經驗的角度：越來越具體

你會發現，把複雜的概念拆解成像是「誰？做什麼？在哪裡？何時？以及如何做？」這類簡單、具體的問題可以讓大家更容易了解並與之連結－也透過原型測試，幫助你找出需要把什麼做出來 [15]。以下是需要納入考慮的部分：

→ **範疇和規模**：整個旅程的哪個部分（如，哪些細節、和在哪個時間範圍下）是你需要注重的？

→ **角色**：誰是你要注重的角色或利害關係人？你會影響誰？

→ **（互動）動作、流程、活動**：整個旅程中會發生什麼事？特定步驟裡會發生什麼事？有哪些與其他角色、物件或環境的（互動）動作？

→ **舞台－室內設計、建築、（感知）環境**：舞台在哪裡？「舞台」本身長什麼樣子？空間分布配置為何？建築物長什麼樣子？

你對周遭狀況的感受如何？聞起來怎麼樣？光線如何？

→ **道具－互動數位或電子裝置或物件**：哪些數位裝置是活躍出現，還是幾乎沒有出現？扮演的角色是什麼？使用了哪些圖像和符號？

→ **道具－互動式數位或電子裝置或物件**：有什麼數位裝置（或軟體），是活躍出現，還是幾乎沒有出現？

→ **可見的內容或主題**：大家的說法或想法為何？是否有特定的內容是其他物件的一部分（如，在 App 裡、小冊子裡）？

→ **位置和地理的意涵**：舞台位於何處？還有哪些其他的場域？要考慮不同地理位置或市場。

→ **時序脈絡**：在何時發生？ 夏天？冬天？在一般工作天的開始還是結束時發生？在顧客關係的一開始或結束時發生？

→ **數量**：多少錢？多少數量？有多少人？東西多大或多小？產品線有多少？規劃了幾場諮詢討論？商品的價格為何？◀

---

15 一個想法或概念的經驗面向是密切相關的，但不僅限於實體證據（見 3.5 節中的**實體證據**文字框）。經驗的面向是在實體或數位作品之上的，同時也包括互動、流程和活動，以及可透過合適原型測試／模擬方法被直接體驗的其他面向。

的服裝和舞台設計、開發製造特效的系統和技術，以及與演員和團隊進行排練（前台和後台）。這些事可以不斷進行，直到能產出高度的互動，同時在角色和觀眾之間激發情感洋溢的回應，並建立出雙方努力達到的價值。

原型測試面對相同的挑戰，基本手法也大同小異。我們無法直接設計未來服務和實體或數位產品的經驗，但我們可以設計和打造許多具體面向的原型，來蒐集有價值的回饋，和來自其他相關人員的資料。

不過，因為不太可能測試每一個面向，你要決定最重要的是哪些。 其中一種方式就是使用原型測試組合（根據一個點子合集）來討論和排序你想透過原型測試探索、評估或溝通的部分和元素 [16]。

7.1.4 規劃原型測試

在規劃原型測試時，應在擬定的意義和目標內，針對你提出的設計問題，思考最可能帶來豐富答案的方法。跟其他工作一樣，原型測試必須要配合某些商業上的限制，也總是需要考量如何最有效地配置專案中的時間、資金和人力。具體來說，原型測試的規劃包括決定受眾、測試準備者、擬真度、脈絡情境、原型測試循環、多重追蹤和方法的選擇。以下對這些做進一步討論 [17]。

測試受眾

與研究一樣，你必須思考測試樣本 [18]：誰來體驗或測試原型？你想要觀察誰？誰應該參與原型測試階段，要怎麼挑選這些人？這些問題對原型測試期間所獲結果的信度、效度都是相當關鍵的。使用利害關係人圖來釐清原型測試的抽樣策略 [19]。

一般來說，在原型測試的過程中，你會在作為測試受眾的不同組利害關係人之間來來回回：如專案團隊的成員、同仁、目前的員工、內部／外部專家、客戶、（潛在）使用者、顧客和未來的員工 [20]。一個經驗法則是，與專案團隊越接近，就越容易（且越快）能招募他們來參與原型測試。然而，你會發現相較於外部的人，這些人的偏見會較高。當然，你的目標一定是儘快將原型給真正的使用者和顧客試用 [21]。

16 見 6.4 節中的**點子合集**。原型測試合集一個有用的面向是複雜性（「真正落實或測試此面向之服務究竟有多難？」）和重要性（「要讓這個面向正確，整體服務概念的情境有多重要？」）。

17 並不需要按照文中的順序來進行這些面向，也不用特別按照任何特定的順序。這比較像是一個檢核表，幫助你在規劃原型測試時提出正確的問題。

18 見 5.1.2 節中的**樣本選擇**，有更多關於抽樣和一些可以運用的不同策略。

19 亦見利害關係人圖和 6.4 節**概念發想的方法**中的**用系統圖發想點子**。

20 見 7.3.2 節**案例：運用原型與共創來創造主導權，以及設計師、專案團隊與員工之間的密切合作**。例子說明了如何從顧客或使用者角度，重新思考多位利害關係人的後台流程。

團隊中的角色

如果說測試受眾對原型測試的成果有巨大的影響，推動原型測試流程的人亦是如此，也就是準備和建立原型、執行測試和觀察選定受測者反應的人 [22]。原型測試裡基本的角色有：

→　**概念擁有者**：概念擁有者是想出原型測試概念的人。

→　**寫手或（模型）製作者**：寫手草擬欲測試的經驗、（互動）動作或情境的起點。（模型）製作者為原型測試打造出所有必要（實體和數位的）道具、布景和舞台 [23]。

→　**主持人**：主持人負責流程並在整個原型測試中引導受測者 [24]。

→　**演員和操作者**：演員和操作者協助主持人在原型測試的期間，建立起一段經驗。這包括了在服務模擬或手動操作測試過的介面時，扮演員工或其他顧客的人。當在準備原型測試工作時，要不時問自己：在測試流程中，誰會扮演哪個角色？每個人會有哪些偏見和動機？

→　**研究員**：研究員會在原型測試期間獨立對受測者進行觀察，並記下洞見想法。

→　**與主題相關的專家和主要利害關係人**：原型測試的團隊還包括與主題相關的專家和主要利害關係人，這些人能增添更多特殊技巧、以及與主題相關的深度知識，並聚焦於由範疇和原型測試問題所揭露的內容上。

要注意的是，特別是在專案的初期，**一個人可以分飾多角，身兼概念擁有者、製造者、主持人和研究員**。到了後期，當服務概念更清晰時，就可以做決定是否要分別為每一個必要的部分或領域請專家（如模型製作者、UX 專家、經驗指導、民族誌研究員等）來處理。

在原型測試流程的每一個步驟中，都要隨時留意你的角色、偏見、及對受測者的影響。舉例來說，概念擁有者和製作者往往有意無意地希望他

💬 **專家訣竅**

「試著培養一個永續的原型測試流程。我們有些人是進行服務專案，而專案會有一個終點。但服務應該要能持續不斷地測試和改善。做些員工訓練，提供他們做原型測試的簡單工具和形式。和員工一起做原型測試，讓這件事變得簡單，這樣他們就能在專案結束後，自己持續進行原型測試。」

— Kristina Carlander

21　或以 Hazel White 的話來說：「把原型交給將使用服務的人試用－他們會往上加東西、把原型翻過來看、整個拆了、並挑戰你的假設。要仔細聽他們說。」

22　原型測試可以是永不停歇的。在一個運作中的服務中，需求、系統和資源的存取一直不斷在改變－所以在早期問自己，要怎麼把這些負責執行和使用未來服務的人納入是很重要的。見 7.3.3 節 **案例：讓員工和利害關係人都能做原型測試，以持續翻新**，例子說明了如何讓員工接手原型測試和設計的流程，而不需要有經驗的設計師或任何特殊工具的幫忙。

23　起點可以是一段開場（文字）、故事板上爛爛的第一版草圖（視覺化圖像）、即興創作遊戲規則（原則／規則）、或是桌上演練的影片（實際操作模擬的記錄影片）。

24　因為主持者的參與度高低會大大影響到受測者，所以扮演主持者時，一定要盡可能的保持中立。見第 10 章：**主持工作坊**，有更多關於不同種類的中立的資訊。

願望清單和人質

作者：*JOHAN BLOMKVIST*

請注意有些人可能會把原型當作願望清單（「一個將我的想法和議題放進專案的機會」），或甚至是被視為人質（「如果我把這想法放進原型，他們就必須放進結果中了」）。

為了避免不相關的議程干擾，要明確指出目的和整體原型測試會影響的專案範圍，以及原型的角色／功能。接著，把參與者的點子記下，放進點子合集中，做優先順序排序，並於下次排定的迭代階段與研究和其他點子、概念進行交叉檢視。◀

們的概念能被保留，畢竟已經對概念或原型投入了時間。這一定會對測試受眾有所影響，且會讓測試結果帶有偏見 [25]。解決這類原型測試者偏見的一種方式就是對你的角色保持開放態度，並正視偏見的存在。這可以讓你主動放下概念擁有者或製造者的既定觀念，以更客觀的態度看待原型測試。或是也可以邀請獨立的主持人或研究員來進行測試，或在迭代與迭代之間，將目前團隊中的角色互換。

擬真度

決定你的原型要精緻到什麼程度。要有多少細節？精細度要做到多高，才能回答目前範疇下的研究問題？需要、想要放多少心力在原型上？擬真度的問題與原型測試的經濟原則密切相關，如 Lim、Stolterman 和 Tenenberg 所說：「最棒的原型，是以最簡單、最有效率的方式，讓設計想法的可能性和限制變得可見、可量測 [26]。」

經濟原則似乎建議以低擬真度原型開始，像是用紙張或紙板原型，然後在越來越接近落實的過程中，逐漸提高精細程度。不過，原型世界分為低擬真度和高擬真度，現實世界卻是複雜得多。

---

[25] 這與研究偏誤的問題十分相關。見 5.1.3 節中的**研究員三角量測**。

[26] Lim, Y. K., Stolterman, E., & Tenenberg, J. (2008). "The Anatomy of Prototypes: Prototypes as Filters, Prototypes as Manifestations of Design Ideas." *ACM Transactions on Computer-Human Interaction (TOCHI)*, 15(2), 7.

「當你用商業模式圖為新點子或企業於草擬出商業模式時，盡量讓第一版保持粗略簡要。然後立刻測試早期商業模式圖的渴望度（顧客會想要嗎？）、可行性（做得出來嗎？）和發展性（能獲利嗎？）。再根據你的測試結果快速做修正。用所謂精實創業的手法來迭代修正、把圖變得精緻，直到有了點子會成功的充分證據為止。」

— Alexander Osterwalder

雖然擬真度常指的是視覺上的擬真度（外觀感受），還是有其他的面向，像是落實的擬真度 [27]。有時在一個原型中就會帶有不同的程度。網站的原型，也許在外觀感受上是低擬真的，但在內容或資訊結構是高擬真的。因此，**試著準確地指出原型的哪些部分需要到什麼樣程度的擬真度。這會幫助你有效管理你的原型測試資源。**這也是引導測試受眾注意力的好用工具。

很重要的是，原型的擬真度對測試受眾回饋的品質和類型是有影響的。低擬真度原型較能激發更多開放性的討論，而高擬真度原型則更能引導大家討論一個概念的細節，因為原型看起來已經是完成品－因此也就可以做決定了。

原型正確的擬真度為何也是根據你在流程中的階段、以及目的為何。在流程的早期，特別是探索原型期間，應該會更偏向低擬真度，而流程晚期

27 見 7.3.4 節**案例：最小令人喜愛產品、實際生活原型、與高擬真度程式碼草圖**，說明如何在服務設計專案中使用程式碼草圖。

低擬真度原型通常可以飛快地進行。但是，如果太過於強調速度和低擬真度，原型就會變得沒什麼意義。嘗試找到最佳的位置－也就是各種狀態下都還有意義的低擬真度－並在真正需要時，轉至高擬真度。

或評估和溝通原型期間，則會更傾向於較高的擬真度，但這還是需要依據個別專案重新評估。價值原型（像是服務廣告）可以在相當早期的流程中就做完，因為它能在其他部分的商業模式都還是相當初步的情況下，在幾個必要的面向上（例如：價值主張）呈現高擬真度。

無論在什麼情況下，都要確保擬真度適合你的測試受眾。舉例來說，對原型測試方法還陌生的人通常會需要較高的擬真度原型，並結合明確的目的和範疇指引。另一方面來說，也要確保不要過度承諾。高擬真度原型往往會被認為是「完成品」，但其實裡面的概念還是相當原始粗略，也還未測試過。

原型測試的情境

謹慎選擇進行原型測試的情境。有兩個主要手法：

→ **脈絡原型測試：**脈絡原型測試是在最終實體或數位服務或產品被使用或被量產的地方進行－例如，實體店面、觀光景點、或是你顧問諮詢的辦公室。透過在場域中進行原型測試，你可以非常有效率地評估原型的解決方案是否符合那個使用脈絡。你也可以快速得知哪些可行、特別是哪些不可行。就像在脈絡研究中（例如：脈絡訪談、參與式和非參

各種擬真度的樣貌

擬真度各有各的的樣貌，取決於你想做的內容。 雖然通常與視覺擬真度（外觀感受）相關，你也可以用其他面向討論擬真度，例如落實的擬真度。

實體

2D/3D 草圖

紙本／
紙板模型

3D 列印／
縮比／
全比例

用真實材料
手作或手磨

用真實量產流程小
量生產

品質相同、可重複的
大規模生產

數位

點子草圖

線框圖

紙本原型

使用原型工具
在裝置製作互
動可點擊模型

功能原型／在原型
環境中用拋棄式
程式碼做概念驗證

實際量產系統的
原型／試作／beta
測試版

大型系統上的
大規模產品，
整合

經驗／流程

草圖

故事版＆
說故事

調查排練

用紙板原型
進行排練

技術模型

試行

上市、推出

擬真度

所有人　　　　　　　　　　　　專家　　　　　　　　　　　　專家團隊

> 　 > 　 > 快速打造 　 > 　 > 　 > 感覺很真 　 > 　 > 　 > 真的可行 　 > 　 > 　 >

與式觀察、一同工作、自我民族誌等），你會更能了解要落實可行解決方案所需的細微差異[28]。

➔ **實驗室原型測試：**實驗室原型測試是在安全的實驗室環境限制下，或在任何場域以外的場所進行。當實際場域無法接觸、不允許做任何改變、尚未存在、或單純太昂貴而無法使用時，可以選擇做實驗室原型測試。

很重要的一點是，**場域**包含的不僅是空間或地點，也包括原型測試的時間、關鍵資源可取得性、或甚至是環境條件。舉例來說，在冬天測試冬季運動旅遊景點的新服務原型，可以用脈絡測試進行，但若是要在夏天測試相同的活動時，可能就得回到實驗室做了。

一個經驗法則是，原型測試環境與脈絡與未來落實的脈絡越接近，在原型評估期間所得到的回饋信度就越高。同樣地，在探索性原型測試期間，在相近的脈絡下產生的點子也較容易從原型轉換到落實的脈絡下[29]。

原型測試的循環

規劃原型測試流程時，一定要包含迭代的循環。每個循環都應該要有一個清楚的目的、清楚的原型測試問題、以及 (a) 建立或準備原型、(b) 進行原型測試、還有 (c) 至少一次簡單的資料整理與分析。第一個循環通常是探索性的，且可能只需要花一天或幾個小時就完成。試著利用第一次的測試來開啟並建立對機會空間的共識。在第一次的循環後，你可以在最後進行系統性探索前，驗證提出的價值主張，並更進一步確認概念的不同面向。要不斷檢視採用的方法是否提供了有意義的結果，也要檢視原型測試階段的假設或研究問題是否需要做調整。

依據原型測試團隊的能力，決定是否需要邀請專家參與，並將測試內容拆解成不同的工作流程，以達到更高的擬真度－舉例來說，UX 設計師會負責改善現有的 App、服務設計師會測試人與人互動或商業流程的原型、建築師則重新設計辦公室工作空間。即使他們以不同的迭代速度工作，規劃常態性的（如每週或每兩週）討論，以提出回饋並調整原型測試計畫仍然是很重要的。依

28 見 7.3.1 節案例：**透過最小可行解法和情境式模型帶來有效的共創**，例子說明了在日常的工作環境中模擬工作流程。

29 Blomkvist, J., & Holmlid, S. (2011). "Existing Prototyping Perspectives: Considerations for Service Design." In *Proceedings of the Nordic Design Research Conference* (pp. 29–31).

意見

「就像研究中的理論飽和一樣，原型測試也有實作飽和。原型測試讓我們可以透過動手做來獲得對事情的了解。在每一次的迭代中，你可以將上一版原型所獲得的資訊，整合、修正成新的版本。但是，當任何新的發現或洞見，對下一個原型的版本已不再有顯著、有意義的影響時，就代表你已達到實作飽和了。可以準備進入服務設計旅程的下一個階段。」

— Carola Verschoor

據原型的複雜度，你也可以考慮建立類似衝刺（sprint）的工作架構 [30]。

要持續在一個（互動）動作、物件或 App 的細節和整體的經驗之間不斷進行迭代。

多重追蹤

決定每一個族群類別中，要做多少的原型。多重追蹤每項工作，就跟不要把全部的蛋放在同一個籃子裡一樣，有助於降低風險。同時，這也能讓你策略性地管理概念組合、以及每個利害關係人期待裡的不確定性：

➜ 有多少原型有機會能快速獲勝？
➜ 有多少原型帶有中／長期的潛力？
➜ 有多少原型有機會能走向破壞性的突破？
➜ 有多少原型太漫無目的、考慮得不周詳 [31]？

同時，也決定你是要讓不同的團隊分別進行各自的原型，還是要讓一個團隊從頭做到尾。

原型測試階段是由幾個探索性或評估性的原型工作階段所組成，可以並行，也可以按順序進行。在某個時間點時，可能也要加上溝通型原型，讓外部利害關係人也能參與。

方法選擇

根據你的範疇（包括服務的哪些要素需要做原型測試）、擬真度和目標內容，來為原型測試活動選擇方法。

首先，可以對手邊可用的資源做個快速的評估。在花太多精力製作複雜的原型之前，應該要先做些快速的桌上研究 [32]，找出既有的原型、類似問題的研究、或是合用的原型測試平台。有沒有任何直接可重複利用的元素呢？也問問創新部門是否已做過類似的測試了。

桌上研究可以快速揭露相似的實體或數位服務、產品，作為建立原型的基礎，這樣就不用從零開始。

當你正在選擇「對的」原型測試方法時，也就是可以提供你許多有用的資料、支持決策或協助溝通概念的方法，總是會面臨究竟需要使用多少方

---

30 見 9.5.2 節案例：**管理策略性設計的專案**。例子說明如何在服務設計專案中採用像是衝刺（sprint）這類的敏捷開發方法。

31 外野（out-field）原型被認為蠻難成功，但能幫助團隊考慮更周全的，稱之為「黑馬」原型。

32 亦見 5.2 節中的**桌上研究**。

法的問題。在預算有限的情況下，你得決定是要把錢全部花在一個方法上、努力做到好，還是要使用幾個不同的方法。就跟研究一樣，要在原型測試中運用方法的三角檢測 [33]。

一個經驗法則是，最好能在下列各類別中至少各選一個方法：

➡ 經驗原型的手法以**驗證核心價值主張**。

33 亦見 5.1.3 節中的**方法三角檢測**。

➡ 有些方法可以對**整體／端到端面向的服務進行探索和評估**，像是桌上演練、脈絡走查、商業模式圖、商業摺紙、最小可行性服務／產品、或服務模擬等等。

➡ 有些方法著重在整體面向內的**關鍵要素**，像是紙上原型測試、紙板原型測試、數位模擬等等。

方法選擇

測試受眾

擬真度

多重追蹤

規劃原型測試

原型測試環境

製造者
概念擁有者　　研究員
主持人　　演員／操作者

原型測試團隊

原型測試循環

規劃的元件總覽

原型測試的規劃包括決定受眾、製作者、擬真度、原型脈測試環境、原型測試循環、多重追蹤和方法選擇。

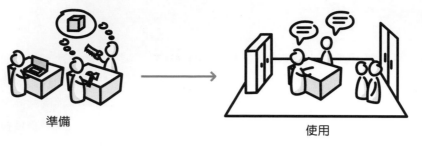

準備

使用

研究

進行原型測試：準備、使用和研究。 原型的建立只是起點，讓我們能夠專注於使用和測試原型，並從中學習。

7.1.5 進行原型測試

原型測試的方法背後，都有一個共同的結構。任何原型測試方法都可以被拆解為下列三個核心活動：

→ **準備：** 透過設定範本或畫布來準備原型，撰寫劇本、演練預期發生的互動或流程、製作實體模型、建立舞台／佈景，和／或準備環境。

→ **使用：** 使用準備的物件並進行測試，以探索、評估或溝通一個設計的概念。

→ **研究：** 在執行使用情境時，使用研究方法，以捕捉回饋、資料並產出洞見。

舉一個零售商店內經驗原型測試的例子來說。在準備階段，你需要建立預期顧客旅程的第一版草圖，考量你的角色、演練主要的場景、設定舞台

並建立一些關鍵道具（像是 App 的原型、模擬廣告海報、或一組用泡棉做的結帳櫃檯模型）。接著，使用這些場景來測試所產生的經驗（如結帳流程）。透過像是觀察和測試參與者訪談等研究方法，你可以蒐集許多資料，並擷取、產出有價值的洞見。

原型測試不只是在把原型做出來 [34]。**原型的建立只是一個起點，讓我們聚焦於使用和測試原型並從中獲得有用的資訊** [35]。如 Michael Schrage（《認真玩》一書作者）所說，「原型的價值不在模型的本身，而是在模型所引發的互動上 [36]。」在這樣的概念下，原型測試的確是未來情境的研究。

[34] 這也是為什麼有些人把原型的建立稱為「**模型製作**」，好有個明確的區分。只有在試用過模型並從中有所獲後，它才成為一個真正的原型。

[35] 見 7.3.6 節**案例：使用多面向原型來創造並迭代修正商業和服務的模式**。例子說明從進行中的原型獲得有用的資訊，可以讓你對別人認為太誇張的商業模式有些信心。

[36] Schrage, M. (2013). *Serious Play: How the World's Best Companies Simulate to Innovate*. Harvard Business Press.

服務原型的兩種類型：直接的經驗 vs. 間接的想像

「當我們用『經驗原型』這個詞的時候，意思是可以讓設計師、顧客或使用者『親身體驗』的方法，而不是讓大家在一旁看展示或看別人的經驗。」
— Marion Buchenau 和 Jane Fulton Suri 對經驗原型的看法 [37]

經驗原型

經驗原型（也稱作體驗式、進行式、互動式或行動式原型測試）運用原型讓人們以「親身體驗」的方式，在未來服務中以他們認為對的方式來行動—或使用「他們想用的東西」。

人們可能是與低擬真度的環境、物件或其他角色進行互動。雖然互動本身是低擬真的（如「經驗快轉」或流程演練），人們還是以基本相同的方式互動，因而激發出一段類似的經驗。

經驗原型有時也稱作「直接的」、「經驗式」或「親身體驗式」原型測試。

想像式原型

想像式原型僅能幫助我們理性的想過一遍、想像或同理可能的（互動）動作（它「支撐著」我們的思考）。想像式原型是在當實際互動不可能進行、或無法取得的時候使用，而其中的互動本身會與未來服務不同。想像式原型包括草圖、顧客旅程圖、以及喻意模擬（如在角色扮演時，以真人代替 App 介面來做同樣的事）。

想像式原型也稱作「間接的」、「共感的」或「非親身體驗的」原型測試。◄

37 Buchenau, M., & Suri, J. F. (2000). "Experience Prototyping." In *Proceedings of the 3rd conference on Designing interactive systems: processes, practices, methods, and techniques* (pp. 424–433). ACM.

`7.1.6` 資料整合與分析

原型測試會產出許多資料、洞見和未來服務的新點子。 因此，下一步就是要整合和分析原型測試的資料（理解；意義建構）。由於原型測試可被視為是未來服務情境的研究，其中的資料整合與分析流程，與第 5 章：研究談到的整合與分析流程基本上是相同的 [38]。

`7.1.7` 將原型資料視覺化

呈現原型測試資料的方式有很多，這裡要強調的是，判斷哪些部分合理，取決於你的目標。幸運的是，服務設計中所有捕捉研究資料的方法，也都可以應用在原型測試的資料上。這些方法包括了 [39]：

→ 研究牆
→ 人物誌
→ （顧客）旅程圖
→ 利害關係人地圖
→ 關鍵洞見

→ 待辦任務
→ 使用者故事
→ 報告

此外，以下兩個的工具在解法空間裡特別有用：

→ **點子牆／點子合集**：對新概念有個快速的總覽、將點子排列優先順序，準備進行原型設計和測試。

→ **原型本身**：讓未來服務經驗變得有形可見，也取代繁雜的文字紀錄。

在做視覺化前，考量目標受眾是很重要的：是否需要非正式、且可自我說明的東西，讓成果可被用於不同部門或組織？還是只有內部的團隊會用到？任何需要與自己以外團隊溝通的原型測試成果，都需要經過更多修飾。

---

38 更詳細的內容，見 5.1.4 節**資料視覺化、整合與分析**，和 5.3 節**資料視覺化、整合與分析的方法**。

39 見 5.1.4 節中的**將資料視覺化**。

面對失敗的原型和批評

作者：*KRISTINA CARLANDER*

失敗的原型就是失敗了嗎？我會說，不是的。有時候，原型會揭露在法律、倫理上或其他方面的障礙，而阻礙了理論上很理想的概念。接受這個事實，因為比起原本只能透過「思考／討論／調查」流程後才能看到的障礙，已經用更快、更便宜的方式被發現了。加上所有獲得的資訊，絕對不是一種浪費。

但是，即便當你認為原型相當成功時，要準備好接受批評－特別是當原型測試手法不是大家習慣的工作模式時，在這樣的環境中，常常不論你再怎麼強調「這只是一個原型」，還是會收到「最後真的看起來就是這樣嗎？」或「你難道沒有想過 *XXX* 嗎？」之類的問題。請保持耐心，歡迎這些回饋，並確保你有機會回頭展示新的版本，證明原型測試是一個取得快速結果的好工具。◀

07
原型測試

方法

更多方法和工具歡迎參考免費的線上資源：

www.tisdd.com

7.2 原型測試的方法

本章節提供了一些方法的簡述，可供你為各種服務或產品進行原型測試，無論是實體或數位的。由於服務設計需要一套共同的語言，以支持不同專業領域間的共創，因此我們選擇的原型方法不需要特殊的技巧就能達成。乍聽之下可能感覺有些限制，**這些方法可讓你把概念推至一個能做出安全決定的點，包括你實際要納入哪些專家，以及在專案中納入哪些面向。**

還有更多方法可以納入規劃和執行原型測試階段，但其中有很多方法需要邀請個別領域的專家，像是變革管理師、產品設計師或軟體工程師等。

本書所選擇的原型測試方法，由以下五個類別所組成：

→ **測試服務流程和經驗的原型：**調查性排練、潛臺詞、桌上演練

→ **測試實體物件和環境的原型：**紙板原型測試

→ **測試數位物件和軟體的原型：**數位服務演練、紙上原型測試、線框圖

→ **測試生態系統和商業價值的原型：**服務廣告、桌上系統圖、商業模式圖

→ **一般方法：**情緒板、草圖、綠野仙蹤法 [40]

每種原型測試的方法都有許多不同變化和名稱，而類別之間的界線也常是流動的。往往，一個特殊的原型測試方法，也可被用來回答不同的原型測試問題。仔細思考你的範疇（包括哪些服務的元素需要被原型化）、擬真度和目標情境脈絡，再為原型測試選定方法。一個經驗法則是，應考慮至少選擇幾個方法，已達到三角檢測 [41]。

---

40 一般方法可通用於上述任何一種類別。

41 有關如何建立適當的方法組合，見 7.1.4 節中的 **方法選擇**。

測試服務流程和經驗的原型
調查性排練 🖳

調查性排練為一種戲劇式的方法，透過迭代演練的階段來深入了解、探索行為和流程 [42]。

以論壇劇場為基礎，這是一種結構式、全身投入的方式來釐清經驗的情感面，並揭露許多實體空間、語言和調性的實際程度 [43]。

準備：選定並快速準備一套（關鍵的）場景以作為起點，例如，從研究或未來旅程圖得來的場景，接著建立必要的道具和舞台。

使用：嘗試操作一下初步的場景，重複試用並給予意見，直到對身體的感受和心理的動機有更深的了解，然後才換下一個場景。檢視每項改變的效果並探索不同的選擇。進行迭代修正。手邊要隨時有一張問題、洞見和點子的清單。

研究手法：自我體驗（Use-it-yourself；自傳式民族誌）、參與者觀察、共創工作坊。

預期產出：研究資料（特別是一張包含問題、洞見和新點子的清單）、原始錄影紀錄和照片。

測試服務流程和經驗的原型
潛臺詞 🖳

潛臺詞為一種戲劇式的方法，透過聚焦排練階段中未說出的想法，揭露更深層的動機和需求 [44]。

我們可以把潛臺詞想成是一個角色沒說出口的想法 — 就是那些心裡想著，但沒有說出來的。將潛臺詞帶到排練裡，可以揭露更深的動機，幫助我們了解需求、提出新的機會以創造價值。

準備：在一個調查性的排練中，先找出關鍵的場景。在這個場景裡加入一個顧客或員工的主要台詞。

使用：接著問，「這句台詞的潛臺詞是什麼？」、「這句潛臺詞的潛臺詞又是什麼？」並重複下去。隨著你越來越深入，看看服務在每個程度下會做出什麼反應。

研究手法：自我體驗（Use-it-yourself；自傳式民族誌）、參與者觀察、共創工作坊。

預期產出：研究資料（特別是潛臺詞鏈、新洞見和點子的紀錄）、原始錄影紀錄和照片。

---

[42] 調查性排練是以論壇劇場為基礎。見 Boal, A. (2000). *Theater of the Oppressed*. Pluto Press。調查性排練以參與者的自身經驗、想法或原型為起點，並超越論壇所著重之行為策略，並同時檢視和挑戰基本的流程、建築架構設定、支援工具等等。

[43] 見 7.3.5 節**案例：在大規模 1：1 原型中使用角色扮演與模擬**。說明如何使用類似的技巧以關注整體服務的可行性和需求度，同時兼顧個別的元素。

[44] 潛臺詞在表演藝術裡是相當重要的概念，在 Stanislavski 和其藝術繼承者的作品中特別重要。在舞台上，潛臺詞通常是不言明的，但在原型測試上（如在一些排練手法和即興遊戲中），它就會要清楚被講出來，讓工作坊的參與者更容易專注於其上。更多關於戲劇中潛臺詞的資訊，見 Moore, S. (1984). *The Stanislavski System: The Professional Training of an Actor*, New York: Penguin Books。為了喜劇效果而讓潛臺詞變得很清楚的電影，見 *Annie Hall* (Woody Allen, 1977, MGM)。

我沒辦法保護家人了！

我會失去我的家！

我領不到薪水！

我沒辦法簽約！

我沒辦法提供客戶想要的。

我需要網路！

(A) 團隊使用調查性排練針對零售服務退貨的流程進行「壓力測試」。由兩位團隊成員模擬接觸／互動的情況，其他人則準備以不同替代方案介入流程、設定、系統或行為。

(B) 單純在地圖上移動小人偶，並演出對話，可以讓你快速模擬出一段服務經驗。

(C) 潛臺詞：另一位演員大聲說出某位角色沒說出口的想法，作為輪流排練場景的一部分－潛臺詞就是那些心裡想著，但沒有說出來的想法。

(D) 一個多重程度潛臺詞鏈的視覺草圖。

測試服務流程和經驗的原型

桌上演練 🖐

桌上演練可被視為互動式的迷你劇場演出，模擬端到端的顧客體驗 [45]。

使用地圖、小人偶和小規模的服務環境模型，可以測試、探索一般的情境，以及不同服務流程或經驗的替代方案。

準備：為所有的地點建立一個總覽的地圖。為你服務中每一位關鍵利害關係人選一個代表的小人偶，並使用紙張、紙板、模型土等製作必要的道具。接著決定一個作為起點的故事。

使用：利用地圖作為舞台、小人偶作為演員，把故事走過一遍。把所有對話和與其他演員、裝置等的互動演出來。每走一遍，就檢討一下哪些是你想要改變或嘗試的。手邊要隨時有一張問題、洞見和點子的清單。然後進行迭代修正。

研究手法：參與者觀察、訪談、共創工作坊。

預期產出：研究資料（特別是模擬的變數、新洞見和點子的記錄）、原始錄影紀錄和照片。

45 見 Blomkvist, J., Fjuk, A., & Sayapina, V. (2016). Low threshold service design: desktop walkthrough. In *Proceedings of the Service Design and Innovation Conference* (pp. 154-166). Linköping University Electronic Press。

(A) 初期的紙板原型很便宜，製作起來也很簡單。這個方法在所有原型測試方法中的門檻是最低的。

(B) 在每個步驟後，團隊檢討哪些有用、哪些沒用以及想要改變或在下一次嘗試的部分。保持簡單扼要。然後繼續下去。

(C) 在建立手繪版本後，使用者可以「點擊」介面，來進行簡單的測試。操作者會抽換介面來模擬改變。

測試實體物件和環境的原型
紙板原型測試

紙板原型測試是指以便宜的紙材和紙板打造所有實體的物件或環境的 3D 模型[46]。

原型－舉例來說，一間店的內部裝潢或一台售票機－可以是縮比尺寸的或實際大小。為了探索角色和物件在未來服務情境中如何扮演，紙板原型測試通常會與演練（walkthrough）的方式一起併用。

準備：使用簡單的材料製作物件。將團隊分為使用者、操作者和觀察者三組，給他們一些時間準備。

使用：當使用者開始使用物件（操作、按下按鈕等），操作者以人工模擬物件的反應。觀察並留一份問題、洞見和新點子的清單。在每次測試階段後，檢討要改變或嘗試的部分，然後迭代修正。

研究手法：自我體驗（Use-it-yourself）、參與者觀察、訪談、共創工作坊。

預期產出：研究資料（特別是問題、洞見和新點子）、原始錄影紀錄和照片、測試不同變數的紀錄。

46 例如，見 Hallgrimsson, B. (2012). *Prototyping and Modelmaking for Product Design*. Laurence King Publishing。在服務設計中使用全尺寸的原型測試例子，見 Kronqvist, J., Erving, H., & Leinonen, T. (2013)。*Cardboard Hospital: Prototyping Patient-Centric Environments and Services*. In *Proceedings of the Nordes 2013 Conference* (pp. 293–302)。

測試數位物件和軟體的原型
數位服務排練 🖱

數位服務排練為調查性排練的一種變體，把數位介面做得像是人在對話或互動一樣 [47]。

在調查性排練中，App 或網頁是用一個人來扮演。這個方法也可以用在設計線框圖或紙上原型前。

準備：選擇一個起點，例如，參考來自研究的使用者故事，然後準備道具和空間。接著，快速讓自己熟悉一下選定的故事。

使用：找一個人扮演 App 或網頁，把故事跑過一遍。別只把數位產品當作一個人，要把它當作一個擁有超能力的人，對各種知識和媒體無所不知，像是一位知識豐富的管家或「瓶中精靈」一樣。舉例來說，登陸頁面可以用服務台的方式模擬詢問，「您在找什麼嗎？」，然後自然地推演對話。接著，再考量要如何把這樣的經驗數位化。

研究手法：自我體驗（Use-it-yourself）、參與者觀察、共同創作工作坊。

預期產出：研究資料（特別是問題、洞見和新點子的清單）、原始錄影紀錄和照片、新的線框圖或紙上原型。

測試數位物件和軟體的原型
紙上原型測試 🖱

在紙上原型測試中，數位介面的畫面手繪於紙上並展示給使用者，以快速測試介面 [48]。

使用者現在可以操作介面，用手指「點擊」，指出想做的事。研究員則抽換頁面畫面或新增「彈跳視窗」的小紙張來模擬電腦的回應。

準備：建立所有元素的手繪稿（頁面、對話方塊和主要內容）。將團隊分派不同角色的使用者、（電腦）操作者和觀察者，給大家一些時間準備。

使用：在使用者開始使用介面時，操作者抽換或新增某些部分來模擬所有介面的改變。留一份問題、洞見和新點子的清單。在每次測試階段後，檢討哪些有用、哪些沒有用、以及想要修改的地方。修正原型並迭代。

研究手法：自我體驗（Use-it-yourself）、參與者觀察。

預期產出：研究資料（特別是問題、洞見和新點子）、原始錄影紀錄和照片、測試不同變數的紀錄。

---

[47] 見 7.2 節中的**調查性排練**。

[48] 見 Snyder, C. (2003). *Paper Prototyping: The Fast and Easy Way to Design and Refine User Interfaces*. Morgan Kaufmann。

測試數位物件和軟體的原型
互動式點擊模型 👆

互動式點擊模型是一種常見的低擬真方法，用來建立第一版可操作的數位原型。

用特別的原型測試 App 把手繪草圖拍照，並將草圖連結起來，這樣你就可以在欲開發的實際裝置上進行測試。

準備：把所有介面的畫面畫在紙上，接著拍照，然後放進原型測試 App 裡。在 App 中可以定義連結每張圖面的點擊區域，建立一個可操作的介面。

使用：請使用者使用這個點擊模型，完成一些任務，觀察使用者對介面的反應。若想要使用原型來溝通，也可以將點擊模型的使用拍成影片，作為進一步的參考。

研究手法：自我體驗（Use-it-yourself）、參與者觀察。

預期產出：研究資料（特別是問題、洞見和新點子）、原始錄影紀錄和照片、測試不同變數的紀錄。

測試數位物件和軟體的原型
線框圖 👆

線框圖使用非圖像的數位介面框線及架構來顯示畫面如何一起搭配運作，並在設計團隊內建立起共識[49]。

大多數的元素是比較暗示性、而非明確性的，讓線框圖可快速建立、也較不需要特殊的技巧。線框圖常用在讓設計團隊中不同專業領域的人能有共同的理解，並釐清使用者旅程、作為紙上原型或互動式點擊模型的起點。

準備：在紙上、白板上或專門的線框圖 App 將介面畫面的粗略版本畫出來。盡可能不要加上任何色彩、字型和視覺美感元素。內容則暫放假字。

使用：將線框圖貼在牆面上，與團隊或選定的測試受眾進行討論。用意見記錄已標記介面元素的行為反應，和有關系統內容或脈絡的細節。

研究手法：共創工作坊、訪談、概念測試。

預期產出：研究資料（特別是問題、洞見和新點子）、原始錄影紀錄和照片、新的線框圖和意見的記錄。

49 見 Brown, D. M. (2010). *Communicating Design: Developing Web Site Documentation for Design and Planning*. New Riders。

測試生態系統和商業價值的原型

服務廣告 🖱

服務廣告是一種廣告原型，讓我們（重新）聚焦於核心價值主張，並測試新服務的需求度和被感受到的價值。

就像一般的廣告海報一樣，服務廣告使用簡潔的標語，引人入勝的視覺和文字來銷售新產品服務。服務廣告可以接著建立為線上廣告，網站登陸頁面、以及電視或影片廣告（包括深度紀錄片式的變體）。

準備： 做一場簡短的腦力激盪，為海報激發出情感的和根據事實的內容想法。想要在廣告中溝通什麼？什麼能作為適當的情感誘因或故事？哪些是事實？在一張大白紙上畫出幾個廣告。

使用： 將你的廣告呈現給還不知道你專案的人看，蒐集他們的回饋意見。留一份問題、洞見和新點子的清單。討論哪些有用、哪些沒有用、以及想要修改的地方。修正原型並迭代。

研究手法： 參與者觀察、訪談、協同設計。

預期產出： 研究資料（特別是問題、洞見和新點子）、原始錄影紀錄和照片、引述自測試的受眾。

Ⓐ 專門的原型測試 App 讓所有人（即使沒有任何經驗）都能做出互動介面的點擊模型。把模型讓使用者試用，來測試或說故事，以蒐集有價值的回饋。

Ⓑ 線框圖幫助設計團隊了解、探索軟體的各個不同部分如何搭配運作。也將概念的結構、功能或資訊架構連結成視覺設計。

Ⓒ 服務廣告的海報是一種快速且引人入勝的方式，用來快速探索、釐清和測試你的價值主張。

測試生態系統和商業價值的原型

桌上系統圖
（又稱為：商業摺紙法）

桌上系統圖是一種運用代表主要人物、地點、通路和接觸點的簡單剪紙圖樣，來幫助我們了解複雜價值網絡的手法 [50]。

這些剪紙圖樣可以不斷在桌上或平放的白板上快速地放置、移動和重新設定。關係和價值互換則透過群組分類或在不同元素之間展現出關聯、變得具象。

準備：利用紙張樣板建立、剪出、摺疊和標示出服務系統的主要元素。

使用：把主要元素放在地圖上，建立第一版服務系統圖。檢討關係、價值互換、（互動）動作或基本的素材／金流／資訊流。加上箭頭並開始群組元素。一段時間後，開始模擬服務系統。隨時留一張包含問題、洞見和新點子的清單。然後修正你的原型並迭代。

研究手法：參與者觀察、協同設計。

預期產出：研究資料（特別是問題、洞見和新點子）、原始錄影紀錄和照片、生態系統的記錄。

(A) 在商業摺紙中，首先會以一個宏觀的方式看系統。跟許多其他的服務設計工具一樣，關鍵產出並非模型本身，而是團隊打造服務系統模型的經驗。

(B) 運用商業模式圖，快速分析既有的商業模式，也測試新的商業模式。

(C) 情緒板是現有媒體的拼貼，用來溝通心中期待的設計方向。

50 見 Hitachi Ltd. (n.d.). "Experiential Value: Introduce and Elicit Ideas," 見 *http://www.hitachi. com/rd/portal/contents/design/business_origami/index.html*。亦見 McMullin, J. (2011)。 "Business Origami," 見 *http://www. citizenexperience.com/2010/04/30/business-origami/*。

測試生態系統和商業價值的原型
商業模式圖 🔖

商業模式圖是一種高層次手法,用來共創並將主要商業模式的組成具象化,讓你能迭代測試、修正各種不同的選項[51]。

被認為是一套策略性管理工具,特別適用於迭代設計的流程。

準備:準備商業模式圖樣板。若手邊有人物誌、利害關係人圖、顧客旅程和原型的話,都會蠻有幫助。

使用:首先將上方七個方塊填滿。能的話,參考來自其他服務設計工具和前期的資訊,幫助填寫。然後再填寫下面的兩個方塊,找出成本來源及潛在收益流。填上數字和預估成本及收益。建立原型,測試商業模式是否長久可行。然後做出另一種商業模式並測試可能的選項。比較不同模式和迭代修正;合併資訊,把內容修得更完整[52]。

研究手法:共創工作坊、訪談。

預期產出:研究資料(特別是問題、洞見和新點子)、照片。

一般方法
情緒板 🔖

情緒板是一種視覺拼貼手法,幫助將想法變得具象,並溝通心中期待的設計方向。

使用文字、草圖、圖像、照片、影片或其他媒體的組合,傳達當下或未來的經驗、風格或情境脈絡。

準備:開始蒐集靈感和原生素材(通常是照片或影片),從雜誌、圖庫或自己的收藏裡找資料,或自己快速做出一些新素材。整理素材、建立出第一版拼貼,然後進行修正直到覺得滿意為止。情緒板可以是一面實體的牆,若素材是影片或互動媒體,線上的媒體板會是比較實際的方式。

使用:將你的情緒板展示給設計團隊或外部受眾看,取得回饋意見、激發討論。在展示的期間,可以在現有的板上新增意見、或是重新洗牌、移動素材、或甚至從所取得的資料中建立一個全新的情緒板。

研究手法:工作室訪談、焦點團體、概念測試/討論。

預期產出:研究資料(特別是問題、洞見和新點子)、照片、拼貼。

---

51 3.6 節**商業模式圖**有更多關於圖的簡介,以及與其他服務設計工具的關聯。亦見 Osterwalder, A., & Pigneur, Y. (2010). *Business Model Generation: A Handbook for Visionaries, Game Changers, and Challengers*. John Wiley & Sons。

52 商業模式圖最終必須被轉成經驗原型或實際的產品服務。見 7.3.6 節**案例: 使用多面向原型來創造並迭代修正商業和服務的模式**。例子說明從進行中的原型獲得有用的資訊,可以讓你對別人認為太誇張的商業模式有些信心。

一般方法
草圖 🔖

草圖是把想法視覺化的方法或設計點子的呈現，能達到快速且彈性的探索 [53]。

草圖－點子的低擬真度視覺化，是一種相當彈性、快速且便宜的方法。草圖本身具有探索性的本質，因此常作為探索性原型測試的第一個步驟。

準備：草圖通常僅使用筆和紙快速地建立。不過，什麼都可以用來畫草圖，只要可以快速地產出、不昂貴、又可以幫助探索－例如，用軟體 [54]、硬體 [55]、或我們的肢體（肢體激盪）來製作草圖。

使用：將草圖展示給其他人看，取得回饋意見和激發討論。在這些階段，你可以直接在現有的草圖上增修（例如，加上意見、當場做修改）或者就把修正的部分畫進新的草圖裡。

研究手法：工作室訪談、焦點團體、概念測試／討論。

預期產出：研究資料（特別是問題、洞見和新點子）、照片、影片紀錄。

一般方法
綠野仙蹤法 🔖

使用隱形的玩偶來假裝 [58]。

綠野仙蹤法透過幕後隱形的操作者（巫師；wizard），手動創造出來自人、裝置、App 或脈絡／環境的回應。使用者則相信他們正在操作一個真實可用的原型。

準備：試著把操作者（巫師）想成是隱形玩偶的操偶人，這些玩偶代表著物件和服務元素。把所有相關的服務或系統準備好，讓「巫師」可以在現場創造實際的反應。

使用：給予使用者特定的任務來使用原型。操作者透過幕後操作及操控物件和環境來模擬後台過程、裝置或環境的動作。使用這些方法來探索並評估核心功能與價值。

研究手法：參與者／非參與者觀察、脈絡訪談。

預期產出：研究資料（特別是問題、洞見和新點子）、照片、影片紀錄、觀察和訪談記錄。

[53] 見 7.3.4 節**案例：最小令人喜愛產品、實際生活原型、與高擬真度程式碼草圖**。例子說明草圖和原型如何讓想法具象化，並彰顯潛在的複雜性。

[54] 見 Reas, C., & Fry, B. (2004). "Processing.org: Programming for Artists and Designers." In *Proceedings of SIGGRAPH '04: Web Graphics* (p. 3). ACM。

[55] 若是要初步討論，見 Holmquist, L. (2006). "Sketching in Hardware." *interactions*, 13(1), 47-60. 但最好的方式還是去附近的自造者空間，親自動手做！

[56] 先看 *The Wizard of Oz* (Victor Fleming, 1939, MGM) 這部電影。然後，再拿著爆米花讀一讀有關綠野仙蹤法應用於設計的研討讀物：Kelley, J. F. (1984). *An Iterative Design Methodology for User Friendly Natural Language Office Information Applications. ACM Transactions on Information Systems* (TOIS), 2(1), 26-41。

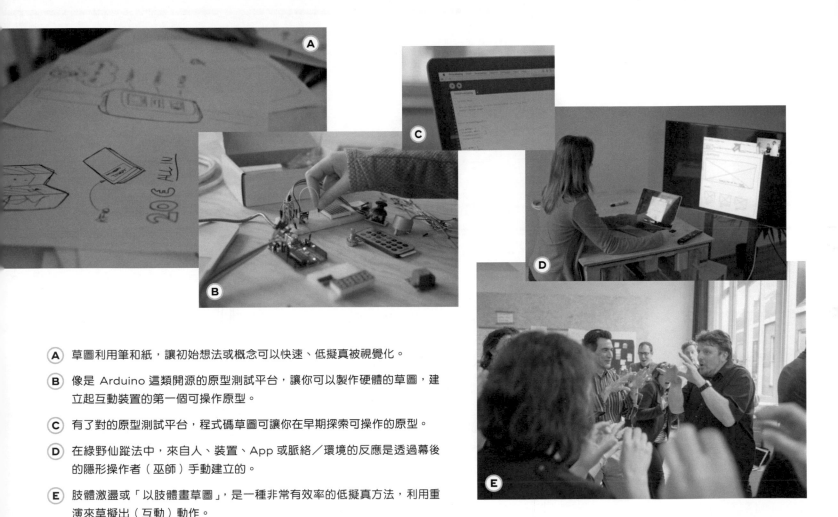

(A) 草圖利用筆和紙，讓初始想法或概念可以快速、低擬真被視覺化。

(B) 像是 Arduino 這類開源的原型測試平台，讓你可以製作硬體的草圖，建立起互動裝置的第一個可操作原型。

(C) 有了對的原型測試平台，程式碼草圖可讓你在早期探索可操作的原型。

(D) 在綠野仙蹤法中，來自人、裝置、App 或脈絡／環境的反應是透過幕後的隱形操作者（巫師）手動建立的。

(E) 肢體激盪或「以肢體畫草圖」，是一種非常有效率的低擬真方法，利用重演來草擬出（互動）動作。

從專門的方法到自己的實際生活原型實驗室

請記得，原型測試實驗室不只是一間有很多工具的房間。它必須是一個活生生的實驗室－有著充滿朝氣的人、社群、技巧、方法和工具，全部都聚集在一個可及的環境中－讓你快速地工作和學習。

此章節的方法僅提供一個簡要的原型測試方法的選擇，這些方法都是不需專業技能也能使用。這樣你就能在大團隊中與大家對話，討論專案應往何處進行。它也能讓你更安全地決定在落實的路上，會需要哪種技能和經驗；例如當你更深入到變革管理、軟體開發、產品開發／管理、建築或其他專門領域時，就可以安全地邀請具備專業方法的相關利害關係人了。

這些專家會帶入專門的工具，以快速、有效解決特定的挑戰，包括且當然不限於以下：

→ 軟體原型測試工具和工作架構

→ CAD（電腦輔助設計）和 3D 列印

→ 變革管理工具包和架構

→ VR（虛擬實境）應用程式，建築和經驗原型用

→ Fablab（製造實驗室）環境或自造者空間，具備了可以原型化幾乎所有實體物件的工具

當你為專案選定適合的方法後，小心地評估專案能多快建立和測試原型。也要依據團隊的技能和他們可用的工具來選擇方法 [57]。

可以把自己的原型測試生產線整合在一起，或是乾脆打造自己的原型實驗室。

要在哪裡進行快速服務模擬？可以在脈絡中進行原型測試嗎？能多快取得製造設備，可以使用、或是否被允許自行使用嗎？能馬上進到使用者社群

---

57 見 7.3.3 節 **案例：讓員工和利害關係人都能做原型測試，以持續翻新**。例子說明如何讓員工在無需有經驗的設計師或任何特殊工具的協助下，都能接手原型設計和設計流程。

進行快速的使用者研究，還是需要先經過一段冗長的採購流程？在申請資金前，可以在哪裡試驗你的新想法，並讓想法更完整呢？

自有的原型實驗室可以從小型的開始，且不用太過正式。經過迭代修正，也許會發展得更有用、足以成為一個正式的內部機構 [58]。

但記得，無論怎麼做，都要保持快速，且讓整個組織都可以輕易接觸到 [59]。◀

虛擬實境的環境和內容非常引人入勝。可惜的是，編寫 VR 內容仍需要特殊技能－但工具也許會很快進化的情況下，虛擬實境仍是最令人興奮的科技之一，不僅用於原型設計，也能用來記錄和重新檢視場域的研究資料。

[58] 你可能甚至要考慮建立一個支持的網絡，像是在其他時區的內部／外部開發團隊，可以隔夜完成你的原型。這會讓團隊刮目相看。

[59] 第 11 章：建立服務設計的舞臺。

O7
原型測試
案例

→

下列六個案例提供了如何將原型測試應用於實務的範例：如何透過最小可行解法和情境式模型帶來有效的共創（**7.3.1**）；如何運用原型與共創來創造主導權，以及設計師、專案團隊與員工之間的密切合作（**7.3.2**）；如何讓員工和利害關係人都能做原型測試，以持續翻新（**7.3.3**）；如何建立最小令人喜愛產品、實際生活原型、與高擬真度程式碼草圖（**7.3.4**）；在大規模 1：1 原型中使用角色扮演與模擬（**7.3.5**）；如何使用多面向原型來創造並迭代修正商業和服務的模式（**7.3.6**）。

7.3.1 案例：透過最小可行解法和情境式模型帶來有效的共創

在製造現場創新：如何向製造業組織展示設計思考的價值 246

— Thomas Abrell，Airbus 創新管理人

— Dr. Markus Durstewitz，Airbus 資深創新管理人

7.3.2 案例：運用原型與共創來創造主導權，以及設計師、專案團隊與員工之間的密切合作

降低乳癌病人的等待時間 252

— Marie Hartmann，Designit Oslo 設計總監

— Kaja Misvær Kistorp，Designit Oslo 首席服務設計師

— Emilie Strømmen Olsen，Designit Oslo 資深服務設計師

7.3.3 案例：讓員工和利害關係人都能做原型測試，以持續翻新

無限原型測試 256

— Johan Dovelius，Doberman 服務設計部主任

— Henrik Karlsson，Doberman 創意總監

7.3.4 案例：最小令人喜愛產品、實際生活原型、與高擬真度程式碼草圖

ATO Partner Space 案例研究 259

— Andy Polaine，Fjord Evolution APAC 設計總監

— Eduardo Kranz，Fjord 首席服務設計師

— Chirryl-Lee Ryan，Fjord Evolution 全球設計與創新總監

7.3.5 案例：在大規模1：1原型中使用角色扮演與模擬

大規模原型測試：重新設計漢莎航空的商務艙體驗 262

— Barbara Franz，IDEO 資深首席設計與研究

7.3.6 案例：使用多面向原型來創造並迭代修正商業和服務的模式

多面向原型隨時間演進 264

— Klara Lindner，Mobisol 顧客體驗部門主任

7.3.1 **案例**：透過最小可行解法和情境式模型帶來有效的共創

在製造現場創新：如何向製造業組織展示設計思考的價值

✎ 作者

Thomas Abrell，
Airbus 創新管理人

Dr. Markus Durstewitz，
Airbus 資深創新管理人

精心設計一套設計思考策略，並在現實中證明它

在 Airbus 裡，設計思考從不同部門自然浮現出來－大家進行工作坊、提供訓練、專案用以人為本的方式開啟，到處都看得到設計思考。然而，除了部門的核心團隊對設計思考在產品和服務創新的影響力有深入的了解外，大多數的 Airbus 員工即使對設計和設計思考有些概念，但還是有著不同的認知。2015 年 7 月，我們設計了一套策略，向組織灌輸設計思考，讓它成為 Airbus DNA 的一部分。往設計思考更廣泛的理解邁向更進一步，是如何與重大挑戰緊密結合：我們想要在一個重要策略性的投資專案上展示設計思考的潛力。Airbus 目前正在擴展單走道系列客機 A319、A320、A321 的產能。為了達成產能攀升，Airbus 在漢堡建立了額外的最終組裝基地。這個專案的價值主張就是與製造現場的工作人員共同創新。

專案開始於 2015 年 9 月，著力於從工作人員的角度定義問題以及需求。為了確保專案能見度，並讓大家注意到這件事，突顯設計思考在專案架構中的位置是很重要的，讓它被認為是專業的工作流程。這樣程度的做法給了我們足夠的影響力，透過端到端的落實，促進真實影響力的建立。

「有了設計思考，我們遵循著一個平衡的方法，強調使用者的早期投入參與。這麼做的目的是要確保我們強調真正的需求、著重於做對的事情。這樣到最後一定會有所不同，跨越了顯而易見，達成為顧客和使用者加值的成功創新。」

— *Dr. Markus Durstewitz*

原型測試在設計流程中扮演了很重要的角色，它是一套把假設具象化的工具，並能讓使用者一同參與。我們用原型測試來獲得使用者的洞見、確保員工的投入參與和管理階層的認可。我們的原型通常都是蠻簡單的，像是紙板原型或可點擊使用者介面這類粗略的草模。一般來說，這些用來測試功能、持續讓使用者參與概念的演進已相當足夠。

此外，我們用原型來更加了解不同部門的目標和需求背後的理由。在組織裡，所有利害關

係人要達成共識，各領域之間和跨部門的合作是必要的。

「快速迭代打造最小可行性解決方案的原型是一個蒐集使用者的洞見、減少產品開發時程、以及加速創新流程的關鍵工具。」
— Dr. Markus Durstewitz

有了具體的原型以及與原型互動或修正的可能性，也能取得深入的洞見、挖掘不同利害關係人的內隱知識。我們使用原型來進行早期測試、快速又便宜的失敗，以迭代修正出最終對使用者有價值並獲得所有利害關係人認可的解決方案。簡單的原型可幫助我們執行早期的使用者測試，在更大的投資前達到良好的成熟度和共識。

從尋找需求到原型測試：超越顯而易見、找到機會點、用設計思考做原型測試

我們從使用者研究開始，以工人的角度了解他們是怎麼看待生產環境的。我們對關鍵人物進行影隨，跟著他們走過一天的工作，也在現場與工人和其他利害關係人，如生產支援和製造工程師等進行訪談。尋找需求的階段持續了三個月，在這段期間內，我們以工作者的觀點對最終組裝線有了理解。我們整理這些研究發現，歸納出設計可以施力的四大機會領域。

「雖然在初期很容易想走捷徑，但成功的關鍵就在於原型測試前，進行深入的需求探索。只有透過進入場域、觀察、並跟著使用者走過一次，才有可能看到明顯之外的事，確保我們有在做正確的事。」
— Thomas Abrell

在需求探索之後，我們選擇了四個機會領域之中的兩個來做原型，從開始到最終原型產出，共計八週的時間。為了善用這段緊湊的時程，**我們建立了一個包括內部、外部專家的團隊，具備了從工業設計、快速原型測試、使用者研究到分析的各種技能。**

我們用迭代的方式進行兩個挑戰，運用原型作為共創、溝通和迭代的工具：製造現場的資訊系統介面和材料運送。

在建立團隊時，我們仰賴有經驗的 Airbus 服務設計師來管理整個設計流程、專案和利害關係人的管理。在專案的資訊系統方面，我們選了一位擁有工業設計、設計思考和使用者經驗設計專長的外部夥伴。同時，對我們來說也很重要的是，要把非航空專業領域的觀點帶入，並帶入各種不同的技能和設計專長。

(A) 在最終組裝線的原型。

(B) 未來系統的草圖。

(C) 對資訊系統介面提出意見回饋。

(D) 流程中的工具：縮比模型。

原型測試：
在製造現場將事物變得有形

專案進行的方式是由兩個團隊平行作業，一邊專注於實體的原型，另一邊則專注在資訊互動的原型。讓團隊共處在一個創意空間中是相當重要的：我們用飛機的機身打造了一個工作空間，這樣團隊就能持續在這裡做東西。

我們想試試看，在牽涉所有利害關係人的情況下，數位和實體原型測試會如何平行進行。工人也不斷地一同參與。此外，我們規劃了三場共創的工作坊（使更多利害關係人參與）、一個 demo 日和一場中階管理階層的簡報。我們使用打造－量測－學習（build- measure-learn）的循環，但用質化評估和使用者直接的意見回饋來取代量測。我們在共創工作坊中迭代修正原型，從低擬真模型做到功能性試驗模型。

「用平行的方式做數位和實體原型測試是一個很有趣的實驗。 最終我們設計了一套給工人的服務，包括數位和實體的接觸點。我們的目標很明確，希望能改善員工的工作經驗。」
— *Thomas Abrell*

有了資訊系統的介面後，我們用研究來補充需求探索，找出哪些資訊是工人在工作時真正需要的和想用的，以及這些資訊適合用哪些裝置來互動。這樣讓需求探索階段更加豐富，並觀察和訪談工人，了解他們需要的資訊是什麼。我們整理了必要的資訊，並將大略的概念做出來，在平板電腦、智慧型手錶、智慧型手機和大型觸控螢幕等不同的裝置上展示畫面。

在第一個共創的工作坊中，我們得到使用者對於裝置和功能的回饋意見。我們在進入下一個原型的迭代之前精煉出最重要的洞見，直到產出一個使用者的介面和決定一個裝置的概念。最後，我們將原型帶到一個現有的最終組裝線，並讓使用者與原型互動，在他們目前日常工作的環境中，以新的原型模擬他們的工作流程。這些洞見幫助我們進一步迭代修正，並做得更完整。

材料運送小組（MDUs）也以相同的方式進行。首先，我們到製造現場看看材料運送是如何實際進行－補充我們從需求探索得到的觀點、規劃文件和內部物流。接著，我們將三個材料運送小組的概念做成 1:5 縮比模型－在實際情況中，三個材料推車運送相同的材料，但各自有不同的概念考量－這些概念也在共創工作坊中迭代修正。

一週後，我們做了第一個 1:1 全尺寸的模型，帶到最終組裝線試用，在組裝站收集回饋。有了這些回饋，加上共創工作坊所收集到的回饋，我們又再做了兩個全尺寸的模型。新的原型增加了「智慧」功能（可連線），模擬如何與環境和內部的組件互動。第二個原型則是附加了一些方便的使用功能，像是保險桿和放工具的箱子。

在最後一次的共創工作坊中，我們模擬了一個情境，同時使用了兩種原型：資訊系統介面和材料運送小組。我們的專案團隊與使用者一起模擬了情境，收集整個工作流程的回饋，因為材料運送和資訊系統介面在各自的工作流程中是相互關聯的。

在本書截稿期間的同時，我們正在進行材料運送小組的概念驗證，並將資訊系統介面整合至一個 Airbus 更大的專案中，改變了我們製造環境的設定以及操作執行的方式。在這個專案中所學到的，也正用來為 Airbus 提出一個全面的設計思考手法。

心得

成功的關鍵不僅是使用者的投入參與以及使用者的接受度，主要利害關係人工人委員會（Workers' Council）的參與更是重要。這個代表勞動族群的團體，可以正面或負面的放大專案的結果。只有透過委員會持續地深入參與，我們才能建立主導權，將他們以策略性夥伴的形式納入，以達到員工的參與，落實以使用者為中心的解決方案。

「很重要的是在內部和外部專案成員之間達到好的平衡。只有在維持一個小型、內部的核心團隊，加上外部團隊成員將特殊專長帶入的時候，才有可能維持整個專案的持續性。」

— *Thomas Abrell*

未來，我們會需要一個小型內部核心團隊，具備廣泛的技能設定方法，並運用專長直到落實。在實務裡，會是一個跨領域的團隊，包含 Airbus 飛機製造領域的專家、設計師、方法專家和支援端到端創新專案的專家。我們相信與來自設計社群的外部夥伴合作（例如自由工作者和設計公司）是保持高度動力和創造力必要的方式。

「人，是我們公司的核心。我們要嘉許員工的多元性，並導入一套新的跨功能團隊的工作方式來產出優秀的成果。一起進行創新吧！這包括了價值鏈中供應商、顧客和使用者等所有的角色。」

— *Dr. Markus Durstewitz*

現在，下個步驟是將我們的工作更進一步，讓設計思考成為 Airbus DNA 的一部分。透過打造一個專門的設計中心來協調和引導活動，在組織內給創造力一個家。在這個未來的組織裡，我們希望能教育 Airbus 內部的服務設計師，在整個 Airbus 建立起強大的網絡。

重點結論

O1

深入的需求探索是必要的，能確保你有在「做正確的事」。若跳過這個階段，你必須承擔只是在些微改善現有解決方案而非創新的風險。

O2

原型測試是一個強大的工具，可以向利害關係人展示設計團隊的能力。設計師可以很快地把假設具象化、變得有形。這樣的作品可幫助使利害關係人的隱性知識變得更清晰，並獲得肯定以設計思考作為創新的嘗試。

O3

外部和內部團隊成員的組合是必要的，但必須找到正確的平衡點。需要專家團隊讓事情進行地更快，加上組織本身的跨功能團隊，以讓創新發生。

O4

為使用者而做的新方式，會讓我們一心想要找到解決方案。但是，這些解決方案可能會與公司內傳統的指標有所衝突，且工作的速度可能會與組織的一部分疏遠。雖然像是增加易用性的優勢可能會與 KPI 有關，如提高了表現，組織也需要認同「軟性」經驗相關因素的優勢。

O5

建立可以讓設計團隊工作的好環境很重要。有一個不僅可激發靈感、又能製作原型的工作空間相當必要。同時，一個共享的地點也是成功之必要條件，否則資訊往往會在傳遞中遺失。

7.3.2　**案例**：運用原型與共創來創造主導權，以及設計師、專案團隊與員工之間的密切合作

降低乳癌病人的等待時間

✍ 作者

Marie Hartmann，
Designit Oslo
設計總監

Kaja Misvær Kistorp，
Designit Oslo
首席服務設計師

Emilie Strømmen Olsen，
Designit Oslo
資深服務設計師

Designit®

Oslo University Hospital

透過將乳癌病人等待的時間從（最多）三個月減少到七天，奧斯陸大學附設醫院使用了服務設計方法來改善正面臨人生艱辛時期女性的生活。

在北歐最大的醫院，奧斯陸大學附設醫院中，乳癌高風險的女性時常面臨三個月的等候檢查和診斷的時間。在挪威設計委員會（Norwegian Design Council）的設計驅動創新計劃（Design-Driven Innovation Program；DIP）的支持下，Designit 與醫院的專案團隊一同努力減少等待時間，並改善整體的病人經驗。這個協作、視覺和迭代的流程，讓醫院員工得以更緊密的合作並發想出一套新的系統願景。

服務思考和共創

專案團隊和設計師舉辦了一場 40 位不同部門員工參與的工作坊，提出從病人觀點出發的典型病人旅程。接著，病人旅程被繪製在一張詳細的圖表中，展示病人所經歷的所有步驟。這張圖表是一個相當有價值的工具，能讓不同部門的人對病人旅程複雜度取得共識。

工作坊後，我們與病人進行深度訪談。設計師使用圖卡幫助病人表達旅程的情感層面，這與邏輯步驟一樣重要。為了對員工的工作流程有更深入的了解，設計師與員工進行了脈絡訪查、與醫師進行角色扮演、也與利害關係人進行電話訪談。Designit 跟一些在病人流程內的角色對談，包括腫瘤科醫師、放射科醫師、醫事放射師、護理師、病人協調員、秘書、私人診所和全科醫師。

我們在這些活動中收集到許多資訊，用來找出優化流程的機會點，以減少病人等待的時間。這些發現必須為具啟發性的且可行動的。我們得到的關鍵洞見是，人們從發現硬塊的那一天開始，就覺得自己是病人了，而醫院則是認為從進行診斷的那一天才算。

奧斯陸大學附設醫院決定重新思考這個流程。我們先畫出最理想的使用者旅程圖，完全把現況流程和挑戰都移除，再從理想往回推。員工與設計師一起想出解決方案，討論要怎麼改變作法，以新的流程來減少診斷的期間。團隊隨後與員工們舉辦共創工作坊，在工作坊中，大家發展出情境和使用者

故事的原型。我們把情境呈現給病人和員工來進行測試。設計師根據與專案團隊合作測試的結果做了一些調整，直到產出可行且符合使用者需求的解法（後台和前台都有）。最後，團隊定義出要滿足這樣的經驗，放射科醫師、護理師、病理科醫師和病人協調員該做的事。

這個解決方案的目標，是透過從病人的觀點重新思考幕後流程，改善癌症病人的生活。醫院的員工在病人生活中扮演重要的角色，這點應該要被肯定。而醫院的認同、接受和願意致力改善診斷時間的顧客服務經驗，也佔了很大的一部分。

全新的乳癌診斷中心（BDS）

乳癌診斷中心的新流程，於2013年11月4日在奧斯陸大學附設醫院正式開幕，挪威衛生部和挪威設計委員會的首長都有出席。

有了新的流程，病人應能從離開全科醫師診間的那一刻起就感覺受到照護。新流程的目的是在全科醫師到診斷之間，建立一個直接的途徑，讓病人盡快能取得答案。

新的診斷旅程大幅減少到七天，這是先前想都不敢想的目標。在第一天，病人會從全科醫師那裡收到一本小冊子，裡面有接下來到確診會經歷的詳細步驟。也有提供一個專線電話號碼，讓病人有問題的時候可以撥打詢問。在後台，醫院會每日進行轉診評估，確保及時的審查。 若全科醫師提報一份可疑腫塊病歷，滿滿疑惑的病人現在七天內就能看診。對於較不緊急的個案，病人可能會等比較久，但絕對不會超過四週。

在檢查當日，放射師會在中心迎接病人，然後放射科醫師會做初步診斷。隔天，病人會收到一個追蹤的約診。若是診斷為陽性確診，則會為個案擬定大略的治療計畫。

所有相關的專科醫師會在每日上午進行病歷討論，取代以往一週一次的會議。檢查結果會在檢查的四日後出爐，並在這

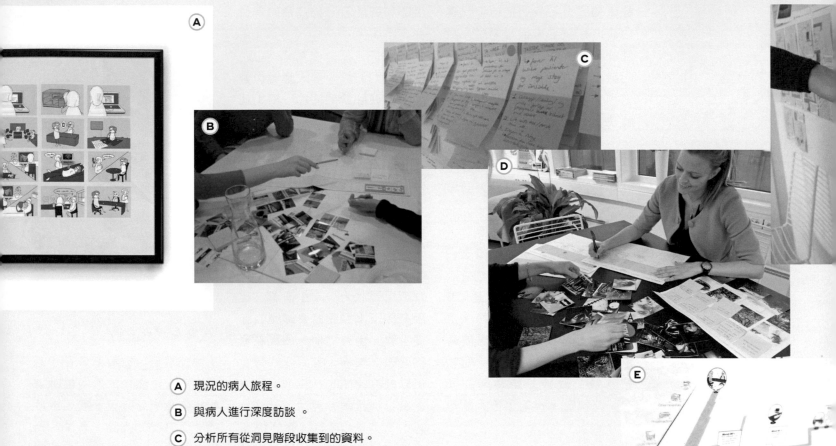

(A) 現況的病人旅程。

(B) 與病人進行深度訪談 。

(C) 分析所有從洞見階段收集到的資料。

(D) 與醫院員工進行概念發想工作坊。

(E) 建立對話情境，降低病人和員工給予回饋的門檻。

(F) 病人走過新的服務流程。

(G) 新的乳癌診斷中心降低了 90% 的等待時間。

個會議上進行評估。這樣能確保所有病人個案能即時討論，且等待時間不會累積。

在此之前，病人可能會等待長達 12 週才會收到一封安排檢查的信件。現在，在全科醫師轉診的幾天後，病人就會收到醫院的聯絡電話或信件。整體來說，從轉診到診斷的時間會在 7 到 28 天之間，依據個案的嚴重程度而定。新的流程減少了 90% 的等待時間。

服務設計在此專案開始時，被證明是相當有價值的方法，也帶來了真正的改變。在設計階段後，醫院的員工也用落實來驅動新的流程。

這樣的組合激發了團隊的野心，帶領專案的實現並影響了病人的生活。專案成功的結果已成為全國乳癌標準化流程的先驅，於 2015 年 1 月全面導入。

重點結論

01

整個專案成功的關鍵為設計師、專案團隊和醫院員工間的緊密合作。

02

當專案團隊和員工看到痛點所在時，設計師將病人的觀點帶出。

03

除了透過共創和納入員工參與建立出的主導權以外，為了實現解決方案，高階管理者也從專案的一開始就參與其中。

7.3.3 案例：讓員工和利害關係人都能做原型測試，以持續翻新

無限原型測試

✎ 作者

Johan Dovelius，
Doberman 服務設計部主任

Henrik Karlsson，
Doberman 創意總監

DOBERMAN®

EXPERIO LAB

原型測試常被認為是設計流程的一項核心活動。但在服務設計中，我們得把原型當作目標。沒有所謂最終版的服務，只有一個無限的原型。

複雜的服務需要突破性的改善

醫療創新基地 Experio Lab 找了 Doberman 重新設計慢性疾病病人和基層醫療診所之間的一些接觸點。在流程的初期，我們很清楚地發現，在病人和診所員工之間的介面，提出較小的突破性改變，會比徹底的服務翻新來得有影響。更重要的是，這些改善必須持續不斷演進，以適應不斷改變的需求、系統、和有限的資源。我們開始進入無限的原型測試。

「真希望我在接受診斷那時就有這些工具可以用了。」
— *Sally Hjert*，設計過程的參與者，患有慢性疼痛

協作式洞見

透過協作式洞見和探索方法，設計流程找出五個包括活動、物件、互動和組織的服務優化方向：

☑ 全面性責任
☑ 於會議中授權
☑ 於流程中授權
☑ 會議平等
☑ 服務導覽

「基層醫療中心永遠沒有『準備好』或『完成』的一天。我們必須將照護視為一種持續演進的服務。」
— *Erik Almenberg*，Doberman 策略師

所有方向都需要進行原型測試，不只做想法評估，還要建立可行且完整的概念，在組織內隨著時間培養、進化。服務永遠沒有「完成」的一天。

員工接手原型

設計團隊發展出一個大範圍的低擬真度原型，透過員工和病人的測試和修正，最多經過五個迭代。全部的原型都是用簡單的形式製作，像是 Word 文件，這樣員工就能漸漸接受原型測試的流程，不需要深厚的設計技能。另一個周邊效益是，參與的員工已能認同完整的服務概念是一個無限的原型，也已經能夠透過與病人一同設計，面對更多挑戰。

「我們使用低擬真原型時，這
樣就可以與員工和病人進行快
速的迭代。」
— *Therese Björkqvist*，*Doberman* 服務
設計師

「當我們把解決方案用原型的
方式向大家分享時，就很容易
被接受、採用、並整合至醫療
系統裡。原型也能激發員工的
靈感以產出、測試其他解決
方案。與大家分享原型有助於
建立勇氣，也培育更創新的文
化。」
— *Thomas Edman, Experio Lab*

放大原型

Experio Lab 創新基地將解決
方案引進瑞典境內的醫療機
構，也仍保持開放的、原型測
試友善的型式。因此，解決方
案可以被持續測試、修正和調
整，以符合瑞典醫療系統下的
不同環境脈絡。

重點結論

01

要讓員工參與原型測試的流
程，不只是給予意見或回饋。

02

使用員工可以簡單利用和改進
的格式。整個設計流程應不需
要經驗豐富的設計師或使用任
何特殊的工具就能被接手。

03

著重關聯性高、也可以很容易
能為特殊需求做調整的物件。

04

培育原型測試和混合的文化。

05

讓原型可被使用和分享。

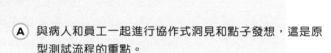

(A) 與病人和員工一起進行協作式洞見和點子發想，這是原型測試流程的重點。

(B) 對話卡幫助病人設定與員工互動的議程。用簡單格式製作的對話卡可隨著時間改善優化。

(C) 就診指引（Appointment Guide）是使用於就診前、就診中及就診後的一個簡單表單，幫助病人清楚明確地表達他們的感受和需要。無限原型是用簡單的型式設計的，可以很容易地做調整以符合各種狀況。

(D) 確診日（Diagnosis Day）是一個與其他有相同病症人互動的見面會－參與者能獲得最新的醫療資訊和研究資訊，並有機會問問題。實際的議程在活動中被設定出來，無限原型的目的在於讓與活動相關的組織同步，也測試對病人的重要性。這項簡單的議程可隨時間演進修正，並作為確診日的自然指引。

(E) 原型集錦。Experio Lab 將原型以像是 Word 檔等容易改進的格式引進其他院所，並加上鼓勵持續改進的說明指示。

7.3.4 案例：最小令人喜愛產品、實際生活原型、與高擬真度程式碼草圖
ATO Partner Space 案例研究

✍ 作者

Andy Polaine，
Fjord Evolution APAC
設計總監

Eduardo Kranz，
Fjord 首席服務設計師

Chirryl-Lee Ryan，
Fjord Evolution
全球設計與創新總監

FJORD™
Design and Innovation from
Accenture Interactive

Australian Government
Australian Taxation Office

2015 年初，澳洲稅務局（ATO）啟動了一項「重塑 ATO」專案計畫，描繪了 ATO 顧客、夥伴和員工的未來經驗。Fjord 與 ATO 合作，透過一個子計畫「*Working with Our Partners*」來實現「重塑 ATO」計畫－也就是連結 ATO 與納稅人、主要稅務與業務活動表（BAS）代辦機構、以及建立與 ATO 系統和服務互動之稅務和記帳軟體的開發工程師之間所有的利害關係人。

我們在初步結果建立了一組經過優先排序的服務概念，實現了「*Working with Our Partners*」。其中一個概念「夥伴空間（Partner Space）」是一套可以讓稅務專員簡易存取資訊、並與 ATO 開始互動的線上空間。

協作式原型測試工作坊能讓想法變得有形，取代互相猜來猜去的方式。促進具體的討論、彰顯隱藏的複雜性、也避免參與者討論超出目標的內容。

建立利害關係人團隊

除了線上空間之外，一個結合了 ATO 和 Fjord 員工的團隊，與稅務專員見面，進行脈絡研究並蒐集他們的目標、痛點和機會的深度了解。也了解專員與納稅人和澳洲各地企業互動的方式（例如 ATO 如何與他們及其客戶溝通、稅務辦公室詢問的狀態、持續追蹤截止日、維護客戶狀況的總覽）。

此外，稅務軟體提供者也被納入研究中，以確保 ATO 可支援以提供稅務專員一致的經驗。我們與 ATO 利害關係人共同

設計了活動，並結合內部資料的洞見，以產出初步的概念。

把這些概念修正得更完整後，我們與稅務專員、ATO 員工和專案團隊進行了一場特殊的原型測試工作坊 [60]。這樣的協作式共同設計工作坊是用來討論和發展出初始的概念，也透過當場建立簡單的原型，盡力讓點子變得有形。

建立最小令人喜愛產品

進一步發展出原型測試工作坊的產出，團隊描繪出一個「最小令人喜愛產品」在特點和使用者旅程上的模樣。我們用「令人喜愛（lovable）」來取代「可行性（viable）」，因為這樣可將焦點從功能性轉換到體驗

[60] Fjord Makeshop 是一場自家特有的協同設計和原型工作坊。

性。服務的本質若沒人愛，是沒有辦法在如此脆弱的初期，在真實世界裡受到注目的。

除了在專案這個階段結束的一般研究和概念產出外，我們為「夥伴空間」的發展建立了大型的旅程圖和方向路線。由於重點在於入口網站，Fjord 的創意技術專員（Creative Technologist）打造了一個實際生活原型（living prototype）。這麼做是因為用 HTML、CSS 和 JSON 做比設計模擬畫面、標記意見要來得快。我們花了幾週把它做出來。原型裡使用假的資料組，可以在模擬的前端頁面進行搜尋和篩選。在假資料的限制下，我們還是可以展示篩選、搜尋、通知和回應的介面配置，並且，相較於只有可點擊的頁面，這個原型帶來更有感的體驗，也讓從概念到 UX 到落實的接續較為容易。

入口網站的基礎想法和需求已被收集和整理，概念也在工作坊和接下來幾週被調整的更完善和迭代修正。我們將這些內容與客戶團隊和外部合作利害關係人（稅務事務所和軟體開發者）分享。大方向經驗的功能特點是根據評分系統得來的。最終得分多多少少是來自每一組，決定了哪項功能在第一階段要發展，那些在第二階段做等。入口網站的原型只是大概念的一部分，因為這只是一個對其他更深入和複雜功能的入口網站觀點。原型的用意是為了解釋入口網站的作用為何，而不是一個最終版本的設計－是一個高擬真度程式碼草圖，而不是最終的狀態。

散播服務設計實務

原型僅是一個帶有許多特點的大專案的一部分。專案自此進入完整的設計、開發和產出。伴隨著設計活動，Fjord 在 ATO

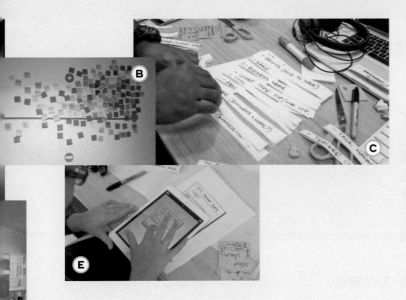

(A) 工作坊參與者針對概念做選擇和給予回饋。

(B) 一個事務所每天使用的工具和軟體的領域地圖，以及他們是否喜歡或不喜歡它們。

(C) 給予參與者共同設計階段的內容元素，幫助定義資訊的建築結構和功能。

(D) 在製作工作坊 (Makeshop) 上，我們快速地作出我們草繪的想法，使其互動化，以快速獲得回饋和發展出迭代。

(E) 佔據 ATO 的公共空間以幫助溝通流程。在這裡，研究和概念全部都在牆上，最終被「minimum lovable product（最小令人喜愛的產品）」之旅程圖的海報和路標海報所覆蓋。

(F) 入口網站的原型是一個以行動描述概念的最快方式。

舉辦了服務設計課程，作為知識傳輸流程的一部分。課程的開始，介紹了一些關於設計流程的主題，這樣 ATO 的專案團隊就能了解接下來要做什麼，並讓他們可以有效率地在整個專案中發生的共同設計活動中進行協作。這個方法不僅讓我們與客戶的共事更具協作性，同時也透過建立文化上的改變，確保服務設計在 ATO 有長久的永續力。

與 Fjord 一同合作的 ATO 員工因為持續地設計學習，而有了駕馭內部專案的信心，那些與他們一起打造「夥伴空間」的人也變成了共同的守護者，一同守護住落實產出階段的設計願景。專案在 ATO 的接受度相當高，且大家對於在大規模、具社會影響力的專案中，從概念形成一直到產出成果，更能在一個大型政府單位轉型設計文化都感到相當興奮。

重點結論

01

我們構想了一個最小「令人喜愛」產品而不是最小「可行性」產品，把原型的焦點從功能轉變到經驗。

02

協作式原型測試工作坊可幫助讓意圖變得有形，並彰顯隱藏的複雜度。

03

建立草圖和原型等物件是一種讓大家不要太緊張的好方法，透過將事物變得有形，以利討論和繼續下去。

7.3.5 案例：在大規模 1：1 原型中使用角色扮演與模擬

大規模原型測試：重新設計漢莎航空的商務艙體驗

✎ 作者

Barbara Franz，
IDEO 資深首席設計與研究

IDEO

✈ Lufthansa

為了透過服務增加競爭力，德國漢莎航空在 2013 年 10 月找了設計創新公司 IDEO 來重新設計他們的長途航班的商務艙體驗。用一年的時間發表新服務，原型測試在整個流程中被證明是一個相當重要的工具。

做中學

對於這麼有野心的時程，從一開始就需要運用可迭代、高度動手做的方法才能達成。在我們穿上乘客和機組人員的鞋子，用他們的角度共感，並深入了解「奢華」對現在的旅客來說真正的意義後，便馬上開始著手做原型。團隊在 IDEO 慕尼黑的工作室做出了一部分模擬機艙，用來進行角色扮演，幫助我們草擬出初步的服務概念。

「我們的目標是改善那些私人時刻的服務，這樣乘客就能擁有全新的飛行體驗，也擁有更多工作、放鬆或被寵愛的寶貴時間。」

— *Dorothea von Boxberg*，漢莎航空顧客體驗主任

設計個人化體驗

根據發現，我們建立了更個人化的服務體驗，著重於機組人員和乘客之間的互動。機組人員應該將自己視為乘客可信任、了解的主人，像是高級餐廳一般。

「只有在空服員了解並體現新的服務哲學時－成為一個主人－長遠來說，乘客才會感到有所不同。」

— *Stefan Wendland*，漢莎航空專案經理

大型原型測試

接著我們開始進行大規模、1:1 的原型－共有 92 個座位，3 個廚房。經過四週，IDEO 和漢莎航空的利害關係人，包括機組人員、外燴、管理層一起把幾種版本的新服務做成原型，從乘客和空服員的角度出發，聚焦於個別服務步驟、互動和整體服務流程的可行性和需求度。

用原型獲得認可（buy-in）

模型讓我們與真正的機組人員做了四到五小時的模擬，乘客和董事會成員在一旁觀看。主要利害關係人的早期參與建立了主導權，並增加他們型塑設計、朝向共同目標邁進的信心。在首次發表時，提升機組人員的認同和接受度，幫助確

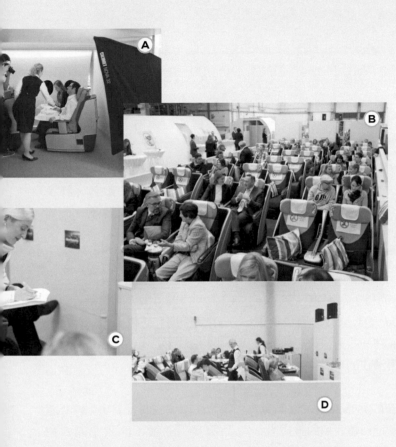

(A) 團隊在 IDEO 慕尼黑的工作室模擬出一部分機艙。

(B) IDEO 和漢莎航空將整個體驗用一個 1:1 的商務艙模型做出來。

(C) 空服員被列為主要利害關係人。讓機組人員一起參與設計，確保首次發表時大家的接受度。

(D) 這樣的經驗是機組人員和乘客之間比較個人化的互動。

保護所有 18,000 名空服員有更高的接受意願。

「我們選擇全面的手法來觸發一個對漢莎航空服務品質和乘客體驗的全新思考方式。」
— Dorothea von Boxberg，漢莎航空顧客體驗主任

重點結論

O1

對系統提出挑戰：如果在測試中，組織對於改變上的努力和前置時間，是按照現有系統的固定規則，你將無法自由地操作，且創意也會有所受限。讓測試保有一些彈性，讓你能對所獲進行實驗和迭代。

O2

放大和縮小：原型測試時，要注意細節，但不要迷失於其中。讓自己一直不斷跳出來看較大的全觀和設計意圖來達到平衡。

O3

慢慢訴說和傾聽：在每一個測試之前，向你的夥伴簡述說明，並在完成後進行討論。在顧客體驗專案中，我們要傾聽顧客，同時也要傾聽所有提供給顧客服務的人。

O4

早期讓利害關係人參與：善用來自不同的利害關係人的知識，並利用這個機會早點讓大家進入專案，建立支持和主導權。這可以加速落實、降低失敗的風險。

O5

了解要測什麼、如何測：許多不同的因素會影響一項服務，因此要在測試之前就弄清楚要測試「什麼」，和「如何」測。確認為想量測的事物挑選適當的手法，也要挑選不會影響到整體服務經驗的手法。◀

7.3.6 案例：使用多面向原型來創造並迭代修正商業和服務的模式
多面向原型隨時間演進

✎ 作者

Klara Lindner，
Mobisol 顧客體驗部門主任

Mobisol 公司以一個目標和洞見出發：遍歷世界各地的創辦人 Thomas Gottschalk 了解能源為發展的必要條件，因此他將心中目標設定為「插電全球」。他也看見了兩項看似不相關的趨勢結合的潛力：驟降的太陽光電（PV）成本和發展中國家行動網路和手機的高度成長。

在這樣的想法下，初始的商業想法快速成形：提供 PV 太陽能系統給缺乏電網資源的人們，並讓他們在使用一段時間後用簡訊付費。

與其將精力花費在 50 頁投資簡報，我們第一件事是做出一個有形的原型來說明概念，再用原型獲得大量的回饋，並尋找合作夥伴。 此時的原型是一個電燈泡和一個連接到嵌入 SIM 卡微晶片的太陽能板。發

送簡訊到 SIM 卡，就能開關燈泡。我們把大小調整到能放進行李箱裡，就可以隨處攜帶。

為了更加了解如何將這個想法變為扎實的商業模式，我們搭飛機造訪了三個使用行動裝置最多的國家（肯亞、坦尚尼亞、迦納）。我們租了一台車、請了一位翻譯以完成緊湊的場域研究調查，並在那些與缺乏現代設施的區域與潛在的合作夥伴接觸。

我們帶回的共有四個**主要洞見**，幫助永續地形塑我們的服務：

☑ 即使在最偏遠的村莊，大家對於 PV 太陽能的意識還是相當高，但品質粗糙的產品和缺乏售後基礎建設已對其信譽造成傷害。

☑ 擁有較佳的照明當然是很好，但人們更想要的是供應

音響或電視等大型電器的電力來源。

☑ 最經典的指標－支付能力－不是一個固定的數目。許多人有三或四個收入來源，且他們的每月收入會根據季節性因子，以及多想要某一樣東西而有所浮動。

☑ 我們目前可用太陽能系統取代的（照明和手機充電）能源相關花費，加起來大約為每月 15 歐元。

我們使用這些洞見來演化核心產品服務：三種不同大小的大型 PV 系統、由電池、電纜、燈光等組合而成。服務內容也包括一份為期三年的貸款合約和整個還款期間的免費維護。

第二個 PV 系統的原型也被發展出來，功能已經可以完全運作（但還是有點醜）：

我們可以在遠端關閉 PV 系統，並根據手機接收到的付款（M-Pesa）和收集到的即時性能和使用資料來預測系統的維護需求。

由 DIY 元件所製作的硬體原型幫助克服文化上的屏障，並從顧客的前測取得真實的回饋。

在旅程中，我們發現一個小型、想法相似的坦尚尼亞組織，我們後來很快就和他們一起開始進行場域測試。我們總共分批接觸了 200 戶住家（付費顧客），取得關於我們技術的回饋，並測試不同的方法，把 PV 系統的服務生態系統做對。之中提出許多關於如何安排顧客旅程中不同步驟的開放性問題－這裡放大其中幾個問題，讓大家更了解我們所選擇的迭代手法。

「這就像是必須把引擎放進新的賓士車裡！」
— *Mama Baraka*，焦點團體成員

我們要如何確保能精確地安裝系統？

因為我們都受過工程的訓練，所以在一開始自己完成了系統安裝－但很快就發現這在未來的商務推廣上並不可行。

我們第一步就是開發一套「隨插即用（plug-and-play）」工具組，讓顧客可以自行安裝，在與真實顧客進行共創時，我們甚至成功擬出一個可行的隨附說明手冊。但我們發現即使顧客有能力自行安裝，他們單純就是不想。

人們想要讓有知識／能力的人來替他們完成。我們第二個迭代就是發展出「Mobisol 學院（Mobisol Akademie）」，這是一個為期兩週的學程，讓村莊裡的師傅（修繕房屋、腳踏車、或電話的師傅）接受訓練，並認證為 Mobisol 的安裝技師。

這不僅為我們自己找到了一個可行的解決方案，同時也讓顧客更開心（因為他們了解和信任自己當地的師傅）－更創造了村莊裡的工作機會。

背後的商業模式是什麼？

一開始，我們以為 Mobisol 會成為製造商或是批發商，由當地的經銷商進行大量採購、並作為使用者的接觸點。但在場域測試中，我們得知了當地既沒有經銷商，也沒有財務架構來延伸這個想法。而且要能做得起來，我們還要建立自己的架構、採用自己的價值主張：

☑ 我們必須要扮演微貸款人的角色。意思是，一方面我們必須從某處借款，以橋接為期三年的還款期間，另一方面，我們必須要小心評估有意願購買的人的信用度。雖然有「關機」的機制能讓我們比想像中更容易取得必要的先期貸款，我們還是經過許多迭代修正，才產出一份用來找到合適顧客的信用度調查表。

(A) 共同創辦人 Thomas 和 Klara 與肯亞鄉間村莊的領導人碰面，以更加了解能源在村莊中所扮演的角色。

(B) 我們評估了前測階段，也透過拜訪住家和焦點團體討論獲得進一步發展的洞見。

(C) Mobisol 就在當地市集中心旁販售電源系統。

(D) 我們遠端監控所有已安裝系統的網路 App 螢幕截圖。

☑ 我們必須要確保顧客都能使用，不論他們住得多偏遠。

為了想出一個具成本效益的經銷策略，我們從觀察非正式的市場來獲得靈感：當一個坦尚尼亞家庭蓋新房子時，他們會到最近的市場購買磚塊，並找到一個運輸全部材料回家的方式－有時是搭公車，有時開車，有時會搭船。每個村莊都有一位蓋房子的泥水匠師傅。

我們已經有位當地的師傅了，所以我們開始建造去中心化銷售點的組織網絡。現在，我們在市場已有顧客定期會造訪的「銷售據點」。我們確保包裝是方便運輸的，且一簽好文件、安排好運送方式，將系統組件帶回家時，村莊的技師已在那等著為他們進行安裝了。

前測研究的「副作用」

透過與我們首 200 位顧客的密切互動，我們發現其中有些人很有生產力地使用系統，還從中賺了不少錢。我們想要強化這點，並開始開發小型的商業工具組，又稱為「盒中生意（business out of the box）」。基本上，內容是符合我們系統的電子設備，加上創業訓練素材和行銷素材提供給顧客使用。那時，我們有一個手機充電的工具組和一間理髮店。

商業的演化

透過我們的迭代流程以及試著貼近顧客，我們對這個別人都認為太誇張的商業／服務模式有了信心。我們得先為技術先期貸款三年，因為只能以借貸的情況下才能成長。這樣的信心加上這些想法「經過實地證實」，幫助我們找到願意相信我們的人。

行筆至此，Mobisol 已經邁入第四年，也即將進入第三輪商業銷售。我們已成長到 500 多位員工，並提供超過 50,000 戶電力能源。從坦尚尼亞開始，我們在 2014 年進入盧安達，並接著開展在第三個國家肯亞的營運。

重點結論

01

保持你商業模式的彈性－有時顧客研究會揭露需求，並創造新的可能性。

02

透過 Mobisol 學院，我們發現一個讓使用者賦能的方式，讓他們不只身為消費者，也可以是經營者。

03

我們運用一個 DIY 的硬體迭代來詢問原型的回饋，幫助克服文化障礙，並取得誠實的回饋。◀

08
落實

服務設計不應以一個概念或原型作為結束。目標是必須要對人、組織和底限有所影響。

專家意見

| Erich Pichler | Jürgen Tanghe | Julia Jonas | Kathrin Möslein | Klaus Schwarzenberger |

| Minka Frackenpohl | Patricia Stark |

08
落實

8.1　從原型到服務開發 272

　8.1.1　落實是什麼？ 272

　8.1.2　規劃以人為本的落實 274

　8.1.3　落實的四大領域 274

8.2　服務設計與變革管理 275

　8.2.1　了解人們如何改變 275

　8.2.2　了解什麼會改變 276

　8.2.3　信念與情感 278

8.3　服務設計與軟體開發 280

　8.3.1　基本要素 280

　8.3.2　落實 283

8.4　服務設計與產品管理 289

8.5　服務設計與建築 298

　8.5.1　第一階段：心態改變 299

　8.5.2　第二階段：需求評估 300

　8.5.3　第三階段：創造 301

　8.5.4　第四階段：測試 301

　8.5.5　第五階段：建造 302

　8.5.6　第六階段：監控 303

　8.5.7　另一方面：服務設計可以從建築專業裡
　　　　學到什麼？ 304

8.6　案例 306

　8.6.1　案例：讓員工都有能力持續地落實
　　　　服務設計專案 308

　8.6.2　案例：落實服務設計，創造銷售量的
　　　　經驗、動能和成果 313

　8.6.3　案例：在軟體新創公司裡落實服務設計 ...317

　8.6.4　案例：透過試行和服務設計專案落實來創造
　　　　可量測的商業影響力 322

服務設計最困難的階段

💬 意見

「為了提供解決方案，公司必須打造由實體元件、科技和資料組成的服務系統，系統裡涵蓋了知識、溝通管道和網絡角色。這同樣適用於製造產業、醫療、能源或保全的服務系統，且特別是在『物聯網』的背景下，這樣的做法就更加被推崇了。」

— Kathrin Möslein

本章也包括

試行：原型或落實？　273

落實－將原型轉成一個能運作的系統－就是服務設計最困難的階段。有些評論者批判服務設計在落實部分太弱，其實很容易了解這些異議。

許多早期的服務設計師是從平面或產品設計出身的，因此，若只是跟著設定好的技術進行，他們通常不太需要煩惱現實的開發問題，或者，即使設計師想要處理落實的部分，也根本不在客戶專案的範疇內。或許因為這樣的背景，大家可能不太客氣地認為設計師的工作方式是：「這是你要的設計和費用收據，要實現的話就祝你好運吧。」

現在的服務設計不一樣了。服務設計師會被找來從頭到尾支援專案，且越來越多落實的專案甚至是從頭到尾採用服務設計的方法，來替代傳統專案管理的方法。

在任何情況下，若我們的目標是創造改變，而這樣的改變會影響到顧客、員工、流程，甚至商業模式，落實就永遠是其中不可或缺的核心部分。

8.1 從原型到服務開發

8.1.1 落實是什麼？

落實是在實驗和測試之後的步驟，也就是開發和推出。服務設計的落實涉及多種技能組合，像是組織程序和流程上的變革管理（包括訓練、指導、招募等）、軟體開發或實體物件的量產工程、還有建立環境和建築物的建築和營建管理。儘管內容不同，這些領域的落實之間還是有許多相似點。

原型測試、試產和落實之間的界線是流動的。完全的落實可能需要啟動大型的技術流程，甚至重新改裝一條生產線－這些步驟在稍後改變會很昂貴。或是落實也可能就是要一群人用不同的方式工作。不論改變的規模為何，在涉及「每日營運」時，都有一些共通的模式：

→ **轉換至開發系統**
新的服務或新的產品[01]（不論是實體或數位）在一個特定的環境或系統、真實脈絡下運作。

---

01 「產品」一詞描述了公司提供的任何事物，無論有形與否。在學術界，產品分為商品和服務。但是，產品通常是一整套服務和實體／數位產品。由於「商品」一般指的是有形的物件，因此我們喜歡將它稱為實體／數位產品。了解更多相關內容，見 2.5 節中的**服務設計與服務主導邏輯：天作之合文字框**。

→ **與實際員工共事**
沒有參與服務設計流程的員工，現在必須要執行新的流程，即使他們心裡還沒真正買單。

→ **重點是營運目標**
服務和實體或數位產品以原價銷售。重點轉向核心營運目標、遠離創新。

→ **整合至現有的（生態）系統**
無論實體還是數位的服務或產品，是內嵌於現有（舊的）IT 系統、環境及法務、以及功能夥伴網絡和（生態）系統的框架中。

→ **整合至現有的 KPI 框架**
新的營運指標會整合到既有的和定期控管的 KPI 框架中。

→ **「營業中」**
顧客不再將產品與服務認為是 beta 測試版。員工也不再認為是試行。

→ **迭代／改變／試用變得越來越昂貴**
當我們朝向落實推進時，改變會變得越來越困難和昂貴，因此，組織在這個階段會傾向於避免改變。

試行：原型或落實？

某種方面來說，試行是落實的原型，因為它面對許多挑戰，要向沒有參與早期設計專案的人溝通過程和想法。

試行是新服務和流程的小規模運作，可被視作為原型和落實之間的重疊。試行可揭露許多原型在較大產出期間面臨的挑戰，因為有了從未見過概念的員工，還有正常營運脈絡下的付費顧客。我們不僅學習服務將如何運作，同時還有服務如何被說明介紹，以及會如何影響其他運作中的服務和系統。

另一方面，試行不像是完整的落實。它還是一個用作為試驗和學習的環境、一個測試平台 O2。一切都是新的、員工沒有經驗，且服務的某些部分可能仍是假的或是還在修正。更重要的是，設計團隊會完全聚焦在活動，也常常要解釋「怎麼做」或者更重要的「為什麼要這麼做」。在實際運作時，他們將無法就近提供協助，也往往會非常聚焦管理，這對身處其中的員工也會有很大的影響。◀

O2 見 8.6.4 節 案例：透過試行和服務設計專案落實來創造可量測的商業影響力。其中很棒的例子說明試行的重要，以收集強力經濟資料，支持服務設計工作。

`8.1.2` 規劃以人為本的落實

將落實工作視為服務設計專案中一個獨立的專案是很有價值的。在這個**落實專案**中，你需要關照前線和後台的員工，以及所有落實的工作夥伴，他們都是主要的目標受眾。考慮以下幾點：

→ **研究**
誰應該或需要被納入？推出／落實的經驗是什麼樣子？有哪些主要障礙或需求需要被處理？

→ **概念發想**
你該如何設計良好的服務或落實經驗的推出？該如何有效地打造最終產品服務？該如何擴大規模？

→ **原型測試**
你要怎麼打造服務試行－也就是落實的可動原型？你要怎麼運用原型，為員工、顧客和合作夥伴建立很棒的落實體驗（推出、上市）？

→ **落實**
根據從原型和試行所學到的內容，你要如何建立、發布和推出最終的產品服務（一個服務、實體產品和數位產品的獨特組合）？

`8.1.3` 落實的四大領域

落實需要因專案而異。為了說明這個概念，也讓不同領域的落實原則和方法有形化，在以下的章節中，四位共筆作者將描述服務設計如何連結落實的四個領域：

8.2 服務設計與變革管理
如何落實新的概念，並讓行為上的改變持續發生於組織中。

8.3 服務設計與軟體開發
如何提供開發團隊一套共同的語言、幫助連結使用者需求、回答究竟要做什麼、如何排列優先順序等問題。

8.4 服務設計與產品管理
如何整合服務設計與產品開發、產品管理，以平衡 UX、科技和商業需求，以及如何跨越整個產品生命週期，落實產品和服務組合的價值主張。

8.5 服務設計與建築
如何找出人們空間使用上的需求、透過原型與使用者共創、並以服務設計的手法和工具豐富建築上的實作。

8.2 服務設計與變革管理

✎ 作者

Jürgen Tanghe

有些服務設計師認為，只要提了新的概念（做成簡報的形式）、服務藍圖或是一個（可動的、功能齊全的）原型，他們的工作就完成了。他們並沒有達成服務設計流程的最後一個階段。這樣的情況很像產品設計師設計了一張最美、最符合人體工學、功能齊全、最環保的椅子……最後卻沒有量產出來。

服務的物件有許多種形式，有實體的，像是文件或櫃檯；數位的，像是網站或 App。同時，**大多數服務都有一個真人互動的元素，也是服務的本質：某人（服務提供者）幫助某人（顧客）達成某件事。**

這代表組織和組織內的人變成服務中的「材料」。本章節將幫助你「設計」這些「人」，讓設計完整落實 [03]。

理想的行為也是設計的一環

服務的設計是在建立一套顧客和服務提供者期待的做事方式（行為），無論是顯性或隱性的行為。其中包含了服務設計內的變革管理挑戰。我們要怎麼讓人們改變行為，讓顧客的經驗變好？許多傳統銀行正在重新設計他們的零售經驗，舉例來說，設計更多開放式的空間配置。但這只有在銀行的員工也改變的情況下，才會真的有用－員工需要表現得更像主人而不是銀行行員，更像顧問，不只是業務。

8.2.1 了解人們如何改變

事實是，組織本身不會改變；只有人會改變，而理想中，組織會支持這樣的改變。這代表唯一真正能量測改變的是：「人們真的有變得不一樣了嗎？」

成為改變

很多人表示，人們討厭改變（「世界上唯一想要『換』的，只有尿布濕了的寶寶」），但其實背後的真實性並沒有這麼簡單。人們一直在改變，且大家喜歡某些改變。很多人常願意為人生做一些大改變，以達成目標，像是特別為了新工作搬家。

03 Jon Kolko 對於製作需要設計實作、工藝和材料知識的重要性有相當完善的敘述。見 Design Thinking Foundations (2012, January 26). "Design Thinking vs. Design Doing," 見 https://vimeo.com/35710033。

你不需要改變人們：試著用環境來改變

行為上的改變很簡單，也很複雜。一方面來說，人們在生活中隨時都在改變－這是一種天性。另一方面來說，刻意的改變卻是比較困難的，即使有很多好處。像是要人們過健康生活就是一件超困難的事，即使大家真的很想要健康，或已經病得很嚴重，都還是很難。

人們改變行為的可能性主要有三個因素：（1）他們對一定要改變的了解有多少，（2）他們有多想要改變，（3）他們能夠改變多少。也就是說：**必要／想要／能夠或驅使／動機／能力，這三個因素有助於促進組織內個體持續發生行為改變。**

有了這個配方，我們就能設定環境，提高人們改變行為的機會，也有助於服務的提供。**如果可以這麼做的話，成功的機會最高：**

→ 從動機出發。
→ 以一種不同的方式，做一件小的、特定的，但意義重大的事。
→ 讓環境盡可能簡化。
→ 與一群習慣於此行為的人建立關係。
→ 接著，由此長成新的身分定義。

8.2.2 了解什麼會改變

在開始進行任何形式的改變策略前，你必須了解新服務對組織造成的後果。為了讓服務成真，組織需要哪些不一樣的做法？

一個經典且容易應用的技術工作架構分析為「鑽石模型（Leavitt's Diamond）」，這是一個包含四大元素的模型：任務、人、技術和結構。本質上，鑽石模型主張，一個組織要成功，四大元素需要達到協調與平衡。想像你有一間三明治店，提供新鮮、特製的三明治：

→ **任務**：描述員工要做的事。每個角色的工作是什麼？在三明治店裡，可能有人負責點餐、有人製作三明治、有人收錢。

→ **人**：想一下你在組織內需要的人。他們需要什麼樣的知識和技能，需要有正式的訓練或教育嗎？你需要多少人？

→ **結構**：結構是組織組成的方式。這包括部門如何架構、要測量和控管什麼、以及如何做決策？為了有效率，你可以想像決定的原則很有彈性，讓員工可以製作菜單上沒有的特製三明治（如果食材充足）－員工應該不需請求許可就能這麼做。同時，你可能會用一

些監測系統來評估顧客滿意度、食物的新鮮度和每日特餐的成功度。

→ **技術**：這些是指所有員工要有效率、順利完成任務所需的工具（數位的和類比的工具），在我們的三明治店裡，這可能包括一把好用的刀和一台收銀機，但也可能包括一張說明如何製作每日特餐的表單。

作為一位服務設計師，你可以用不同方式使用這個工作架構。第一，先看看服務系統的所有面向是否都被考慮到了。第二，任何帶進組織的挑戰多少都會影響著這四大元素；你可以利用這個工作架構來把挑戰找出來，然後管理所有可能的影響。

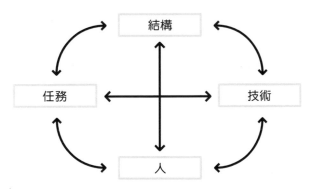

Leavitt 鑽石模型：一個分析工作架構，以了解需要改變的元素

進行影響分析的方式有很多種。然而，納入可以評斷影響的人是相當重要的，因為他們了解目前的狀態。你可以這樣做影響力分析：

1　以檢查表的形式

當然，你可以直接檢視概念、檢討不同元素的影響力。這要在相當了解組織的情況下才比較可行。

2　根據服務藍圖

如果習慣使用服務藍圖，這也是一個影響力分析的好基礎。觀察員工的行動，並分析他們從現在開始將會如何不同，需要什麼來支援員工，以及哪裡可能會出錯。找對人，在工作坊使用藍圖會蠻有趣的。

3　使用訪談

你可以根據模型，詢問大家所認為的影響力會是什麼。很重要的是，要讓他們了解概念才做出評斷。

4　作為原型和測試的一部分

在原型和測試時，你可以把這個模型整合到評估階段中。這樣不僅可以測試需求度，也可以測試原型的可行性，並使其演進地更加真實。

8.2.3 信念與情感

還有兩件有關改變的事要注意。首先，長久以來，我們一直以為讓大家改變的關鍵是告訴他們「這對我有什麼好處？」，這不僅是用一種很交易性的方式來看待人，同時也被證明是錯誤的。實際上，一旦你能夠為改變建立需求和一個最小程度的動機，人們會問的最重要的問題是：「我要怎麼做？我要怎麼做得好？」

心理學家 Carlo DiClemente 和 James Prochaska 發展出行為改變的跨理論模式（TTM），如圖所示，大多數的步驟與相信自己有能力做出改變息息相關。

一個簡單的改變
階段模型

第二，我們必須記得情感的力量。情感是行為最大的驅動力；也是能量來源和行動的起點。單純用理性的論點來說服人們採取行動或改變是相當困難的、也幾乎不可能。設計師和設計思考者的強項之一，就是保持與組織中人們的情感接觸，而這項能力應被善用於變革管理上。

根據這些知識，共有三個主要的戰略，能強而有力地面對組織的影響，並支持行為改變[04]：

1 **使用以人為本的和著重利害關係人的手法**
就像你在服務環境的利害關係人地圖會做的，找出內部利害關係人在專案的初期相當重要。你可以使用 Leavitt 的鑽石模型來獲得更多你利害關係人組織位置的描述。有很多關於「抗拒改變」或「不願意」的文章，有時真實的抗拒或不願意是因為政治考量或個人野心，但大多數的時候，人們會有（以他們的角度）非常好且有利的理由來拒絕他人加諸其身的改變。好好運用同理心，就可以找到那些理由。

---

04 見 8.6.1 節案例：讓員工都有能力持續地落實服務設計專案。其中例子說明如何成功應用這些主要戰略，以達成出色的服務。

2　參與和共創

共創式工作是服務設計的主要原則之一。並非巧合的是，參與做決策已被證實在變革管理中相當重要，因為基本上其中有逆相關的關係：高度參與導致低度抗拒；低度參與導致高度抗拒。這代表共創應被視為創造和落實步驟的一部分；此外，應斟酌運用這些共創階段，來讓組織為落實做好準備。其中一個挑戰為擴展規模，因為無法邀請整個組織來一起共創，所以你必須幫助參與者在他們自己的團隊中運用這個經驗。你也可以在設計過程中舉辦比基本所需更多的場次。

3　（用圖像）說故事

所有支持改變的成分中一傳送必要的感受、建立情感上的吸引力、給予正確作法的指示一有一個從人類發展開始就被廣為使用的方法，那就是故事的力量，故事和故事中的英雄也是組織文化的其中一項基本元素。

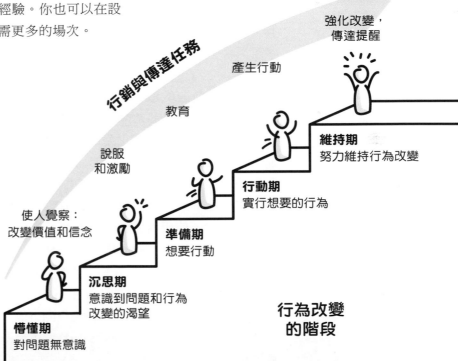

行銷與傳達任務

強化改變，
傳達提醒

產生行動

教育

說服
和激勵

維持期
努力維持行為改變

使人覺察：
改變價值和信念

行動期
實行想要的行為

準備期
想要行動

沉思期
意識到問題和行為
改變的渴望

懵懂期
對問題無意識

行為改變的跨理論模式（TTM）
由心理學家 Carlo DiClemente
和 James Prochaska 提出

**行為改變
的階段**

8.3 服務設計與軟體開發

✎ 作者

Klaus Schwarzenberger

如何建立並維持一份有意義的開發待辦清單（backlog）

本章節我們將會探索如何將服務設計的方法與軟體開發和工程中常用的敏捷（agile）手法連結。服務設計能回答其中一個眼前最具挑戰性的問題：我們真正該做的是什麼，該如何優先排序？**大多數的敏捷方法都著重於工程團隊和實際落實，服務設計的角色，就是準備一份充滿好故事待辦清單。**

現在，幾乎所有的顧客體驗都會包括某些程度的數位體驗，困難的部分是駕馭不同的通路和科技，並建立一個可真正達成顧客需求的產品或服務。運用任何一種科技常常會讓東西變得更難用，以早期「車用 App」為例，它可以讓你不用車鑰匙就能開鎖。與其按下鑰匙上的按鈕（一個步驟），使用者必須拿出手機、解鎖、打開 App、按下按鈕（四個步驟）來完成同一件事情。這個系統也有其他的缺點：比如說使用者的手機沒電了怎麼辦？同樣的狀況在 IoT 物聯網和數位裝置上都會發生。用手機開燈很酷，但只要電池沒電或手機壞了，整個產品服務就會變得毫無用處。

因為服務和軟體是無形的，且往往帶有隱藏的複雜性，重要的是確保所有的利害關係人都有共識，並從一開始就參與其中，總結就是：眼見為憑。**團隊裡的每一個人都要進行使用者研究。**為了完全了解顧客的需求並提供一個合適的解決方案，光是使用者故事、願景藍圖和漂亮的描述是不夠的。

另一個簡單的替代方案是把負責的開發工程師和設計師加到客服電子郵件的通路，讓他們看到顧客在哪裡卡住。除此之外，試著讓他們以真正根據自己研究的結果做出決定，對功能特點的討論就會立刻有所改變。

8.3.1 基本要素

有一些基本的「保健因素（hygiene factors）」應在你開始套用服務設計流程到軟體專案時被考慮進去。其中有些為技術上的，但大多數是比較「與人相關的」。

我們不會在技術方面太深入著墨，因為每個產業可能有所不同。

敏捷

在軟體工程領域，Agile 崛起於 2001 年，Kent Beck 等人發表了「敏捷宣言（Agile Manifesto）」[05]。但在那之前，Standish Group 最初於 1994 年發表的 CHAOS 報告[06]，將軟體開發中對失敗專案的意識帶了出來。問題在於我們將用於營建產業的專案管理方式套用在軟體專案上，但其複雜度和改變的需求讓事情變得雜亂無比。

與其事先規劃（並在非預期的開發出現時不斷重寫程式），敏捷宣言是一個不同手法的起點。像是 Scrum、XP、ASD、Crystal 和 APM 等不同方法先後出現，在過去幾年，大多數的公司以不同的嚴謹度運用了這些方法的組合。每個人都將方法修正至適合其所需，但沒有人承認他們有「自己的」系統。

2015 年，Andy Hunt 介紹了一套稱為「培育法（GROWS Method）[07]」的方法，歸納了所有不同的敏捷方法，整合成一套核心原則。這套方法讓團隊能根據特定情境挑選，不論你是用一種方法執行清晰的落實，或是發展自己的版本，都是依據這些原則：

→ 遵照時間盒（衝刺、迭代）。

→ 整理一份待辦清單（一張有優先排序的功能清單），作為下一個迭代依據。

→ 用會議來收集回饋意見（每日站立會議、每週規劃階段、回溯會議）。

精實

精實比較像是一種心態，在我們公司裡稱作「創業者的基本常識」[08]。簡單地說，這是組織以敏捷方式工作的基礎。這樣的心態強調及早回饋、實驗和「便宜的」失敗。「及早失敗、便宜收場」為其箴言之一。我們認為這一定要提出，因為很容易就只敏捷，但不精實。也就是用完美遵循敏捷宣言的方式工作，但卻不追求最小可行性產品（Minimum Viable Product, MVP）、也不收集早期使用者回饋或運用曳光彈開發（Tracer Bullet Development, TBD）。

最小可行性產品

軟體開發中的最小可行性產品（MVP）是一個包含最小足夠功能，能讓真實使用者操作與測試的軟體[09]。概念是將產品歸結為解決的核心問題，

05 Beck, K., et al. (2001) "Agile Manifesto," 見 *http://agilemanifesto.org*。

06 Standish Group (1994). The chaos report. *The Standish Group*。

07 見 *http://www.growsmethod.com*。

08 「創業者的基本常識」在德文中有一個很棒的字：*Hausverstand*。

09 Ries, E. (2011). *The Lean Startup: How Today's Entrepreneurs Use Continuous Innovation to Create Radically Successful Businesses*. Crown Books.

重點在找到能解決問題的最小解決方案。只要能幫助我們知道對產品想法的假設是否正確、以及如何改善就夠了。定義 MVP 通常需要很多討論。有幫助的是用任務故事（job story）定義使用者真正必須要做的事（待辦任務）[10]，從那樣的定義衍生出 MVP，再與潛在使用者驗證需求。致力於一個解決方案，並做出爛爛的第一版。再問一次。進行迭代修正。然後接受你的假設要改變。

然而，要記得當在建立軟體的原型時，還是要應用至少一些基本的技術保健因素。拋棄式程式碼（throwaway code）和實際開發程式碼之間的界線有時是模糊的。若曳光彈開發結果相當成功，一不小心就會在正式開發時出現暫時的程式碼。

早期使用者回饋

收集早期使用者回饋，其實不需要 MVP。使用者回饋在有數位產品很早之前就可以開始了。可以用紙板原型、桌上演練、紙本原型、可點擊的假介面、或任何其他夠詳細能用來詢問潛在使用者想法的形式。**讓早期回饋成為習慣，並設定目標，在每一次迭代後都要有一版可測試的產品**[11]。再強調一次，這不只是產品經理一個人的

責任；設計師、工程師和其他領域的團隊成員也都應該參與。建立一個有兩三位來自不同領域的人的團隊，並給他們一項任務—例如，收集功能 X 的回饋，或用原型 Y 測試假設，然後讓他們向整個團隊簡報研究結果。這是一個概念發想和原型測試的理想基礎。

曳光彈開發

我們得承認一個事實：某些服務創新會帶來技術上非常困難的解決方案。為了及早解決那些大問題（並確保是可解決的），最好的方式就是按照最初由 Andy Hunt 和 David Thomas 所發展的曳光彈開發手法[12]，在書中，他們提出曳光彈開發是由兩種要件所組成：

1 儘早強調出最重大的**技術性挑戰任務**。
2 儘早提出**有用的結果**。

我們在這裡聚焦於第一點，因為第二點會透過早期使用者回饋和 MVP 開發來強調。就如同曳光彈給予點子一個目標，在軟體工程中的用法包含嘗試不同方法以儘早挑戰想法，試圖找出哪一個想法「可能」成功。

---

10 Klement, A. (2013) "Replacing the User Story with the Job Story," 見 *https://jtbd.info/replacing-the-user-story-with-the-job-story-af7cdee10c27*。

11 關於原型測試的概覽，見 7.2 節**原型測試的方法**。

12 Hunt, A., & Thomas, D. (2000). *The Pragmatic Programmer: From Journeyman to Master*. Addison-Wesley Professional.

原型往往只是模擬功能性，曳光彈已經「發射了」，舉例來說，在一個物聯網專案裡早期檢查某些藍牙技術的接收範圍，會包含可能會在實際產品中運作的程式碼。曳光彈就是工程師的線框圖，也讓使用者測試過，讓我們知道什麼可能會成功、什麼不會－就只是這樣而已。

技術保健因素（Hygiene Factors）

快速發展、短期迭代循環以及立即改變的應用，都是專案技術性基礎的挑戰。當你把一個以測試為主的發展手法用在相當早期（且仍有可能再改變）的點子原型上，就會面臨可維持性和浪費時間金錢風險之間的取捨。

身為服務設計師－你可以從這些手法中學到什麼？你要如何進行服務設計？你要怎麼持續追蹤設計上的改變？是否有建立或把必要的任務自動化，來讓原型測試和收集回饋更快？

在這裡很難再深入細節，因為技術保健因素在每種程式語言下都不一樣，且因你的技術堆疊（stack）而異。不過，有四種技術因素是每個專案在任何狀態下都要導入的：

→ 程式碼版本管控
→ 程式碼審查
→ 建立自動部署
→ 說明文件（即便難以達成）

這些是應用於任何軟體專案的最低標準，即便是在相當早期階段。

在專案的後期，這些技術標準必須要提升到較高的程度，並會包括：

→ 風格指南
→ 相依性管理
→ 測試導向的手法
→ log 紀錄、錯誤和效能監測
→ …

沒有特定階段落實的絕對因素。把這些因素放在心上，並清楚地決定想要落實哪些標準。

8.3.2 落實

本段描述了一個典型軟體專案的生命週期。對於第一次測試的早期想法和持續在改善的產品都適用。我們會特別討論有關軟體專案的落實。

準備

在開始一個新的迭代前，你必須定義範疇。先定

義一個使用者任務是不錯的方式；舉例來說，「當我從我家裡開車去工作，我想要收到塞車的自動通知，這樣我就可以準時抵達辦公室。」與其把焦點放在特定的目標族群，使用者任務的概念是任何人都可能在某種程度下處於那樣的情況，這樣的做法取代使用者故事，用目標族群的渴望來定義範疇（「身為千禧世代，我想要收到所有社群媒體的通知，這樣我就可以掌握最新資訊。」）。並更著重情境本身，而不是鎖定所有使

在敏捷的世界中生存：與開發團隊進行簡短的、每日站立會議，可讓大家對流程有共識、檢查個別任務在願景藍圖的狀態。

流程
結構式的問題幫助你用合理的方式準備產品待辦清單

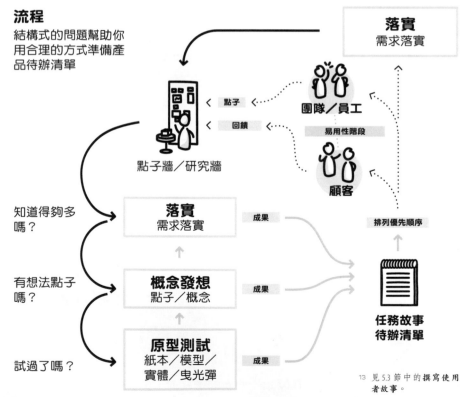

用者可能會經歷的特定情況。這是一個基礎且通常任務都會有所改變，或增加新的任務。在這個階段，這是一個起點 [13]。

軟體工程的傳統衝刺法受到時間盒的限制，約費時二到四週，在這裡說明的活動可能有不同的長度。研究所需要的時間，舉例來說，依據被測試之研究問題的複雜度而定，另一方面來說，概念發想則通常只需要一天就能完成。

若是要整合服務設計到軟體工程的長期目標，最好的方式是將過程分成為團隊活動和個人活動幾個部分。工作坊不只對主持人來說是很累人的活動，對開發者也特別是。小心地將像是原型的工作分到團隊活動中（迷你駭客松）和個人活動中

13 見 5.3 節中的**撰寫使用者故事**。

（曳光彈開發），並在小組活動前給每位團隊成員一些時間去做自己的工作。

點子牆

留意隨時跑出來的點子，不論是在研究不同主題的期間、顧客訪談期間、或只是在使用原型／軟體時想到的點子。你很快就需要一個實體或虛擬的環境來儲存這些點子，並收集支持或反對這些點子的使用者回饋：點子牆。在每次迭代前檢視點子，請團隊（顧客當然更好）投票選出他們最喜愛的點子，然後優先排序，並為要繼續發展的點子建立任務故事。除非你落實的速度比產生點子還要快，這樣就會得到一份有優先排序的任務故事待辦清單。在每一次迭代之前，選擇要在下一個開發週期想要專注的點子，再一次讓團隊或顧客票選出喜愛的。

研究

當開始一個使用者任務時，我們是用推導的方式，所以會有一個假設，接著我們會搜尋資料庫、紀錄、訪談文件紀錄和其他顧客知識，以取得推翻假設的資料。這樣的做法有些限制，因為可能會跳過不相關但仍非常重要的資料。

相對的，歸納式的方式會迫使你爬梳資料，探索更深的架構。簡單的作法像是檢查最近的客服電子郵件（比如，追溯至兩個月前）來觀察比較常被提及、或互相關聯的模式。

不論選擇的方法為何，要找到幾個團隊成員來負責研究階段，理想上這些人應有不同的背景—例如，將一位後端工程師與設計師配對，讓他們同時個別進行同一個主題的研究。向他們說明清楚：研究不是在「找到符合我們想法的資料。」這也是為何推論性方式會有些風險。要試著找到最適合你團隊的方法。一開始，歸納性方法對他們來說可能會太難以掌握。雖然說只有幾個人負責研究，但能的話，讓整個團隊一起參與，也對研究結果有所貢獻。

通常研究在前一個迭代的落實／原型階段就已經開始了，儘管專注於下一步迭代的研究很重要，你還是別忘了專案的大方向。通常在每兩個、三個、四個迭代後，就要問自己：我們還在正確的路上嗎？是否需要調整優先順序？有沒有任何新的、重要的事出現，改變了我們的大計畫？接著，團隊成員從所有可能的來源收集資料，像是：

→ 來自衝刺或活動的研究資料和洞見

→ 客服對話

→ 與現有／潛在顧客的訪談

→ 現有產品的相關使用資料

→ 網站的分析資料

→ 研究等外部資料來源

→ 競爭對手或市場的桌上研究

→ 會議、小聚中的對話等等

資料被整理在研究牆上，準備進行下一個活動：概念發想。研究在團隊成員有時間的狀況下才能發揮得最好。根據工作／主題的大小和複雜性，留最多四週的時間來收集資料。

簡報研究結果時，讓每位參與研究活動的團隊成員各自定義三到五個重點發現。一同進行比較和討論，試著歸納至五個關鍵議題。

下列每一個步驟都會在某個時間點下進行另一段研究／回饋活動。

概念發想與迷你衝刺

舉辦一個工作坊，並空出一天。讓專案團隊的每一個人都進到同一間會議室中。向你的團隊簡報研究結果，並讓大家了解每一件你學到的事。回答他們所有的問題，並讓他們了解你目前發現的任何疑惑或限制。這部分通常會花到一個小時。

接著，將團隊分成幾個二到四人的小組，給每個小組機會討論結果與看法。接下來，用任何你喜歡的方法，盡可能產出點子，做一回合的 10 加

10 發想法效果會蠻好的 [14]，也是個別作業和團隊合作的良好結合。

在第一次概念發想的步驟結束後，每個小組應該都有一個可以繼續發展下去的點子。根據他們對服務設計的了解，下一步可以是旅程圖、第一版紙上原型或任何可說明點子並使點子可測試的方式。每一個小組應該把目標訂在「爛爛的第一版」[15]。理想中，他們應該要有機會與另一個團隊測試第一版原型，看是否能解決問題。

在這個活動結束時，你已經歷了概念發想、原型打造和一些研究。通常在軟體團隊裡，這些工作坊會每月舉辦一次，根據研究活動的狀態而定。

軟體原型測試

原型是用來測試的 [16]。根據技術的依賴程度，原型測試活動都是用在曳光彈開發（了解哪個方式在技術上可行）或收集早期使用者回饋和資料。因此在迭代結束時，應該會得到一版可動的數位原型，用來對真實的使用者進行測試。下一步可以是另一組研究和概念發想的活動，或是若回饋相當正面，則進入落實。

💬 專家訣竅

「如果手邊有一個正在運作的產品，你也可以嘗試『模擬原型（pretotyping）』：為某個很炫的新功能點子新增一個按鈕，但並不直接把實際的功能做上去，而是跳出一個回饋表單，詢問顧客他們期待看到什麼。這樣能很快發現兩件事：有沒有任何人按下按鈕？如果有，他們期待發生什麼事？」

— Klaus
Schwarzenberger

14 見 6.4 節中的 *10 加 10 發想法*。

15 見 10.3.4 節中的 *爛爛的第一版*。

16 有關如何進一步規劃和使用原型，見第 7 章：*原型測試*。

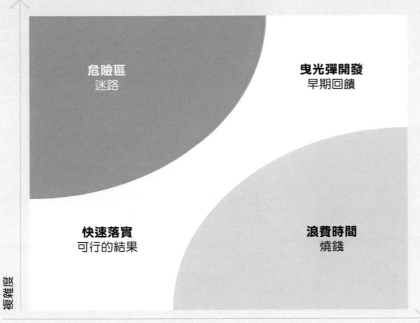

危險區
迷路

曳光彈開發
早期回饋

快速落實
可行的結果

浪費時間
燒錢

複雜度

規劃／原型測試／迭代修正花費的心力

管理複雜度

曳光彈開發在複雜的專案中能有效地首先取得技術可行性。一或兩位程式開發者為最具挑戰性的問題探索潛在解決方案。結果並非「準備好進入開發」程式碼，但會是對問題的深度了解。

這實際上是一種原型測試的形式；即便失敗，還是會產生有價值的結果。

根據複雜度，這個原型可以是真實的產品，或粗糙的演算草模，可在不碰觸任何極端情況（edge cases）下，解決複雜的問題。而從圖像的角度來看，我們可以把原型區分成低擬真度原型和高擬真度原型。將目標先鎖定在低擬真度，然後在落實階段中增加更多細節。

建立和落實

在將任何大特點功能（常被稱為「史詩故事／epics」）推進落實的階段時，為研究、概念發想和原型測試活動建立一個扎實的工作架構是相當重要的。本段結束在一般 Scrum、Kanban 的起點，也就是產品待辦清單（backlog）。在研究、概念發想和原型測試結束後，這些結果應被總結到需求文件中，與工程團隊一起，排定規劃階段、建立一份任務或故事清單，達成大功能特點中的需求。然後按照團隊最適合的方式工作，並以迭代的方式落實功能。設定截止日、預估工作量、並確保盡快接觸每一個不確定的部分，以避免在開發週期的後期碰到路障。

設定目標，一個星期進行一次展示 demo，讓產品經理和主要軟體開發者可以檢查進度、及早給予回饋。再一次強調，眼見為憑。**透過收集來自利害關係人的早期回饋，你可以在功能版本釋出前就避免掉入昂貴的意見迴圈。每次迭代的目標應為一個可運作的、可用的軟體。**

版本釋出

版本控管的複雜度會依據專案的階段而定。在早期原型測試時，你可能會把所有東西丟掉、從頭開始，若使用者對產品有依賴性時，就不可能這麼做，因為對你來說的「測試」，對他們是完整的產品。一旦開始有使用者真正使用你的服務時，考慮以下幾點：

→ **設定定期的測試：**不論是從一開始就以自動測試、讓某人測試功能或是自己測，把測試的工作記錄下來、小心地進行、避免致命的 bug 在後續開發中出現。理想中，設定一個「舞台環境」，讓人們可以測試每一樣東西，就像在開發中，全部都是「真的」。

→ **適當的溝通：**讓使用者了解會發生什麼事。更新會不會搞亂他們的習慣？你的服務是否要離線數小時？

→ **讓釋出的版本強健：**不論你正在建立一個行動 App、帶有軟體的硬體產品、或網站工具，確保版本不會讓自己太緊張。你應該要很容易在出錯時回到之前的狀態，也應該要能在幾分鐘內釋出新版本且不會停機。理想上，除了按下按鈕外，每個新版本都不該需要手動操作。

→ **盡快取得回饋：**再一次強調，這點不能再強調更多了。

做出改變

服務設計帶給軟體工程最大的改善就是提供團隊一個共同的語言。Scrum、Kanban、XP 和其他方法將重點放在工程部分，而服務設計是在幫助回答要建置什麼、以及如何將工作優先排序。**對於習慣接收需求文件的人來說，可能會覺得團隊方法讓他們很不自在**[17]。當你處於主持人的角色時，試著將目標放在一個緩慢的轉變，並在一開始就提供許多指引，慢慢讓任務更開放、更具挑戰性。

---

17 見 8.6.3 節 **案例：在軟體新創公司裡落實服務設計**。例子說明如何在整個團隊中實現迭代過程的想法。

8.4 服務設計與產品管理

✍ 作者

Patricia Stark 和
Erich Pichler

描述產品管理本質的一種方式可以用 Martin Eriksson 的產品管理文氏圖（Venn Diagram）來展示。身為產品經理的你，位於使用者需求（使用者經驗或 UX）的中心，向外協調技術的可行性、營運目標和公司的策略性目標。

一個好的 UX 要能達成營運目標，價值主張中服務的角色變得更為重要。因此，**產品經理的角色從管理產品擴大到管理整個價值主張，包括產品生命週期中所有不同的服務。**

以下列出產品生命週期的不同階段，如圖表中所示，列出一個主要挑戰的總覽、產品經理的典型任務和一些業界的範例。此外，還有可能的使用案例，說明了服務設計在每一個階段的應用。

想像階段

產品管理的第一個階段就是在想像未來。你必須探索目前的經營模式和策略以取得新的解決方案。**挑戰是要找出潛在創新的區域，以為你目前或未來的顧客帶來價值。**

這些區域要與公司未來的願景一致。沒有一種方法是一體適用的，創新也沒有統包解決方案可用。在專案經理的現實中，可能有許多原因急需新的東西，像是出現新的競爭對手、營業額下降、新科技出現、或目前產品進入了生命的終期。

身為產品經理，你要對顧客以及產業、資料和營運有更深入的了解，為了對顧客和使用者有更深的了解並快速評估想法，服務設計或設計思考方法和工具在當代產品管理中，扮演了很重要的角色。根據研究和探索而來的顧客旅程圖、人物誌和早期原型常被用於一個產業的環境裡，同時也是開發的基礎。雖然說原型在所有生命週期階段建造和修整，早期、粗糙原型的服務設計概念會在此階段增加價值。在初期階段可以測試、學習的概念越多，就越有可能解決真正的問題。

從服務設計學到的心得

作者：*PATRICIA STARK*

2009 年春天在北京的一個晴朗早晨，我起了大早，去看我們的產品：在飯店附近一間新銀行的 ATM 自動櫃員機。我當時是一個負責中國市場的年輕產品經理，很想看到新的 ATM 落成。這間分行已開幕幾週，所以當我抵達時，很驚訝看到用來運輸的腳（讓堆高機抬起用的）還裝在自動櫃員機上面。我驚訝的原因有三個：第一，那些腳的目的僅是在方便運輸；第二，因為市場需求是降低 ATM 的使用者介面高度，因為中國的使用者身高不同於歐洲的使用者；以及第三，歐洲法規規定 ATM 必須固定於地面上。過幾天，我發現其他分行的 ATM 也都還是有這些腳裝在上面。我很好奇想要了解原因，所以我跟許多人聊，直到發現答案：打掃的方式。在中國，清潔人員會將一桶水直接潑在地上然後拖地。所以如果把腳移走，ATM 就會每天被泡在水中。我們花了一些時間才發現，若有對顧客的深入了解、利害關係人圖和旅程圖，這樣的洞見早應該在想像階段就被看見了。◂

北京分行的 ATM 底部的運輸腳仍然裝在上面。

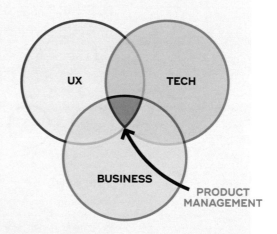

產品管理文氏圖表 [18]：
產品管理位於 UX、技術和營運的交界。

定義階段

在實際的實現階段開始前（通常會有一套標準的流程，和一個相當嚴謹的專案里程碑概念與緊湊的時程表），基本上會有一個定義階段，可以是一個預備專案的形式。在此階段你必須確認概念、進一步建立原型（例如針對新的互動概念、新的科技、新的材料等等），測試並修正。在這個階段中，產品經理建立未來發展的基礎。如同 Vijay Kumar 所說，「下一個挑戰是把相容的和有價值的概念結合至可靠的、系統性的解決方案中，作為未來成功落實的行動方案[19]。」

產品需求文件必須為進一步的發展而做。此文件包含所有特定產品須滿足的需求，幫助每個人在後續的發展中更加了解產品要做些什麼。依據你的喜好，這可以是一份「真實的」文件、工作表或一個專門的軟體。除了顧客需求外，作為產品經理，你必須準備一份未來解決方案的整體圖像，並與概念相結合。因此，產品需求文件也包括了環境脈絡—像是業界標準（例如機器的大小、最大重量等等）、任何相關法規（如安全性或易用性）、以及營運面。這些需求應同時伴隨原型和早期評估心得。

定義階段（或預備專案）是實現階段的基礎，也是真正的實體產品和／或服務發展發生的地方。定義階段往往是由一個較小的團隊所執行，但當它進入實現階段時，參與的人會快速地增加，成本也是。接下來，不論你的公司採用瀑布式（waterfall）或比較敏捷的方式，在某個時間點下，都需要準備時程表、預算和人員。

定義階段的產出通常是一份產品需求文件、已測試的原型和為實現階段準備的專案計畫。

實現階段

當提到新產品開發時，速度是相當重要的。「因為我們是在一個相當競爭的市場中追求創新，所以速度很重要。好的想法能越快進入市場，我們就越快能賺錢、建立品牌、並拓展我們未來的觸角[20]。」在軟體開發中，精實和敏捷開發流程已被廣泛的採用[21]。

18　Busuttil, J. (2015). *The practitioner's guide to product management*. New York, NY: Grand Central Publishing. p.7.

19　Kumar, V. (2013). *101 Design Methods: A Structured Approach for Driving Innovation in Your Organization*. Hoboken, NJ: John Wiley & Sons, p. 247.

20　Morris, L., Ma, M., & Wu, P. C. (2014). *Agile Innovation: The Revolutionary Approach to Accelerate Success, Inspire Engagement and Ignite Creativity*. Hoboken, NJ: John Wiley & Sons.

21　見 8.3 節*服務設計與軟體開發*。

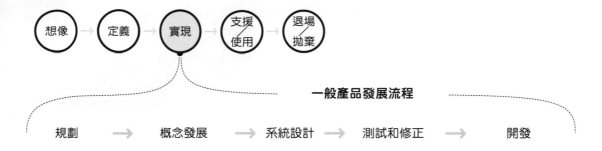

一般產品發展流程

規劃 → 概念發展 → 系統設計 → 測試和修正 → 開發

然而，許多公司仍無法把這些概念應用到實體產品的開發。原因有很多層：有時就是不可能將解決方案拆解（像是回收產業的一些大型機器），或是不可能單獨於整個系統外做測試。許多公司為重複的任務引進了標準流程，並在實體產品的開發中遵循經典的里程碑導向的專案管理方式。

一般產品在實現階段的開發流程看起來如上圖所示，但現實中不會是單一直線，且也會在中間迭代。

在實現期間，產品經理的角色很重要。其中一個最重要的任務就是不斷提醒開發團隊記得使用者的需求。由於服務設計的成長，越來越多產品經理會在早期產品定義階段使用人物誌。一個在實際演練時相當有用的手法，就是讓開發團隊的成員在實現期間使用這些人物誌。基本上，每個團隊成員會用一種人物誌，並在整個開發過程中顧到人物誌的需求。在這樣的情況下，不僅是顧客

的人物誌，同時還有各種利害關係人的人物誌。在 ATM 的案例上，可能會有服務技師、銀行員工或第三方軟體供應商的人物誌。不論是在檢視新的概念或達成一個里程碑的時候，每個團隊成員可以假裝是人物誌的角色，並以角色的名義給予回饋。這是在實現階段應用服務設計工具一個簡單有效的方法。

支援／使用階段

當產品或服務上市後，便要專注於市場的成功和營利。經典的市場生命週期模型可以幫助你決定哪一項任務為產品持續成功之必要。

它區分了產品投入市場期間（銷售期）的不同（子）階段。產品經理很重要的工作是監控市場

成功，以及在市場生命週期期間觸發正確的動作，以維持產品的成功。此外，你必須決定何時要開發新一代的產品。儘管如此，還是要時時謹記，現實中產品的生命週期曲線可能與此實現版本相當不同，且很多會依據外在環境（新的競爭、新的法規、總體經濟狀況等等）而定。

如本段落的開頭所述，**產品經理的任務將會在各生命週期階段有所不同，而每個階段都會讓我們有機會使用不同的服務設計工具** [22]。

1 市場引進

當你要把新產品引進市場時，會需要獲得推薦、改善銷售通路和或許需要去除產品中的問題。若有產品本身以外的服務，就能跨越這些挑戰。銷售通路應受到適當的訓練，且要能協助收集顧客回饋。你應該要能夠提供正確的諮詢和支援給顧客，這樣他們就能安心地做你的早期採用者。一項能改善此階段產品服務的重要工具就是顧客旅程圖；密切的監測，這樣就可以藉著早期的顧客，學習如何改善顧客經驗。下一段中的範例說明了與介紹新服務相關之服務開發的重要性，以

及根據所有利害關係人需求設計這些服務的重要性。

2 市場成長

成長代表產品已獲得注目，現在要加速成長率。你要如何讓市占率快速增長呢？要如何找到新的銷售通路，並為新通路優化產品服務呢？要如何改善顧客關係和能見度呢？這些都是你要問自己的問題。有了新的銷售通路和新的顧客，你就會感受到產品改善的需求（新功能、新樣式）。盡量「跳脫產品的框架」思考，並考慮能支持這些目標的服務，在這個階段中，個人化變得越來越重要，在此之後，會需要再次開始探索新顧客族群和產品的新應用。

範例：一間奧地利公司發展出一款新的創新式可攜帶焊接裝置，為其領域中的先驅。但在引進市場後，他們發現大家並不想要使用這個裝置，顧客基數也成長地相當緩慢。因此，產品經理決定除了提供顧客產品外，也有必要就近觀察使用者。作為服務設計專案的一部分，公司收集了新使用者的洞見，並發展附加服務的概念。現在他們提供全套解決方案，包括焊接裝置、配套軟體服務以提供更好、更簡單的裝置調整，還有一個

---

22 服務設計手法不應限於產品管理。見 8.6.2 節**案例：落實服務設計，創造銷售量的經驗、動能和成果**。例子說明設計思考和實作如何轉變銷售團隊與顧客互動的方式。

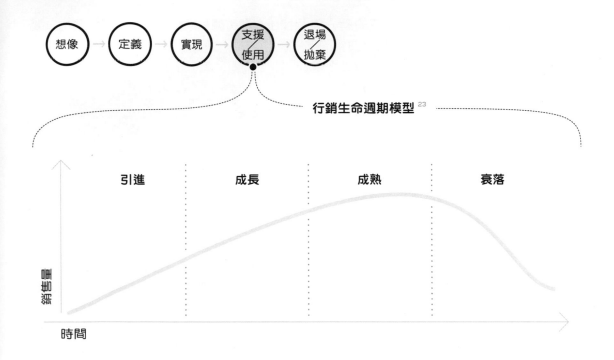

開箱即用焊接套組。有了這些附加的產品服務，市場成長率就顯著增加了。

3　市場成熟

你已達到很好的市佔率且產品能帶來足夠的獲利。但假若你認為一切就都沒問題，且開始放鬆，很可能就錯了。現在開始面對的是市場上的競爭，要防禦你的市佔率，並找到與競爭者的市場區隔，並保持與先前一樣的獲利。現在是你該開始思考下一代產品的時機了，為了增加產品的壽命，或許會需要重新釋出既有的產品或重新定位服務。透過開發新的、相關的服務和新的獲利模式，就有機會找到新方式從競爭者中脫穎而出。

23　Polli, R., & Cook, V. (1969). "Validity of the Product Life Cycle." *The Journal of Business*, 42(4), 385.

從服務設計學到的心得

作者：*PATRICIA STARK*

在第一次參與科隆大學 Birgit Mager 教授的工作坊後，我立即想要導入這個手法。所以我請公司的銷售人員安排會議，與一些友善的顧客一起建立顧客旅程圖。

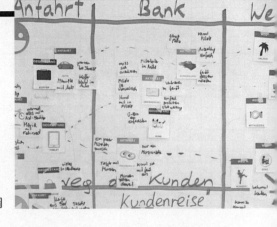

共同建立的顧客旅程圖

工作坊的進行相當有趣，對員工來說，最重要的痛點原來是在向顧客解釋新的 ATM 功能。他們說自己完全沒辦法做正事，因為一整天都站在自助服務區域做解釋。在工作坊中，很明確地得知他們希望能有一些解釋新 ATM 功能的協助。

因此，我們很快地在奧地利各地招募了一些學生，在總部做密集訓練，然後提供我們的顧客（銀行）一項服務，也就是在他們訂購 ATM 時附帶提供助理。

你認為這項服務有多常被買單呢？答案是完全沒有。原來我們的研究遺漏了很重要的一些點。其中一項是銀行的經理不希望非員工（學生）去接觸他們的顧客。我們進行迭代修正並回頭探索。也進行了脈絡訪談，並觀察銀行自動服務區域的顧客。主要的發現是，如果銀行的員工對自動櫃員機熟悉且喜歡這些功能，顧客就會更願意使用機器。

所以，與其開發新的訓練計畫、教員工如何好好解釋新功能、如何說服顧客使用 ATM 等等，我們只製作了給員工的傳單，簡單說明訓練的內容，並寄信說明我們希望在公司內訓練銀行員工，讓他們對 ATM 和銀行感興趣。

僅僅數週，業務人員基本上只用這些傳單（還只是原型）就售出了服務。接著，完整的課程成為了一項引進階段成功的產品相關服務。◄

4 市場衰落

產品對市場不再具吸引力。仍有顧客購買，但獲利不斷縮小。現在你的主要目標是避免損失，也希望能準備好引進下一代。為了避免損失，你可以取消產品樣式，以減少內部和外部的支援成本，也需要思考怎樣才能維持或增加服務獲利－舉例來說，你可以提供更新和翻新的解決方案給既有的顧客。

5 支援

使用／支援階段不會和銷售下滑一起結束。顧客仍在使用產品且他們仍期待產品的支援（維修、零件、翻新方案等等）。所以，和服務部門一同合作，為支援階段做出獲利模式，並想辦法獲取使用者洞見，提供下一代解決方案參考。

請注意，這些階段可能會因你的產品而看起來有所不同。無論如何，服務設計提供產品管理各式各樣的工具和方法，讓產品在其生命週期中更加成功。

退場／拋棄階段

產品達到其「生命的盡頭」且顧客拋棄了它。你應該運用顧客旅程最後的接觸點來介紹你新一代的產品，並以有用的服務來支援拋棄的過程。

服務在產品管理中的角色

總結來說，開發、使用和產品的循環是無法與相關服務分開的。公司不僅必須著重於產品或服務，同時也要開發服務－產品的組合（解決方案），以產生多個收益流。

從產品製造商轉變為同時提供服務的組織是相當具挑戰性的，可能會涉及組織上的和商業模式上的改變，給顧客的新價值主張、不同定價策略，以及讓服務得以市場化的創新手法。

因此，**今日的產品經理必須發掘新的心態和方法，像是服務設計**，透過結合組織，並沿著整個供應鏈既有的知識和能力，產出明日的解決方案。

24 照片：夏季設計高峰會／Florian Voggeneder。

25 照片：服務設計，林茲／Florian Voggeneder。

（A）在服務設計工作坊中，為新的焊接服務製作一個影片原型。

（B）讓洞見變得可見，用於進一步的開發 24。

（C）在概念審閱會議期間回頭參考人物誌 25。

從服務設計學到的心得

作者：*ERICH PICHLER*

當我擔任 ATM 產品線的產品經理時，面臨了一個挑戰：既有的一代產品已經在市場上超過五年，且新一代的產品開發還沒有開始。

競爭者已經開始提供新一代的產品，競爭變得越來越強烈。所以我們決定讓現有產品線重新上市，並將重點放在兩個部分：改善安全性和經濟力。但技術產品的改善機會有限，所以我們不僅要提供調整過的產品，還有一個包含附加服務的完整新組合。我們提供了附加新安全性服務的產品。

產品的重新上市相當成功，也讓我們能維持產品在市場上再五年的競爭力。◀

8.5 服務設計與建築

✎ 作者

Minka Frackenpohl

本章節的目的是連接來自相似背景的兩大領域。然而，它們表現的方式相當不同。這裡的目的是找出建築和服務設計中可以相互學習的機會，並簡單整理兩者合併的機會。

當我在 2009 年準備從建築學院畢業的時候，我發表了一個基本的建築架構。架構由一個混凝土建築基礎和水泥核心組成，包含一間浴室、一間廚房和一座樓梯。還有一份說明如何完成基本房屋建築的流程。在這份流程中，未來的居民可以自己建造房子，並根據他們的需求和步調來進行。在將基本的房屋雛型交給住戶後，新的房屋擁有者可決定如何使用所提供的建築服務。在這個服務中，我們設計了明確的定位點，讓使用者增加材料、建立知識或專業，整體來說，這個專案的目的在建立一個族群的能力。這個服務建立了不同的接觸點，讓居民可在需要時使用。

我的審查教授表示這相當難以理解。在有專家（意即建築師）的情況下，為什麼人們要自己設計和蓋房子？這個經驗說明了建築上的兩難：對這主題幾乎普遍了解的主張，以及關於未來的使用者。使用者需求鮮少在規劃之前被找出來，利害關係人也不在設計和規劃流程裡。這代表他們的需求和意見想法很少被納入建築的開發當中。經典的建築被認為是單一、以當前形式使用，而非流程的一部分，被用在服務生態系統的一小部分而已。這樣的使用方式，是有可能隨時間改變的。未來的建築需要採用全面的建築流程來開發。

在許多國家，建築的流程可被明確地分為幾個定義階段，建構出經典的建築專案。英國皇家建築師學會（The Royal Institute of British Architects，簡稱 RIBA）定義出七大工作階段，在工作架構之規劃（Plan of Work Framework）中詳細描述，涵蓋準備（估價與設計摘要）到使用和售後服務（竣工後）。不過，在這個框架內，仍然需要一些額外的面向，為建築專業的充實奠定了基礎。相當於服務設計流程中也有必要的階段，並帶有成熟的方法和工具：**從單一性變為系統性的心態上的改變、使用者需求探索、共創和原型測試。**

以下的章節將會描述六大階段。這些階段說明了建築或服務設計過程結合的階段，以及彼此的相互配對。這些階段也運用了服務設計的方法和工具，找到讓建築實務變得更充實的可能。

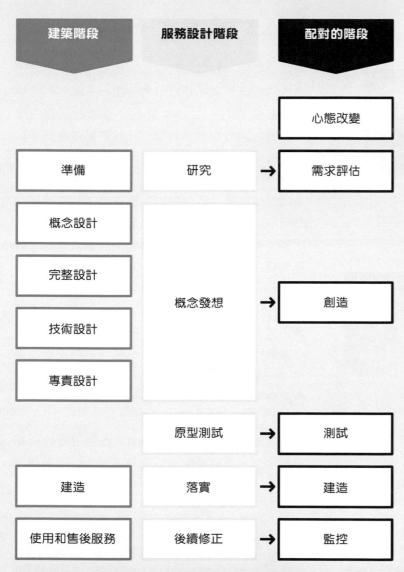

建築階段	服務設計階段	配對的階段
		心態改變
準備	研究	→ 需求評估
概念設計		
完整設計	概念發想	→ 創造
技術設計		
專責設計		
	原型測試	→ 測試
建造	落實	→ 建造
使用和售後服務	後續修正	→ 監控

建築和服務設計階段的比較，與本章節所描述的階段配對。

第一階段：心態改變

第一個階段奠定了基礎工作。建築自現代史以來就被視為一個單一的靜態建物或數種形式的聚集物。將建築視為一個流程，而不只是一個靜態建物的好機會出現了。**在服務設計中，我們將整個系統視為一個產品，而在建築設計中，建物就是那個產品。**為了讓建築成為服務生態的一部分，建構的環境必須重新定義為一個接觸點，且視建築物本身為一個實體的表現。

我們可以用利害關係人地圖來確保所有與建築物生命週期有關的人（每一個涉及設計、建造、使用、監測的人）都有被找出來。這可以為整合流程中全部（建造相關）的需求打好基礎。建立一份使用建物的人的建築設計顧客旅程，找出不論是服務、產品或建造的接觸點。

我們與 Cowoki [26] 的團隊合作，Cowoki 是一間德國科隆的新創公司，經營結合托育服務的共同工作空間。在這個專案期間，我們為他們服務的各類使用者定義了旅程，並把重點放在欲打造的空間究竟需要提供什麼服務，以符合不同使用者族群的需求（例如社區空間、安靜區和電話亭等）。

26 見 *http://www.cowoki.de*。

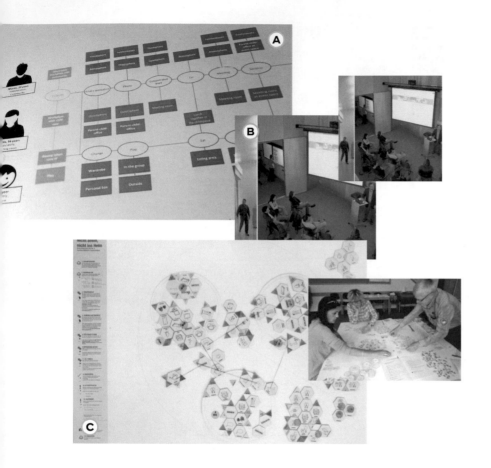

第二階段：需求評估

身為建築師，我們的目標是為建築物的使用者產出最佳解決方案。基於這個理由，了解他們的需求是很基本的。在 1960 年代，建築計畫書或簡報的概念開始在美國展開 [30]，計畫書在建築流程中被稱作第零階段，且會運用不同的工具以獲取與建築物使用者的相關資訊。這是一個研究和解決問題的流程，用來探索、檢查和說明設計專案內的不同需求。使用的方法包括腦力激盪、脈絡訪談、標竿分析、建物檢測和關係圖表。建築計畫書現在於美國建築師學會（American Institute of Architects，AIA）的服務目錄中是第一階段的一部分，不過，在像是德國等其他國家，這還不是正式工作架構的一部分。這使客戶難以了解為何要購買這個額外的步驟，也很少被特別指派進行。即是有做，也沒有建議的行動或是有架構的方法來進行。

作為設計角度的一個範例，IDEO 與史丹佛創新學習中心的建築師和員工成員進行合作。這個專

(A) 使用三組人物誌，建立一份與孩童共同工作的顧客旅程。重點在共同工作空間中不同的空間如何提供工作者和孩童所需 [27]。

(B) 使用者導向的空間解決方案，位於史丹佛創新學習中心（Stanford Center for Innovations in Learning）[28]。

(C) 利害關係人建立夢想空間地圖（Dream Space Map）「年長者在鄉間的居住與生活 [29]。」

27 照片：COWOKi，科隆。

28 照片：IDEO。

29 照片：Baupiloten，柏林。

30 更多關於建築計畫的資訊，見 William M. Peña, W. M., & Parshall, S. A. (2012) Problem Seeking: An Architectural Programming Primer, 5th ed. John Wiley & Sons。亦見 Kumlin, R. R. (1995) Architectural Programming: Creative Techniques for Design Professionals, McGraw Hill Professional。以及 Sanoff, H. (1977) Methods of Architectural Programming. Dowden, Hutchinson & Ross。

案顯示了建築的流程和使用者需求的評估能如何結合。**團隊進行了六週的研究，包括校園中的訪談、照片問卷和影隨，以了解學生和中心員工及教職員的工作流程。**「這項工作幫助 IDEO 產出設計文件紀錄，包括從建築和室內陳設，到資訊系統和使用協議等每個面向的視覺化 [31]。」

8.5.3　第三階段：創造

當我們討論到建築中新的或有創意的方法，多少會提及使用者在設計前階段的參與（如前所述），但關於將利害關係人整合到設計階段，並讓他們拿起畫筆又會是如何呢？

把利害關係人結合至都市規劃的流程中花了相當大的努力，回溯到 1940 年代，當英國政府使用第二次世界大戰後的重建作為一個讓公眾參與的機會。計畫者建立了新的工具來與外行人溝通，像是動員宣傳、測量大眾意見、規劃展覽和以新的視覺策略進行實驗 [32]。針對共創，則是使用一些想像的工具（例如概念發想、設計情境或故事板）。

在《*Architecture Is Participation（Partizipation macht Architektur）*》一書中，柏林的建築事務所 Baupiloten 介紹了他們的參與式設計方法 [33]，「討論一個夢想空間」是他們使用的一個方法，這個桌遊使用活動和氣氛卡來共同設計空間。在「年長者在鄉間的居住與生活」專案中，利害關係人「一起討論在鄉間的未來生活。一開始每個玩家發展出一個個人區域的願景，然後討論給所有人的公共設施，同時有私人和鄰居互動意願等兩個很大的需求－像是用一個共同做菜和用餐的公共區域來連接兩個空間。」透過夢想空間地圖的建立，空間關係和氣氛品質的需求都被揭露了。

8.5.4　第四階段：測試

建構建築模型對每個建物專案來說相當必要。工作模型用來對建築設計方面進行研究，或是用來溝通設計想法。因此，建築模型可能是第一個快速原型。但在日常建築實務中，模型則很少這麼用。大部分都是在最終設計階段才做出來，作為完成設計的一個視覺化物件和業務工具。以一個

31 IDEO (n.d.) "Multistory Teaching Environment." 見 2015 年 9 月 9 日 *http://www.ideo.com/work/stanford-center-for-innovations-in-learning*。

32 Cowan, S. E. (2010). "Democracy, Technocracy and Publicity: Public Consultation and British Planning, 1939-1951," 見 *http://www.escholarship.org/uc/item/2jb4j9cz*。

33 Hofmann, S. (2015). *Architecture Is Participation: Die Baupiloten: Methods and Projects*. Jovis.

設計思考的觀點來看，原型的可能性是很多樣的，及早打造模型，設計一定能從中受惠。工作模型幫助建築師更加了解他們的設計，同時促進與利害關係人的溝通，如此能強化流程和各方之間的信任。使用的工具可能包括建築的舞台架設、樂高認真玩 LEGO® SERIOUS PLAY®、或建物的原型。

Baupiloten 使用了一個探索性的遊戲，稱作「測試情境（Test scenarios）」，這個遊戲使用一套特定建築比例的空間模組。「目的是讓使用者能夠用這些建築方塊在未來建造的環境中調整他們的需求和渴望，特殊的比例也讓模型容易轉換到設計流程 34。」

另一個「實作」的範例是我們與德國電信（Deutsche Telekom）合作一個學期的專案。學生們要為智慧家庭發想點子，原型測試是過程中的一部分。**透過原型的創造，產出非常深入、詳細的想法，且概念真的比先前的成果更豐富。**

8.5.5　第五階段：建造

在規劃好建物之後，**建築師的功能就是工匠師傅監造的接觸點。接著收集、測試和評估各方開價、與投標者協商、下訂單**。此外，建築師會負責控制建築流程中的預算。一旦所有的交易人員都到位，建築師會進行協調並監督落實。可能有人會說建築比較像是一個技術階段，因此，在這樣的階段中，哪裡有服務設計的機會呢？

「交叉目錄（catalogue of intersections）」是一項常用的好用工具，這個目錄列出規劃流程的細節，以及所有參與方之間的交叉互動 35。雖然說這不是正式必要工作文件的一部分，但可以協助在漫長的建造階段期間保有一個總覽，結合交叉目錄和利害關係人地圖可以為建築工作的流暢度帶來很棒的效果。

工匠師傅在這個建築過程階段會形成一個很重要的利益群體，他們仰賴建築師的規劃，同時也有義務履行其專業領域的標準。和這些人聊聊，並了解他們需要什麼才能提供最棒的服務，這也應是建築師所在意的。然而，官方的需求對建築師和工匠之間的接觸只有在技術落實的方面有規

34 Hofmann, S. (2015). *Architecture Is Participation: Die Baupiloten: Methods and Projects*. Jovis.

35 Fritsch + Tschaidse Architects, Munich.

範。一個結構式的工匠需求評估以及交易之間交叉互動點的明確定義就可改善流程。舉例來說，如果一位師傅擁有一個技術上的創新，這個創新可能對建物的設計會有影響，建築師若能及早接收到這些資訊，將會有所助益。

建築物的使用者不會在建造階段有任何角色。如果從技術的觀點來看，這似乎相當合邏輯。另一方面來說，這個階段也是建物落成後的第一個可見的接觸點。此時，使用者渴望能參與和收到資訊。這是個把這些團體重新納入的好時機，不論是向他們展示實際專案的狀態、確認需求（能夠盡快在詳細規劃中調整可能的改變），或甚至是舉辦一場晚期共創工作坊，討論還可以改變的部分（如細部規劃、室內設計）。

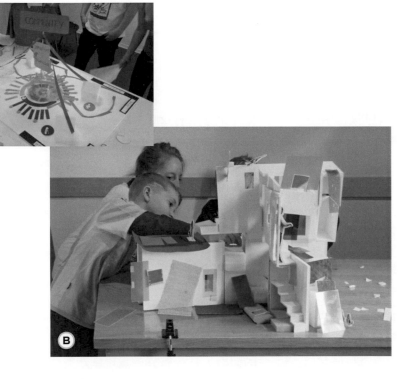

8.5.6　第六階段：監控

建築流程的最後一個階段：監控，是指在建築物完成後使用和售後服務的活動。舉例來說，辦公室建築物完工後，常會交給持有者一份操作和維護的手冊。這是一份技術報告，包含像是樓層維護說明、通風系統的操作說明以及竣工

Ⓐ 社區組織者的關係模型；智慧家庭的學期專案 [36]。

Ⓑ 孩子們根據需求和想像，為自己在「Le Buffet 親子餐廳」中的遊戲區域建造一個模型 [37]。

36 照片：HfG Schwäbisch Gmünd, in cooperation with Deutsche Telekom, Germany。

37 照片：Baupiloten，柏林。

圖等內容。通常不會包含使用建築物的人為因素（例如，為何做出某些決定、房間要如何彈性使用）。其中缺乏了將需求評估階段的發現轉換到建築物使用的落實。在德國 HOAI（建築師和工程師的服務規劃與費用表）描述了兩項義務性的服務：協助提出承諾，和彙整圖像和文字的紀錄。在這個附加的特別服務裡，建築師會在交付後為使用者群組提供實地視察，然而，這是建築師在建築後期重新與使用者互動的唯一（也許有簽約）的機會。在此之後，一旦開始使用建物，任何透過評估需求以整合利害關係人及使用者的早期工作都不會再被提出。

住宅用和商用建築物的改變和使用中評估，並非典型建築合約中的一部分。一旦建築物完成，規劃中所做的決定就相當具體，在一個已完成的建築物中，是無法像服務一樣輕易把牆拆除或改變結構。因此，使用後的評估要怎麼要才具有價值？這裡提出至少有兩個拓展傳統的建築流程的理由。首先，追蹤使用者，幫助他們管理早期設立的期望，並為建築物的持續改善打開交流。可透過回饋工作坊讓使用者參與，使用像是走查等方法，或「一日人生」。此外，這也是建築師為下一個專案學習的絕佳機會。

另一方面：服務設計可以從建築專業裡學到什麼？

雖然本段著重在透過整合服務設計技巧改善建築流程，但我們還是能讓服務設計向建築領域學習。

「建築師」這個頭銜是受到保護的，且只能在經歷密集的大學學程和實務經驗後才能使用。這樣確保了產出服務品質的一致性。由於建築協會的存在，建築師擁有聯合的聲音，強調他們的需求，並專業地提供服務。建築師的表現是架構於工作階段之中，且個別工作階段的收費也被設定在一定的費用範圍中（如德國 HOAI）。由於這些架構不存在於（服務）設計領域，所以我們有機會能夠在工作和結果上建立一個相等的品質標準。

我們看見了幾種領域的服務設計可在建築領域中實作的機會。若設計師能夠卸除建築流程內固定的架構，就會有許多實現創新空間解決方案的機會，也是服務生態系統中的絕佳實體接觸點。

38 照片：Fritsch + Tschaidse Architects，慕尼黑。

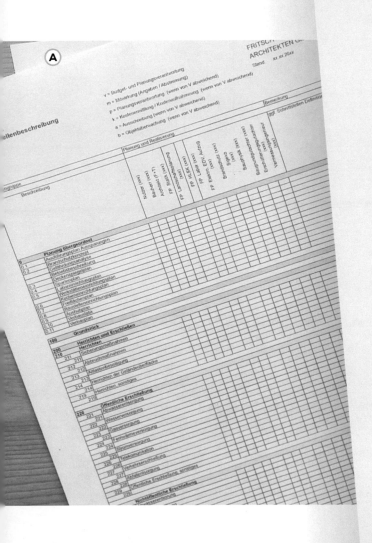

Ⓐ 交叉目錄的引用 [38]

08
落實

案例

⟶

以下四個案例研究提供了服務設計落實如何在實作中發生的範例：如何讓員工都有能力持續地落實服務設計專案（**8.6.1**），如何落實服務設計，創造銷售量的經驗、動能和成果（**8.6.2**），如何在軟體新創公司裡落實服務設計（**8.6.3**），如何透過試行和服務設計專案落實來創造可量測的商業影響力（**8.6.4**）。

8.6.1 案例：讓員工都有能力持續地落實服務設計專案 308

最棒的重機奔馳之旅！如何建立並維持一個完美的顧客體驗

— Mario Sepp，Gastspiel 創辦人

8.6.2 案例：落實服務設計，創造銷售量的經驗、動能和成果 313

顧客和銷售者體驗的轉型

— Jurgen De Becker，Genesys 全球解決方案諮詢副總裁

— Lisa Gately，Genesys 內容策略資深總監

8.6.3 案例：在軟體新創公司裡落實服務設計 317

從圖表到現實

— Klaus Schwarzenberger，More than Metrics CTO

— Jakob Schneider，More than Metrics CCO

— Marc Stickdorn，More than Metrics CEO

8.6.4 案例：透過試行和服務設計專案落實來創造可量測的商業影響力 322

建立一個未來的願景：永續的、高品質的銀髮照護

— Ingvild Støvring，Livework 服務設計師

— Rune Yndestad Møller，Livework 資深策略設計師

— Melissa Gates，Livework 溝通設計師

— Marianne Rolfsen，Livework 資深服務設計師

8.6.1 案例：讓員工都有能力持續地落實服務設計專案

最棒的重機奔馳之旅！如何建立並維持一個完美的顧客體驗

✎ 作者

Mario Sepp
Gastspiel 創辦人

Gastspiel

EDELWEISS
BIKE TRAVEL

Edelweiss Bike Travel 目標在為顧客設計更好的經驗。在奧地利 Gastspiel 的協助下，進行分析並改善了他們端到端的顧客旅程。最重要的因素為員工訓練。

一開始的情況：具傳統的健全公司

Edelweiss Bike Travel 是全球領先的機車旅遊導覽公司－自 1980 年以來，就在全世界提供重型機車和一般機車旅遊服務。公司約有五萬名顧客－主要來自美國、巴西、加拿大和德國。主打最新型的重機、在全球七十五個地點提供十二種不同的旅遊類型，從一般型到豪華假期都有。

設計挑戰和專案目標

當然，Edelweiss Bike Travel 能提供優質的顧客服務，但他們想追求的是「極致傳奇的」好服務。只有超越顧客期望的旅遊才算是成功。

我們的服務設計挑戰是：在全球從事重機旅遊三十五年後，Edelweiss Bike Travel 決定要改頭換面，並將所有旅遊的顧客體驗標準化。公司持續不斷拓展，且全球旅遊導覽自由業者的數量也一直在成長－這帶來一個真正的挑戰，也就是要為同樣在成長的新顧客和忠實顧客，設計一套持續、一致的顧客體驗。

有不少老顧客常常預定同一個旅遊行程兩三次，有時還會帶

之前他們大力推薦過 Edelweiss Tours 的朋友前來－這些老顧客的回饋清楚證明了每一個旅遊導覽對顧客體驗品質的感受有著巨大的影響。

但還有另一個因素逐漸變得重要。因為 Edelweiss Bike Travel 為 BMW、杜卡迪、凱旋和哈雷等品牌的官方合作夥伴，所以要了解當在旅行中使用他們的機車時，這些公司對為客戶提供精心策劃的好顧客體驗也相當重視。

「我們不只是經營旅遊行程，我們想要在旅遊前、旅遊中，當然還有旅遊後提供極致的顧客體驗！」
— *Rainer Buck*，*Edelweiss Bike Travel* 董事總經理

設計公司的方法：
經典服務設計流程

Gastspiel 被選為開發和共創的夥伴，與 Edelweiss 最優秀的「Edelweiss 顧客體驗團隊」一同合作。在深度設計研究之後（由觀察的形式和民族誌的方法進行，作為準備、落實和追蹤不同機車旅遊的一部分），發展並繪製出一份利害關係人地圖、顧客旅程圖和相關人物誌，開始新顧客體驗的設計和落實。

除了旅遊前後顧客旅程的修正翻新外，聚焦當然在旅遊本身。管理層了解到旅遊導覽和導遊的行為絕對是每個人經驗中「成敗攸關的因素」。為了以長久永續的方式開啟並導入新的「Edelweiss 顧客體驗」，我們開始落實一項新的旅遊導覽訓練計畫。

落實的細節

服務設計流程在過去幾年間有巨大的進展，但最大的挑戰一直都是在整個組織內永續落實定義好的顧客體驗量測。

特別是與顧客直接有接觸的員工，不論資歷長短為何，都要有能力在他們日常工作中執行新的顧客體驗設計：「周而復始，造就了這樣的我們（We are what we repeatedly do.）。」為了克服這項挑戰，我們建立了一個新的服務訓練影片，教導員工一步步完美運行新的顧客體驗，同時也可以立即感受到這些步驟對顧客的影響。

服務訓練影片分成幾段個別訓練，根據整段顧客旅程，展示所有在真實情境中公司和顧客之間相對應的流程。在旅遊領隊訓練（Tour Leader Training）的內容裡，每段影片結束後，會對剛剛觀看的情況進行共同檢討，最重要的細節也會被記錄下來。我們開發了一份「快速參考指南（Quick Reference Guide）」，包含所有相關資訊的印刷品；為了安全起見，這份指南會由所有的旅遊領隊隨身攜帶，也方便隨時參閱，在旅途期間協助他們的工作。

與員工溝通

最必須要強調的是顧客體驗的情感層面，以及讓員工直接且與顧客一樣，試著去感受每一段顧客體驗對公司來說有多麼重要，並了解員工被賦予的責任有多麼重大、也是務必達成的。

任何觸碰到情感層面的感受會比用傳單教導、傳達的情境式經驗和過程停留地更久、也會深深留在記憶中。

員工越了解且掌握真實情況、就能越理解自身的基礎優勢，

(A) 完整的顧客旅程圖建立了整個流程的基礎。用來說服員工和開發新的顧客流程，這在整個專案過程中相當重要。

(B) 團隊成員根據新發展出來的指南設定查核點。

(C) 後台辦公室團隊以掛在後方的故事板為基礎，設計後台流程。

(D) 新的員工指南：所有面對面互動的基礎。

(E) 專屬的迎接方式：為無形的服務建立實體的證據。

(F) 團隊十分認真地接受訓練。

也就會更加願意努力以公司的利益出發，達成顧客期望，讓顧客滿意。這就是從「服務設計」走向超棒的「服務提供」！

顧客不太會記得你說過什麼或做過什麼，但會一直清楚記得你給他們的感覺好不好。

員工訓練後可量測的結果

Edelweiss 從顧客的第一次旅遊回來後收到的回饋相當驚人－再一次證明了：良好的顧客體驗創造優秀的經營成果。在完成專案後，Edelweiss Bike Travel 達到了自 1980 年來營運最成功的一年！

關鍵洞見和心得

相較於靜態圖片、單純文字或口述的資訊，影片媒介提供了更多資訊，尤其是分開使用時。客製的服務訓練影片是依真實情況製作的，透過拍攝真實的顧客和員工平常會發生的狀況－不僅讓訓練的內容以視覺化、鮮明的方式呈現，同時也傳達了某種程度的情感，非常正面地強化了知識的吸收，也帶來顯著的進步，和對學習內容的長久記憶。

為了溝通必要的作法和旅遊提供者想達到的特定動作及行為，我們開發了一套縝密的教學概念，用影音素材做出來，最後再製作成訓練影片。我們讓員工都要觀看同一套正確的程序，且指導每個員工在各自工作範疇內的實際演練。

「我在這裡面獲得了什麼呢？在我參加過所有的旅遊後，最棒的就是『人』。不僅是車友，還有導遊。真是太喜歡了。所以綜合來說…『人』比什麼都棒。我也想要感謝大家，讓我的人生更完整了。」
— Edelweiss Bike Travel 顧客

用這種方式，公司就能讓新手和熟練的員工都能理解，在任何時間、情況下，要提供什麼服務以達到好的顧客體驗，也更進一步透過展示，讓他們知道要怎麼做才能在每天的日常工作中成功提供這些服務。

為了萬無一失，很重要的是，所有互動都必須讓顧客感到真誠。的確蠻難的！因此，特別是在說明人際關係的技能上，可以用帶有情感、較真實的影片來描述人與人互動的情況，而不是只用文字或圖像來說明。

具體來說，因為旅遊導覽團隊是由不同國籍的人所組成，所以確保他們每一個人對相關訓練內容有同樣程度的了解就更加重要了。事實上，我們在第一次旅遊領隊訓練完成前，便已經能看到新服務訓練影片的效果。

讓內部對成果感到驕傲

當老闆、管理層和專案團隊成員看到完成的影片時，都出現了同樣不可思議的情感回應－大家都非常感動、且大多數的人都感到無比驕傲！對「他們自己的」公司感到驕傲、對個人表現和整個團隊感到驕傲、並對他們的投入、和員工每日與顧客動的誠心感到驕傲。

以團隊情感作為驅動因素

很清楚的是－如此強烈的情感是巨大的動機因素，也強化彼此對公司的忠誠度。正因如此，在訓練課程結束的時候，從所有的員工獲得全體一致的回饋表示「我真的很以身為 Edelweiss Bike Travel 團隊的一員為榮！」真的很令人感到欣慰。這樣同心協力的精神和員工對工作認同的態度、對公司和服務的忠誠，一定也會被 Edelweiss Bike Travel 的顧客感受到。毫無疑問的，這正是最能長久帶來真誠和獨特顧客體驗的良好基礎！

重點結論

01

顧客旅程圖這類視覺化工具對團隊共同目標的了解是很重要的。

02

出色的服務來自於高度自主的員工。

03

對員工來說，不僅是訓練，還有深入了解顧客體驗的概念，都相當重要。

04

影片、書面指南等專門的訓練素材，有助於永續落實新的概念。

8.6.2　案例：落實服務設計，創造銷售量的經驗、動能和成果
顧客和銷售者體驗的轉型

✏ 作者

Jurgen De Becker
Genesys 全球解決方案諮詢
副總裁

Lisa Gately
Genesys 內容策略資深總監

GENESYS™

今日的數位革命推動了對顧客黏著度（customer engagement）的巨大期望。沒有一個地方比客服中心再清楚這點了，顧客黏著度模型也一直在快速轉型。二十五年來協助公司創造絕佳的全通路經驗、旅程和關係的知名全球客戶體驗平台 Genesys，對於這點相當了解。Genesys 的服務遍佈 120 個國家，擁有超過 4,700 位顧客，每年在雲端和內部進行超過 240 億次客服中心的互動。

然而，這樣快速的成長（四年內收購十二間公司），以及在產品組合擴張的同時進入新的市場，Genesys 需要轉型其模式，以與顧客一同合作。於是，他們建立了一個由行銷、業務和服務部門主管組成的核心團隊，以解決新的服務設計挑戰。**Genesys 必須加值顧客的時間，並透過橋接公司科技和各單位客服團隊的專長，以改善購買旅程。**具體來說，業務和服務團隊需要一套共同的方法和工具來達到服務的可重複性和服務標準化，同時也幫助顧客讓服務具體化，也改善他們所提供的顧客體驗。

日益複雜帶來的挑戰

對許多公司來說，現在的成功是指能提供在多個旅程和通路間互聯的顧客經驗，包括電話、互動式語音回應（IVR）系統、電子郵件、社群媒體、網路對談、簡訊、行動 App、影片和其他物聯網（IoT）自動化服務。同時，顧客所認定的價值是根據商業的成果來判斷，不一定是一項產品服務的價格，他們也會與自己在任何產業曾有過的最佳經驗進行比較。

由於深知這些市場的轉變，Genesys 的產品組合快速的成長，且其銷售模式開始從以產品為基礎演化為以解決方案、諮詢為基礎的模式。但這些改變帶來了更多複雜度和內部的迴圈，而非由外而內的思考。這樣的複雜度開始影響顧客購買旅程中的體驗，以及 Genesys 團隊間的合作。

一個由業務、行銷和服務部門主管組成的跨部門團隊設定了使命，要以一致的手法來優化顧客和 Genesys 的成果：建立和提供記憶深刻的「驚喜的」顧客體驗（wow experience）。SMART Method 專案就此誕生，也成為企業的轉型計畫，

由 CMO 和全球銷售及服務主管所資助，以打破部門的穀倉效應。

建立記憶深刻的「驚喜」體驗

改變的第一步往往是最困難的，對 SMART Method 專案也是。以顧客的角度思考，並使業務和服務團隊跳脫現有內部工具和流程的限制，需要一個全新的心態。

一個讓核心團隊產生共識的關鍵是「這就是服務設計（This is Service Design Doing）」課程活動。大家的經驗讓顧客導向的概念成為所有討論的重點，也讓我們開始使用共同的工具和語言。在這之後，會議室佈置了旅程圖、利害關係人地圖和服務藍圖。「章魚群集法」手法甚至成為行銷訓練的一部分。

英國設計協會提出的「雙鑽石（Double Diamond）」模型為 SMART Method 核心設計流程的想法之一，這樣的流程是從廣泛的研究開始。團隊找出購買旅程中最重要的經驗缺口：當顧客需求被找出時的接觸點。儘管顧客認同 Genesys 顧客體驗的願景，但他們還是覺得蠻複雜的，也常常遺漏了關於商業成果的洞見。因此，第一個設計挑戰著重在提供可量化的價值，和一個達到目標狀態的明確途徑。這成為幾次迭代修正和原型的基礎。

由此產出的服務設計導向手法主張讓業務團隊和顧客一起分析使用者顧客的旅程。產品成為達到目的的一項手段，幫助公司產出更棒的顧客和員工體驗，以及有效率的營運。過去將焦點放在產品功能上，現在漸漸向後退了，而關係建立、旅程的重新構思和優良的商業成果則逐漸獲得了關注。

小步驟落實以建立動能和成果

在開始的前六個月，SMART Method 在年度銷售大會上被介紹給整個 Genesys 銷售團隊，在服務設計思考（和實作）專家的支持下，我們為設計流程提供了內容和洞見。得到的回饋相當鼓舞人心，有 88% 的銷售團隊同意此方法可減少顧客的時間、創造新的體驗。

在引進階段後，跨部門的團隊與 Genesys 團隊一同合作，在落實期間指引方向。我們最先遇到的其中一個挑戰是要克服銷售團隊與顧客進行對話設計的猶豫，或是「我夠有創意嗎？」的經典質疑。我們發現設計實作的手法可帶來更佳的顧客對話，因為與顧客分享有意義的細節內容和故事。早期體驗也讓我們知道，有時簡單、實用就夠了。最後，我們

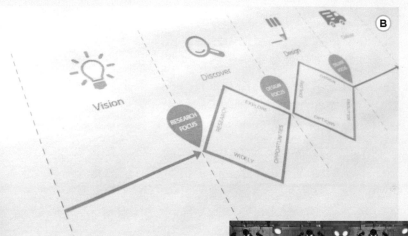

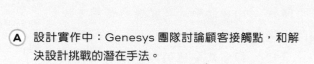

(A) 設計實作中：Genesys 團隊討論顧客接觸點，和解
決設計挑戰的潛在手法。

(B) SMART Method（一開始叫做 WOW Method）
靈感來自英國設計協會的雙鑽石模型 [39]。

(C) Genesys 的 Jurgen De Becker 在公司的銷售大會
上簡報初期成果和方向。

39 更多資訊見 http://designcouncil.org.uk。

了解到在與顧客共創時，找到正確的旅程有多麼重要。

一段顧客生命週期內包括許多旅程，設計思考讓我們能想像許多未來的可能性。 然而，我們需要找出顧客情境下最有感的旅程，以作為設計實作的開始，且不能失去當前的動能。以敏捷的方式一起工作，小步快跑，跟著整個銷售團隊用一些試行的顧客專案學習，就能帶來很棒的初步結果。

隨著計畫的成長，下一個重要里程碑就是要建立一個小的、專屬的團隊在顧客生命週期中引導設計思考，並為銷售團隊導入新的工具。此團隊不僅要著重經驗優化，也要在跨行銷和服務的團隊裡建立和分享知識。每個與顧客一起進行的共創過程會產出可貴的洞見，新的服務能力也會被加進解決方案組合中。**建立一個卓越中心是落實計畫中關鍵的一步，並使設計思考成為一個重點專業。**

雖然 SMART Method 才剛萌芽，我們已經有了一些正面的成果。服務設計協助 Genesys 轉型，創造更直覺、個人化的顧客（和銷售）體驗。起初小型、秘密進行的行動也很快有了能量，幫助公司降低複雜度、打破穀倉效應、也為組織經營引進貼心、人性化的方法。

「服務設計改變了 *Genesys* 團隊與顧客互動的方式。我們以旅程圖改變了溝通模式，讓我們能一起探索、共創新型態創新顧客體驗。事實證明這個方法相當有用，也有效幫助我們的顧客改變他們與其顧客創造良好顧客經驗的方式。」

— *Mark Turner*，全球銷售與營運部執行副總裁

重點結論

01

隨著公司的成長，不能讓焦點從顧客轉移到內部改變。永遠不要忘記顧客經驗！

02

以顧客的角度思考需要全新的心態改變，也需要有一個共同的跨團隊文化才能做到。

03

找到顧客需求的點可能是顧客旅程中最大的經驗缺口。

04

設計思考和實作可讓你的手法變得簡單。

8.6.3 案例：在軟體新創公司裡落實服務設計

從圖表到現實

✎ 作者

Klaus Schwarzenberger
More than Metrics 技術長

Jakob Schneider
More than Metrics 文化長

Marc Stickdorn
More than Metrics 執行長

more
than
metrics

 smaply

開創一個帶有服務設計 DNA 的公司

當《這就是服務設計思考》出版時，我們答應要做一個用來製作顧客旅程圖的 App。但我們很快在脈絡訪談和工作坊發現，一開始的想法還不夠。我們了解使用者需要的不只是紙本圖表的數位版本，而是能快速創造整個旅程圖的工具，以在工作坊中分享和使用－這樣的洞見在整個開發流程中引導著我們。根據從客戶和廣大服務設計社群所收到的回饋，發現我們必須做一套線上軟體，讓使用者能夠製作專業的旅程圖（例如在工作坊後分享給所有的參與者，並作為未來迭代修正的參考）。一開始只是我們服務設計顧問的一個小專案，逐漸長成一間新創，還寫了商業企劃書呢……

Smaply 變成一套用來繪製人物誌、利害關係人地圖和旅程圖的網站工具。這個案例會著重在我們的原型測試流程，以及我們在過去幾年是如何打造原型、測試和修正我們的商業模式。

自助創業

在書籍銷售量鼓舞下，以及與來自全球的服務設計師互動的結果，我們覺得時機到了。旅程圖在 2011 年開始成為主流方法。在 2012 年時，我們創辦團隊有了軟體新創公司的必要能力組成：技術（Klaus）、設計（Jakob）和管理（Marc）。我們具備自行處理大多數任務的能力，也與我們潛在使用者和顧客非常接近。這讓初步的研究、原型建立和測試非常快速且便宜。但真正的概念和商業模式仍可能會有所變動。

我們根據自身的服務設計顧問經驗提出許多假設，但仍需要透過研究來驗證。

由於需要保持彈性，我們結合了敏捷開發流程和一套涉及整個團隊的迭代服務設計流程。因此，不僅軟體本身是以循環的方式開發，我們也用迭代的方式發展商業模式。

由於服務設計社群對這個專案相當感興趣，我們一開始本來打算透過群眾募資來為 Smaply 籌募資金。但可惜國際募資平台在 2012 年並不支援奧地利的專案，那時還天真地想自己架設一個群眾募資平台。不過，當時在奧地利極力爭取合法性，但最後還是出於法律因素，不得不放棄了這條路[40]。為了能真正開始，我們決定自力救濟，靠自己創立了 Smaply。

40 後來法規有了變化，現在群眾募資和群眾投資在奧地利已越來越盛行。

發展商業模式

我們以一個典型「軟體即服務（SaaS）」產品來規劃 Smaply，這類商業模式有趣的地方在於產品的可擴展性：無論賣出多少產品，還是能維持相對穩定的成本。

SaaS 商業模式的其中一個關鍵部分為定價。一開始，我們的定價是根據直覺。我們自己就是 SaaS 的使用者，所以我們問自己，願意對這樣的軟體付多少錢。接著，我們設定 10 歐元和 25 歐元月費的「新手方案」和「基本方案」。想法很簡單：如果我們能說服兩百個顧客購買「基本方案」，就可以支付基本的成本。當時我們還沒有任何員工，計畫自行開發第一個版本的軟體[41]。

販售 alpha 和 beta 版本

當然，考慮市場潛力和產品／市場適配時，我們不是只靠直覺。在封閉 alpha 版本階段，與從服務設計社群選定的使用者進行早期迭代和研究時，我們了解到這個工具能滿足公司在服務設計上的需求[42]。其中一個研究問題是「**這樣的需求有大到足以讓使用者願意付費嗎？**」為了回答這個問題，我**們更大膽地用價值原型做了一些研究**。

我們建立了一個測試市場反應和價格的敏感度的原型。我們提供一百個 30 歐元的「alpha 帳號」，這基本上是說：「歡迎你來看看我們爛爛的第一版，但要付錢！」當這些帳號在 24 小時內銷售一空時我們也很驚訝，並決定在幾週後提供另外一百個 50 歐元的 beta 帳號，結果同樣成功。銷售 alpha 和 beta 帳號幫助我們找到使用者，也與互動最高的使用者連結。

41 四年後，我們總共有 20 位員工。

42 在 2012 ／ 2013 年時，我們將 Smaply 的價值主張定為「用幾分鐘做出專業的旅程圖。」我們描述了我們想滿足的使用者需求「使用者需要快速製作可展示的旅程圖，並能夠在迭代時與身處各地的團隊一起做修正。」我們定義的核心目標族群是「有在進行服務設計的公司」。

建立一個社群

在 2013 年，我們有約莫五十位受邀的封閉 alpha 版使用者、一百位付費 alpha 版使用者、和一百位付費 beta 版使用者。在這個基礎下，我們試著與這些互動最高的使用者建立長遠的關係，也就是跟每一位都有聯繫的意思。有些使用者對於收到我們又長又真誠，對錯誤回報和新功能要求的回覆，或當

E

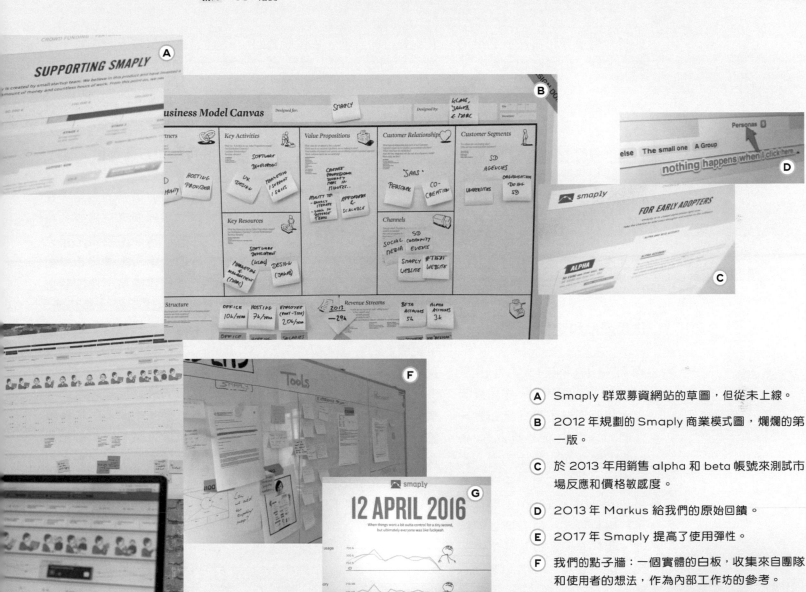

(A) Smaply 群眾募資網站的草圖,但從未上線。

(B) 2012 年規劃的 Smaply 商業模式圖,爛爛的第一版。

(C) 於 2013 年用銷售 alpha 和 beta 帳號來測試市場反應和價格敏感度。

(D) 2013 年 Markus 給我們的原始回饋。

(E) 2017 年 Smaply 提高了使用彈性。

(F) 我們的點子牆:一個實體的白板,收集來自團隊和使用者的想法,作為內部工作坊的參考。

(G) 辦公室中的一張海報,提醒團隊伺服器超載了。

他們的點子真正有被放到最終產品上時，都感到相當開心。

建立社群的核心是跳脫只對軟體本身的思考，我們開始提供工作坊用的人物誌、利害關係人地圖和旅程圖紙本樣板的免費下載，同時也在網路商店「Mr.Thinkr」販售現成的紙本樣板。我們給予一些免費的範本來答謝互動最深的使用者，以作為軟體服務的實體證據。

迭代產品和定價

我們在 2013 年 12 月推出了 Smaply 的公開版本，短短幾天內，我們獲得了第一批顧客－他們大多數是從之前 alpha 和 beta 版轉換而來的使用者。當我們沒辦法只靠自己處理所有事情後，我們在 2013 年雇用了首兩位員工，隨者成本的增加，我們必須要改善商業模式和定價。然而，我們想要確認顧客在使用 Smaply 的感覺是「值得的」，所以我們詢問了其中幾位的意見。依據他們回饋，我們在 2014 年將新手方案的價格提升到 25 歐元（限三個專案和一位使用者）和基本方案 50 歐元（無限專案並可新增使用者）。

我們一開始的概念是想要提供使用者最多的指導，這個方法也包括了對使用者的限制，如：「你不行這麼做，因為這樣不對。」隨著使用者能力越來越高，我們也收到不少對於教導模式的客訴。使用者想要用更彈性的方式來製作圖表。我們也不斷告訴大家如何解決問題、收集越來越多的使用案例。在兩年不停迭代的軟體開發後，整包程式碼看起來就像是一張補丁地毯。所以，我們決定整個把軟體重寫。即便這是一個很大的投資，但這會提升穩定性，並讓我們能克服 Smaply 彈性的問題。我們與重度使用者測試了許多新的想法－大多只是在紙上畫出介面想法來討論。內部洞見工作坊透過研究資料分析、紙上原型、並建立易用性測試的數位模型，將整個團隊的知識匯集在一起。

連接特點和方案定價

透過與使用者緊密的對話，我們能夠了解他們真正需要的特色和功能。當使用者表示預先設定好的故事板影像模板（對我們來說相當簡單）比即時協作（相對複雜不好做的功能）重要太多時，我們感到蠻訝異的。

我們當時（直到現在，有了一些成長後仍是如此）用來理解需求、設計特點和定價最重要的工具是相當簡單的：團隊中每一個人都會與使用者做有意義的對話溝通。公司並沒有專屬的客服支援團隊。

每個人都會和使用者對話：創辦人、軟體開發者、行銷人員都會。

在我們公司裡，全部的人都會處理客服、易用性測試、軟體 demo、bug 報告、客訴等等，我們的口號就是：「給我去找顧客聊聊！」這代表每一個人都了解顧客最明顯的需求在哪，且我們每兩週會討論一次。我們收集想法，在點子牆上提出改善、新特點、方案和定價，根據對使用者和對公司的影響，以一個點子合集的方式進行優先排序。這就是我們共同創造未來的軟體開發待辦清單的方式。

成長

2016 年 3 月，我們不再堅持使用者註冊 Smaply 時提供信用卡資訊。我們低估了這樣的改變會對註冊率產生多大的影響：每月的新註冊立刻增加了 1200% －才兩週就讓伺服器當機了。辦公室中有一張海報提醒著我們記得這一天，但我們從錯誤中學習，並設好新的伺服器以利快速成長。

心得

我們整個開發流程現在都是根據探索的迭代活動（與使用者對話和共事）、概念發想／原型測試（建立簡單的原型並盡快測試和落實（做出來，然後直接再測試一次），這是公司文化的一部分，我們也深信是因為這樣的方式才有今日的成功。

重點結論

01

與使用者建立真誠的關係，將他們納入創新流程中，並感謝他們的點子和回饋。

02

在顧客之間建立一種主導權，並與最狠的批評者維持緊密的對話－即使他們的態度很差。

03

在整個團隊間導入迭代流程的想法，明確指出產品沒有「最終」版本。也要有心理準備，大家可能不會太喜歡這種感覺。

04

接受你其實並不那麼了解產品實際使用案例這個事實。勿只是依賴數字。去問人。

05

堅持你的原則。和人們聊天，並與他們共同創作是很重要的－但你要負責大方向，還有精緻的細節。

8.6.4 案例：透過試行和服務設計專案落實來創造可量測的商業影響力

建立一個未來的願景：永續的、高品質的銀髮照護

作者

Ingvild Støvring
Livework 服務設計師

Rune Yndestad Møller
Livework 資深策略設計師

Melissa Gates
Livework 溝通設計師

Marianne Rolfsen
Livework 資深服務設計師

live|work

奧斯陸正面臨著一個全球性的大挑戰之一－人口快速老化，照護需求迫切。市政服務提供者需要找到解決這些需求的方法，同時不僅要確保品質的維持，更要有所改善。他們請 Livework 協助定義出 2025 年老年照護的願景，這些願景必須是可實現、永續且具啟發性的。

公司的方法：第一階段一定是「理解」

為了補充政府提供的資料，Livework 著手透過質化的研究獲得相關洞見。我們與使用者、照護者、行政人員和照護工作者進行了超過 40 場深度訪談，也運用暗中查訪的手法，包括影隨市府員工，參與居家訪視。

桌上研究也是必要的，幫助拓展我們的觀點，也從其他來源取得不同手法的參考。我們進行了健康和年照的趨勢分析、研究最佳案例、觀察其他國家的照護提供。我們還對關鍵需求和觸發因素的經濟影響進行了分析，確保服務設計與商業觀點齊頭並進。

開發和測試新的方法

在畫出現有的顧客旅程和與不同利害關係人舉辦工作坊，收集進一步的洞見和產出想法後，我們開發了幾種工具，並整合至專案中。當在規劃治療時，各類照護服務提供者都使用規劃工具，這些讓他們能夠使用相同的使用者需求導向的工具以跨越部門穀倉合作，無論他們來自心理健康部門還是醫院，專注於營養或生理治療。這些工具不只適用於立即的規劃和治療提供，同時也能規劃和達成長遠的目標、與使用者一起討論和定義。

我們把使用者的需求放在矩陣上，矩陣釐清哪些區域的需求要被滿足，並創造了潛在的顧客旅程。我們發展出一組九項的服務原則，作為未來服務提供的參考和指引。

我們在營運期間一邊完成了試行，測試新服務主張的後台和前台、收集來自提供長照服務的員工及使用者的洞見。一個關鍵的理想結果是確保人們能夠盡可能長時間獨立生活，我們設計系統來實現這個概念，讓政府透過系統更精確有效地滿足個人需求，並為市府當局和家戶提供最佳成果。

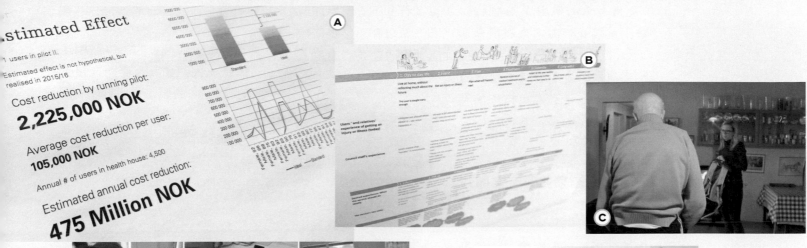

(A) 單單一個試行所節省的經費就足以彌補整個專案的花費。

(B) Livework 畫出奧斯陸長照服務使用者的顧客旅程。

(C) 我們影隨市府員工，對長者進行居家訪視。

(D) 我們舉辦幾場有多方利害關係人參與的工作坊以取得洞見。

(E) 我們發展一組九項的服務原則，作為未來服務提供的參考和指引。

「使用者中心絕對是正確的作法。這讓我們在未來有機會真正以不同的方式工作，［在］提高服務品質和使用者經驗的同時，也能讓成本大幅降低。」

— *Bjørg Torill Madsen*，奧斯陸市政府護理之家服務單位 處長／專案領導人

一個面向未來並帶有立即效益的計畫

根據分析試行的影響，我們可以為未來的落實進行預期的節約分析。單是一個試行所省下的經費就足以彌補整個專案的花費。當然，財務上顯著的精省是一個大優勢－但同樣重要的是，使用者經驗也是有所改善的：一套更細心、個人化的照護手法，考慮到個人需求並尊重個人的意願。

我們參與利害關係人的會議，持續支援客戶，在會議中，大家對關於長照服務提供的政策做出決策，並簡報我們的專案。最初的試行是在三個行政區進行的，專案中開發的工具和方法現在正在奧斯陸市區的其他行政區共享使用。

重點結論

01

降低預算不代表降低照護的品質。

02

找到實用解決方案和烏托邦理想之間的平衡點需要一些耐心。

03

試行（一次又一次）是個關鍵。

04

你如何呈現洞見和提案，與專案本身一樣重要。在這樣的情況下，用「數字（硬性經濟資料）」來支持我們的專案是十分重要的。

05

從願景到落實的這條路相當漫長。我們會一直協助客戶到未來服務的落實，即便專案已「結案」，因為我們也想看到他們成功。

09
服務設計流程與管理

了解、規劃和管理服務設計的調整和迭代。

專家意見 ——————————————————————————————

| Simon Clatworthy | Jamin Hegeman | Julia Jonas | Kathrin Möslein | Giovanni Ruello |

| Francesca Terzi | Christof Zürn |

09

服務設計流程與管理

9.1 了解服務設計流程：快轉案例 330

9.2 規劃一套服務設計流程 337

   9.2.1 專案摘要：目的、範疇與脈絡 337

   9.2.2 初步研究 338

   9.2.3 專案團隊與利害關係人 339

   9.2.4 架構：專案、迭代及活動 343

   9.2.5 多重追蹤 352

   9.2.6 專案階段與里程碑 353

   9.2.7 產出和成果 355

   9.2.8 做紀錄 356

   9.2.9 編列預算 358

   9.2.10 心態、原則和風格 360

9.3 管理服務設計流程 361

   9.3.1 迭代規劃 361

   9.3.2 迭代管理 363

   9.3.3 迭代檢討 367

9.4 範例：流程範本 369

9.5 案例 376

9.5.1 案例：創造可重複的流程，持續大規模對服務和
體驗做改善 378

9.5.2 案例：管理策略性設計專案 381

9.5.3 案例：運用五日服務設計衝刺，創造一套共享的
跨通路策略 384

本章也包括

迭代　336

設計流程並非止於一個概念！　338

面對限制　340

（共同）團隊合作　344

邀請服務設計專家參與的時機　347

紀錄的主要產出　357

經費有限時的工作訣竅　359

每日站立會議　362

「我為什麼要加入你的專案？」　365

進行團隊回顧　368

迭代管理

在本章節中，我們會深入探究要如何進行規劃和管理，才能讓服務設計的核心活動—研究、概念發想、原型測試和落實—符合你的專案、利害關係人、和團隊。以下是第 4 章：服務設計核心活動中提過的幾個重點，請記得：

→ **在用對的方式解問題之前，確保這是對的問題**：時常挑戰你最初的假設。這是讓設計手法與眾不同的地方：與其直接跳進去解問題（常容易帶來明顯的解決方案），你要先退後一步。在思考解決方案之前，先確認有找到和了解對的問題[01]。

→ **發散收斂思考**：發散和收斂思考與實作是服務設計流程管理的關鍵。所使用的活動或方法，哪些是發散或收斂的呢？發散和收斂思考所需要的心態是什麼？現在應該用哪一種思考方式呢[02]？

→ **迭代和調整**：服務設計流程永遠不是一個線性的流程，事實上是正好相反。服務設計流程一定要是探索性和迭代性的，根據一路上所學習到的不斷調整，進行一連串重複、深化、探索的循環，也就是迭代。這意味著創造一種規劃、實作、反思、然後重新規劃的節奏[03]。

→ **不只是個別工具和方法**：服務設計流程不只是每個小部分的結合。要不斷反思：個別活動如何相互搭配？一個活動的產出品質會對接下來的活動有什麼影響？你要如何建立一個整體的專案結構，在專案流程中創造信任感，同時在不用放棄迭代和探索性的原則下，為組織創造可預期性[04]？

→ **現在，建立自己的流程**：這是一套流程架構，不是一步一步的檢查表。我們希望你建構專屬於自己的服務設計流程，試著用看看。我們也希望你保持對流程的批判性，要一直問自己：什麼有用？什麼行不通？為什麼行不通？怎樣才能在下個專案中做得更好[05]？

01 見 4.2 節 **在用對的方式解問題之前，確保這是對的問題**。
02 見 4.2.1 節 **思考和實作的發散與收斂**。
03 見 4.2 節中的 **適應調整、往前迭代（不原地打轉的方法）** 文字框。
04 見 4.2.3 節 **所有設計流程的相同之處就是…都不一樣**。
05 見 4.2 節 **設計自己流程的工具組**。

9.1 了解服務設計流程：快轉案例

這裡用一個簡短的範例演練來複習一下服務設計的活動，以更了解這活動如何彼此結合、相輔相成。假設你發現你們部門的顧客經驗回饋評比（或任何你在意的 KPI）大幅下降了，老闆非常擔心，在組織裡開一個專案來處理這個問題，你決定使用一個服務設計手法來進行這個專案。以下是你可能會採取的一條路徑。

規劃和準備

在專案的開始，你整理出一個為何選擇服務設計的理由 [06]。你會找一位合適的管理層支持者、組一個很棒的團隊，確保能獲得必要的組織支持，以及管理階層的認可 [07]。在仔細的詢問和分析專案利害關係人、大生態系統 [08]、以及大家對專案的期望後，你開始為他們和你的核心專案團隊規劃一套服務設計流程 [09]，做些調整，讓手法符合你的人、組織和產業的脈絡和真實情況。你會建立一套初步的管理和溝通架構，用來導引

和管理每日的服務設計流程 [10]，接著正式啟動專案。現在，你準備好要開始正式工作了。

研究 [11]

你的第一項挑戰就是回饋評比的改變，本身並沒有告訴你為什麼變差了，所以你一定要更深入探究，不能只看數字。問問自己：我要學習什麼？我要發現什麼？研究問題是什麼 [12]？接著更進一步問：我要去哪裡、怎麼做才能獲得研究問題的答案？我該找誰聊聊或合作 [13]？

要做到這些的一個好方法就是直接出去找答案，離開安全的會議室，並儘快、盡可能的接觸現實。為了避免單方面或有偏見的方法，你要綜合運用不同的研究方法：也許自己試用服務 [14]、觀察 [15]、並與顧客、第一線員工、管理層進行訪談 [16] —盡可能去找很多利害關係人對談，也不要忘

---

06 見第 1 章：為什麼需要服務設計？來獲得一些啟發。

07 見第 12 章：讓服務設計深植組織。以取得更多關於如何在你的組織內建立服務設計、超越管理階層買進、提升意識及建立效率的資訊。

08 見 9.2.3 節專案團隊與利害關係人。

09 見 9.2 節規畫一套服務設計流程。

10 見 9.3 節管理服務設計流程。

11 見第 5 章：研究。

12 見 5.1.1 節研究範疇與研究問題。

13 見 5.1.1 節研究範疇與研究問題，及 5.1.2 節研究規劃。

14 見 5.2 節中的自我民族誌手法：自傳式民族誌。

15 見 5.2 節中的參與式觀察，及非參與式觀察。

16 見 5.2 節中的脈絡訪談。

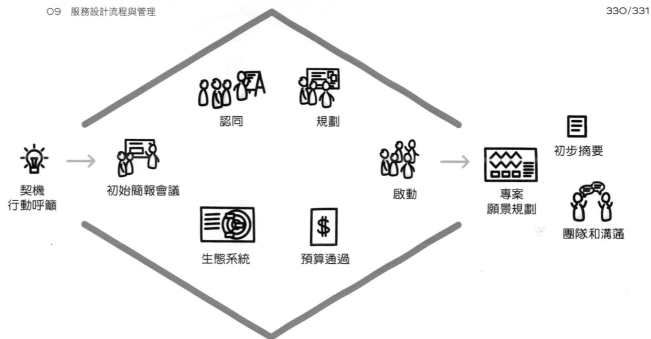

認同 規劃

契機
行動呼籲 初始簡報會議 啟動 專案
願景規劃 初步摘要

團隊和溝通

生態系統 預算通過

規劃和準備
讓專案起飛

記你的基礎桌上研究 [17]：有任何問題之前已被回答過了嗎？有沒有可以直接用在研究上的既有資料？可以站在哪位巨人的肩膀上？

這些活動為初步挑戰和研究問題提供了豐富的材料—用真實世界的資料 [18] 來挑戰你的假設。你可能收集了訪談或觀察的圖片和影片、使用者和員工對現況痛點的原始引述、服務經驗的基本一步步記錄、對使用者或顧客體驗服務或產品 [19]（不論實體或數位）的脈絡的深入了解等等。

但是，這麼一大堆資料和靈感可能會蠻難掌握的，為了讓這些資料能被理解和管理，你必須把它拆解。一個常用的方法為建立一面研究牆 [20]，並將資料整理成心智圖（在找出有意義的類別後 [21]）、或是將材料整理成像是現況系統圖 [22] 或旅程圖 [23] 等圖表模型。旅程圖把研究期間發現的

17 見 5.2 節中的初步研究和次級研究。

18 見 5.1.3 節中的資料三角檢測。

19 「產品」一詞意指公司所開發、提供的產物，無論實體與否。在學術界，產品被區分為物品和服務，但產品往往是服務和實體／數位產品的組合，而「物品」在口語上則泛指實體的東西，因此，我們選擇了實體／數位產品的說法。詳細資訊請見 2.5 節中的服務設計與服務主導邏輯：天作之合文字框。

20 見 5.3 節中的建立一面研究牆。

21 使用來自資料本身、專屬於專案的框架來架構資料可以幫助你更能了解情況，也讓你能用新的視角來看待實際上需要解決的問題。

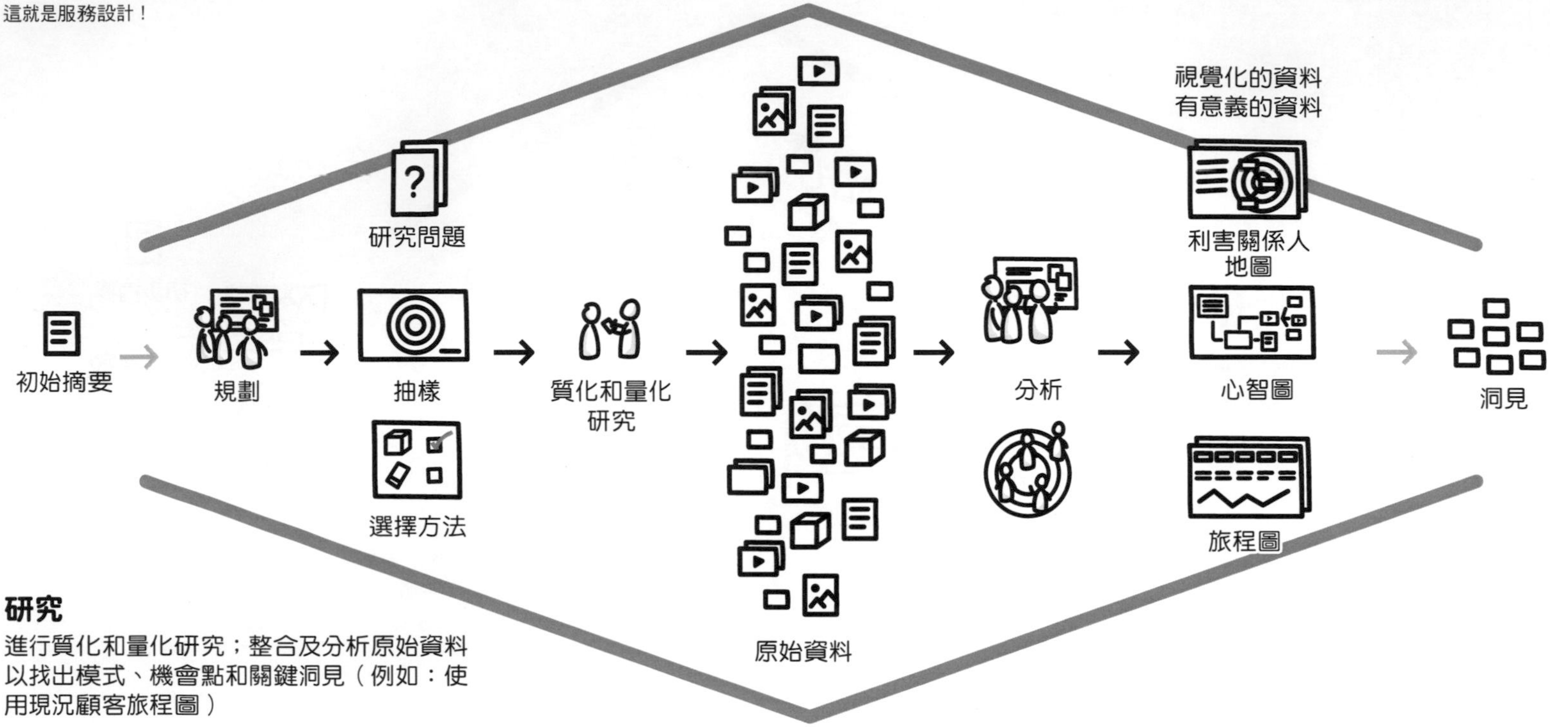

初始摘要 → 規劃 → 抽樣 → 質化和量化研究 → 原始資料 → 分析 → 利害關係人地圖／心智圖／旅程圖 → 洞見

研究問題

選擇方法

視覺化的資料
有意義的資料

研究

進行質化和量化研究；整合及分析原始資料
以找出模式、機會點和關鍵洞見（例如：使
用現況顧客旅程圖）

關鍵經驗用視覺化的方式整理出來，並幫助你找
出每個旅程中的關鍵步驟。

在仔細檢視所有資料後，要試著找到資料中的模
式：真正的需求、痛點、大家的願望是什麼？有
什麼使用者或顧客的關鍵洞見 [24] 能幫助你創造
很棒的服務？有哪些（商業）背後的問題和機會
點？還有：能怎麼問問題更好？

你也需要收集更多資料來處理這些缺口、修正洞
見、也找出更多洞見。在幾個研究循環之後，新
資料不再為研究問題帶來額外洞見的時候，就可
以往下個階段進行了。

現在，你可以用這些知識來重新架構初步的挑戰
陳述，如此可確認你正在解決對的問題，也提出
對的機會點。

22 見 5.3 節中的 **建立系統圖**。
23 見 5.3 節中的 **建立旅程圖**。
24 見 5.3 節中的 **發展關鍵的洞見**。

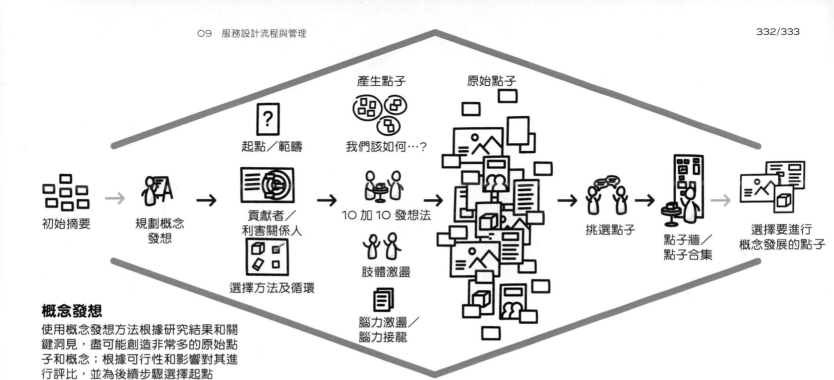

概念發想

使用概念發想方法根據研究結果和關鍵洞見，盡可能創造非常多的原始點子和概念；根據可行性和影響對其進行評比，並為後續步驟選擇起點

概念發想 [25]

在研究期間，你刻意地把自己限制在問題空間的探索。在找出真正的機會或挑戰後，就可以進入解法空間了。

你現在的關鍵問題是：要怎麼盡可能產出大量的點子，來提高成功機率？為了達成這個目標，你要看著問題，評估需要找誰 [26] 來貢獻和共創。然後選一組合適的混合方法來善用參與者的知識

和技能。舉例來說，你把挑戰拆解成一組一組（「我們該如何……？」）[27] 發想問題，並運用腦力激盪法或腦力接龍法 [28]、*10 加 10 發想法* [29]、和肢體激盪法 [30] 來產生許多想法。此時，會暫時先不進行批判（例如，討論可行性），把此階段的產出最大化。

26　主導權（Ownership）是非常重要的。經驗法則是，找了解狀況的人、必須做這件事的人、或可以停止這件事的人來參與。更多細節見 9.2.3 **專案團隊與利害關係人**。

27　見 6.4 節中的從洞見和使用者故事中提出「我們該如何……？」發想主題。

28　見 6.4 節中的腦力激盪法和腦力接龍法。

29　見 6.4 節中的 *10 加 10 發想法*。

30　見 7.2 節中的**調查性排練**。

25　見第 6 章：**概念發想**。

探索式原型　　評估式原型

調查性排練

廣告海報

服務原型的記錄

規劃原型測試

桌上演練

紙板原型

研究牆、點子牆和洞見

數位原型

實體原型　　廣告海報　　App／軟體原型

原型測試

從點子開始，建立原型－像是（服務）演練、廣告海報、數位原型、實體原型－並進行測試、弄壞、再做一次、再測試一次、然後不斷重做直到你準備好繼續，也選定了一個特定的方向

下一個步驟是檢視所有點子，評估應該進一步發展哪些點子。一個可以協助你處理大量概念的方法為**點子合集** [31]，將全部的點子以兩個簡單的標準來評比 [32] －常用的標準是對顧客體驗的影響力和可行性。

點子合集可以讓團隊聚焦在討論上，也支持做決

策 [33] 的過程。哪些是你想要繼續下去並更深入探索的概念？

原型測試 [34]

現在有了蠻可行的點子或概念。很棒，對嗎？問題是，直到現在，所有的點子還只是住在一切都美好可行的「點子國」裡。

31 見 6.4 節中的**點子合集**。

32 儘管這裡提到的標準已被證實是有用的，但使用工具時的討論與工具本身是一樣重要的。而且，標準可能會視專案而有所改變。更多細節見 6.4 節中的**點子合集**。

33 見 6.3.3 節**挑選點子**或 6.2 節**決策**，關於做決策、接受決策的討論。

壞消息是，**我們並不住在點子國裡，顧客也不是**。我們要面對（商業）的現實。因此，在整件事變得更貴之前，你要透過與真實使用者和其他利害關係人一起進行原型測試和測試假設，把點子和概念帶進真實的世界。設計流程的目標及早在流程中得知可行和行不通的部分。這讓設計流程不只快速、也划算。

你可以從建立探索性的原型 [35] 開始，深入了解重要的面向和點子蘊含的意義。也可以做評估性的原型測試 [36]（例如：用來驗證核心價值主張）。這兩種手法，你都會用到像是（服務）演練 [37]、服務廣告 [38]、數位原型 [39] 或紙板原型 [40] 等工具。你要創造原型、使用原型、並從中學習，也要試著把原型弄壞、重新再做一次。這樣能開啟新的一扇門，在一路上建立許多對未來服務有價值的洞見，同時也發展出更貼切的問題。

落實 [41]

在幾次迭代修正之後，你已做完一些有實際商業案例支持的可操作原型，也有來自真實使用者的正面回饋。落實期間的活動會非常視專案狀況，以及真正需要落實什麼而定，是否需要改變內部或外部作業流程、組織架構或程序 [42]？是否需要開發和推出軟體 [43]？是否需要開發和產出實體產品 [44] 或改變空間和建築 [45]？或者是否需要同步進行這些量測？

這些問題的答案將會在落實期間引導你運用的方法。落實往往會把更多人拉進專案裡，同時，由於每個服務的實際面向必須被做出來、測試和實行，所以還是有許多概念和設計工作。這常會佔據專案的一大部分 [46]。落實的本身也包含研究、概念發想和原型測試。唯一的不同點大約是牽涉的利害關係人，當你與實際員工於真實舞台開始一起工作時，會有比之前更多的深度和擬真度。

34 見第 7 章：**原型測試**。

35 見 7.1.1 節中的**用來探索的原型測試**。

36 見 7.1.1 節中的**用來評估的原型測試**。

37 見 7.2 節中的**調查性排練**。全比例演練的例子見 7.2 節中的**桌上演練**，討論不同的原型比例差異。

38 見 7.2 節**服務廣告**。

39 更多打造數位作品和軟體原型的常見方法，見 7.2 節中的**紙上原型測試**、**互動式點擊模型**和**線框圖**。

40 見 7.2 節中的**紙板原型測試**。

41 見第 8 章：**落實**。

42 亦見 8.2 節**服務設計與變革管理**。

43 見 8.3 節**服務設計與軟體開發**。

44 見 8.4 節**服務設計與產品管理**。

45 見 8.5 節**服務設計與建築**。

46 儘管經歷的過程長短不同，許多服務設計專案通常會在落實過程中專注於變革管理和訓練。

迭代

原型測試可以創造出新的洞見和問題，讓你再次退後一步，並進行更進一步的迭代修正。你會對這些問題進行更多研究，採用新的洞見來進行更多概念發想。然後進行更多原型測試，更進一步探索和評估這些新概念，直到獲得想要繼續下去的解決方案。

理想下，這些事也可以在任何服務設計活動之中或之後發生。概念發想不僅提供原型測試基礎，同時也揭露新的主題、提供更多研究方向。研究可能會揭露能直接帶到原型測試的想法，也可能提供更多假設和問題，這些同樣也會發生在落

幾乎任何活動都可以帶來新的洞見和問題，讓你再次退一步，並開啟進一步的迭代。

實期間，因為在很多層面上都具體化了 [47]。

另一個重要的面向是不要嘗試迭代修正一個單一概念或早期原型，然後試著在一個長久且昂貴的落實專案中落實。這樣會讓概念有很大的壓力－且會對專案團隊帶來壓力。相對的，你應該嘗試避免把所有的

雞蛋都放在同一個籃子中，要在專案中保有一些選項，直到可以做出夠可靠的決定，確定要將哪些繼續做下去 [48]。這不僅可降低風險，也能讓資訊獲得和設計的品質變得更好。◀

[47] 幾乎在任何範疇的服務設計流程中都可以發現迭代的存在。迭代可能會發生在一個方法中（例如，迭代修正一個顧客旅程）、在一個核心活動中（例如，研究或概念發想的循環），或是在核心活動、衝刺或甚至專案之間。關於更多不同迭代架構的細節，以用在自己的服務設計流程上，參考 9.2.4 節 **架構：專案、迭代及活動。**

[48] 亦見 9.2.5 節 **多重追蹤。**

9.2 規劃一套服務設計流程

本書中,我們把「服務設計流程或專案『的計劃(planning of)』」和「『規劃(planning for)』服務設計流程或專案」兩者之間的界線分得很清楚。我們會說『規劃(planning for)』,是因為在服務設計專案裡,有許多能準備、但無法預先精確規劃的細節和活動,但你會發現,還是可以設定里程碑,也要隨著專案的進行,保持開放的心態、隨時調整。**服務設計專案的計畫實際上就是你服務設計專案的第一個迭代。**

在規劃服務設計流程時,內容必須符合既定的商業限制,且應不斷考量到如何好好分配時間、預算和人力資源[49]。更詳細地說,服務設計流程的規劃包括了幾個不同的活動,將在以下幾個部分進一步探討:

→ 釐清專案摘要
   (包括目的、範疇和脈絡)。

→ 進行一些初步研究
   (作為規畫流程的參考)。

49 在本書中,我們常常交互使用「服務設計流程」和「服務設計專案」兩詞。對此,服務設計師和本書協作者 Matt Edgar 認為,將服務設計工作稱為「專案」可能會限制其影響力。因此,我們最好使用如「參與」、「介入」或「活動」之類的詞,以在整個服務生命週期中更能反映服務設計的形塑性、迭代性、和開放式潛力。Edgar, M. (2016, October 11). Personal interview.

→ 為專案團隊和利害關係人、專案結構(也就是計畫的迭代和活動)、專案階段和里程碑、產出和成果、多重追蹤、紀錄、預算和心態、原則和風格等做決策。

請記得,你或許不需要全部都用到,也不一定要照同樣的順序進行,**這不是一份按表操課的指引,而比較像是檢查表,幫助你在規劃流程時問對問題。**

9.2.1 專案摘要:目的、範疇與脈絡

專案摘要定義了專案實際的起始點,並嘗試擷取關於目的、內容、範疇和目標的明確定義或隱含的整體期望假設。同時也包括專案的界限,如預算、時間和其他資源(以及更多)。不過,摘要通常不會以一個完美的方式進行,多是從較粗略的起點開始;一個未滿足的需求、一個願望、一個問題或一個看似聰明的點子,如「我們需要降低百分之十的客訴電話量」、「發展那個新的服務點子吧」、「現在有這個新技術,想個什麼方式來

設計流程並非止於一個概念！

服務設計流程的晚期流程往往會被忽略或理解錯誤。為了澄清這點，我們說「直到結束之前，都還沒有結束～」[50] －服務設計專案不是以一個概念或是漂亮簡報作結的，讓服務成功落實和運作，才算是一個結束。

當服務設計公司的概念專家對客戶的專案僅提出研究報告和概念時，往往會造成誤解，公司會將概念的建立認為是自己的落實階段，而客戶組織卻只會視其為概念性或原型階段。

很重要的是，一個完整的服務設計專案往往是以一個初步的專案摘要開始，儘管服務設計師的角色可能會在解決方案落實之後有所改變，之後的迭代還是會繼續進行[51]。接著，營運團隊會就位，並跟著不斷變化的每日營運狀況擴編、調整解決方案。更進一步地，服務設計會成為持續性活動，深植組織中[52]。◀

50 見歌詞 Lenny Kravitz (1991). *Mama Said* [CD]. Virgin。

51 見 7.3.3 節案例：**讓員工和利害關係人都能做原型測試，以持續翻新**。案例說明如何讓員工在不需要設計師技能的情況下，也能自己進行原型測試。

52 見 12.4 節中的**如何將服務設計設定為組織中持續進行的活動**。

賣」、「創造新的創新商業點子」、「解決下滑百分之二十的 NPS 分數」、「改善線上銷售通路的轉換率」、「重新設計員工的就任流程」等等。與專案贊助者和團隊一起釐清這些內容會很有幫助，這樣每個人都會對事情有清楚的了解：

→ **目的**：我們為什麼要解決這個挑戰？挑戰是從哪裡來的？

→ **範疇／目標**：我們期望達成什麼？我們期望避免什麼？

→ **內容**：我們期望達成的目標脈絡為何？專案於何處及何時發生？

→ **資源**：可用的預算為何？需要找誰參與？誰能有所貢獻？哪些工具或素材可用？

→ **時間**：在里程碑和截止日上有哪些期待？

9.2.2　初步研究

設定一個初步研究的簡短迭代[53]，以對專案大小和複雜度、生態系統[54]和潛在研究和發展方向

53 見 5.2 節中的**桌上研究：初步研究**。

54 見 5.3 節中的**建立系統圖**，和 3.4.3 節**生態系統圖**。

有更深的了解。這些研究應能加深你對內容挑戰的洞見，以及對脈絡、認知和內部衝突、或可能在整個專案期間衍生出之相互影響的了解。

收集資料來做規劃

從初始摘要的意見開始，對可能的研究問題進行一次快速腦力激盪，做得漂不漂亮並不重要，因為這只是用來當作規劃階段的支持。

選擇一些關鍵的問題來開啟初步研究階段。很重要的是，不斷提醒自己這還不是在**執行研究和解決挑戰**，而是**規畫研究和後續的服務設計流程**。**你只須收集足夠的資料和洞見，能設定可行的流程架構就可以了。**

如果規劃的時程稍微長一些，你也可以從額外的方法增加資料來取得快速的首批成果－舉例來說，現況利害關係人地圖、次級研究、自傳式民族誌、線上民族誌或第一手（脈絡）訪談 [55]。

潛在發展方向的評估

根據初步研究的資料，你就能做第一次潛在發展方向的評估。這可以讓你稍微了解可能的產出和

成果需要努力之方向，同時還有在概念發想、原型測試和落實期間你可能需要納入的人。當然，隨著專案的進展，這可能都會有所改變，但很重要的是，至少要想過一次，討論和分配合理的預算、時間和資源。因此，不論你發現什麼（或沒發現什麼），如實接納潛在**解決方案類型**中的不確定性是很重要的。舉例來說，如果發現專案範疇包括要做一個現有的 App 的更新版本，你可以從 UX 和開發團隊規劃預算，並預留適當的資源。但是，若你還無法得知要執行哪類型的解決方案，規劃一個試行計劃可能會有所幫助，讓你用一點時間和資源來釐清具體的開發方向。

9.2.3　專案團隊與利害關係人

根據專案摘要的洞見，也參考初步研究和初步規劃工作，評估誰可能會被你的專案影響到，以及需要在哪些活動中納入哪些人參與。「專案摘要是從何而來？」以及「誰要負責落實執行？」是你在組織中開啟專案時應不斷問自己的兩個重要問題。也許要參考類似專案、找出先前參與的人有哪些，這些人可能可以協助你選擇專案團隊，並管理重要的利害關係人。

---

55 見 5.2 節**次級研究、自傳式民族誌、線上民族誌、脈絡訪談**，以及 5.3 節**建立系統圖**。

面對限制

有越多自由，就越需要架構 [56]！

在規劃和管理專案時，你會一直遇到各種限制。要在有限的資源下工作（尤其是預算或人），加上緊迫的時限和很大的範疇和目標。更麻煩的是，這些限制還會相互影響。要省錢且快速，專案的範疇或品質就要受限，若要以高品質達成一個很大的範疇，那就不可能便宜又快。經驗法則是，你可以解決一兩個限制，但至少要能夠對其中一個保持彈性 [57]。

許多傳統的專案範疇是固定的，如果範疇是依據確定性挑戰建立的，那麼這種方法很有效。但是每當你發現它不如想像中明確，這種方式就會變得相當痛苦。你要不快速加入更多資源來修正（花更多錢），或不得不更改交付日期（讓你身為專案經理的聲譽受影響）。

這個手法對於服務設計來說是不可行的，因為你經常從一開始就要挑戰並改變專案的範疇（「確保在提出對的解法之前，找到對的問題」）。

這帶來了一個新的問題：如果你正面臨複雜的挑戰，就會很容易忘記各種不同的洞見、機會或點子。你很快就

會浪費許多時間和資源，團隊也可能會開始往不同的方向發展。

保有範疇的變動性，為專案增加了高度的自由度，也需要非常小心地進行管理。你要增加一些結構，以在規劃和管理流程時允許範圍內必要的自由。其中一個有效的模型是敏捷手法的規劃，它帶有明確規劃的迭代或衝刺架構 [58]。這可同時修正時間和限制，讓你能有效工作，直到範疇變得更加明確。◀

56 有趣的是，我們在經驗豐富的即興演出者、爵士音樂家或老師發現這樣的平行：「沒有架構，就沒有即興，有的只是混亂和放縱。沒有了自由，就只會感到窒息。」見 Jackson, P. Z. (1995). "Improvisation in Training: Freedom within Corporate Structures." *Journal of European Industrial Training*, 19(4), 25-28.

57 見 9.5.1 節**案例：創造可重複的流程，持續大規模對服務和體驗做改善**。一個很好的例子說明，接納服務和經驗永遠不會是完美的，但可以（在奧林匹克規模的限制下）不斷改進。

58 更多有關如何以衝刺架構將服務設計深植組織，見 12.4 節**設計衝刺**。

59 圖片見 Aljaber, T. (n.d.). "The Iron Triangle of Planning," 見 *https://www.atlassian.com/agile/agile-iron-triangle*。

上下倒置

傳統的專案三角形（左側為「鐵三角」）vs. 敏捷、調整性的三角形。
服務設計傾向於以後者來進行，但很重要的是要保有可調整性，並在任何
特定的階段選用適當的模型[59]。

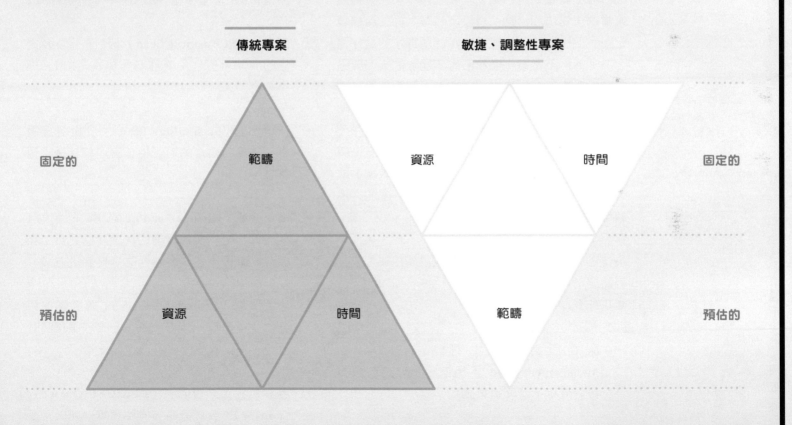

從很多方面來說，專案中所有的人都是你服務設計流程的顧客。思考他們的技能、需求及痛點，並為他們設計流程。你的設計流程應該要能支援他們，且能善用他們的知識、技能及才賦。

核心專案團隊

核心專案團隊的角色是管理和支援專案，並透過適當的工作坊和活動引導設計流程。你的目標鎖定在一個服務設計技能和主題相關專才的良好綜合。然而，**不是每一個核心專案團隊的人都要是服務設計專家，同樣地，並非每一個人都要是你產業中的專家，或是對你的組織有深入了解** 60。對於單一服務設計的專案來說，核心專案團隊通常是由一小群人所組成，但也可能小到只有一個人（例如，在現有專案架構中作為一位教練）或大到像一個足球隊（例如，為內部或外部的客戶執行和落實專案）。

決定下列角色是否與你的專案或組織相關，或是否需要增加新的（注意，每一位核心團隊的成員都可能會身兼多個角色）：

→ **服務設計行政主管（Service Design Management Lead）**：規劃和管理整個服務設計流程，管理專案團隊。

→ **主持人（Facilitation Lead）**：確保持續回饋和學習、引導團隊合作和提供設計支援、主持共創工作坊。

→ **（服務）設計主管（Service Design Lead）**：專注於服務設計產出和提供的內容和品質；形塑和交付設計概念。

→ **商業主管（Business Lead）**：確保所開發概念的商業可行性；處理商業模式、KPI、指標、商業策略、競爭者分析等。

→ **技術主管（Technology Lead）**：分析科技需求、確保新概念的可行性、管理和支援原型測試。

→ **變革主管（Change Lead）**：關注人的視角；從個人和組織變革管理的角度評估對員工和顧客的影響，並開發適合的變更解決方案。

→ **專案經理（Project Manager）**：讓團隊保持正軌；在預算、時程和報告上管理服務設計流程；提供專案團隊行政上的支援。

→ **專案負責人／贊助者（Project Owner/ Sponsor）**：負責策略方向和預算—此人常是關鍵決策者。

60 亦見 12.2.1 節**核心服務設計團隊**。

延伸專案團隊

大多數專案也會透過延伸的專案團隊來支援：也就是具備特定能力、可以參與專案中特定部分或活動的較大一組人馬 [61]。因此，延伸專案團隊的大小可能會因時間而異，也可能會因不同的工作坊而有所不同。以下是需要被納入考慮的 [62]：

→ 選定一群內部跨功能的成員，以確保有全面的觀點。

→ 用外部方法或請相關的專家來管理組織未具備的競爭力（例如，民族誌、UX、變革管理、建築等）。

→ 負責專案早期或晚期部分，也同時涉及每日營運的部門和／或外部利害關係人。

→ 來自自己組織的重要決策者。專案的成功不端看產出的品質，同時也視支持專案的決策者的層級位階。仔細考慮如何從一開始就將這些人緊密納入到專案團隊中 [63]。

→ 讓使用者或顧客，作為他們各自利害關係群組的親善大使。這可以在不需要很多的規劃下，快速進行研究和原型測試。

→ 廣泛來說，考慮任何直接受到專案影響的人，或是有能力停止專案的人。

很重要的是要儘早讓受影響的員工參與其未來日常工作的設計流程。這可以使他們成為新解決方案的共同擁有者，這將有助於落實和接納。

9.2.4 架構：專案、迭代及活動

專案架構就是你想要如何建立和推進摘要中所定義的預期產出和成果。

每一個更高階的迭代都至少會包括一些研究、概念發想和原型測試的活動。就像是開發－量測－學習（build-measure-learn）循環一樣 [64]，以原型的型態建立潛在解決方案或新服務，試用看看，並有系統地從中學習。這意味著你很可能會需要調整最初的規劃，甚至一邊進行一邊修改。

---

61 亦見 12.2.2 節 **延伸專案團隊**。

62 說服人們貢獻會是一項挑戰。更多關於如何解決利害相關人加入新專案時遇到的常見問題，見 9.3.2 節中的 **共創者加入和溝通**。

63 當重要的利害關係人不斷將他們自己的想法推進專案，你可能會經歷這樣的醜小孩衝突：每個人都說：「我才不要去跟財務長說她的小孩很醜呢。」其中一個處理這類狀況的方法就是接納他們的點子，然而一要儘早－調整計畫，將點子放進一個原型當中，並讓真實的使用者進行測試。利害關係人就會親眼看到他們的概念失敗（或成功，但這需要由你和你的團隊來驗證）。

64 開發－量測－學習循環最早可回溯至伽利略，以及科學方法的破曉，從 1950 年代起演變為戴明循環（Deming cycle）到更近日的精實創業（Lean Startup）。見 Moen, R. (2009). "Foundation and History of the PDSA Cycle," Ries, E. (2011) 以及 *The Lean Startup: How Today's Entrepreneurs Use Continuous Innovation to Create Radically Successful Businesses*. Crown Books。

（共同）團隊合作

決定如何讓你的（核心）專案團隊
準備好一起工作是相當重要的。要
規劃合作的方式，還是要讓合作自
然發生？是否要把團隊納入流程
中，並共創流程、策略、規劃、管
理和執行？想要建立優質的團隊，
請考量以下幾點[65]：

→ **創造安心的（團隊）空間**
為了讓大家調整這個新的思考
和實作的方式，要決定如何為
團隊的每一位成員，以及組織
內部的團隊創造（心理上）安
心的空間[66]。

→ **給予架構和方向**
一定要在新成員加入時清楚地
說明專案的目標、背景和願
景，這樣他們才能了解自身的
角色和貢獻對專案和整個組織
的影響[67]。決定要怎麼（共同）
創造和共享專案計畫／願景規

劃，以及隨著專案的進展，你
要怎麼向大家隨時更新狀況。
同時確定各種角色、釐清團隊
中的相互依賴關係：誰負責什
麼？不同團隊成員之間是否有
相互依賴關係？要如何溝通誰
要在哪個時間點做哪些事？

→ **決定要如何做事、如何做決策**
試著在團隊內跟大家討論個
人做事的偏好和風格，並調整
計畫。為了減少後續流程中的
潛在問題，及早決定要如何做
決策或解決衝突。這包括了決
定工作脈絡、團隊、和工作模
式[68]。

→ **反思與學習**
決定如何在團隊中對（a）正
在進行的事[69]和（b）怎麼進
行這些事[70]建立明確的和持續
的例行回饋。從回饋中學習，
並採取相關行動。使用短期的
回饋循環來確保問題能及早、

在造成問題前被注意到。也可
以留一份學習心得的紀錄。

→ **共創一個適當的專案啟動**
特別是在新的團隊，共享的第
一步是相當重要的。團隊文化
一旦被設定就很難改變了。因
此，要花點時間處理和設計專
案中的起點。思考如何在專案
計畫階段共創，或利用專案啟
動工作坊來討論期望[71]、創造
認同、建立信任、也點燃（核
心）團隊內的動力[72]。

65 這幾點是從服務設計的角度來呈現的。關於創造有
效團隊的好資源，見 Duhigg, C. (2016). "What Google Learned
from Its Quest to Build the Perfect Team." *The New York Times Magazine.*
亦見 re:Work (n.d.). "Guide: Understand Team Effectiveness." 見 *https://
rework.withgoogle.com/guides/understanding-team-effectiveness/
steps/introduction.*

66 見 10.3.4 節 **創造安心的空間**。獲得更多關於在引導
的環境中創造安心空間的核心原則。

67 見 9.3.2 節 **共創者的加入**。

68 見 6.3.3 節 **挑選點子**，或 6.2 節 **決策**，關於做決策、
接受決策的討論。

69 見 9.3.3 節 **內容檢視**。

70 見 9.3.3 節中的**團隊回顧**，以及 9.3.1 節中的**每日站立
會議**文字框。

71 這也可以讓你及早了解並討論對專案的擔憂、希望
和期望，以及個人的表現。

72 設計完美的專案啟動，參考第 10 章：**主持工作坊**。

計畫性迭代

試著將專案拆解成幾個小專案，以處理不確定性，並降低可能的風險。

拆解專案

將專案拆解成幾個小專案，以處理不確定性，並降低可能的風險。有時，像是一個五天的服務設計衝刺這類簡短但完善的迭代，就足夠為成果帶來很好的影響[73]。這個架構運用清楚的重點在專案中協助反思和做決策，必要的話，也能讓你及早對某些發展方向喊停[74]。

與其他專案相比，不同的專案之間，服務設計活動的重點也有所差別。以下選項雖不是完整的清單，但可提供你一些基本的方向：

→ **策略性研究和創新專案**

若你走在你創新漏斗的最前端，或許可以設定一個策略性的研究專案。策略性的研究和創新專案的目標通常不是落實，而是協助為更多育成或落實導向的服務設計專案創造有意義的起點。這類專案的主軸很明顯的是研究，即使稍微進入了解決方案空間－例如，創造驗證過的機會區域、帶有優先順序點子合集的燈塔型指標概念，以及讓概念更加有形的幾個早期溝通原型。

→ **育成專案**

若你試圖探索和驗證概念的市場潛力，把專案拆解成幾個具有成長的預算和資源的育成專案是蠻好的作法，育成專案非常重視經驗原型，因為經驗原型能提供關於每個概念的風險和市場潛力的真實資料。

→ **落實專案**

若解法空間有充分被定義的話，你可以在單一專案中直接規劃一系列迭代的原型測試和落實。即便一開始還是需要強調研究和原型

---

73 見 9.5.3 節 案例：運用五日服務設計衝刺，創造一套共享的跨通路策略。

74 你常會觀察到組織對扼殺專案並不太情願。其中一個原因就是有許多利害關係人可能會覺得丟臉，因為他們是一開始啟動專案的人，或是因為已經投入了時間和資源。在一開始就拆解專案會讓這樣的決定簡單一些，大家也很清楚決策點很快就會到來。同時，團隊也能在前一個專案已正式結束時，獲得一個完結的感覺。

專案組合

當你從策略研究的早期階段轉向落實時，專案中服務設計活動的組合會跟著有所變化。

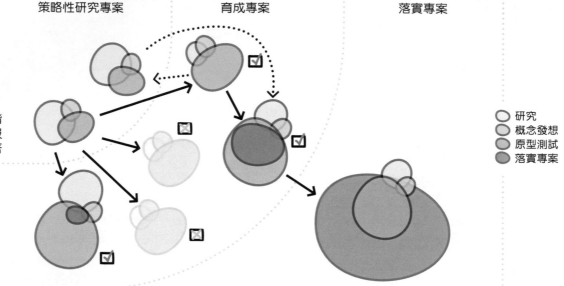

策略性研究專案　　育成專案　　落實專案

研究
概念發想
原型測試
落實專案

測試，但在整個專案裡，大多數的時間和資源仍會落在落實活動上。

若你無法得知潛在解決方案的樣貌[75]，那就絕對不可能安全地建立一個完善的落實計畫或專案。這在很大程度上取決於你的研究和原型測試活動中的結果。試著從策略性研究／創新專案或育成專案開始。

計畫性迭代

在你的專案內，計畫性迭代是你承諾要做到，並按預算／資源準時交付的修正工作[76]。每個計畫性迭代包含三個部分：

1 迭代規劃

2 服務設計活動

3 反思內容和流程

75 這並不代表你需要了解真正的解決方案是什麼。這只意味，舉例來說，你知道你要為一個特定系統打造一款 App，或在組織的特定一部分建立改變的行動，這樣你可以大略計畫軟體開發資源或變革管理技能。

76 見 12.4 節設計衝刺，概述了如何在設計衝刺中運用計劃性迭代，以超越單個專案。

邀請服務設計專家參與的時機

作者：*GIOVANNI RUELLO*

在 Bosch，「使用者經驗相關性檢查」一定要在任何標準開發流程開始前被執行，此項由產品經理進行的評估是強制性的，不論專案的目標為何（實體或數位服務或產品）。若檢查的結果表示與使用者經驗高度相關，就會邀請設計專家參與，以確認後續能以「整合性」UX 或服務設計來執行的專案活動。

設計團隊首先會與特定的分部進行討論，以了解專案「技術性」的範疇，並找出以使用者為中心的設計活動，以「整合性」UX 或服務設計專案來執行。

我們將這樣的活動歸類為「使用者經驗設計」或「服務設計」專案。

為了避免工作文化、心態或用語上的牴觸，不論專案是否與新產品和服務的使用或是建立顧客關係有關，設計團隊都可以自由決定用語或意義標示，也只需要以「經驗改善」來認定範疇即可。這項重新標示不只是在用語上而已，同時也反映在設計階段的活動和使用的工具上。

當執行專案時，核心設計團隊可能偏好在現有的生產方法上添加使用者的角度，而不是置入特定的設計架構。在這樣的情況下，服務藍圖的元素、利害關係人地圖和價值圖都可以和典型的產品或軟體開發流程互相結合，一起用視覺化的方式，成為「使用者或強化共感的工具」。舉例來說，與其使用顧客旅程，設計團隊可以開發一系列與旅程相連、卻接近於我們顧客工作流程的使用者故事，這樣也較容易掌握、也更好行動。透過這樣的做法，可以讓非設計師背景的人更能了解產品生命週期、流程依賴關係、欲達到流程各階段特定目標所需的利害關係人協調、以及終極的目標。◀

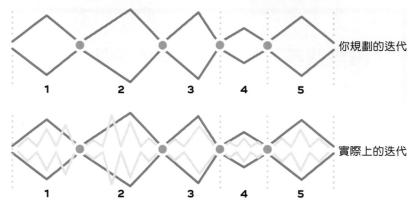

你規劃的迭代

1　2　3　4　5

實際上的迭代

1　2　3　4　5

設計的雜亂（The Squiggle）[77]：這張有名的圖說明了人們在經歷設計流程時，可能會感到奇怪、近乎混亂的狀況。計畫性迭代有助帶進扎實的結構，同時也保留足夠的空間進行探索。

計畫性 vs. 實際迭代：計畫性迭代讓你能創造一個正式的好架構，在服務設計流程中建立規劃的節奏、服務設計活動和在流程中保持迭代和調整的反思。

計畫性迭代是你為設計活動所設定的可預測時間盒：一個用來執行、學習、和調整的安全空間。這是你在規劃中必須關注的主要迭代，因為當你從專案團隊外部邀請利害關係人來共創和做決策時，就要事先定義清楚。一個計畫性迭代的好例子是在如 Scrum 這類敏捷軟體開發方法中會見到的衝刺架構[78]。

計畫性迭代讓你能創造一個正式的好架構，在服務設計流程中建立規劃的節奏、服務設計活動和在流程中保持迭代和調整的反思。這可以讓你的團隊保持在軌道上，也特別對還不太習慣這種工作方式的利害關係人有所幫助。

不過，初次體驗（或由外向內觀察）服務設計的人仍然可能會感到服務設計有些隨意、甚至是混亂。「探索和迭代」往往會被誤解為「隨便試試看、想做什麼就做什麼」。計畫性迭代可幫助你主動地處理和管理這樣的觀感。

計畫性迭代中的自由程度－或「彈性討論空間」－視你設計團隊的經驗而定。若是與沒有經驗的

77 Newman, D. (2010）. "The Squiggle of Design," 見 *http://cargocollective.com/central/The-Design-Squiggle.* The Process of Design Squiggle by Damien Newman, Central Office of Design。內容採用 Creative Commons「創作共用 禁止改作」美國 3.0 版授權條款。

78 見 Schwaber, K., & Sutherland, J. (2011). "The Scrum Guide," 見 *http://www.scrumguides.org/index.html*。*Scrum Alliance*。更多關於服務設計中的軟體開發方法，見 8.3 節 **服務設計與軟體開發**。

設計師或不習慣這種方式的跨領域團隊共事，試著讓計畫性迭代的步調緊湊一些，並從旁密切指導、直到大家熟悉 [79]。

若是與有經驗的設計師共事，你可以相信他們能在必要時在特定的界限內進行迭代，一般計畫性迭代時間長度通常為二到四週。

很重要的是，要定期騰出時間來進行反思檢討，思考流程和未來迭代的規劃、花點時間來對目前所學到的做些調整。通常，反思階段會在計畫性迭代結束時進行，在較短的迭代裡，有時會比較不正式，但確保你至少有在較高層次迭代修正結束的時候，進行正式的檢討和規劃。

在反思和迭代規劃中，你必須考量到內容、工具和方法，以及你在團隊內協作的方式：**你在專案內容中學到了什麼、在下一個迭代裡要用什麼工具和方法？團隊中的協作如何、你能做什麼來讓團隊更有效率** [80] **？**

像服務設計流程這樣的循環和迭代性方法，關鍵的驅動因素是希望能降低每一個步驟的風險，且同時將學習最大化，使接下來的步驟更有效率。

規劃核心活動

這部分規劃流程中最重要的面向是**建立一個初步的計畫，並同時考慮一路上的連續迭代規劃和內容／流程檢討。**這些將會是你調整和迭代流程的基礎。接下來幾頁，我們簡單介紹了如何建立較具細節的研究、概念發想、原型測試和落實的樣貌，可以先幫助你彙整成一份包含願景規劃、所需資源清單、預算的提案。之後，隨著你的調整和改進，這將成為一份活的文件。

你的服務設計活動的規劃本身也是迭代的。因此，快速規劃第一次迭代，然後回頭調整和改善。第 5 至 8 章 [81] 提供了規劃研究、概念發想、原型測試和落實的深入描述，在你要做的時候可以參考。但在規劃流程的期間，你要在規劃時（專案開始前）平衡不確定性，也需要剛好的細節，以能設定預算和關鍵里程碑。針對每一個迭代，把工作方式試著討論清楚是很重要的，要在流程和專案團隊中建立互信。

「困難的不只是視覺化，有時候連照著做也很困難，除非你習慣這麼做。設計師會來回跳躍、放大縮小，不斷追尋新的東西、可以激發創新靈感的東西。若你已習慣所有事都要有架構，這可能會是相當有挑戰也蠻難遵循的，但……瘋狂中還是有方法的－給它一些時間吧。」

－ Simon Clatworthy

---

79 你可以－在任何主要改變的代價還很低的時候－正式的或非正式的使用計畫性迭代。最後還是由你來決定，你將在專案團隊之外共享多少背後的架構。

80 這高度遵循著敏捷宣言中的其中一個原則：「團隊定期自省如何更有效率，並據之適當地調整與修正自己的行為。」（來源："Principles Behind the Agile Manifesto" (n.d.)，見 *http://agilemanifesto.org/principles.html*。關於對敏捷方法和服務設計之間相似性的更完整討論，見第 8 章：**落實**。

81 見 5.1.2 節 **研究規劃**、6.3.1 節 **規劃概念發想**、7.1.4 節 **規劃原型測試**、和 8.1.2 節 **規劃以人為本的落實**。

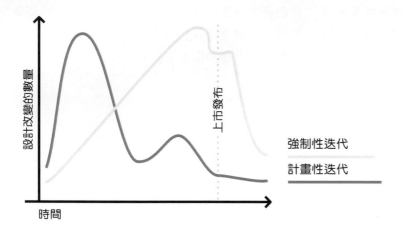

計畫性迭代 vs. 強制性迭代

在強制性迭代模式中，必要的改變僅會在即將到來的期限強制進入團隊。團隊只是被動的；改變是很昂貴的。

使用系統化研究、概念發想和原型測試循環、規劃性迭代模式從專案的開始就推動設計改變。團隊主動的運作；改變的花費不高[82]。

要注意的是，在某些階段中規劃過於遙遠的迭代可能會毫無意義－即使客戶要求要做。在這樣的情況下，以典型服務設計流程為基礎草擬出說明用的專案工作架構會是蠻好的方式，因為你知道只有在到達某個程度時，才能好好地做規劃。

82 引用自 Pugh, S. (1991). *Total Design: Integrated Methods for Successful Product Engineering.* Wokingham: Addison-Wesley, p. 206。

規劃研究

→ 檢討初始的研究問題、初步研究和高層次迭代架構。

→ 選擇研究方法：把一系列的研究方法列出，決定要怎麼分析和視覺化。大略估算一下樣本選擇、樣本大小、研究團隊、資料類型和三角檢測策略等典型的設定。

→ 考慮可能的研究員：快速回頭看一下利害關係人地圖，或做一個快速非正式的腦力激盪來列出潛在利害關係人。專案團隊可以完成多少研究？哪些地方需要外部的協助呢？

→ 將活動拆解為計畫性研究循環：草擬出你希望怎麼把選定的方法安排到不同的研究和分析／視覺化階段中，以及彼此如何相輔相成。加入調整性迭代規劃和檢討會議。

規劃概念發想

→ 檢討潛在發展方向的初始評估。

→ 考量潛在的參與者：快速（因為這在研究之後一定會有所改變）回頭參考專案利害關係人地圖，或做一個快速非正式的腦力激盪來

列出潛在專家或利害關係人，以了解主要的機會區域。

→ **選擇方法：**列出要用來填滿點子合集的概念發想和做決策的方法，並選擇適合的方法。估算大約想要帶幾個點子到原型測試之中。

→ **將活動拆解為計畫性概念發想循環：**草擬出你希望怎麼把選定的方法安排到不同的概念發想和決策階段中，以及彼此如何相輔相成。加入調整性迭代規劃和檢討會議。

規劃原型測試

→ **檢討潛在發展方向的初始評估** [83]。

→ **評估需要做什麼：**記得，在此時你可能只能規劃出大略的原型類型（例如，若你已經知道要做的是一個 App、一個諮詢服務、一個實體產品等等）。也很有可能還沒辦法知道有哪些東西需要做原型測試。不過，大多數的專案都會有相當具體的預期產出來引導你的規劃。評估規劃中的不確定性也很重要，這樣就可以隨時做調整。

→ **選擇探索性和評估性原型測試的方法，並規劃支援的研究：**列出一系列探索性和評估性的原型測試方法。為每個方法粗估基本的擬真度、多重追蹤、脈絡、觀眾、觀眾族群大小等。記得選擇一些支援的研究方法，幫助你從每一個原型測試中學習。

→ **考慮潛在的原型測試技能和團隊：**做一個快速非正式的腦力激盪來列出可能需要的技能，以及有能力建立原型的專家或利害關係人。在早期規劃一個什麼都能做的跨領域的原型測試團隊，稍後才包括專業技能。

→ **將活動拆解為計畫性原型測試循環：**草擬出你希望怎麼把選定的方法安排到探索性和評估性原型測試中，以及彼此如何相輔相成。加入調整性迭代規劃和檢討會議。

規劃落實

→ **評估需要做什麼：**規劃落實的意思是根據你可能需要做的假設來規劃。這會以你所估算的原型測試活動為基礎，也具有同樣的不確定性。

→ **考慮潛在的落實技能和團隊：**將落實工作拆解成相關的專業領域，做一個快速非正式的

83 見 9.2.2 節 **潛在發展方向的評估**。

腦力激盪來列出可能需要的技能，以及有能力根據目前規劃進行落實的專家或利害關係人。如同在規劃原型測試時一樣，在早期的落實迭代階段規劃一個什麼都能做的核心跨領域的落實團隊是蠻有幫助的，之後再調整得更專業。雖然可能會改變，但在一開始保有跨領域的團隊，能讓你有足夠的時間儘早調整和溝通各種可能的變化。

→ **在落實規劃中納入專家：** 找經驗豐富專案經理來提供落實規劃部分的回饋。與專家一起共創個別的落實計畫。

→ **將活動分解為計畫性迭代循環：** 草擬出你希望怎麼把選定的方法安排到落實循環中，以及彼此如何相輔相成。加入調整性迭代規劃和檢討會議。由於落實活動通常是平行進行的，確保大家對所有事情有同步的了解，並根據整體顧客經驗，持續確認單一工作分項的進度。

在任何一個階段中，設計流程產出的不確定性越高，就越應該保有更平行的概念或原型。

9.2.5 多重追蹤

決定你想處理多少洞見、點子、原型或服務。在較大的專案中，對迭代進行多重追蹤是比較合理的作法－舉例來說，團隊分開、平行作業。

多重追蹤透過探索一部分的概念或原型，而不只是一個概念或原型，以降低風險。不要把所有的雞蛋放在同一個籃子中，讓你策略性地面對概念合集中的不確定性，並管理利害關係人的期望。

這個方式是要取代過去把所有賭注放在一個概念的模式，把幾個小的賭注放在較有希望的原型上。這樣一來，可以降低每個決策相關的風險，進而降低與整體創新和設計專案相關的風險。

之後，當你更靠近落實時，你可以利用多重追蹤將需要被落實的不同元素分開至平行的工作流中，以加速產出的時間。例如，商店環境的室內設計、建立員工訓練、落實一個支援 App，這些一定可以平行進行。視開發任務的複雜度而定，每個工作流可以同時以不同的迭代速度進行。為了讓不同的工作流保持在軌道上，要定期共同檢視進度，並確保產出相互配合[84]。

---

84 見 9.5.2 節案例：管理策略性設計專案。例子說明如何採用敏捷方法來管理策略設計專案。

9.2.6 專案階段和里程碑

甘特圖、專案階段和里程碑是傳統專案管理中常用的手法。這些方法或多或少在確定性專案的世界中起源,用基本工作拆解的架構來規劃或執行、分析工作分項的依賴關係。雖然我們強烈建議你不要用甘特圖來規劃和管理專案,但你可能還是要因應內部的要求,提供里程碑和願景規劃[85]。

應對這種情況的一個方式為使用黑盒子手法。將服務設計流程的活動以從外面看起來跟別的專案沒什麼差別的方式包裝起來。問問自己:我們要怎麼調整我們的服務設計流程,以滿足組織內部的專案(報告/規劃)要求,同時**不放棄服務設計流程迭代性和調整性的本質**?小心處理黑盒子服務設計專案,畢竟這只是一時的權宜之計。這可以是在組織內進行服務設計的一個起點,但不應該永遠都這麼做。

你所選擇的方法應依據自身的經驗,以及先前與利害關係人進行迭代性和方法調整性開發手法的經驗而定,以下是一些起點。

85 身為外部的機構—特別是當你被叫來貢獻專長—你可能會將其作為一個明確的重點和一個介入改變的機會:挑戰現有的架構並以服務設計的方式來進行。然而,身為單獨一位設計師或大組織中的小團隊,你可能需要以不同的方式進行(例如,用黑盒子的方式進行服務設計,以免太過張揚)。

找出、畫出專案階段

看一下你設計流程中的迭代週期,你可以找出一個主要的活動或範疇。將它們標記為整體的專案階段。這常是一些獨特活動、方法和產出成果的組合。把它們具體畫出來,和現有的迭代放在一起看。有時候,稍微改動專案階段的命名,以配對於現有的用語是個好方法。針對較大的服務設計專案,將專案階段與服務設計流程相互比對檢視,也可以幫助提供方向感和進度。**以下是一些專案階段的範例:**

→ **準備階段、設置階段、定義範疇階段、或初始迭代**常包括專案規劃和初步研究,但有時候也有一些研究、概念發想、甚至原型測試活動,也可能會對所有活動做一個非常快速的初步迭代,來讓整個專案規劃得更好。

→ **探索階段、洞見階段、專案前階段或研究階段**可能包括早期大量研究的高度迭代,但通常也會包含一些概念發想和輕量的原型測試。

→ **概念(開發)階段、設計階段或概念發想階段**可能包括以概念發想為重點的高度迭代,但通常也包含研究及至少一些輕量的原型測試。

→ **原型測試階段、打造階段或育成階段**包括以原型測試為重點的高度迭代，但可能也包括一些研究和概念發想活動。

→ **內部 alpha 版、本地 beta 版、beta 版或成果推出階段**讓你可以根據使用者參與或使用者學習曲線規劃各階段。

→ **產出階段、落實階段、試行階段或成果推出階段**包括以不同落實工作為重點的高度迭代。

→ **營運階段或開發階段**讓你可以在正式上線後包括持續改善標準日常營運的迭代。接著服務設計會被設定為一個組織內持續進行的活動，並將全面的研究、概念發想、原型測試和落實活動的循環帶到服務的日常營運之中。

設定產出和里程碑

里程碑在專案時程上標記了特別的點，也就是到達了一個彼此同意的狀態，里程碑也常是專案中進行簡報、或邀請更多觀眾來溝通你專案進度和狀態的時間點。

設定里程碑，並與計畫性迭代配合－小心地管理在這些時間點能產出與不能產出的期望。你承諾的產出應該要很具體、可量測且實際，在這裡通常被稱為產出成果（*deliverables*）[86]。典型的里程碑包括：

→ 完成期中研究報告
→ 找出關鍵洞見優先排序
→ 找出機會區域並優先排序
→ 與關鍵利害關係人小組完成概念發想
→ 產出指定數目之點子
→ 發展出指定數目之詳細概念
→ 測試指定數目之低、中、高擬真度的價值／外觀感受／可行性／整合性整合原型，並分析回饋
→ 與真實顧客測試指定數目之原型，並分析回饋
→ 驗證指定數目之商業案例原型
→ 完成與前線員工之試作和分析

相較於傳統的專案，你的成果會是較活的產出，並隨著專案的進行而跟著成長改變。

---

86 記得，這邊的例子是里程碑，在敏捷手法中，則為調整性模式。之後在專案中，當你處理固定範疇的模式時，這會變得更具體。關於更多人們對設計流程的看法，見 9.2.4 節中的**計畫性迭代**，和**面對限制**文字框。

在一些組織中，這些里程碑可能會被壓縮至一個現有的門徑管理（stage-gate）流程，常是由如探索、定義、計畫、開發、測試、釋出和檢討等階段所組成。雖然不那麼理想，但這往往反映出商業的現實面。在這些階段之間，會有一些關卡－決定專案是否將得到一個（有條件的）綠燈、暫停、回收或終止。要注意的是，若是用「黑盒子」的手法標示迭代性的架構，你還是需要在每個關卡符合現有的硬性條件，以取得往下一個階段進行的同意綠燈。試著把這章所提到的條件都定為「必要的」，因為若是跟著流程走，早晚一定會遇到。

💬 專家訣竅

「在整個創新流程中小心管理期待，否則，特別是在緊湊的創新工作坊後，客戶就會要求你很快（太快了）要把他們發展出的某個解決方案做出來。」

– Julia Jonas

9.2.7　產出和成果

超越有形

許多服務設計活動都有具體有形的產出（例如，研究資料、記錄下來的洞見、點子草圖、原型、研究和專案報告等等），但是，就像先前章節所述，有時候設計活動中較無形或是不可言喻的成果對你反而更重要，舉例來說，早期原型測試活動一開始可能只是為了建立共同的了解，並在跨領域專案團隊中用來協調－不只是為了點子做的[87]。或是以質化的研究為例：當你收集了許多具體資料到研究牆上時，主要目標之一可能是在設計和管理團隊內與利害關係人建立共感，這些都是一些沒有辦法放進報告中的東西。

即便整個組織通常都重視有形的產出，謹慎評估和規劃你的無形成果也是同等重要的。長遠來看，無形的成果常有機會成為成功共創的驅動因素、降低組織內的抵抗、也提高落實的機會。

專案知識、點子和洞見的流動

主要無形成果（像是共感和對利害關係人、問題及潛在解決方案更深入的脈絡性知識與了解）幾乎是與團隊中發展出這些的人密不可分。有些利害關係人從開始到結束都是專案的一部分，更大多數只會參與旅程中的某些部分。這提供了新想法和觀點的機會，並產生傳遞重要資訊的挑戰，這樣才能夠有意義的貢獻。當人們退出專案時，也會有失去難以取得的共感、深度知識和了解等必要部分的危險。要試著規劃保持知識和共感流動的完整性，透過建立跨專案人與人之間無法打破的連結，並由有形的紀錄來作為支持。

把整個設計流程中的人、主要產出和成果的流動具體畫出來是有幫助的，這樣一來，就可以更加了解共感、深度知識和了解是從何而來，以及是如何傳遞到後續的步驟上－是透過人傳遞，或透過像是紀錄或原型等有形的產出。

---

[87] 見 7.1.1 節中的 **用來溝通和展示的原型測試**。

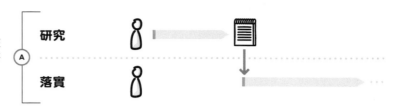

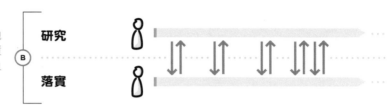

同理心的流動

文件交接時並不會交接同理心。透過將關鍵人物一直留在專案中，來保持同理心的流動。

在「傳統」的專案交接中，同理心往往在交接過程中遺失－例如，只靠整理好的研究報告來進行落實。

保持核心專案團隊能避免專案移交，也保留了同理心的流動。至少讓一名負責落實的人員參與研究，也至少讓一名負責研究的人員參與落實。

⒐⒉⒏ 做紀錄

及早決定要怎麼組織和建立文字的[88]專案紀錄。確認（例如與專案贊助者）是否有任何對格式和內容的要求。視產業的不同，可能會有嚴格的規定和義務。記錄可能會相當麻煩和辛苦，特別是以回顧的方式進行時，所以要妥善事先把記錄工作規劃進去，盡可能把它變成活動的一部分，或至少在記憶猶新的時候把它做完。

記錄流程和決策

服務設計流程是調整、迭代的，隨著你不斷檢視流程和進行改變，真正的流程會和一開始的計畫有所不同。隨著專案的進行，試著為做過的改變

及其背後的原因做簡明扼要的紀錄。記錄的方式可以是簡單的手寫會議紀錄，或是拍照記錄白板或便利貼的細節內容。但也可能會要準備漂亮的投影片來讓董事會進行決策，或按照正式的範本提出改變的要求。

未記錄的重要決策可能會遭受質疑、引起不必要的討論，有時在最糟的情況下，還會被迫重來一次。

紀錄有形產出

大多數服務設計流程的活動都有有形的產出，也多半會成為下一階段的參考來源，這些產出對你的紀錄來說很重要，因為它們讓你能將原型之類

88 這裡說的手寫記錄，實際上是指任何形式的有形紀錄。通常會是文字和影像，但也可以用影片或互動媒體等其他形式來進行。

的產出追溯至研究的基礎洞見，甚至回顧到研究
資料中的原始引述 [89]。用簡單的索引系統就可以
幫你把研究的原始資料連結到原型或落實的解決
方案。

如果內容中的一部分受到挑戰質疑，你可以回顧
一些步驟、重新檢視背後的假設或結論，或解釋
它是從何而來、以及是誰提出的 [90]。

讓紀錄易於取得

你應該先決定如何以及在何處儲存你的有形產
出，這樣就可以讓它們在後續專案的任何一個階
段快速被取得，較小的專案中，一個有著許多牆
面空間的大專案室應該就足夠了，你可以在專案
室裡把資料排序到研究牆和點子／概念牆上、在
桌上或特定區域展示原型。在比較複雜的專案
中，最好還是要為重要的資料保有實體的專案空
間，但也同時規劃一個虛擬空間的架構，以儲存
完整的資料 [91]。

---

89 關於更多索引資料的資訊，見 5.1.3 節中的**建立索引**。見 5.4.1 節**案例：運
　用民族誌法，獲得可行的洞見**，例子說明如何在實務中運用。

90 請小心：完整的紀錄有時會在專案團隊內放大「非我發明（Not Invented
　Here; NIH）」症候群。新的想法會很快就被屏除，因為想法沒有走過
　整個流程。若能認知到偏見和對新想法保持開放是相當重要的。但是，
　還是要一直追蹤洞見和研究資料裡的缺口或連結斷點，有必要時適時補
　上。

91 更多關於團隊空間的討論，見第 11 章：**建立服務設計的舞臺**。

紀錄的主要產出

→ 原始研究資料、研究牆

→ 研究資料的視覺化（例如，系
　統圖、旅程圖等等）

→ 關鍵洞見、待辦任務、使用者
　故事

→ 研究報告

→ 機會區域、包括「我們該如何
　……？」發想問題

→ 點子、點子／概念草圖、點子
　牆

→ 未來點子和概念的視覺化（例
　如：未來狀態系統圖、未來狀
　態旅程圖等等）

→ 原型，包括視覺化／紀錄（例
　如：影片紀錄、照片、描述）

→ 原型報告（包括使用者測試的
　研究報告）

→ 簡報（包括原型的簡報）

→ 落實願景規劃

→ 已落實服務和實體／數位產品
　的紀錄（例如：流程紀錄、訓
　練手冊等等）◀

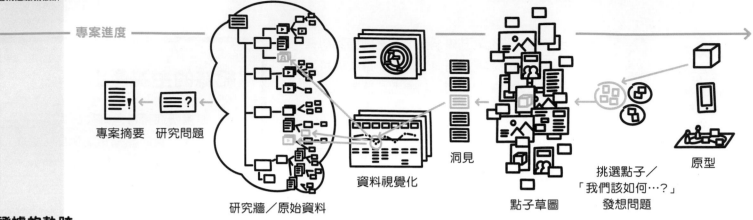

專案進度

專案摘要　研究問題

研究牆／原始資料

資料視覺化

洞見

點子草圖

挑選點子／
「我們該如何…？」
發想問題

原型

證據的軌跡

由於有形的產出是服務設計流程的實體證據，你的記錄軌跡就成了（實體）證據鏈，與同理心鏈相輔相成。這樣的證據軌跡可幫助你找到原始資料、揭露所開發之原型致力解決的問題。索引有助於隨時追蹤 [92]。

記錄無形的成果

決定想要將哪些無形成果放進正式的紀錄中，以及該怎麼做。許多組織偏好有形的產出，要確保紀錄無形的成果能幫助你將重點轉向更平衡的觀點上。舉例來說，可以加入照片、用一場熱鬧的原型測試的故事說明，來強調跨領域合作的影響以及對共同目標的協調認同（「我們從來沒有見過他們一起共事過！」）。

但還是要小心，因為這通常沒那麼容易。有些影響可能很細微或難以呈現。與核心專案團隊仔細思考這點，並策略性地納入覺得較有信心的部分。

9.2.9　編列預算

在完成第一輪規劃週期後，你應該會對核心專案和計畫性迭代架構有了清楚的想法，掌握了核心活動的初始基準線，也對核心和延伸專案團隊的規模有個底。

同樣的，你可以估算所需差旅、材料和外部服務的總額，作為初步草擬預算的參考來源，這麼一來，編列服務設計專案的預算可以很容易，也可以像其他專案一樣困難。**這裡有一些訣竅：**

92 見 5.1.3 節中的**建立索引**。

→　**一定要從大略的估計開始。**若有一個目標範圍，就確保不規劃過多或過少。然後慢慢取得更多細節。進行迭代。

→　**把大的預算拆解，以降低風險。**若目標訂得太高，試著把專案拆解至一系列風險和預算慢慢增加的小專案。若太低，則增加深度或更多迭代。

→　**考慮預算門檻。**一定要確認工作／合作組織的預算門檻。專案贊助者可核准的預算最多是多少？若需要訂定較高的目標，還需要納入（及說服）誰來核准預算？

→　**以典型的內容進行計畫。**由於無法規劃後續迭代的細節，試著根據經驗，在專案摘要和期望產出成果的範圍內，以**典型**工作分項的預算來做規劃。

→　**使用團體估算。**向外尋求專家和具經驗的專案經理來幫助你為每一個計畫性迭代預估所需的工作量和資源。運用像是規劃撲克牌[93]這類輕量的方法來創造有意義的討論、得到實際的團體估算結果，以消除個人偏見。

經費有限時的
工作訣竅

→　小處著手。

→　選擇適當專案作為起點[94]。

→　釐清專案目標是在學習，還是說服他人。

→　勿期待他人會比你早改變。遵循自我影響圈內的原則。

→　運用臥底預算：要時間會比要經費來得簡單。

→　進行游擊式共創：走非正式路線、進行臥底式喝咖啡工作坊。

→　忽略現有行動上的標籤和包袱。◀

94　服務設計不見得適用於每個挑戰。它最棒的是用在無法定義的問題上（特別是先前已有人嘗試解決失敗），而不是用在決定性的問題。

93　見 Cohn, M. (2005). *Agile Estimating and Planning*. Pearson Education.

→ **規劃時，要帶有適當的緩衝。**人們常試圖全盤建立緩衝，以因應不可預知的挑戰。雖然可以將偏離平均估計值作為指標，百分之二十似乎是經常使用的值－但你的經歷可能會有所不同。若專案預算是由多個人來預估（例如個別子專案的主管），確保不要增加太多重複的緩衝。

→ **管理期望。**確保大家了解迭代中的內容必須要有彈性。你的預算會仰賴整體的時間和資源，但是，你必須在實際花費預算的方式上保有一定的靈活性，並在流程中配置你的人力。釐清如何處理這些改變。

→ **了解招標要求。**針對大的專案，要確認你對外部客戶組織的外包程序／招標過程有清楚的了解。採購部門一定會議價、壓低價格，決定是否要配合他們的做法，再設定價格。

9.2.10 心態、原則和風格

想想你工作上的「柔性的」那一面，在紙上的呈現，就算是方法的混合下，很多設計流程看起來是一樣的，但人是不一樣的，包括參與你服務設計專案的人。你會發現各式各樣的心態、原則和風格。雖然大多數具有服務設計經驗的實務工作者都有共同的心態和一套核心原則，但仍然存在微小但重要的差異。主持引導的風格是什麼？是否都是使用同一種語言？你如何向別人描述作為服務設計師的角色？

根據你身處的生態系統以及你的角色，你可以帶進各種風格。你是穿著西裝的人，還是穿高領比較周到的人？你的背景是設計，還是服務設計的技術面或商業領域？你是與專家團隊一同創造和落實突破性專案的外部設計顧問公司？或者是服務設計教練，能讓客戶組織內部的人具備自我執行服務設計的能力？還是組織內部一位需要了解如何與大家共事的專案負責人？

如果你正在找尋設計或顧問公司，這會是其中一個關鍵的考量點：**我的組織和設計公司的文化契合嗎？或是說，如果你正在組織內落實一個服務設計專案，你會用什麼方法** [95] **？**

---

[95] 許多柔性的那一面與你的主持風格有關，更多資訊見第 10 章：**主持工作坊。**

9.3 管理服務設計流程

9.3.1 迭代規劃

迭代規劃會依據先前活動的所獲，定期調整你的計畫性迭代和願景規劃。在完成一個計畫性迭代後，運用前面章節提過的加速版本規劃流程作為基礎，來更新你的計劃內容。必要時，使用第 5 章到第 8 章討論規劃的部分內容對核心活動進行詳細規劃，以深入研究、概念發想、原型測試和落實迭代。一般來說，對於專案中大多數的迭代，下個迭代的規劃階段都會與前一個迭代檢討相互結合。

一個計畫性迭代的架構有固定的日期以利迭代規劃和檢討，同時也幫助管理從專案贊助者和利害關係人獲得的想法和修正要求（常常每天都有）。若沒有仔細管理，這些要求可能會搞亂你的專案。如果能明確溝通清楚檢討和規劃階段的架構，可幫助紓解大多數這類要求。若下個階段沒有太遠，人們的新想法和修正要求有在下一次規劃會議期間得到正式記錄、評估和優先排序，大家通常會感到很高興。

在迭代檢討會中討論修正要求或流程回饋。將新問題、想法或修正新增到研究牆或點子合集中，進行優先順序，也把這些資訊增加到整個專案漏斗中。

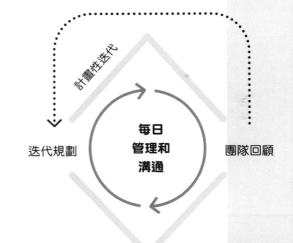

服務設計管理活動的概覽：
迭代規劃、內容檢討、團隊回顧和每日管理和溝通

每日站立會議

每日站立會議是核心團隊的每日固定會議，以快速地討論正在發生的事，並協調接下來二十四小時的計畫。這主要有助於改善專案團隊內的溝通，並及早揭露和解決問題。規則很簡單：大家面對面（站著）、分享接下來的行動以及是否需要幫助，十五分鐘內就可以完成。每天都在同一個時間重複做一次[96]。

以下是近期關於每日站立研究[97]的一些建議：

→ **只關注未來。**

這不是無聊的進度報告（見下方意見）。[98] 鼓勵參與者問自己「我接下來要什麼來幫助團隊達成目標？」以及「我目前發現了什麼可能會阻礙進度的問題？」也讓其他人幫助你回答這些問題。

→ **不要討論流程。畫出來。**

像是工作室裡的燃盡圖這類有形的視覺圖表可以有效避免掉不必要的無聊狀態報告。專案狀態要一直能夠讓每個人清楚看見，可以把時間省下來，去解決真正的問題。

→ **試著討論解決方案。但保持簡單扼要。**

找出問題並嘗試解決，或討論要怎麼避免。這其實被認為是站立會議其中一件最有價值的事。但如果問題太過複雜而無法在給定的時間內解決，找對的人後續開會處理，勿打破時間盒。

→ **盡量減少干擾。**

選一個最沒有干擾的時間和地點，這樣就沒有人要空等或殺時間。午餐前常是站立會議的最佳時機。大多數的人即使是前一天工作到很晚，午餐前一般都會在，而且大家會因為想要去用餐而讓會議保持簡短[99]。

---

96 這在你與遠端團隊共事時會變得更加重要。在此情況下，使用穩定的視訊會議系統來設定每日會議。

97 Stray, V., Sjøberg, D. I., & Dybå, T. (2016). "The Daily Stand-Up Meeting: A Grounded Theory Study." *Journal of Systems and Software*, 114, 101–124.

98 先前引用的研究顯示「我們上次碰面後做了什麼？」這種問題不應被包括至每日站立會議中。這容易讓每日站立會議變成無聊的狀態回報，無法討論如何解決真正的議題。

99 午餐前進行這類會議的另一個好處是：人們常會在吃飯時有非正式的對話，可視需要簡單安排後續會議或深入討論。

→ **準時。保持簡短。**

準時開始。像瑞士時間這樣準時。我們是說真的。不要等人。且會議應該在十五分鐘以內完成。十五分鐘一到，就停止。如果十五分鐘還沒到，但已經沒有別的事情要說了，也停止。

→ **不要主持。**

試著告訴團隊會議的形式，然後就收手。每日站立會議應該要變成一個自我整理的儀式。同時避免決定誰要開口說話，因為這往往會導致主持者和團體間的單方向溝通。可以擲骰子然後就開始逆／順時針進行下去，這有助於達成團隊內的平等溝通。◀

_{9.3.2} **迭代管理**

管理大方向和細節的聚焦

服務設計的一個主要元素為持續固定在服務的不同面向之間、從大方向到細節的轉換。這也代表，在著重於細節（像是顧客旅程中的單一步驟，或是特定使用者故事或代辦任務）和涵蓋所有步驟的端對端顧客旅程之間來回。確保在單點接觸點與整體服務體驗的一致和迭代開發之間取得平衡。

在管理服務設計流程時，很重要的是要有系統地進行。決定哪個面向可能是最有價值的，以作為流程下一個自然開展的步驟（如顧客體驗、利害關係人網絡、商業模式、組織可行性或技術可行性）。但稍後仍要檢查你對服務做改變後的整體影響。這在你分開專案小組，並開始平行工作時特別重要。把這些檢查放進固定的專案架構中－舉例來說，把它們加進流程中的特定里程碑裡。

管理問題和解決方案

同樣的來來回回狀況也能套用到相互依存的問題和解決方案。在瀏覽迭代時，務必持續關注你的潛在解決方案，也要注意它們是否會引發可能帶來更新、更佳解法的新問題。這幾種迭代可在有經驗設計師的設計行為中被觀察到，且往往會很自然地發生。如果你和

團隊是新手，你可能會需要退後一步，思考目前正在問題和解決方案空間中的哪個地方：「提出的解決方案通常會直接提醒設計師要考慮的問題。問題和解決方案是共同發展演進的。」[100]

每日專案管理

就專案管理的例行公事來說，服務設計專案和其他專案並沒有什麼差別。這裡有一些幫助你保持清醒的訣竅：

→ **動手做。馬上。**
　　服務設計是實作。關於執行和管理特定活動的訣竅，參考第 5、6、7、8 章。

→ **簡短討論。但經常討論。**
　　若你沒有和專案團隊夥伴對工作內容協調一致，事情可能很快就會走偏。但在核心服務設計活動之外，要試著保持精實有效率的協調。可以嘗試運用每日站立會議（請見文字框）來作為每日的團隊協調活動，並確保問題可以快速地被找出和解決。

→ **讓流程和進度看得見－實體的方式最好**
　　專案中一個最大的問題是當事情卡住了，卻沒有人發現。建立可見的流程和進度板，並將這些素材放在你的工作空間裡，這樣每一個人都可以看到，並視需要採取行動。當

然，如果是與一個分散各地的團隊共事，可能就要轉成虛擬的作法。但規則是一樣的：確保這份資料不會遠遠地深藏在資料夾中，而是要在大家常用的虛擬空間中清楚可見（例如，內部社群網絡的首頁）。

→ **保持節奏**
　　當專案遇上難解的問題時，即使是有經驗的設計師也會很容易想要延長目前的迭代，直到團隊成員覺得他們已有了完美的解決方案。要抗拒這樣的誘惑！讓迭代有時間限制，且定期檢討[101]，在這樣的情況下會更有價值。

→ **和諧地安排安靜的工作時間和緊湊協作／交流的工作時間**
　　服務設計可被用於尋求無法定義之問題的解決方案。這可能很困難，且需要對這件事有深度了解。試著建立工作時間不受干擾的安全空間，讓大家可以深入這些挑戰，在此期間內，傾向於使用電子郵件這類非同步的溝通方式，而非立即或面對面的溝通。同時，也確保有足夠的機會進行正式交流（如工作坊），並安排非正式的機會，讓大家可以偶遇聊聊，以降低個人交流的障礙。

100　Kolodner, J. L., & Wills, L. M. (1996). "Powers of Observation in Creative Design." *Design Studies*, 17(4), 385-416.

101　見 9.3.3 節中的 *內容檢討和團隊回顧*。

「我為什麼要加入你的專案？」

如果服務設計（或是任何其他你的稱法）對於你的組織來說還很新，你會需要將專案與參與者溝通兩次：一次是談工作，一次是談新的工作方式。這不只是一個新的專案，還是一個奇怪的專案 [102]。

以下是一些利害關係人被邀請加入或協助新專案時常提出的問題，以及你可以如何處理這些問題：

→ **為什麼是我？為什麼我要來？**
一開始就說明清楚邀請他們參與的原因，這樣他們會對自己在流程中的角色，以及你對他們貢獻的期待有所了解。

→ **這會如何幫助我的組織／我的團隊／我自己？**
這個專案是你的專案，但不見得是他們的專案。以他們的觀點來思考，並嘗試表達為何他們應該重視。

→ **這是正規的嗎？**
表明他們不是在浪費時間。透過概述專案的來源、贊助者的身分、以及已經見面討論過的關鍵人物來建立信任感。

→ **我們不是已經在這樣做了嗎？**
及早研究公司內部是否以前有過類似、或只是看起來像的專案，並將你的行動放進這樣的脈絡中。

→ **你需要或期待我了解什麼？**
評估真正需要了解多少資訊才能參與共創流程。並不是每一個人都需要了解每件事。別嚇到他們，或讓他們感到困惑。

→ **你想要我做些什麼？**
明確地溝通你期待他們做的事。同時說明他們的貢獻會如何與整個流程／專案緊密關聯。

→ **我的貢獻接下來會怎麼樣？**
運用服務設計流程的視覺化，讓他們了解他們的貢獻產出接下來會如何。誰會繼續把產出做下去？他們會受到表揚嗎？

→ **我要如何保持在狀況內？**
定期與你的共創者更新發生的事，以確保長期的認同。可以藉由在專案特定時間點寄出的電子郵件、一個線上的專案平台、或是在選定會議中的具體簡報。◀

---

102 更多關於如何讓同事或其他利害關係人接納服務設計，請見第 1 章：為什麼需要服務設計？

→ **選擇環境**

這有時會被忽略，但試著聰明地選擇你和團隊打算工作的地點。在客戶的辦公地點工作會與定期到訪他們的辦公室很不一樣的。何時需要限制外部的露出？何時會需要（非正式）交流[103]？

→ **及時處理不可避免的衝突**

你會發現服務設計方法有很多內建的策略，可幫助你在一開始就避免衝突，你可以在整體的方法中（如策略性運用視覺化工具，或用原型來溝通、建立共識，以及進行流程迭代以降低風險的本質）及特定的工具包中找到這些策略[104]。

比較情緒性或是跟人際關係有關的衝突（「我就是受不了那個人！」）處理起來較難，也通常需要不同的技巧。因此，長遠來看，可以事先對團隊進行衝突解決的訓練，這可以讓他們在影響到整個團隊氣氛前就快速注意到，並自行解決衝突。請諮詢專業調解員，了解如何處理或參考衝突解決方案文獻，了解有哪些方法可運用[105]。

共創者的加入和溝通

共創是服務設計的核心。在整個專案的過程中，你可能需要將許多人加入到延伸的專案團隊。確保你有規劃到此部分，因為這蠻花時間的。你在

邀請或與其他部門的人或外部專家共事前可能需要取得許可，在任何情況下，幾乎所有人都需要一些前置時間來為你的專案調整他們自己的工作時程。你的合作夥伴大概**不會**坐在那邊無所事事等你來召喚。你甚至可能要在他們答應加入前，先突破他們防禦機制的本能（「什麼，又是另一個專案…」）－即使只是一次工作坊。

真正的共創意味著你也要在他們直接的參與之外，創造和維持與共創者共同的主導權。也就是說，他們不僅是參與，也要能看見或至少感覺到他們自身貢獻的影響。試著定期與共創者更新正在發生什麼事，這樣如此能確保認同。「共創後就忘了」的心態才是真正危險的，只有當你讓人們處於循環中，並讓他們有機會看到並體驗他們自身貢獻的影響時，這樣的認同才會有效。

但請注意，你還是需要在共創工作階段小心管理期望，讓每個人都明白，並非所有的貢獻都會成為概念或原型，更不用說最終的服務解決方案了。

---

103 有關設定專屬的專案空間，即使是臨時的，參考第 11 章：**建立服務設計的舞臺**。

104 見如 5.3 節**資料視覺化、整合與分析的方法**，和 6.2 節**決策**。

105 作為一個起始點，見 Brown, D. M., & Berkun, S. (2013). *Designing Together: The Collaboration and Conflict Management Handbook for Creative Professionals*. Pearson Education. 亦見 Shapiro, D. (2016). *Negotiating the Nonnegotiable: How to Resolve Your Most Emotionally Charged Conflicts*. Viking Adult. 學習如何解決衝突是很重要的，但記得你的重點是要建立一個有韌性的團隊，可正面、投入的工作，也有處理問題和衝突的能量和效率（且適時的還很會玩）。

不論貢獻有多小以及其是否會在之後被用到，追蹤參與者並給予功勞是很好的練習，最簡單的形式，就是包括保有所有在流程期間所進行活動的參與者清單。決定你想要如何並在你的專案中給予功勞的最佳方式－考慮你組織內的現實面－如此能真正對你的參與者有意義。

9.3.3　迭代檢討

在迭代檢討中，退後一步並反思上（幾）次迭代期間發生了什麼。試著讓你的學習心得具有意義、建立預期作法的選項、並決定如何進行必要的改變以繼續前進。一般來說，迭代檢討會與下一個迭代的規劃結合。

內容檢討

在服務設計流程的許多步驟中，會需要進行內容的檢討－也就是反思產出的品質，並根據這一點做出決策。許多服務設計的核心活動都有內建這些關鍵的反思元素。在研究中，可以看看資料整合和分析的方法[106]，在概念發想中，可以運用

概念發想前的方法或任何挑選點子的方法[107]。而對於原型測試，主要是在評估原型方法和接續的整合和分析階段中進行反思[108]。

內容檢討通常是由核心專案團隊與延伸團隊中選定的利害關係人一起完成的，在進行團隊回顧前，納入額外的內容檢討作為迭代檢討階段的一部分會是有幫助的。

團隊回顧

你也需要在核心和延伸專案團隊中說明你在流程本身的學習心得、心態和協作的品質。這會在團隊回顧期間完成，通常是在核心專案團隊內進行。

對過往迭代進行有效回顧的方式有很多，你也可以提出許多有用的問題。下頁進行團隊回顧文字框提供了常用的方法[109]。在與身負全職工作的人們合作專案時，應該每幾週就進行一次較正式的迭代檢討。

除非有向上提報的必要，或專案贊助者有要求正式的紀錄，迭代規劃和期間任何的紀錄通常是蠻粗略的。在每個人都能同時書寫的白板上做視覺記錄，或把便利貼拍照。真正做到記錄，並從中學習是非常重要的，但不要把紀錄做得很漂亮－因為很快就會改變了。

106　見 5.1.4 節 **資料視覺化、整合與分析**，和 5.3 節 **資料視覺化、整合與分析的方法**。

107　見 6.4 節中的 **發想前和減少選項**。

108　見 7.1.6 節 **資料整合與分析**，必要時回頭參考 5.1.4 節 **資料視覺化、整合與分析**，和 5.3 節 **資料視覺化、整合與分析的方法**。

109　亦見 Kerth, N. (2013). *Project Retrospectives: A Handbook for Team Reviews*. Addison-Wesley。

進行團隊回顧

「不論我們發現了什麼，我們都了解且真心相信大家在當時擁有的資訊、技能與能力、可用資源以及手邊的狀況下，都已盡了力。」
— **Norman L. Kerth** 回顧的最高指導原則 [110]

一個好的開頭是先把「回顧的最高指導原則」朗讀給你的團隊聽 [111]。然後：

1 向團隊說明目前做過的事、強調自前幾次迭代以來的關鍵產出和成果。可以在專案室裡進行，因為這樣大家都能看見關鍵產出，資訊也容易取得（例如，研究牆或點子牆）。

2 在牆面上貼上這些關鍵問題 [112]：什麼做得不錯？學到了什麼？下次應該如何改進？有什麼仍困擾的事？

3 請參與者安靜地在便利貼上寫下這些問題的答案，並貼到牆上。如果有修正的要求、回饋或來自核心團隊外部的新想法，也把它們加上去。將答案分群，並釐清不清楚的內容。

4 一步步討論每一個分群。隨著討論，加上新點子、心得和可能的改變。

5 請參與者強調在進行迭代規劃階段時必須考慮到的關鍵驅動因素。把結果記錄下來 [113]。◀

---

[110] Kerth, N. L. (n.d.). "The Retrospective Prime Directive," 見 *http://www.retrospectives.com/pages/retroPrimeDirective.html*。

[111] 這是為誠實檢討創造必要安全空間的重要部分。一段時間後，它會成為一種儀式。為避免失去效果，可以輪流閱讀。要一直盡量保有誠實和新鮮感。

[112] Kerth, N. L. (n.d.). "The Key Questions to Be Answered During a Retrospective," 見 *http://www.retrospectives.com/pages/RetrospectiveKeyQuestions.html*。

[113] 特別是在專案遇到困難的時候，你可以去找出那些紀錄，向團隊展示已經走了多遠，以提高士氣和動力。

9.4　範例：流程範本

**四至八小時
導引工作坊**

格式越簡短，計畫就越詳盡。這類工作坊可以讓你與利害關係人建立互動關係，
可以用來啟動專案，或是作為一個較大專案和工作坊的初步迭代。

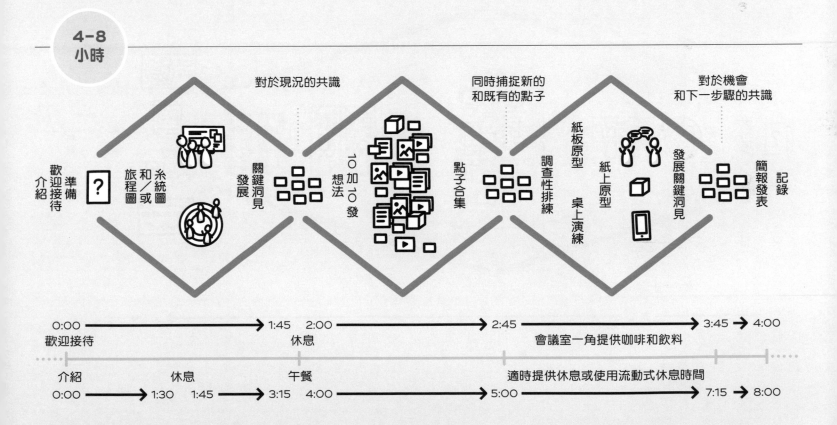

4-8
小時

對於現況的共識　　　　同時捕捉新的　　　　　對於機會
　　　　　　　　　　　和既有的點子　　　　　和下一步驟的共識

歡迎接待　介紹　準備　?　糸統圖　和／或　旅程圖　關鍵洞見發展　10加10發想法　點子合集　調查性排練　紙板原型　桌上演練　紙上原型　發展關鍵洞見　簡報發表　記錄

0:00 ➜ 1:45　2:00 ➜ 2:45 ➜ 3:45 ➜ 4:00
歡迎接待　　　　休息　　　　　　會議室一角提供咖啡和飲料

介紹　　　休息　　　午餐　　　　適時提供休息或使用流動式休息時間
0:00 ➜ 1:30　1:45 ➜ 3:15　4:00 ➜ 5:00 ➜ 7:15 ➜ 8:00

三日
服務設計工作坊

與短期四至八小時的導引工作坊相比，三日工作坊在研究、原型設計和測試中實際迭代的時間更長。在以下範例設定中，強調了以顧客為中心的工具和方法。

第1天

研究規劃　　　　　　收集資料　　建立研究牆　建立人物誌　繪製旅程圖　繪製系統圖　發展關鍵洞見　　回饋　記錄

0:00　　　　1:30　　　　　　　　　　　　　　　　　8:00 → 9:00

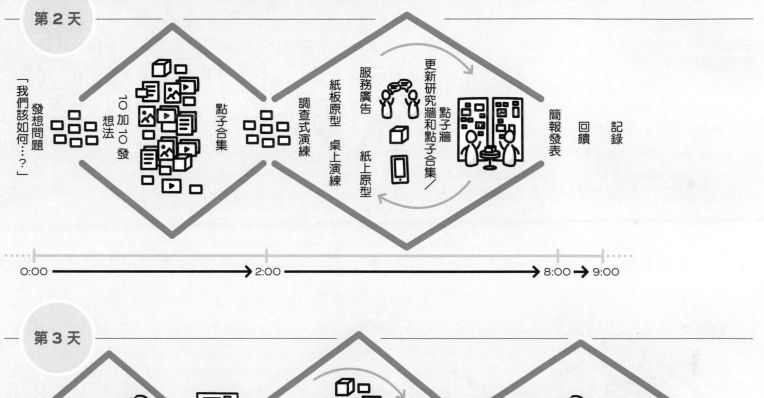

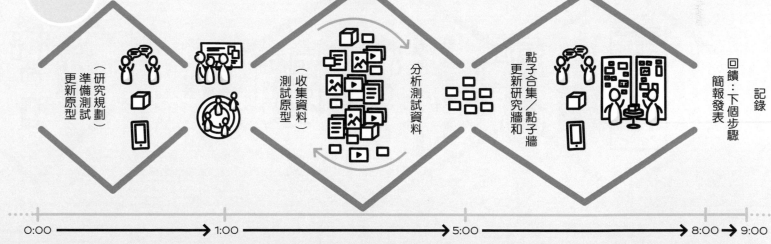

五日
服務設計迭代

在結構上與三日活動相似，但在研究、原型設計和測試上有更多迭代和深度。同時也在最後一天額外進行服務藍圖和／或商業模式圖來建立更清晰的商業營運觀點 [114]。

[114] 任何一個特定的五日衝刺都要謹慎地做準備，並根據專案做調整。見 9.5.3 節 **案例：運用五日服務設計衝刺，創造一套共享的跨通路策略**，以了解如何套用此架構。

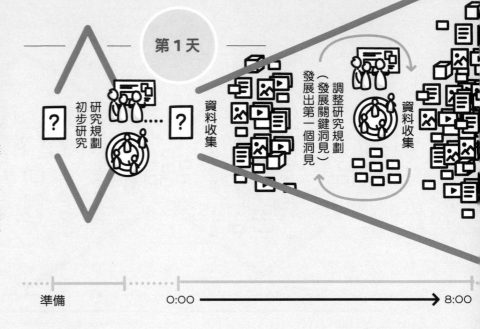

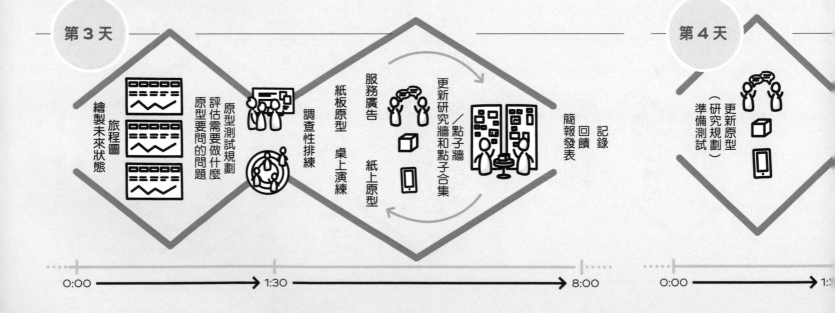

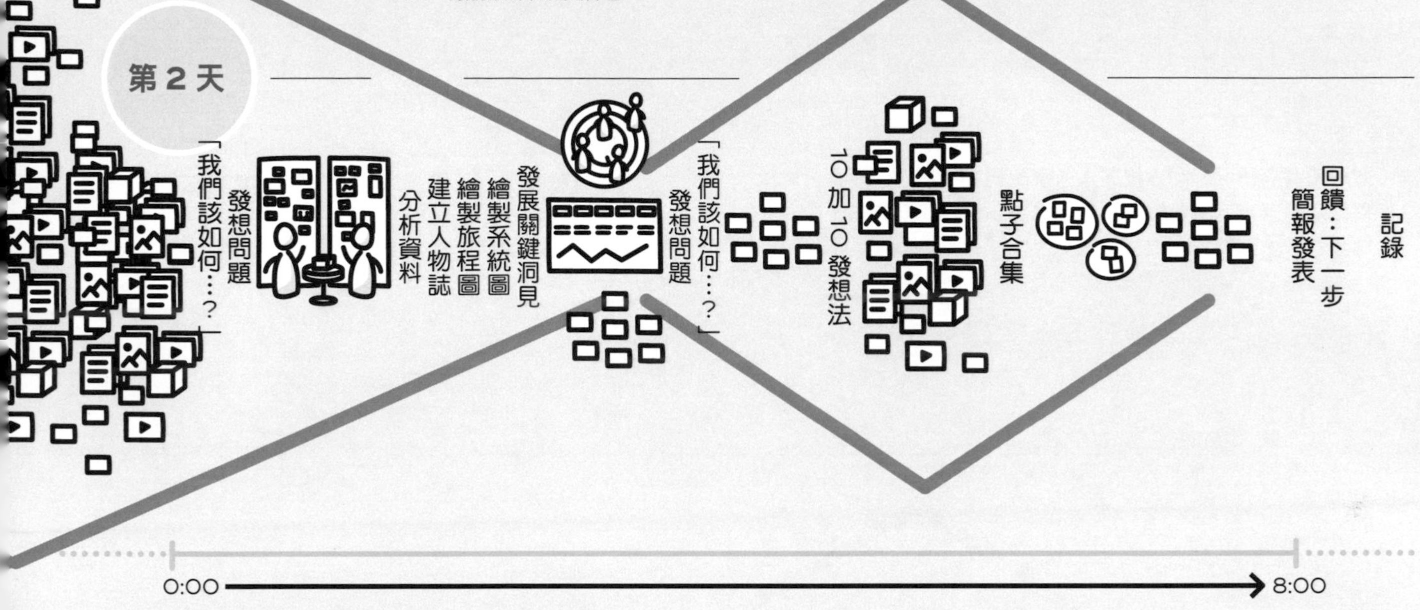

第 2 天

發想問題「我們該如何…?」

分析資料
建立人物誌
繪製旅程圖
繪製系統圖
發展關鍵洞見

發想問題「我們該如何…?」

10 加 10 發想法

點子合集

記錄

回饋：下一步
簡報發表

0:00 ────────────────→ 8:00

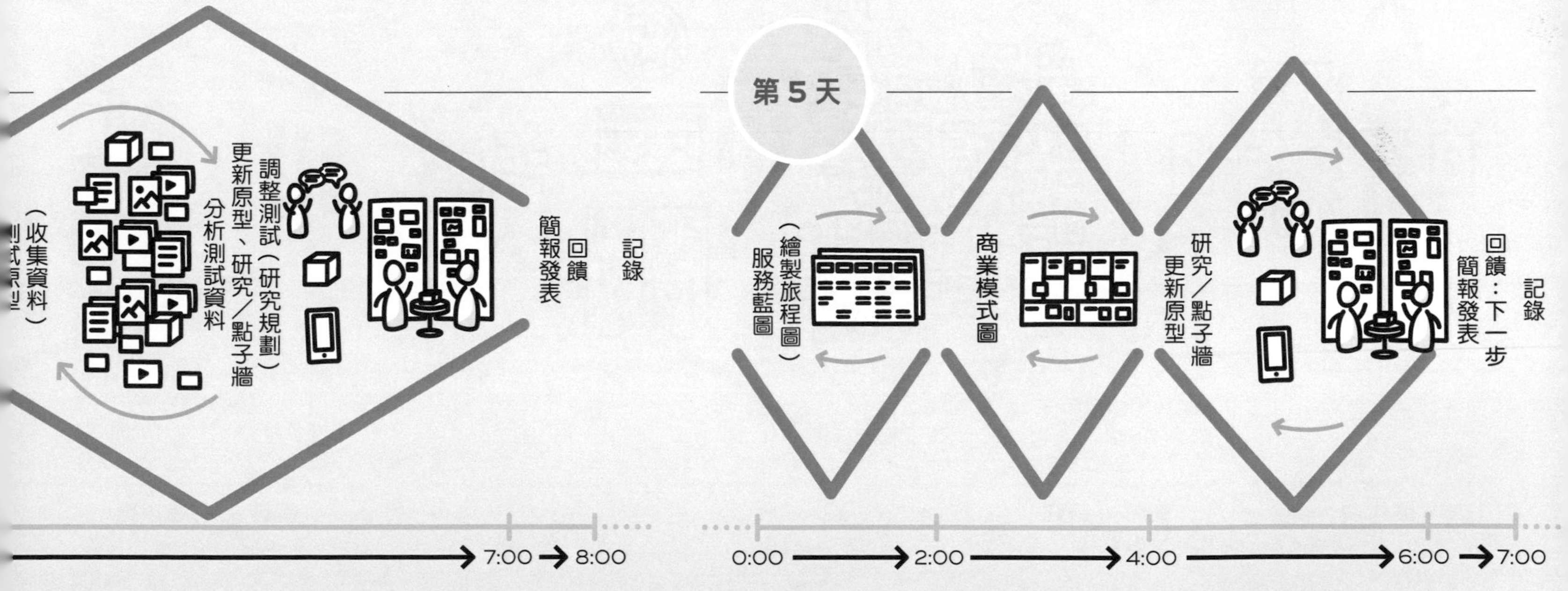

收集資料（則式訊号）

分析測試資料
更新原型、研究/點子牆
調整測試（研究規劃）

簡報發表

回饋

記錄

7:00 → 8:00

第 5 天

繪製旅程圖（服務藍圖）

服務藍圖

商業模式圖

研究/點子牆
更新原型

回饋：下一步
簡報發表

記錄

0:00 ──→ 2:00 ──→ 4:00 ──→ 6:00 → 7:00

三個月
服務設計專案

你的規劃和時間安排將取決於實際情況、利害相關人、策略觀點、以前的專案
等有很大的不同。管理長期的設計專案需要經驗和專業知識，包括設計手法、
你身處的生態系統、以及專案主題 [115]。

115 關於持續發展的模型，亦見 12.4 節 **設計衝刺**。

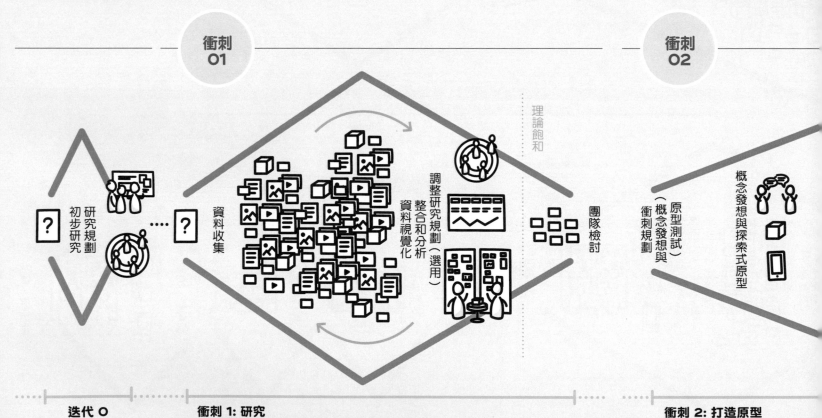

衝刺
01

衝刺
02

理論飽和

? 研究初步規劃研究

..... ?

資料收集

調整研究規劃（選用） 整合和分析 資料視覺化

團隊檢討

原型測試（概念發想與 衝刺規劃）

概念發想與探索式原型

迭代 0

衝刺 1: 研究
~ 4 週

衝刺 2: 打造原型
~ 4 週

進行原型測試,以發展出強大的
價值主張和商業計畫

與真實顧客、在真實場域進行

加入更多利害關係人

與真實員工和系統進行

衝刺
O3

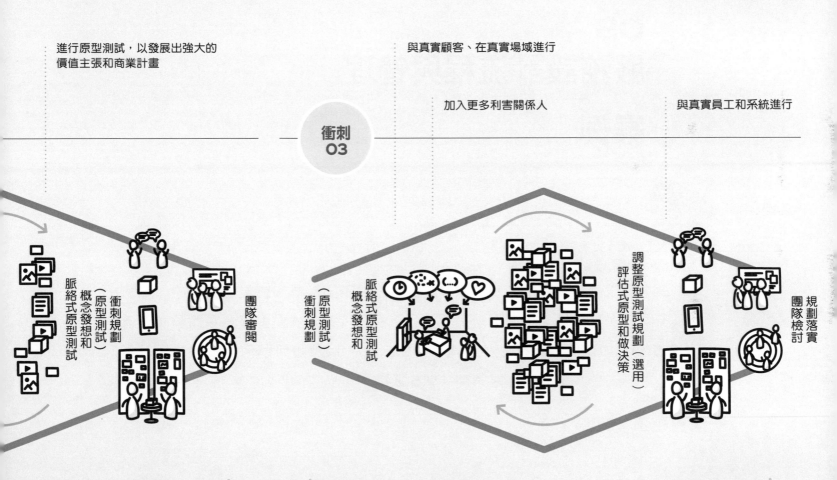

衝刺 3: 脈絡式原型測試和試行
~ 4 週

09
服務設計流程與管理
案例

→

本章中的三個案例特別展示了服務設計流程在不同範疇和產業的實務中，如何以不同方式來架構：如何創造可重複的流程，持續大規模對服務和體驗做改善（9.5.1）、如何管理策略性設計專案（9.5.2），以及如何運用五日服務設計衝刺，創造一套共享的跨通路策略（9.5.3）。

9.5.1 案例：創造可重複的流程，持續大規模對服務和體驗做改善...378

持續改善奧運觀眾的體驗（當你清楚打從第一天就不會是對的）

– Alex Nisbett，倫敦奧運暨殘奧組織委員會 觀眾體驗部門 服務設計師

9.5.2 案例：管理策略性設計專案...381

Vodafone：當零售遇見服務設計

– Marta Sánchez Serrano，Vodafone 商業策略與營運主任

– Jesús Sotoca，Designit 顧問暨策略設計總監

9.5.3 案例：運用五日服務設計衝刺，創造一套共享的跨通路策略.................................384

Itaú 的設計挑戰：新品牌在數位通路上的語調

– Clarissa Biolchini，Laje 設計顧問暨服務設計專員

9.5.1 案例：創造可重複的流程，持續大規模對服務和體驗做改善

持續改善奧運觀眾的體驗（當你清楚打從第一天就不會是對的）

✏️ **作者**

Alex Nisbett
倫敦奧運暨殘奧組織委員會
觀眾體驗部門
服務設計師

在比賽終於到來的那一天，2012 年倫敦奧運暨殘奧會的主辦人非常清楚一件事：打從第一天就不會是對的。第二天也不會對，第三天也不會。事實上，他們早就做好事情出錯的準備（還真的出錯了），也了解持續改進觀眾體驗的價值所在。

作為 2012 倫敦奧運設計並提供觀眾體驗的團隊成員，我的其中一個角色，是隨著賽事的到來，設計並支援這項持續的改進。

我們創造了一個簡單、可重複的流程來協助找出奧運賽事中所有正面和負面的經驗，與大會和工作團隊共享，以幫助他們改善為前來參加奧運會的一千兩百萬多名觀眾提供的服務：

1 傾聽

我們的研究團隊規劃了每日問卷，部分是在觀眾於比賽結束後離開會場時進行；其餘則是用 email 寄出。此項研究的結果幫助我們產出熱點地圖，顯示出整個會場的主要痛點在哪裡，也顯示出每個會場間表現的相對數字。每個會場間有良性競爭似乎非常合理！

質化和量化

觀眾體驗團隊成員在會場內和會場周遭的觀察，結合了大會團隊的基本常識，幫助我們更具體地定義問題，以及為何會發生這些問題。也有在社群媒體檢視的額外細節（利用地理定位標記，這代表我們不需要大家特別在推特發文上標註會場的名稱）。

2 學習

有了這麼多來自許多運動項目和會場的資料，每日的分析和整合是幫助我們建立高層次每日報告的關鍵（見圖片）以提供給資深利害關係人，也提供額外細節給會場和功能領域（FA）團隊，幫助他們作改善。我們所看見的每日挑戰和對觀眾體驗的持續威脅（洞見）與實際且可達成的改善和緩解（服務槓桿）行動相配合，建立出一些我們相信能產生影響的行動。

每日報告

提交給主要營運中心的每日報告也包括得分、評比和排名，協助識別高績效者和低績效者，以及整個奧運會的整體趨勢。事實上，當英國隊獲得獎

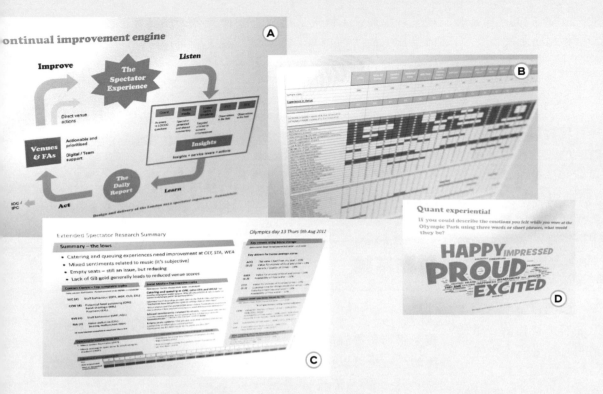

(A) 持續改進引擎每天都在會場中運作，由多個團隊一起建立資料、分析、報告、並最終採取行動，以改善觀眾體驗。

(B) 使用每日離場訪談和線上問卷調查的資料創造顯示相對高績效和低績效的熱點地圖。問卷內容包括場館內和周遭的觀眾體驗。

(C) 透過分析每個體育場館和功能區域的詳細研究成果建立的每日報告，幫助主要營運中心和資深利害關係人快速了解我們的表現如何。

(D) 根據對問卷其中一題的回答建立的簡單的文字雲，讓我們一眼就能看到觀眾的真實感受[116]。

116　所有的照片見：Alex Nisbett (2012)。

牌以及天氣狀況最好時，得分是最高的，證明有時候對經驗來說，有很多因素比刻意設計的還重要。

3　行動

有形的行動、營運細節，都在提供給第一線執行團隊之前，經由大會和 FA 團隊的領導者進行修正和確認優先順序。這些行動包括既有方式上的改變（例如調整前線員工的行為、額外設置飲水台）、也包括全新的新增物件支援新式「一日通行證」門票的暫時數位簽署、或是為殘奧會設計和建置的吉祥物之家（Mascot House）。

及早打造原型

大多數的團隊其實對改變的要求都做好了充分的準備；事實上，每一個團隊都有先進行測試的活動（以服務設計來說，就是原型），大家也變習慣這樣的學習和改善。有些團隊則

較無法進行改變，以增進滿意度得分－像是外燴團隊。

4 改善

讓團隊擁有現實和務實的感受是蠻有幫助的，我們也非常清楚事情從一開始就「不會是對的」。這個健康的態度意味著我們能夠從開幕到閉幕之間、並從奧運會交棒到殘奧會的整個期間，專注在持續和永續的改善。在許多方面來說，奧運會被視為「殘奧會」的暖場，而實際上，殘奧會也因在數週前學習到的心得受惠不少。

觀眾滿意度（達到或超越期望）從百分之九十上升至奧運結束時的百分之九十六。但這不單是觀眾體驗團隊或服務設計的功勞而已，因為觀眾是為了運動員們來到這裡，也是「世界上最精彩的表演」的一份子，如果他們必須排隊進入會場，或是等候點餐，也沒有那麼

糟，身為觀眾，特別是那些習慣參加大型活動的人，對這些狀況早有心理準備。畢竟這是奧運會啊。

但是，持續改善觀眾體驗、了解即便是最後一天也可能是某個人的第一天，仍是我們全體同仁所致力的目標。

重點結論

01

接受服務和體驗永遠不會是完美的，且是可以持續改善的。每一天，顧客都會獲得第一個、也是持久的印象。不要錯過你有所作為的機會。

02

花時間在前線觀察和聆聽。成為面向顧客的團隊一員，即便只有一天。了解提供服務是什

麼感覺。讓顧客體驗成為每一個人的責任。

03

設定時限－建立對事情急迫性、專注和真實目的的了解，就像一直提醒奧運會還剩「倒數幾天」，這在一開始讓人感到很有動力，但接下來就變得相當可怕！

04

每一件事都可以做原型測試，即使是奧運會的運動比賽項目也行。

05

最後，如果你有任何機會做到夢想中的專案或工作，一定要去做。放下你手下的事去做吧；你一定不會後悔的。

9.5.2 案例：管理策略性設計專案
Vodafone: 當零售遇見服務設計

✎ 作者

Marta Sánchez Serrano，
Vodafone 商業策略與營運主任

Jesús Sotoca，
Designit 顧問暨策略設計總監

Vodafone 是全球領先的跨國電信公司，打算將經營手法從以銷售為重心轉型至以顧客為重心。作為計畫的一部分，公司想開發一個使用者經驗導向的新店面概念。他們想要以一種不同的方式與顧客互動，並透過建立獨特的體驗來增加顧客的滿意度。Designit 的加入幫助 Vodafone 在西班牙的實體店面進行概念化、設計和落實新的服務體驗。

一個由十二個人所組成的跨領域團隊，其中包括了 Vodafone 和 Designit 的人，一同領導這個專案（同時有超過九十位專業人員參與在延伸的團隊中），專案中共重新設計了三十個在店面中以及支援辦公室的主要流程。在第一個落實活動後進行了為期八週的現場原型測試。

主要挑戰

我們把挑戰拆解成三百五十個微任務，範圍從建立快速結帳流程、平板服務到定義新的員工獎勵系統。因此，我們需要彈性的專案管理方式，這樣團隊就能採用敏捷方法（如每日站立團隊會議和每週報告會議、設計衝刺、每週結束時的驗證階段）並採用新的工具（動態清單、即時對話群組）。為了平衡每個微任務的產出與未來顧客體驗的整體觀點，定期聚集團隊討論是很重要的。

如同每個策略性的設計專案一樣，與 Vodafone 十週的合作是從研究階段開始。在這個階段中，Designit 團隊在 Vodafone 的店面進行了民族誌研究，訪談了使用者和代理商，與店經理和 Vodafone 的主管們舉辦工作坊，並進行趨勢和零售的最佳案例研究，此後，透過一些共創的活動，團隊和經理們都承諾願意投入開發新的店面原則、一個新的服務體驗，以及新的顧客旅程。

原型測試方法

在最開始的階段，我們很清楚地了解到專案被定義為一個「原型測試挑戰」。由於 Vodafone 店面是一個「新的體驗」，它本身就是一種原型。運用像是角色扮演和簡短的脈絡走查方法，在店面環境中演練一遍，Designit 團隊就能對顧客體驗進行原型測試。許多流程在店面落實前後都進行了修改。

在原型測試階段，團隊也建立了模型、介面重新設計的數位和實體原型，以及像是等候系統、螢幕畫面設計和一組行銷海報等新的溝通物件。

(A) 模組式的家具讓店內配置可更容易地重新安排。

(B) 業務助理不會被限制在一個特定的區域。他們每一個人都配有一組平板，可存取使用 Vodafone 的操作軟體，這樣他們可以與客戶進行更密切的對話。

(C) Apptualizador（科技專家）櫃檯更是顯眼。這區設置了高的桌椅以及螢幕來提供顧客服務，也有付費和啟用的專屬窗口。

(D) 只放真實裝置，沒有模型商品。設置了展示十大暢銷裝置的區域，且店內有超過 40 款可用機種。

(E) 工作排班根據店內的客流量進行最佳化，且經過商店團隊的同意。

(F) 溝通變得更簡單、更直接了。許多訊息都被簡化了。

在店內快速測試所有想法，讓團隊可以快速驗證並迭代，並觀察和量測想法的成敗。舉例來說，Designit 在店內打造了一個「自助服務站」的原型，讓顧客體驗幾種自助服務。透過迭代，我們確定了在自助服務站最快速的服務方式。

在「現場原型測試」階段，我們請真實顧客進行店內測試，團隊甚至為 Vodafone 產品組合中，像是「智慧家庭」新產品試作了不同的家具來測試。

專案團隊收集了量化和質化的資料（關注時間、服務期間使用平板的影響、每個旅程的時間、每個旅程的滿意度等等），幫助他們做決策，並進一步迭代修正設計。這些就是定義今日 Vodafone 店內體驗關鍵績效指標的種子。最後，團隊為服務的推出準備好所有的素材。

重新設計店面

在概念發想以及原型測試階段的最後，店面在每一個面向都被重新設計了。我們創造了新的銷售和體驗模式、定義了新的角色、也發展了新的支援辦公室流程。Designit 針對新的店面體驗，產出一份包含所有資訊、紀錄和說明每一個設計規格細節的店面手冊。

為了落實服務，Designit 訓練經銷商，並在店內測試期間進行教育訓練，我們強調訓練和團隊凝聚活動，以確保新的服務模式會如 Vodafone 所想像的那樣帶給顧客，最後，他們花了幾週的時間監測和量測落實情況，確保一切按計劃順利運行，並進行一些微調。專案裡的其他產出成果為自助服務站的新介面和量測店面績效的 KPI 管控儀表板。

最後，我們將一個新的創新方法引進 Vodafone 團隊。Designit

和 Vodafone 達成了三個主要目標：**減少一半的等待時間和服務時間、減少沒被服務到就離開店面的人數。Vodafone** 的顧客滿意度也因此上升。

重點結論

01

運用使用者為中心的創新流程，讓專案團隊有不一樣的行動和思考，也獲得不同的結果。

02

收集量化和質化研究，以幫助做決策，並對設計進行迭代修正。

03

在對員工進行落實服務的教育訓練時，將包含團隊凝聚的活動。

04

確保在一開始落實的幾個月監測並調整新的服務。◀

9.5.3 案例：運用五日服務設計衝刺，創造一套共享的跨通路策略
Itaú 的設計挑戰：新品牌在數位通路上的語調

✍ 作者

Clarissa Biolchini
Laje 設計顧問暨服務設計
專員

A MARCA É, FAZ E FALA.

2015 年的 12 月，巴西的品牌顧問公司 Ana Couto Branding and Laje 與其創新部門受到拉丁美洲最大的私人銀行 Itaú 的邀請，為其開發一個專案。

專案的目標為幫助 Itaú 團隊重新定義他們在數位通路的品牌調性。銀行團隊必須要參與、共創他們的成果。這個專案有趣的部分是挑戰的類型，以及我們所運用的服務設計工具，因為客戶的主要挑戰是溝通的問題，而不是特定產品或服務的問題。

我是 Ana Couto Branding 團隊其中一位主要的主持人，我們為二十五位跨組織的參與者和選定的外部利害關係人舉辦了一場五日的設計衝刺。這包括來自銀行不同領域的參與者和

一些來自 Itaú 的廣告公司的代表；除此之外，我們還邀請了十二位使用者和一位研究協調員來進行測試。我們與一個四人團隊共事數週以準備衝刺活動，並與贊助者進行溝通協調。

Itaú 在巴西是一間有名的創新公司，早已相當專注於顧客體驗，也有著強大的設計文化，正如 Itaú 的行銷通路負責人 Danielle Sardenberg 所說，「針對特定的品牌需求進行共創衝刺是 Itaú 的要求，以創造一種協作的手法，在比一般公司流程更快的時間內，更深入了解問題，並獲得出色的結果。」

雖說 Itaú 內部文化對於新的共創及創新方法是熟悉的，這種特別注重品牌建立的設計衝刺

還是需要仔細的準備。「我們在流程期間的挑戰之一為找到正確的設計思考工具，以有效運用在共創方法中，重新設計出品牌在其數位通路的調性。」Ana Couto Branding 創意總監暨合夥人 Danilo Cid 這麼說。

一開始，我們設計了一些活動來幫助參與者共感銀行顧客的需求、運用像是數位使用者為基礎的人物誌、同理心地圖和期望地圖等工具。團隊根據 Itaú 數位通路的每日使用，共創出顧客旅程，以及另一段關注數位活動的特定旅程。這讓他們能夠詳細地分析銀行的數位服務，提供我們使用者使用數位通路的時間量資訊，以及適當的調性。我們也運用了卡片分類和「肢體投票」的方法，讓參與者在房間內走動，以他

(A) 第一天：參與者被邀請與一些來自銀行的溝通素材互動。

(B) 第二天：引導參與者瀏覽顧客旅程圖。

(C) 第三天：我們進行了腦力激盪，用便利貼發想大量的關於品牌語調的點子。

(D) 第四天：參與者進行了暖身活動，他們要在不看到人的情況下，畫出他們的夥伴。

(E) 第五天：團隊幫助參與者整併出設計衝刺的結果。

們的肢體動作來票選「是」或「否」。這幫助他們定義出一些關於品牌溝通的特定條件，像是什麼樣的表達方式應該或不應該在數位通路與顧客溝通時使用。

關於顧客，Sardenberg 說道，「在過程中，我們從顧客角度對溝通有了很棒的洞見。」我們發現相較於銀行先前用的比較正式溝通方式，顧客喜歡比較直接、友善的溝通語調。在概念發想階段，團隊共創出新的規定和準則來作為溝通的接觸點，並創造出銀行溝通項目的原型，像是廣告、訊息回覆到數位裝置、以及客服的腳本。這些原型都在衝刺的第四天請真實顧客進行測試。

在衝刺期間，「Itaú 團隊對衝刺的反應相當好，因為流程包括許多銀行的部門，他們都了解專案的複雜性和相關性。」Itaú 行銷通路經理 Patricia Martins

說道。我們很容易就能注意到參與者擁有了自主的能力，以及他們對專案的投入。

在短短五天內，我們的團隊與客戶團隊一同產出了一套用於所有 Itaú 數位通路溝通的新指南，並與和銀行溝通和銷售素材相關的所有團隊建立共識。

我們在專案中的重要心得就是理解並能夠以更友善、也不那麼有權威的語調，讓銀行用一種更加堅定的方式進行溝通。從組織的角度來看，專案啟發了我們，並使成果可以應用至銀行的其他部門。

— *Itaú 行銷通路經理 Patricia Martins*

重點結論

01

簡短的五日衝刺可以產生意想不到的成果，也是一個產出成果的寶貴工具。

02

服務設計工具並不是一體適用的。為特定的專案仔細評估，並選擇正確的工具是很重要的。

03

即使衝刺可能只需要幾天，但它還是需要在一個小團隊中進行仔細、周到和專業的準備。

04

服務設計是一個強大的工具，可以在所有通路和團隊間建立對溝通語調和策略的共識。

10

主持工作坊

工作坊是服務設計的關鍵工作型式。我們要如何讓大家在工作坊
高度參與、切中主題、又有生產力呢？

專家意見 ————————————————————————

Arne van Oosterom Arthur Yeh Belina Raffy

Carola Verschoor Ivan Boscariol Renatus Hoogenraad

10
主持工作坊

10.1　主持的關鍵概念 392

　　10.1.1　取得認同 392

　　10.1.2　主持人的狀態 393

　　10.1.3　保持中立 393

10.2　主持的風格和角色 394

　　10.2.1　扮演一個角色 394

　　10.2.2　共同主持 395

　　10.2.3　團隊成員可以擔任主持人嗎？ 396

10.3　成功要素 397

　　10.3.1　建立團隊 397

　　10.3.2　目的與期望 397

　　10.3.3　規劃工作 398

　　10.3.4　創造安心的空間 399

　　10.3.5　團隊的工作模式 405

10.4　關鍵主持手法 407

　　10.4.1　暖場 407

　　10.4.2　場控 408

　　10.4.3　空間 408

　　10.4.4　工具和道具 409

　　10.4.5　視覺化 410

　　10.4.6　聰明便利貼工作術 410

　　10.4.7　空間、距離、站的位置 411

　　10.4.8　回饋 412

　　10.4.9　改變位階狀態 413

　　10.4.10　動手不動口 415

　　10.4.11　主持人的養成 415

10.5　方法 **416**

　　三腦合一暖場法 417

　　色彩鍊暖場法 417

　　「對，而且…」暖場法 418

　　紅綠回饋法 418

10.6　案例 **420**

　　10.6.1　案例：不熟悉的力量 422

　　10.6.2　案例：轉向與聚焦 424

為什麼需要主持？

「共創」（更精確來說是協同設計）[01] 是相當有意義的。在跨領域團隊中讓一群背景多元、來自不同領域的人共同參與，我們鼓勵以一個全面的方法來進行專案，讓它紮根於現實，並從一開始就參與其中的眾多利害相關人中獲得認同支持。我們非常需要寶貴的多元觀點和經驗。

如果說服務設計真的是一個共創的活動，那麼主持必定是每一位實務工作者的重要工具了。

但是，找來幾個行銷人員、客服人員、財務部人員、技術人員、中階管理人員、設計師、一位工會代表以及一些顧客，把他們放在一間會議室中，然後坐下聆聽，你很快就會發現，每個人都有自己獨特的語言，有時還是不同國的語言。他們的教育水準各不相同，同理、抽象化、表達和理解的能力也不一樣。也一定都有各自不同的工作方式、不同的目標和認定成功的方式。

我們要怎麼做才能好好運用這些人的參與，以及如何確保讓他們一起往同一個方向前進，並讓他們感到自己有貢獻、很有參與感且還想會再次參與？我們又要怎麼幫助他們做得更好呢？釐清這些事正是主持人的責任。

本章也包括

實務演練時的安心空間原則　402

位階狀態／場控矩陣　414

01 關於協同設計和共創的差別，見 2.5.1 節起源。

10.1 主持的關鍵概念

💬 意見

「主持的目標、主要的目的，就是駕馭內容，而不是駕馭流程。所以，擔任主持人在主持的時候，他們是向著結果引導主持。他們或許在過程中要做一些教學訓練，或用不同的方式來維持大家的能量。但若結果無法達成，是不足以在流程上有所產出的。」

– Carla Verschoor

快速上網搜尋或是瞄一眼商業類資料庫，就會找到一大堆關於主持人這個角色的資訊[02]。但大部分的建議多是由會議和類似工作脈絡衍生而來的－也就是為了做出重大決策所進行的大量言語活動。服務設計，相反地，是一種具創意的、探索式的，且有時候是身體力行的活動，有著很不一樣的過程和結果。傳統商業上的主持方式是否足夠呢？我們建議加入用於其他創意和探索流程的手法，由自稱為**導演**、**服務領袖**、**小丑**或**刁難者**（*difficultator*）。

主持人有著複雜的任務，因為必須同時處理三個層級－流程、小組和個人。他要主持流程、提供資訊、選擇活動和統整結果，以引導工作往成功的結局前進。他要引導小組，讓小組保持動力、投入和產出，特別是處理衝突和緊繃狀況。他同時也會引導個人，幫助人們更具同理心、分析性、更有創意或在必要時保持懷疑，同時也幫助大家增進技能和開展觀點。為了達到這些目標，主持人要考量到三大概念：取得認同、主持人的狀態和保持中立。

02 有些專家會區分**主持專家**和主持的人。有些人則是討論有關主持人、主持的個體、主持領導者以及主持團體。見 Doyle, M. (2014). "Foreword," in S. Kaner, *Facilitator's Guide to Participatory Decision Making*, 3rd ed. Jossey-Bass。

10.1.1 取得認同

在沒有參與者認同的情況下主持流程，會是一場艱難的抗爭。大多數的主持人傾向在還沒參與專案太深前就取得明確的同意－但初次見面時，口頭自介「我是主持人」，獲得大家簡單的點頭同意是不夠的。一開始，所有的參與者都是這麼看你：外部的主持人就是一個外人，每小時的鐘點費可能比任何一個在場的人都多，而且剛剛還在外面跟老闆談笑風生。此時是完全沒有任何信任可言的，但沒有一個人會想要和主持人唱反調，以免被在場的上層關注，缺乏認同的狀況通常不是顯而易見的，但會呈現一種死氣沈沈的反應、不正眼看待你，也不給予支援的無聲反對。

為了避免這樣的情況發生，只是做一些像是「信任倒」等（令人質疑的）團隊激勵活動是不夠的，你需要讓參與者真正的信任你，讓你來引導與他們業務直接相關的工作，而且還會要求他們在同儕面前失敗。為了建立這樣的信任感，許多主持人會透過一些小小的同意，慢慢累積隱性的認同。像是從一些簡單的討論，像是時程、休息時間和去哪裡吃午餐等小事開始，再慢慢移動到流程上的同意、如何做出團隊的決策等。接下

來，視狀況而定，也許能進一步介入爭議、提供建議、甚至決定流程的終點等。

10.1.2　主持人的狀態

主持人的狀態是複雜的，是多重極端的：他可能是流程大師，但同時也是小組及其老闆的服務者。情況也是多樣化的：身處公司的工作空間或一個專案中、臨時的、甚至是受限的。但身為一位外來者，主持人也可以說或做一些其他人不能做的事情。論壇劇場（Forum Theater）[03] 的工作者稱他們的主持人為「小丑（Joker）」[04]，而這個詞對所有主持人都很適合。類似中世紀喜劇的傻子角色，主持人是沒有任何實際的權利的，所以他能夠問任何笨問題，並指出大家在迴避的棘手問題。

組織中大多數的人都「擁有」各自的狀態－像是資深度、性格和網絡，或以上三者的綜合。對主持人來說，更有效的方式是將狀態視為一項可以應用和變更的工具。[05]

10.1.3　保持中立

一般來說，我們非常希望主持人保持中立，如果主持人的行為讓小組感到有偏見，這樣會很容易失去大家的認同。但是，不同的主持人對中立有不同的解讀，尤其是涉及內容的時候。

有些主持人，特別是外部的主持人，只會顧及流程，而對於內容和最終的結果則堅持保持不可知論的態度；有些很樂意分享他們的知識，以一種謹慎中立的方式－「我在某某企業中看到是以這樣的方式進行。」、「某某教授寫了一篇關於那個議題的好文章。」－但不會作出任何評斷或表達自己支持誰。第三類主持人則認為要能夠完全掌握內容、闡述堅定的意見、同時也要掌控流程。不論選擇哪一種方式，主持人都必須要保持公平，並至少能顧及足夠的內容，以確保小組在工作坊中能夠朝向目標邁進 [06]。

03 論壇劇場是一種引導式、參與式的劇場形式，觀眾成員可以透過自身參與到劇情當中，探索可能的策略。針對服務設計中類似的手法，見 7.2 節中的測試服務流程和經驗的原型：調查性排練。

04 更多關於小丑的角色，見 10.2.1 節扮演一個角色。

05 見 10.4.9 節改變位階狀態。

06 [這裡再放一個註腳，來擾亂一下我們可憐讀者的閱讀經驗。因為這樣排版也比較好看。]

10.2 主持的風格和角色

10.2.1 扮演一個角色

對於做主持人來說，「做自己」是不必要也不建議的。就像作為一位主管，主持人要進入一個角色，並選擇這個角色應如何表達。這並不代表要假裝成一個不是自己的人（或是模仿別的主持人），因為不真實的往往註定失敗。**扮演一個角色，主要是在決定你想強調哪一方面的個性特質。**

許多領域都有預先設定好的角色，提供服務設計的主持調整運用。劇場或影片的導演會指導與引導其組員進行新體驗的演出 [07]。有些導演對於最終成果有清晰的想法，有些則會任其慢慢浮現形成；有些則對組員表現相當開放，有些則是相當專制。但如同許多名設計師和經理人，總監會對最終成果負起主要的責任－而服務設計的主持人很少會這麼做。這對設計團隊來說，可能會是一個很困難的模式，因為參與者可能會感覺自己像是主持人的僕人，但某些方面有時又很有幫助－特別是以觀眾的觀點，引導團隊成員發揮自身優勢。

另一個很棒的主持模式為運動教練。運動教練不再能做到他要運動員做到的內容，也可能根本做不到，但教練能夠幫助運動員找出問題和機會所在，引導團隊建立策略、配置資源、並公平地解決紛爭，然後能讓團隊的集體智慧採取行動，並當場做出決定。

在 Scrum 這種敏捷軟體開發最常見的共創手法中，專案的主持很巧妙地被分為兩個角色：產品負責人（Product Owner）和 Scrum 大師（Scrum Master）[08]。產品負責人負責專案產出的成功－確保同時符合贊助組織和顧客的需求，產品負責人不會與開發團隊在技術事務上互動，Scrum 大師負責開發流程的成功，他會「保護」開發團隊，確保大家保有工作和前進的自由。

---

[07] 很重要的是，導演本身往往不會是演員，所以他是在領導一個能夠做到他所做不到的團隊。這個情況和軟體開發經理的處境非常相似，軟體開發經理通常不是程式設計師。見 Austin, R. D., & Devin, L. (2003). *Artful Making: What Managers Need to Know About How Artists Work*. FT Press。

[08] Schwaber, K., & Sutherland, J. (2016). "The Scrum Guide," 見 *http://www.scrumguides.org/scrum-guide.html*。

[09] Greenleaf, R. (2007). "The Servant as Leader." 見 W. Zimmerli, K. Richter, & M. Holzinger (eds.), *Corporate Ethics and Corporate Governance* (pp. 79–85). Springer。亦見 Larry Spears 在 Greenleaf 上的其他文章。

Scrum 大師有時會被稱為「服務領袖」[09]，意思是說他們會替團隊服務、移除障礙，這也是 Scrum 大師是團隊相當有價值主持人的例子之一。

如果服務設計主持人參考敏捷模式，他們可以刻意在專案負責人和 Scrum 大師之間切換－可能在工作坊中的不同階段轉換－或在共同主持人之間交換擔任。

如同服務設計，即興劇場採用了不可預期流程的基礎，並透過對一些簡單架構和原則的堅持，確認其形式和原則，像是以「對，而且…」[11] 或「跟隨追蹤者」[12] 這類傳統為例，即興探索的其中一種變化為「論壇劇場」[13]，論壇劇場主持人的角色被稱做「小丑」，是服務設計師的好參考靈感。作為一位小丑，工作者接受了共創團隊總是想自己的工作輕鬆一點，大家會以為想法一定很快被接受、人們也會很想使用和試圖了解，一切都是美好正面的。

10 一場在地設計活動 Global Service Jam 的分支活動。*http://www.globalservicejam.org*。

11 在「對，而且…」練習中，其中一位演員採用了一位同事的想法並接續以「對，而且…」將他自己的想法加入故事中，這可以創造出令人興奮和有趣的場景。如果用「對，但是…」來替代，這樣的場景就很難出現了。見本章「對，而且…」暖場法。

12 Spolin, V. (1999) *Improvisation for the Theater: A Handbook of Teaching and Directing Techniques*, 3rd ed. Northwestern University Press.

13 Boal, A. (2000). *Theatre of the Oppressed*, 3rd ed. London: Pluto.

小丑（或「刁難者」）會挑戰這些假設，代表著真實世界的殘酷面，並讓事情變得更刁鑽。「小丑」這個名稱相當貼切，就像是一副牌中的鬼牌，他本身是中立的，同時也是可以改變或明顯善變的，常常運用黑色幽默，在讓團隊工作變簡單（「主持」）和強迫團隊面對現實以讓事情變難（「刁難」）之間不斷轉換。

10.2.2 共同主持

主持人往往是獨立作業的，但若能有一個主持團隊會變好的。在面對大團隊時，會有一個主要主持人來負責整個流程，搭配幾位共同主持助教在特定任務中參與、負責記錄或在團隊中的小組提供協助。將主要主持人的工作完全分攤出去也能有豐富的成果，大家可以輪流成為焦點所在，這樣可以給予參與者不同的產出成果和風格，以幫助他們保持注意力，比較不是焦點的主持人可以從旁觀察團隊有沒有誤解了什麼、準備下一個任務、進行最終步驟的紀錄，或只是在一旁預備隨時介入。在共同主持人的支援下，會給予主要主持人相當大的力量，因為知道有共同主持人的照應，可以幫忙脫離困境，你就能盡情天馬行空地發揮、嘗試新的點子或把事情弄得一團亂。

若有兩個主持人，一個有效的分工方式是讓一位負責專注於成果，另一位負責照顧團隊的需求。這有點類似於 Scrum 中的角色區分，也像警探影集中的「好警察、壞警察」（至少從參與者的角度來看是這樣的）[14]。有時候，背景或是主持人在組織中角色可以提供其他有效的區分方式，像是「前台／後台」（使用者經驗 vs. 流程）。或是一個「低空飛行」的人可能會負責工作坊中的工具和演練，另一位則負責將所有產出成果連結在一起、匯集到「高空飛行」的策略和目標中，向參與者展示他們正朝著組織需求前進。

多位主持人同時也為主持團隊帶來一項非常有價值的工具－讓主持人們能夠公開（但有禮貌的）表達不同意。這可以有助於讓較被動的小組了解，現在面對的問題是沒有明確「答案」的，而且，他們自身的意見和主持人的意見同樣有價值。

💬 專家訣竅

「一個介於中間的解決方案就是從組織的另一個部門借一位有經驗的主持人。他們會更了解組織的文化和限制所在，但也能夠對專案保持中立。更因為他們是工作同仁，應該較容易獲得認同－但必須非常明確的訂定界線和責任。」

— Ivan Boscariol

10.2.3 團隊成員可以擔任主持人嗎？

「團隊的成員可以擔任主持人嗎？」是一個蠻常見的問題。大多數的情況下，這似乎很難。一位暫時作為主持人的同仁也許能獲得小組的認同，但因為與主題的連結深，若處於專案中就很難保持中立。當你是代表組織的某一部分，要讓大家認為你沒有偏見就更困難。更重要的是，來自內部的主持人在組織階層上已經有了明確的位置，且沒辦法像外部主持人一樣，有機會獲得完整的狀態策略。

在一般專案工作中，由於預算或時間的限制，往往其中一位團隊成員必須要兼任主持人的角色，引導同事雖然具挑戰性，但也不是不可能的。傳統會議流程的小技巧，就是暫時給予主席一些權限，這是在同事間進行主持的好模式－掌控會議流程和時間、在大家都坐下時站在白板前，與議題保持一定距離，也只在必要或特別有價值的時候深入到議題的內容之中，讓大家「投個票」等等。

團隊主管擔任主持人則會非常困難，因為很難會被視為中立，也不容易有效放低姿態。這也是為什麼結合專案管理和主持的任務會相當艱難的原因。

---

14 當過兵的同仁會有類似的角色扮演經驗，像是長官和副指揮官有不同的職責，或像是老梗「父親和母親」的角色分配。另一個變化型就是「好警察」在發散階段負責「有趣」的部分，而「壞警察」則在收斂時間擔任認真嚴肅的角色。

10.3 成功要素

10.3.1 建立團隊

來參與的人可能會隨著專案階段的不同而有所不同 [15]，且可能不一定是主持人能選擇的。**但首要原則就是包括任何會受到工作坊或專案影響的人、任何要負責產出成果和執行的人，以及任何可以喊停的人**－也就是主要利害關係人的代表 [16]。許多組織往往只將工作坊的邀請名單限制在核心專案團隊內，但他們也很快就會看到納入組織其他部門的好處，且這些「來賓」都會很熱情的參與。這可能會涉及預算問題－參與者的工作時間誰買單？所以要確保事先討論這個部分。

當涉及顧客的時候，許多組織會不太願意將產品或服務不完整的狀態展示出來，讓顧客看到他們在共同設計階段的「幕後花絮」，這樣是很可惜的，因為大家其實很喜歡這種包容、共享的工作方式。當荷蘭航空在阿姆斯特丹機場設立共同設計的工坊時，他們便預期能（並也如預期地）取得了很棒的洞見，同時他們也從顧客對實際參與設計流程的正面回應中受益良多 [17]，而不只是發滿意度問卷。若要鼓勵意願低的團隊與顧客一起共同設計，一個好的做法就是以其他方式讓顧

客參與（例如透過比較街頭的測試方式和脈絡訪談），這樣團隊可以看到顧客參與的第一手價值，且會比較想要將他們帶進專案當中。

特別是在一些 B2B 組織中，與顧客的關係是相當正式、合約導向及生硬的，因此這種類型的共創多半相當困難，這真是錯失了一個好機會。因為作為 B2B 夥伴，往往為長期的合作關係，且可能會蠻樂意降低風險、讓未來的服務創造更高的價值，這也許可以透過共同打造原型來達成。

10.3.2 目的與期望

在規劃一個工作坊（或幾個工作坊）之前，明確了解目的是很重要的。**你的客戶（或老闆、同仁）常會要求進行工作坊，但卻不清楚自己想要從中獲得什麼。**他們可能覺得需要辦一個活動－但就僅止於此而已了。即使不向參與者告知全貌，確認專案贊助者的需求還是很重要。找出對方期望的產出和成果，並選擇達成目標的方法。你也應該要提出如實的評估，確認時程和人力的可行性。

[15] 亦見（於專案層級）9.2.3 節 **專案團隊與利害關係人**，和（於整個組織層級）12.2.1 節 **核心服務設計團隊**，以及 12.2.2 節 **延伸專案團隊**。

[16] 別忘了那些擁有你所需要的專門知識的人。

[17] 31 Volts 的 Marcel Zwiers 於旅遊服務設計研討會的簡報，Sarasota 2013；亦見 6.5.1 節 **案例：將設計工坊開放給你的顧客**。

部分贊助者過分誇大服務設計或設計思考的力量，以期在很短的時間內產生新的殺手級商業價值主張或問題的解決方案。因此，很重要的是，一定要說明服務設計是一種了解和發展的流程，並不是一個單一的創造手法。

風光的勝利可能會隨時發生，但永遠無法保證它會發生。為了更有機會成功，你必須關注問題或機會背後的意義；了解需求；產出點子、打造原型、測試概念；並迭代修正。這絕對不是一場工作坊能做到的。

工作坊的目的一定要很明確，讓贊助者及參與者了解 [18]，若你決定告訴他們，就要像這樣明確：「我們今天在這裡，是要了解電話客服中心這一塊究竟發生了什麼問題。」

10.3.3 規劃工作

團隊主持會在各種時程中進行，我們可以用專案規模（幾個月、幾週）及活動規模（幾小時、幾天）的方式來思考。規劃主持工作需要按時程選擇活動和分配資源運用，專案等級的規劃通常會接著組織和主持人所選定的創新或設計架構繼續進行，像是典型的研究、概念發想、原型測試和落實等迭代流程 [19]。

在單一場活動中，要討論的議題可能沒那麼多，主持人也會有比較多自由。一場工作坊可能只會設定要完成一項任務－像是把價值網絡畫出來或進行研究規劃－或者，也可能要在幾天內將服務設計流程整個走過一遍 [20]，當作「試用」一次，或作為第一次的迷你迭代，來啟動專案。

要記得，**設計是一種探索，把每一件事都規劃得好好的，不論對專案或活動來說，都是徒勞且適得其反的。** 在專案的進行中，會需要不斷地調整和修正，要自信地改變你的計畫，以符合探索流程中所揭露的現實面，但永遠不要疏忽掉時間上的限制 [21]。不要怕，因為有時脫離軌道的工作坊會有最出奇不意的成果。所有的主持人都應該要有備案，或視需求隨時提出手邊準備好可用的方法，或可能要特別採用像在敏捷軟體開發中的衝刺、反思以及調整的手法。

考量到專案目標的同時，主持人也將必須考慮到參與者本身人的需求，規劃一系列又有效率、又能吸引大家投入、學習、鼓舞、且樂在其中的活動。

18 有時，驚喜是很有用的。見 10.6.1 節 **案例：不熟悉的力量。**

19 見第 4 章：**服務設計核心活動。**

20 見 12.2 節中的 **創新激盪活動**（jams）文字框。

21 見 10.6.2 節 **案例：轉向與聚焦。**

10.3.4　創造安心的空間

許多服務設計工具和方法對組織裡面的人來說通常都很不習慣也很陌生，特別是因為創意的流程需要人們經歷失敗。這是一種非常不熟悉的工作模式，大家需要一些幫助來接受並接納這樣的方式。

其中一種很好的方法就是關注「安心的空間」，也就是一個可接受並擁抱失敗的身心環境。安心空間的概念在劇場發展得很完善，每一位演員都了解排練室是完全安全的，可以嘗試任何事，永遠不會被打斷或嘲笑，也只會針對他選擇帶出排練室外的演出做評斷，這就是創新的理想氛圍。

安心空間的設置不能只靠簡單的聲明。「今天，我們在這個空間裡所做的一切都不會外流。」這樣的宣言只有在完全信任的狀態下才有用，而信任往往不會在共創專案的一開始就存在，相反地，安心空間是運用綜合技巧在規劃階段和活動期間建立起來的。其中許多技巧都是在為經歷不熟悉過程的參與者提供安全感，或是幫助團隊成員適應不同的心態，這與平常的工作思維不同，也更有利於合作和創意工作。

完全擁有自己的空間

一個好的共創活動需要自己專屬、讓團隊不被監視的空間。未被邀請的來賓請關上門（「今天不收觀眾，抱歉－歡迎加入或離開。」），並用紙張把窗戶遮住，也不要讓路過好奇的人偷看你在裡面做什麼，不用做得太過度－用一張海報紙遮住眼睛高度視線就可以達到隱私的目的，還可以用來貼便利貼。你也可以把空間的擁有權擴大給團隊，讓大家自己配置空間[22]。

在熟悉的環境中開始

讓大家一下跳進冷水中很少會有所幫助，從他們感到安心自在的地方開始比較好。舉例來說，在企業環境中，你可以穿著西裝，並歡迎來賓進到傳統的會議空間，接著，用一段平靜的投影片簡報開始，展示專案是企業策略的哪一個部分。引導介紹是重要的[23]，但人們在確切知道將會發生什麼事時，不見得能表現得最好。以較保守的方式展示議程，說明接下來的活動，但還是要誠實說明。例如，「角色扮演」或「實際街頭研究」可能會嚇到某些團隊成員，但你可以用「了解顧客」的方式來描述同樣的活動，這樣就不會有人感到遲疑。

確保你了解組織的語言－像「研究」、「洞見」和「原型」這些用法，或甚至是「顧客」、「使用者」或「利害關係人」可能在某些組織會有不同的意

專家訣竅

「當我與一個新團隊、還不認識的人合作的時候，我會穿著正式的西裝並打領帶，這是為了表達我很認真看待大家，也是專業的工作者。同時我也利用投影片來呈現想法和行動計畫。第二次會議時，我會把領帶鬆開一些，穿著較輕鬆，創造一種像在朋友之間、比較輕鬆和私人的氣氛。這樣大家會感到較放鬆、開放且比較沒有防備心。」

— Arne van Oosterom

意見

「主持意味著掌握好空間，讓群體智慧自然生長。」

— Arthur Yeh

22 見本節後段**打破慣例**。

23 見本節後段**給予引導介紹**。

義。所以務必以參與者的使用方式來使用這些名稱，或是花一些時間解釋你會怎麼以不同的方式使用這些詞，以及原因。

召喚權威

使用正確的語調、堅定的眼神並以謹慎選用歡迎的文字，就有機會建立起流程的主導權，你可以說「我是今日的主持人，今天的活動一定會帶來獲得豐富的成果。」來讓角色的界定更明確，同時也彰顯責任感。但可能還不止這樣。

如果有推薦你、共事順利滿意、剛好也是比較保守的客戶，你可以在自我介紹的時候提出來讓團隊知道，並說明你曾經在什麼樣的情況下幫助過他們。若你具備對團隊有意義的相關資歷（且能流暢談論，不會聽起來像在吹噓），建議及早提出。也可以提幾家已經採用服務設計或設計思考的保守組織，像是傳統的四大顧問公司（勤業眾信、安永、KPMG、PwC）和其同業 [24]，或是美軍 [25]。若對方是小型的非營利組織，就可能要選別的例子。

最好的情況就是讓你客戶組織中的資深成員，透過影片或親自向團隊傳達訊息，告訴他們組織的哪些部門支持這個專案，以及符合哪一項策略性的目標。

打破慣例

我們已經用了保守的語調作為開始，這時候該展示出接下來的活動將會有所不同，也會讓其他點子和行為有發揮的空間。做一些不尋常但有用的事（像是一場極端的暖身 [26]、再以神經學理論來說明為何這很重要；或讓團隊快速重新配置空間以利團隊作業）。馬上贏得信任是不可能的，但會引起一些好奇心，如果有人拒絕暖身、認為這是小朋友做的事，向他們說明背後的科學和經驗，並溫和地讓拒絕的人知道他正在失去一個讓自己更有效率的機會。

慢慢進入

切勿直接跳進困難的事物中、太過瘋狂、過早把任何一個人放到聚光燈下。這時是同意或建立一些基本原則的最佳時間點。「排練規則」是其中一例，但你也可以有自己的一套方法。及早建立出你將如何做決策是很有用的－「排練規則」可透過「只做，不說」手法來達成，或者用像是「對，而且…」的遊戲練習來展示好的行為或態

24 「**服務設計是我們目標的核心。**」Joydeep Bhattacharya, Managing Director, Accenture Interactive Financial Services at SDN Global Conference, Stockholm 2014。越來越多專業服務公司、銀行以及其他大型組織，都收購了服務設計公司，期能借助他們的專業和能力來提升公司的競爭力。

25 US Army (2012). *Army Doctrine Publication 5-0: The Operations Process*. Headquarters, Department of the Army.

26 見 10.4.1 節暖場，以及 10.5 節中的三腦合一暖場法。

排練的原則
→ 使用手邊現成的東西。
→ 認真地玩。
→ 多多動手做，少說！

度。但也不要花太多時間在這部分上，團隊會想要開始行動，而不是繼續討論。

排練的原則中所用的文字－「玩」，或許對許多工作環境來說會有點奇特。事實上，「玩」本身就是一個安心的空間，意味著允許失敗，在創意的情境中，保有認真且專注的玩心是相當有效的。

給予引導介紹

如果人們知道他們處於流程中的哪裡，總是會感到比較安心。但服務設計是一種探索性、迭代的任務，列出方法的議程不見得一定有幫助－因為永遠無法事先確定何時會改變，給予整個流程的大方向會比較踏實。要不斷回頭參考流程圖，特別是在發散和收斂的階段時 [27]。

設計任務的某些階段會令人有些不太習慣，特別是對經驗較不足的設計師來說更是如此。在此時告訴團隊，感到困惑或是無法掌控都是 OK 的，對大家會非常有幫助。收斂階段的結束可能會感到特別的難以掌握，參與者會認為他們掌握了可能的結果，但現在突然有那麼多新的點子、那麼多可能的變數，這就跟失控一樣，也是大多數組織流程都在嘗試避免的。這真會讓人感到相當不安。因此，告訴他們「有這樣的感覺是很正常的。」並讓他們知道，雖然成果仍不明確，但

流程還是相當清晰。也試著不要在發散階段作為一場活動的結束 [28]。

爛爛的第一版

創意工作的初心者通常都太過小心翼翼了。他們認為創意就是有很棒的點子，所以會花太多時間刻畫他們的第一批點子，很容易不小心就對點子陷太深。要讓他們知道，在這些早期的迭代中，我們鼓勵「lo-fi 低擬真度」－也就是做一個粗糙、低擬真的近似版本。

你可以讓大家看看自己亂亂的草圖、展示一些單薄的原型、讓大家用胖胖的原子筆在很小張的紙上寫字，**或是向他們介紹「爛爛的第一版」（根據海明威的觀察：「任何事物的第一版都很爛 [29]。」）**這個詞在某些企業概念中是很難說出口的，但目前沒有更好的方式來表達這個想法。

在本書的前身－高階主管學程中，「爛爛的第一版」成為參與者愛用的概念，帶回了他們自己的公司中，因為這能幫大家從想要把所有東西的細節想過一遍的傾向釋放出來，並對每個即興的點子負責。特別是管理階層的夥伴，常常很開心地

---

27 在 9.2.4 節中的**計畫性迭代**中討論的雜亂（Squiggle）在這裡也解釋得通。

28 如果真的發生了（有時很難以避免），公開地向大家提出。

29 海明威的說法「爛爛的第一版」是在 Lamott, A. (1994). *Shitty First Drafts. Bird by Bird: Some Instructions on Writing and Life* (pp. 21-26). Anchor 一書中普及的。

專家訣竅

「我們總是希望不論我們正
在做什麼，都能馬上做得很
好。這樣的想法會讓我們駐
足不前。當在活動參與者身
上發現這樣的狀況時，我會
按照 Keith Johnstone 的
範例，邀請他們『將目標放
在平均值上』，這樣就可以
讓團隊產出那必要的爛爛的
第一版。」

– Belina Raffy

專家訣竅

「你將會面對內向和外向溝通
風格的參與者，要試著同時讓
大家都有些空間，而不是只偏
向喜歡發言的外向性人。確保
運用綜合的手法，讓安靜的人
也能提出想法，並一邊做活
動一邊觀察。[32]」

– Renatus Hoogenraad

30 另一項好處：評論者會對低擬真
度的原型有更誠實的回饋，因為
他們認為我們還沒花太多時間
在上面。

31 見 6.3.1 節 規劃概念發想。

32 見 10.4.2 節 場控。

33 Bruce Mau 寫道：「不要整理桌面，
隔天早上你可能會發現一些今天
晚上看不見的東西。」Mau, B. (2001).
"An Incomplete Manifesto for Growth" 見
http://www.manifestoproject.it/bruce-mau/。

發現，有了這樣的態度，可以很快速地取得可行
動的成果 [30]。

為了鼓勵這類型的工作，你可以用舉例的方式來
說明爛爛的第一版，也可以不提到這個詞，只鼓
勵大家朝著這個方向進行。其中一種方式就是給
一個幾乎「不可能達成的期限」，讓團隊忙著追
求量而不是質 [31]。

混合活動，大亂鬥

不同的人能偏好和了解不同類型的活動，因此要
試著保持空間內的活力，並透過各種不同的事物
來吸引不同的觀眾。

選擇能對手邊任務有明確貢獻的活動，但依空間
內不同的位置、媒體、焦點和參與者實際的位置
而異，你可以在流程中把周遭弄得一團混亂，來
強調點子和原型的探索性、「丟棄」的本質。把
糖果（包裝紙會沙沙作響、揉捏時很吵的那種最
好）到處丟在地上，不要（過度）打掃 [33]。在環
境中放一些像是玩具、小配件和舊的原型等物
品，這樣大家在想事情和討論的時候可以隨手拿
起來把玩，這些東西都會幫助大家在思考和發表
上保持草繪的精神，直到要開始收斂、做決策的
時候，再整理乾淨。設計流程中最關鍵的部分就
是從具生產力的一團混亂之中轉移至簡潔、扼要
的狀態。

實務中的安心空間原則

工作坊架構
工作坊的架構有三個階段：預備階段，用來填
補資訊缺口、降低期望；主要階段，引導大家
至調查性排練的主要工具；最後是反思階段。

在這個提供給主要第一線員工或顧客團隊
的一日工作坊中，計畫目標是檢視現有的
經驗，然後運用調查性排練 [34] —通常是
一個大家不熟悉的工具，來產出並測試許
多新的點子。我們可能會花兩個小時的時
間，在不知不覺進入排練階段前，建立起
安心空間和積蓄能量，最後以反思階段來
結束這一天。

1 投影片簡報（從熟悉的領域開始、召
喚權威／ 20 分鐘）。

2 三腦暖場法（打破慣例／ 15 分鐘）。

3 排練原則作為參與式遊戲；重新配置
室內空間（慢慢進入／ 10 分鐘）。

預備階段	主要階段							反思階段

歡迎儀式	投影片簡報	三腦合一暖場法	海報架「喔喔～」	一個字故事	一分鐘故事	3+3排練	調查式排練	小組討論
	1	2	3	4	5	8	9 10	
打開隔閡	熟悉的格式會降低期待和能量，但能給予安全感（「提一些大人物的名字」）。	極限暖場引出期待、激發好奇心、作為一天之中明確的中場休息。	共享動作和時間開始佔有空間體驗動作和情緒之間的連結。	讓參與者接近主題和問題但不需表態。建立同理心。	自身的故事往往最有感。在小組中分享不需太多信任感也能隨時跳出。	每個人都在同一個時間準備－沒有觀察者。不可能的時限接受粗糙的成果。	產生想法/點子立即測試它們快速迭代，讓參與者發展出自己的聲音。	封閉式、可見的產出成果（達成成果）。

安心空間

4 說故事比賽討論目前的現況，以產出稍後所需的材料（慢慢進入／20分鐘）。

5 團隊選擇有趣的故事來著手，並給一個好萊塢式的標題（安全網／5分鐘）。

6 故事板「在8分鐘內」把場景畫在紙上（一團混亂的、只做不說、爛爛的第一版／10分鐘）。

7 發表故事板，把故事展現給團隊看－這是大家第一次在團隊前發言，但應該是一個蠻熟悉的狀況（慢慢進入／15分鐘）。

8 準備展示場景。告訴團隊「我們想要在這裡體驗一下場景，只是一個很快、不超過三分鐘的初版，決定一下要在哪邊進行、還有需要什麼材料。決定誰要負責扮演故事板上的人物，用三分鐘的時間準備，並走過一遍。大原則：沒有人是自己。」所有的團隊一起在同一個時間準備，不要

使用「扮演」或「角色扮演」這樣的用詞（避免殺手級文字、爛爛的第一版、只做不說、提供安全網／3分鐘）。

9 觀看所有的爛爛的第一版，不要評論、只給肯定（避免評斷／10分鐘）。

10 移至真實的調查性排練，中間不要停頓（慢慢進入）。◀

34 調查性排練是一種研究、概念發想和原型測試的工具，可以用來了解經驗，然後快速產出並測試新的點子。見7.2節中的*測試服務流程和經驗的原型：調查性排練*。

避免殺手級文字

避免會讓人們過度分析點子的詞彙。不要叫大家想「最棒的點子」，只要「提出一堆點子，開始」，不要叫大家「選擇最棒的選項」，只要告訴他們「選擇一個有趣的作為開始」。不要要求「簡報」或「角色扮演」，而是給「快速狀況回報」或是跟他們說：「你可以站起來快速展示一下嗎？」

提供安全網

參與者們會對於他們點子的品質感到糾結，但一些簡單的安全網可以緩解這些煩惱，幫助他們了解如何放手，透過產出很多點子，那麼放下其中一些就會比較容易了（並提醒他們點子的數量與最終成功之間的連結）。透過不丟棄任何東西的方式來增強放手的意願，請團隊將放棄的點子貼在牆上，這樣之後還可以回來看，讓小組決定要挑選哪些點子和洞見繼續下去，這樣某個人可以小聲地跟組員說「可以不要選我的建議嗎？」

避免評斷

在大多數的企業環境中，快速決定什麼好、什麼不好是一項重要的能力。服務設計鼓勵我們不要對點子進行排序和選擇，而是透過原型和測試來推進，因此，避免問「那是好點子嗎？」，要問「感覺怎麼樣？」或「那是什麼意思？」，在共創的環境中，使用「好」和「壞」這兩個詞通常是沒什麼用的。

打開注意力，隨時調整

好的主持人會發展出良好的感知技巧，且能夠解讀整個空間的氣氛和之中的人們。他們可以看出團隊偏離了軌道、被特定幾位成員主導、或是迷失、困惑、還是失去了動力。有時候，你可以直接開口問，但他們並不一定願意或有辦法用言語表達清楚－且有時候並不是小組需要幫助，而是裡面的組員，這意味著感知這項技能相當重要，同樣地，根據狀況改變主持計畫的彈性也很重要。

先嘗試失敗

告訴參與者「失敗了沒關係」，但卻盡力避免失敗是沒有幫助的。若你不小心搞砸了主持活動的一部分，請坦承面對，大笑、並將之描述為一個學習的機會（帶些諷刺也不錯）。明確表達整個活動是探索性的，且某些活動可能會失敗。允許人味的表現，從自己做起。

(A) 爛爛的第一版可以很快就產出。

(B) 一個 App 的爛爛的第一版（結合了一個簡易的桌上演練），幾秒內就可涵蓋基本的點子，並在幾分鐘內就開始迭代流程。

(C) 爛爛的第一版或推估的數字可以讓團隊在早期重新界定範疇。

(D) 這在紙上看起來比較寬敞 … 一個實體大眾交通運輸座位系統的爛爛的第一版馬上可以揭露問題所在。

35 見第 11 章：**建立服務設計的舞臺**，更多有關 Chick-fil-A（美國連鎖速食店）的設計空間。

(E) Hatch 工作室邀請參與者親自動手做、製造混亂 [35]。

團隊的工作模式

不論是「腦力激盪」、討論或原型測試，團隊中的小組工作有三個基本的形式，在小組間留意一下，並刻意在三種形式間轉換，是一個很有用的技巧，為下一項任務和當前的小組選擇最佳的形式。我們描述的方式可能會讓任務感覺是畫出新點子等動筆的活動，但這樣的模式也可套用至原型測試上。

一頁、一支筆

所有的團隊成員發言討論，其中一位在平板、裝置、海報架或白板上將內容寫下或畫下來，讓大家都可以看見。雖然團隊內的狀態扮演了其中一個角色，但「動手做紀錄」的人要在服務大家或成為作主的人之間做個決定，如果這個人選擇了服務大家，他就要幫忙記錄團隊的共識，而不參與太多對話。

他也可以選擇等待，直到同意再寫下重點，或是用自己偏好的述說方式做紀錄，在不同程度的不經意和成功後，就可以成為作主的人。

「一頁、一支筆」是你在工作環境中最常會看到的模式，也是團隊最常會使用的預設方式。這是大家所熟悉的，且有著一致性、基本共識之產出

頁和筆

團隊中不同的工作方式有不同的優缺點。大多數的團隊會預設使用一頁、一支筆的方式，可以鼓勵他們在需要多樣化或速度的情況下改變團隊合作的模式。

一頁、一支筆　　　　　一頁、多支筆　　　　　多頁、多支筆

完整性　　　　　　　　　　　　　　　　　　　　速度
了解與共識　　　　　　　　　　　　　　　　　　多樣性

的優勢，同時也是整個團隊所理解的，特別是所有人都能看見工作內容。但較不同的點子和意見已被解決了，我們會得到狹小、「簡化」的產出成果－這樣的工作方式和其他模式比起來會非常慢。

一頁、多支筆

在這個模式中，整個團隊或坐或站在一個共享工作物件的周圍，讓每個人都動筆寫下、畫下、修改同一份草圖或文字內容。可能會有討論或是安靜的作業，大家共同工作，有時積極貢獻想法，有時看著其他人做和修改內容。

這個模式也可以用數位的方式做：當在撰寫發表內容時，本書的主要作者常使用線上平台來同時撰寫同一份文件。我們沒有任何開放的對話管道－我們單純地撰寫，或停下來看看其他人寫，再開始重新編排、重新撰寫或新增強調的重點和範例。

「一頁、多支筆」是相當合理的共識。畢竟會有整理和互相解釋部分內容的需求，但通常都會對共享想法有一些基本的了解。手法是混亂的，但卻相當快速。意見衝突和差異通常會馬上在頁面上被看到，像是刪除了內容或是在旁註記，這可能會成為一個良好後續討論的開始。

多頁、多支筆

團隊刻意分開各自工作，每個人自己寫自己的內容，通常是一頁寫下或畫下一個點子。往往團隊會在一段固定的時間內嘗試產出大量的點子，因此他們會在顯著的點子被記錄下來後繼續探索，當時間一到，他們會回來把各自的成果展示給團隊。

「多頁、多支筆」是一個快速發展出許多點子的方式，且特別能夠對較內向的參與者有幫助。某些點子可能會在不同的組員間出現很多次，但相較於其他模式，這個方法所產出成果的多樣性仍然高很多。此方法不會形成共同的了解－也會需要向其他組員說明部分點子，而這會花一些時間。團隊也會需要透過討論、投票或使用選擇矩陣或點子合集決定要選哪些點子繼續下去 [36]。

36 見 6.4 節 **點子合集**。

10.4 關鍵主持手法

37 也許發生在暖場之後、簡短的反思活動中，將暖場本身視為一個體驗學習的工具。見 Kolb, D. (1984). *Experiential Learning as the Science of Learning and Development*. Prentice Hall。

38 馬上就要進行草圖繪製的活動嗎？試試看一個繪圖的暖場活動，像是「30 秒內不看紙畫出你旁邊的人」這類遊戲相當有效。見 Worinkeng, E., Summers, J. D., & Joshi, S. (2013). "Can a Pre-sketching Activity Improve Idea Generation?" In M. Abramovici & R. Stark (eds.), *Smart Product Engineering* (pp. 583–592). Springer, Berlin, Heidelberg。

39 見 6.3.2 節 管理能量。

10.4.1 暖場

暖場和激勵活動可能是非常有價值的，也可能只會完全浪費了時間和良好的本意。這些活動可以有助於在團隊中「破冰」、幫助成員認識彼此，讓大家在同一個空間中感到舒適、讓概念發想更有效率、幫助團隊放下點子、更樂於接受失敗，並在一天之中最平淡、能量低迷的時候把大家喚醒。如果選擇和做的方式不恰當，你很可能會失去團隊對你的尊重和認同感。

能的話，選擇帶有次級效應的暖場方式，並解釋你選擇的背後想法 [37]。

例如，有些暖場是很好的溝通手段，或讓我們看到團隊合作的可貴行為。有些則是能展示重點。幾乎所有方式都有助於概念發想 [38]。本章涵蓋了許多我們常用的暖場手法的說明。

與其直接在一天的開始和午餐後進行暖場，可以想想怎麼安排會更好。也就是說，人們一般在吃過午餐之後會相當清醒，所以可以在 45 或 60 分鐘後，當大家開始進入倦怠生理時鐘時再進行暖場。在介紹結束、大咖主管們離開後，進行一段

好的暖場也可以是一個開始開啟安心空間的絕佳方式。在概念發想的活動中，先給大家發想的挑戰，然後直接進入暖場，在開始產出點子之前，我們需要完全集中注意力。這會讓參與者停止思考挑戰幾分鐘，這樣對於後續的概念發想有正面的影響 [39]。

與其他空間功能結合暖場不一定會有效率，把空間重新配置成新的樣子，是標示進入流程中新步驟的一種好方法，加上一些有趣的音樂和一個緊迫的時限，也可以是一個很棒的暖場方式（把空間整理乾淨時也有同樣效果）。或是，與其進行無聊的介紹，也可以讓參與者根據在空間中的位置來描述規劃自己的組織、技能、或真實世界。像是「三五分類法」這類遊戲都是相當有效率工作流程，也可作為暖場活動。如果你接下來就要進行其中一項活動，那可能就不需要做額外的暖場。

能的話，使用實體、空間上或心智上的元件來進行暖場，且要包含有趣的元素。如果大家很專注、有動作、或是大笑，那這就是很好的暖場。 若我們能夠在失敗中苦中作樂，代表我們彼此都有人性，也為工作中成功的失敗開啟一扇門。

10.4.2 場控

主持人的其中一項強大的工具是時間。運用一天之中的期限來讓團隊持續向前，並調整細節程度、修飾工作內容。非常緊湊或「不可能達成」的時限可以幫助團隊避免浪費過多時間討論，時間壓力會鼓勵他們衝量而非品質。同時也能避免他們過早開始考量流程中的細節，讓他們更有機會做出本章稍早提到的「爛爛的第一版」。

在一項任務中視情況做倒數計時可幫助團隊更聰明地利用時間，並維持空間內的能量，而倒數讀秒（或播放有明確結尾的「時間到」音樂）代表還可以在音樂播放時動作，但如果時間到時剛好簡報到一半，找一個支持的方式來中斷－比如說請大家激烈的鼓掌，就可以將傷害降到最低。

運用「不可能達成的期限」還是要特別注意。不可能的期限在某些情況下相當好用，但如果沒有達到基本所需的時間，任務容易變得沒有意義。嘗試不同的期限，觀察哪一種對團隊來說最有效。給他們三分鐘，他們會好好掌握、使命必達。給他們十分鐘，他們會期待有十五分鐘，但給他們八分鐘，他們就會專注。給二十分鐘，他們就會休息一下先去拿杯咖啡；如果是十八或二十一分鐘，可能就不會了。

💬 專家訣竅

「確保現場的時間壓力是高的，即便真正的時程是流動的。」

– Renatus Hoogenraad

不是每一件事都能在衝刺的方式下完成。就像專案一樣，工作坊有時也需要放慢腳步來反思、重新整理、並產生令人滿意的起承轉合戲劇線[40]。決定是否需要在空間中放一個看得見的時鐘，如果沒有的話，你可以使用「流動時間」－偷偷縮短時間，以增加壓力和提升能量；如果發生了重大的發現，或是大家在任務上遭遇問題、需要找回自己的生產力時，就偷偷加長時間。

10.4.3 空間

空間本身就是一個工具，而且是相當重要的工具。我們會在第 11 章：建立服務設計的舞臺，討論到專屬空間，其中許多內容都可以套用於此，但讓我們先來思考一下暫時的空間。

我們很容易就把這類的事交給一個具有「創造性氛圍」、可以幫助我們「跳脫框架思考」這類昂貴的公司外部場地；但這樣可能會讓一些人產生服務設計已脫離每日實務的疑慮，所以才需要一個特定的環境。如果能把一間正常的會議室暫時轉變為一個較具彈性且充滿激勵感的空間，會是很有趣、又有用，且可能更能持續的方式。這表示我們可以在任何時間、任何地點進行，也代表同仁的專長和經驗就在觸手可及之處。

40 見 3.3 節中的的戲劇曲線文字框。

專家訣竅

「如果真的沒有高腳桌椅的話（記得去問一下員工餐廳的經理），問問自己是否真的需要椅子。試試看用流動的站立空間，將桌子靠牆擺，可能放幾張椅子以防真的有人需要坐一下。理想中，應該要在附近有一個可以舒服坐下的空間，以進行反思階段。」

— Renatus Hoogenraad

41 在實驗中，挑高的天花板能讓參與者的心態更自由、更有創意和抽象力，而低天花板似乎能幫助參與者更集中、專注。見 Meyers-Levy, J., & Zhu, R. (2007). "The Influence of Ceiling Height: The Effect of Priming on the Type of Processing That People Use." *Journal of Consumer Research*, 34(2), 174-186。

42 Doorley, S., & Witthoft, S. (2012). *Make Space: How to Set the Stage for Creative Collaboration*. John Wiley & Sons.

43 見 10.6.2 節**案例：轉向與聚焦**，例子說明在工作坊中改變室內空間帶來最佳效果。

44 更多相關主題，見 10.3.4 節**創造安心的空間**。

45 見第 11 章：**建立服務設計的舞臺**，以了解更多。

若你可以挑選空間，考慮採光、隱密性、聲響和彈性。每一個人都喜愛明亮的採光和氣氛，如果在一個低矮、陰暗的空間裡進行，往往很難持續一整天[41]。但是也沒有人會想要在水族箱裡工作，有種被「展示」的感覺，這樣會嚴重抑制創意，所以如果空間中有很多玻璃窗或牆面，可以鼓勵參與者使用玻璃作為展示和工作的平面，或是在大約眼睛的高度左右懸掛空白的紙張，這樣就能有些遮蔽。

音樂也是一個相當有用的工具。使用音樂來激勵、加速、放鬆、冷靜、建立緊急感、或享受有趣時光。在小組討論的時候調整光線、轉換音樂，如此參與者就無法聽到其他小組的討論。播放安靜的音樂來幫助建立獨立工作時的專注氣氛。建立一些儀式，像是倒數計時、下階段的開始或是進入休息時間的音樂。

實務工作者的實驗[42]中發現對小組創意最有效的傢俱為高腳椅和高腳桌－因為可以讓腳稍作休息，但大家可以容易四處走動，若能有彈性的選擇，輕量、可快速移動和收納的堅固傢俱最為理想。一天內重新配置空間數次可以幫助大家對活動的進行更守時[43]、註記流程的變化、同時可以將團隊融合在一起、打破空間內制式的社交結構。如果讓參與者自己做，更可以幫助他們感到空間的「擁有感」[44]。

工具和道具

工具和其他有形的物品可以讓空間更加豐富。其中一個方式是在每個工作空間備一套核心工具組（標準的筆、剪刀、小刀、膠帶、便條紙、便利貼），然後有一個中央共享資源的空間（像是模板、紙板、積木、小人偶和其他製作原型的素材）。把一些隨機可拿取的小物件散布在周遭來增加混搭元素－玩具、小物、裝飾品、拼圖，或是一些戲服（或是尖叫雞）。這些都可以幫助建立一個安心的空間，鼓勵大家變得更愛玩、更好奇、同理或更有實驗的精神。

牆面空間是永遠也不夠用的[45]，參與者應將他們的材料保持隨時可見，比如說掛在牆面上，這樣可以讓他們在研究洞察階段持續發現新的關聯和追蹤回想法源起的地方。這會很快用掉牆面的空間，所以可以利用有輪子的畫板或大面的紙板作為延伸，這些延伸的板子要能夠快速到處移動，不用的時候可以靠著桌子擺放，將沒有內容的一面朝外。如果空間十分挑高，可以使用梯子來增加新的一列給關鍵材料懸掛於活動區域，這會是很棒的視覺參考和刺激，且不會擋到其他內容。

(A) 倒數讀秒。主持人倒數快速簡報的最後八秒。緊湊的時間、輕鬆地用、保持大家的投入、幫助參與者跳脫想要達到完美的衝動。

(B) 快速的視覺化可傳達千言萬語…還可以作為故事訴說或解說洞見時的完美支援，這就是為什麼那麼多服務設計的關鍵工具都是視覺化工具。

(C) 除了提倡有趣、人性化的心態，將隨機的物件散佈在周遭，常會變成團隊製作原型的一部分或小組的識別，也可以幫助一些人思考 [47]。

46 見第 6 章：**概念發想**，討論視覺化的漫畫。

47 Karlesky, M., & Isbister, K. (2013). "Fidget Widgets: Secondary Playful Interactions in Support of Primary Serious Tasks." In *CHI'13 Extended Abstracts on Human Factors in Computing Systems* (pp. 1149-1154). ACM.

10.4.5 視覺化

有這麼多來自產品和平面設計領域的服務設計 DNA，視覺化一直以來都在設計流程中佔有關鍵的位置 [46]。適當的視覺圖像可以加速流程，讓迭代更加容易，且讓大家可以很快的對事情有共識。比較一份四頁的文字內容與十張快速的草圖：只有後者能夠在工作坊的環境下對你有幫助。視覺元素非常能使事物變得切實可行，幫助參與者從理論思考轉向實際動手做。雖然說在工作坊後，你還是會需要做文字記錄，但任何品質的視覺化都會在這樣的情境中帶來極大的幫助，也讓內容更加貼切。

如果你想要參與者動手畫，就先不要向他們展示你畫在海報架上的漂亮圖像。 使用草繪的視覺或潦草的範本，告訴他們簡單火柴人的畫法也很棒，或是可以先教他們一些基本的視覺化技巧。提醒大多數他們產出的視覺化內容只會在團隊中使用，且之後可能就不會再看到了。

10.4.6 聰明便利貼工作術

如果說到服務設計的一個最經典的工具，那麼一定非便利貼莫屬了。事實上，這些便利貼是相當強大的－每一張上都掌握了一定的資訊，讓我們能夠很輕鬆地組織和排序，然後讓我們改變心意。但如果在有效、聰明的使用下，它將能發揮更大的功效。

鼓勵參與者刻意選擇和註記他們自己的便利貼，不只是拿離自己最近的。**鼓勵他們使用一種顏色和大小的便利貼、在同一層級的資訊中使用同一粗細和色彩的筆**（在空間內只用同一種筆，然後指定每項任務或每個步驟所用的便利貼顏色，會讓事情更簡單）。這樣一來，就可以更容易在一堆便利貼裡找到關聯、將它們群組在一起。

如果你使用許多顏色、形狀和不同大小的筆，會讓參與者開始找尋色彩間存在的模式，即使意識到形式沒什麼特別意義，但注意力還是被分散了。也可能很容易發現哪些是老闆的點子⋯

在第二天的工作坊，或是午餐過後，地板上可能會有許多從牆面上掉落的便利貼[48]。這還蠻煩人的，且資料就浪費了。教導你的團隊如何「用專業的方式」撕便利貼，就能黏得更牢。平坦的便利貼可以黏在牆上更久，你的「百萬點子」也不會被百元吸塵器給不小心清掉了。

意見

「我會一次用一種顏色的便利貼，因為這樣好像最有效，而且我認為可以鼓勵大家分享點子的擁有權。其他同仁會在團隊需要做一下休克療法或渴望從灰色思考中跳脫時，混合使用各色便利貼和筆。這是一個很不錯的觀點，但是我發現這樣彩色的靈感啟發往往會讓過程走得比較慢，且對偏好結構的人來說容易感到很煩躁。」

— Belina Raffy

便利貼基礎教學 Ⓒ

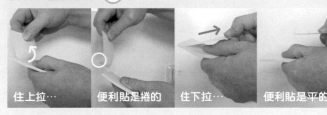

往上拉⋯　　便利貼是捲的　　往下拉⋯　　便利貼是平的

Ⓐ　主持人站著，在一旁待命但不打擾團隊作業。把手機放在桌上，用來計時任務。

Ⓑ　主持人漸漸融入，佔據桌子的中立空間，並自然而然取得團隊的注意力。

Ⓒ　便利貼基礎教學：跟著專家撕便利貼。如果這樣往上撕，便利貼就會捲起來且很快會因為不黏而掉到地上。把大拇指放在第一張便條紙下方，然後往自己身體的方向提起後拉下，就能得到一張平坦的便利貼。當便利貼變得比較少時，從側邊撕，或是將整本翻過來從底部開始撕。

10.4.7　空間、距離、站的位置

身為一位主持人，其中一項強大的工具就是你的肢體和實體的位置，把整個空間當作一個 3D 的舞台。你是跟參與者坐在一起、在附近徘徊、還是保有你自己的領域呢？你什麼時候會堅定地站起來、走到中間、得到大家的注意，然後退到角落讓他們開始作業，或是融入團隊一起做事？若要讓某人集中注意力，你可以站得靠近一些，走進對方的個人空間中（直接站在他們身後是最有效的），或是如果可以的話，將手放在對方的肩膀上，也能很快達到效果。

48 超黏便利貼還蠻值得入手的。

位置和對話

針對非常不同的對話，
採用平行和三角位置。

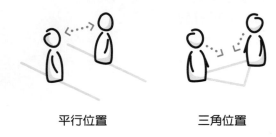

平行位置　　　　　三角位置

也要留意相對高度－有些時候你需要在團隊坐著的時候站著，有時候要和他們一起坐著或站著，有時候你應該在他們站著的時候坐著。什麼時候該站到椅子上、蹲在成員旁邊、或坐在地上呢？什麼時候要有眼神接觸？什麼時候應該避開？什麼時候應該張開雙臂，或是將雙手抱頭？你的肢體語言何時應為開放的、評斷的、投入的、放鬆的？先觀察別人，你很快就會發現哪些有效。

大多數的位置策略可以歸納為兩種基本形式：平行位置或三角位置。平行位置是當兩個人（或兩組人、或一個人和一組人）面對面站著或坐著，因為所有人的肩線是互相平行的，所以稱之為平行位置，常是面試官（或警察）和面試者、兩組談判人馬或兩個準備開打的男人間的位置。這是一個不自然且不自在的位置，會讓人感到備受挑戰。三角

位置就不同了，兩組人站在三角形的其中兩個頂點，同時面對第三點，在第三點放置（或呈現）要討論的材料、挑戰、或是問題，這是一個比較合作式的位置，像是兩個朋友一起在冰上釣同一個洞中的魚，或是技師一同討論要如何修理車子。

平行位置不一定都是不好的，三角位置也不一定是最好的。有時候平行位置可以給予權威感，就像是法庭上的法官或是夜店的守門大哥，平行姿態在掌控團隊是一個很有力的位置，或是糾正不可接受的行為、讓大家遵守時間 [49]。

10.4.8 回饋

回饋是一個相當多樣化的主持工具。由「接棒」主持人或老師來快速給予團隊回饋，可以幫助大家保持在正軌上、打

破僵局、或偷偷建議方法和工具。空間裡的任何人或來賓（如使用者、顧客、前線員工或其他利害關係人）提出的較公開的回饋，可以提供團隊廣泛的新點子和意見，幫助他們專注，也用來分割一日的行程。

回饋階段可以按需求做調整。為了讓團隊保持在軌道上並讓他們的選擇多樣化，讓回饋保持低調，並請他們「五分鐘後進行一個一分鐘的狀態報告」。團隊會認為這是一個工作中的簡短中斷且有機會收到一些意見，但不會將其視為一個目標或是流程中的一個「關卡」。

如果你希望團隊能夠更有力的篩選、收斂點子，或是作出高難度的決定，將回饋的機會以一種更重要的活動方式呈現。 向團隊預告，接下來他們要以更正式、更精確的方式把點子簡報給大家、其他團隊或來賓看。這是一個取得非常有價值的發現的好機會，所以你也可以請大家把這樣的簡報當作一種研究。

---

49 設計與藝術科系常有評論階段，或所謂的「評圖」，這是指同儕或老師對學生作品進行評價的階段。在服務設計中，評圖活動指的是邀請不熟悉你專案的人來評論你的產出，包括問一些真的很笨、設計團隊中沒有人敢問的問題一類似軟體開發中的「小黃鴨除錯法」。見 Hunt, A., & Thomas, D. (2000). *The Pragmatic Programmer: From Journeyman to Master*. Addison-Wesley Professional。

回饋可能會相當費時，特別是在採用開放式的回饋時，會開始討論起來。在規劃的時候，記得封閉式的回饋方式會比較快速。如果同時有很多個小組，決定他們是否要平行進行回饋（例如透過小組配對），或按順序的方式（例如全體成員一起）。

為了讓一場回饋轉化成真正的收斂，與專家來賓、或主持人也一起做一場「龍穴＊」或「鯊魚幫＊＊」的活動，這些最好是在另外的空間以正式的方式進行，其他小組應排除在外，以加強回饋一定會非常嚴厲和誠實的印象。團隊可能會在此經歷後感到十分震撼，所以不要用這樣的回饋活動作為工作坊階段的結束。

譯註　Dragon's Den 為 BBC 的真人實境節目「龍穴之創業投資」。

譯註　Shark Tank 為美國 ABC 的創業真人實境節目「創業鯊魚幫」。

10.4.9　改變位階狀態

主持人同時要擔任流程領導者和團隊的服務領袖，這樣的特殊角色讓主持人能將自身狀態作為工具，並視狀況調整。**優雅地在「高」與「低」的狀態範圍內移動的能力是一項非常重要的工具，也成為主持人個人風格的一部分。**我們所選擇的文字和使用的物件都能發揮作用，那是因為我們就跟猴子一樣，絕大部分都可以透過聲音和室內的空間位置來完成。

下次去動物園時，可以花點時間觀察狒狒。那個高高在石頭上坐著不動、看著所有狒狒的就是老大，是一個象徵權力的角色，有著寬大的肩膀和簡短洪亮的聲音，且頭抬得高高的。在他的周圍，有一群主要團體，看起來有點忙、喋喋不休、不時在一旁偷瞄老大和身旁的狒狒；旁邊則有一群幼小的狒狒正在玩耍，還有一兩隻體型較小的狒狒安靜地坐在一旁，弓著背、眼睛看著地上。這些差不多就能讓你了解一個場景中的「位階狀態」了。當然，永遠都會有例外存在，而且在你當地文化的背景下，很大程度上會取決於你自身的體型、性別和個人風格。但基本原則是，若要提升你在別人心中的位階狀態，利用實體上的高度（例如站直、或靠近坐下的人，來讓自己看起來比較高）、直視其他人、有目的地保持移動、以較低的聲音說話、使用簡短、堅定的語句和用詞。若要降低位階，則保持低姿勢、往下看、漫無目標晃來晃去、用小聲但音調較高的方式說話、且不要把話說完。

要記得，**採用低位階姿態並不代表是放棄了流程的掌控**（即便你是故意要這樣做）。有時候，放低姿態也可以重新取回控制權。下表所描述的位階狀態／場控矩陣，展示了不同程度的地位狀態下，讓流程更緊湊或鬆散的一些策略[50]。

50　由 Samuel Pickands 和 Adam Lawrence 根據自身過去擔任軍官和重機酒吧門房的經驗發展而來。

位階狀態／場控矩陣

可以從低位階來領導，或是在不放棄高位階的狀況下讓其他人來領導。在其中一個設計工作坊階段，主持人開始感到團隊有點失去控制，且狀況變得越來越嚴重。

若在此時提升位階狀態可能會導致衝突，因此他選擇了放低姿態，從站立的姿勢，他嘆了口氣、突然間癱坐到椅子上，用雙眼掃描地板、轉動手中的筆，然後抬頭以一種落水狗的表情看著團隊。「你們今天真是快把我搞死啦。」小聲地說，

「你們有什麼建議嗎？要不要取消這部分的活動？還是怎麼樣？…嗯…（聳肩）。」等待一些時間讓團隊反應－大部分的時候也就是透過安靜的互相注視－然後開始重新取回掌控權，「我們今天一直卡在這裡有什麼特別原因嗎？有哪些事情是我們目前還不清楚的？好，那麼…我能怎麼做來幫助我們在接下來的半小時內解決這些？」事實上，他刻意從同儕地位直接降到非常低的姿態，然後再從位階掌控矩陣最底下一列的左側（低位階、低掌控）跑到右側（高位階、高掌控）。◀

(A) 主持人（戴眼鏡的那位）選擇坐在一個比較高的椅子上，他相對較高的位置將他與團隊分隔，也因此給了他權威。他也可以用站立的方式來加強這個效果，但以圖中的這個方式比較不刻意。

(B) 接下來，主持人採用了一個把身體放低的姿態來強調他作為團隊服務領袖的身分－仍然具領導力，但是從一個較低的姿態出發，並帶有幽默感。

	輕鬆的掌控，匯集點子	確認狀況	掌控流程
從較高的位階發言	你看到哪些選項？	你有什麼想說的嗎？	我感覺你有些疑慮。說出來聽聽吧。
從同儕的位階發言	我們有哪些點子？	我覺得你在說的是…	你有別的想法？說出來看看是否可以改善計畫。
從較低的位階發言	在這情況下，你會怎麼做？	你在想什麼？你需要什麼？	我可以怎麼幫你嗎？

只做不說

來自 Global Service Jam 社群的一些「只做不說」秘訣。表中建議了「動手做」的方式，能讓流程持續進行。

目標或任務	「說」的方式	「做」的方式
創造想法的方式	聊一聊	用雙手思考：畫草圖、試作粗糙的模型、角色扮演
演進想法的方式	用討論的，比較意見	建立並測試、比較原型
做決定的方式	討論意見	建立快速原型、試用看看
分享資訊的方式	告訴我	展示給我看、讓我試用、讓我體驗
打破僵局的方式	討論、爭論	測試、詢問外人、玩遊戲、丟硬幣
展示工作的方式	做簡報	展示原型、讓大家體驗、試用原型

10.4.10 動手不動口

在史丹佛設計學院（Stanford d.school）裡，會常常聽到「以行動為主（bias toward action）」的原則和觀念 [51]。在 Global Service Jam [52] 中，數千人在全球各地幾百個城市裡，用幾個小時建立出新的服務，活動呼籲所表達的也很簡單，就是「動手不動口！（Doing, not talking!）」，除了是一個讓大家持續前進的好方法，這樣的態度也能幫助主持人度過許多緊急的狀況。往往，一個突破創意上或人與人之間的瓶頸的有效方式就是改變工作的方式或是溝通的管道－先把說的部分放下，並轉成其他繼續前進的方法 [53]。

在「動手不動口」的心態下，想法點子會經由原型務實的迭代演進，而不是在討論過程中用假設來帶過。在任何共創的階段裡，「以行動為主」通常能讓事情進行地更順利，同時也可以讓不擅言詞的團隊成員更有機會表達。試著在動手和動口之間平衡，並有序地進行。你是先動口，然後才做？還是你是先動手，然後再說明？需要在弄清楚之後才開始做嗎？還是能一邊做、一邊了解？

10.4.11 主持人的養成

作為一位實務服務設計師，主持將永遠是你成敗的關鍵。你會一直發現和嘗試不同的主持風格和手法。向敏捷教練、治療師、運動教練、jam 和其他創新活動的主持人、應用即興表演者等專家學習。在每個階段或專案結束後，請參與者對你的主持風格進行回饋，也會是相當寶貴的資訊。

當你藉由你的專業內涵擴展服務設計時，你會發展出一個不僅僅是針對設計工具和方法，同時也討論主持的實務社群。你會發現，每一位主持人都是很不同的，在一個人身上適用的不見得在其他人身上也適用。要接納這些差異－我們都可以發展出自己的主持風格，並互相學習。

[51] 關於「以行動為主（Bias toward action）」，見 *https://dschool.stanford.edu* 網站。

[52] 見 *http://www.globalservicejam.org*。

[53] 見 10.6.1 節 案例：不熟悉的力量。

10
主持工作坊

方法

更多方法和工具歡迎參考免費的線上資源：

www.tisdd.com

三腦合一暖場法 📖

一種超緊湊、有效、熱鬧而非常受歡迎的暖場，參與者可以享受失敗的樂趣。

說明： 一位自願者站在三個人中間，在她右手邊的人會問簡單的數學問題；在她左手邊的人會問熟悉物件的顏色；在她面前的第四個人會做一些精確的動作讓她模仿。問問題的人要一直不間斷的重複問題直到得到正確答案：「二加二！二加二！快快快！二加二！」30 秒後，參與者交換角色。

要點： 站在四人小組中（或三人小組，如果有一個共同指揮做動作的人）。解釋角色並確保問問題的人保持堅定，可以重複問同樣的問題，只要不停地問就可以，當站在中間的人已暖好身（眼神明亮、表情生動，通常只需要 30 秒），換下一個人，這樣每個人都可以嘗試新的任務。[54] 一旦團隊都了解這個暖身方法後，只要幾分鐘的時間就可以完成了。

成果： 達到暖場效果，讓參與者感到興奮，也從之前的思考中分心了；小組中每位成員都能享受失敗的樂趣。

色彩鏈暖場法 📖

有趣的團體暖身，且包含了溝通的學習。

說明： 每組七到十一個人站成一圈。由隊長領導，他們要以一個沒有終點、同步的迴圈互相「傳遞」單字：可以是一個色彩鏈、一個動物鏈、一個國家鏈，隨著鏈的流暢度越來越好，加快速度或增加更多鏈。

要點： 每次設定一個鏈。首先，隊長替一個人指定一種顏色，這個人再替下一個人指定一種顏色，直到每個人都獲得一種顏色，最後一個人再替隊長指定一種顏色。接著開始進行色彩鏈的輪轉，不斷重複向同樣的人說同樣的顏色，不斷迴圈，越快越好。然後停下來，設定另一個不同模式的鏈，例如動物名稱，當這個鏈也運作得很好的時候，試著同時兩條鏈一起跑。在失敗的時候，簡短討論一下，試試看不同方法來讓多條鏈能同時成功運作，不斷新增新的鏈（第一次用到三條就很足夠）並討論，以肢體動作作為鏈的結束，比如說在每次傳話時擊掌。

成果： 達到參與者的暖身，且是一個很棒的溝通模式、共享責任和信任。

---

54 務必要在同時交換所有小組的任務，每一個人開始和結束每一輪的時間才會一致、共享經驗並建立戲劇弧線。

暖場
「對，而且⋯」暖場法 📑

一種新心態的暖身，增加了創意和合作性，也能示範發散和收斂活動的原則。

說明：大家兩兩一組站在一起。在同一組內的兩個人輪流，一起規劃一個共同的活動－比如說一個聚會或是一趟假期旅行。在第一輪，兩人的對話要以「對，可是⋯」來進行；第二輪，改成「對，而且⋯」。

要點：兩兩一組，面對面[55]。解釋一下任務（例如規劃一趟假期旅行），以及對話的規則：一個人會做出建議，另一個回應所提出的建議，第一個人再接著回應，以此類推。在第一輪，每個回應都必須以「對，可是⋯」作為開始，大約一分鐘後，讓大家停下來，請他們重複同樣的練習但這次是用「對，而且⋯」，討論一下，哪一種態度可以延續得更多內容？哪一個比較實際？這兩種不同的方式各自在什麼時機有效？這與創新[56]的發散和收斂活動之間的連結將會很明確。

成果：歡樂、笑聲還有對未來有幫助的態度改變，尤其是當從發散轉換到收斂活動的時候更有效（反之亦然）。

回饋
紅綠回饋法 📑

一個簡單但有效的封閉式回饋系統，讓意見收集最大化，並持續前進。

說明：一組參與者剛看了一個點子、原型，並給予大量的回饋。藉由詢問問題開始，然後簡短說明他們喜歡的地方（綠色）以及他們建議的下一步（紅色）。

要點：在簡短的簡報或提案後，共有三個階段。在了解問題階段，觀眾們可以詢問任何不清楚的地方，請團隊進行簡短的說明。保持簡單扼要，不要讓回饋和問題混淆在一起。在綠色階段，聽眾會告訴團隊他們喜歡這個提案的哪些地方、哪些地方應被保留或在未來的迭代中被延伸；接下來，在紅色階段，觀眾分享對於提案的想法或建議，很重要的是，如果回饋不是清楚的提案或建設性的建議，就不應該提出。在紅色和綠色階段，回饋的接收者要記筆記，而且只能說「謝謝」。

成果：團隊能好好思考收到的回饋，以及團隊為其他人做的工作內容簡述。

---

55 如果有人沒有配對的話，可以有一組是三個人的「三角」形式。

56 特別見第9章：**服務設計流程與管理**。

Ⓐ 「三腦合一」暖場法是一種非常強大的暖場方式，帶有肢體、認知和空間的元素。

Ⓑ 一位色彩鏈中的參與者在溝通時動作變得比較大，以更有效的傳達他的訊息。他身後的另一組則比較是在玩。

10
主持工作坊
案例

────────────────→

這些案例展示了如何用不熟悉的方法幫助參與者更有效的投入和參與（10.6.1），

以及主持的彈性如何成功帶領共感的建立（10.6.2）。

10.6.1 案例：不熟悉的力量 422

在一間菲律賓公司重新定義顧客體驗

– Patti Hunt，On Off Group 共同創辦人、總監

– Kristin Low，On Off Group 共同創辦人、總監

– Joub Miradora，Sun Life Financial 數位長

10.6.2 案例：轉向與聚焦 424

設置好環境，讓這天或這個空間好好發揮

– Damian Kernahan，Protopartners 創辦人、體驗設計長

10.6.1 案例：不熟悉的力量

在一間菲律賓公司重新定義顧客體驗

✏ 作者

Patti Hunt，
On Off Group 共同創辦人、
總監

Kristin Low，
On Off Group 共同創辦人、
總監

Joub Miradora，
Sun Life Financial 數位長

隨著服務設計的概念在菲律賓逐漸興起，改善顧客服務的需求也迅速增加。這個案例特別是在金融服務業，大家都知道，在這個產業裡，幾乎沒有公司能夠提供傑出的顧客經驗，許多公司不良的服務和互動都讓顧客很受挫。

大多數的公司都會將自己和競爭業者比較，追求業界「最佳典範」，這往往會導致很一般的設計成果，顧客也覺得不怎麼樣，Sun Life Financial（一家保險和理財服務公司）決心不要走向這條路，而是採取行動重新定義顧客經驗，而不是去擔心其他競爭業者在做些什麼。

「這個方法與我們過去習慣的方式相當不同。一般來說，我們會按照一組產品規格並交由技術來執行，但現在我很開心看到這樣的改變真正在我的團隊裡發生。」

—*IT 經理，工作坊參與者*

設計工作室工作坊和第一次「不用簡報」

受到越來越多人反對使用簡報作為溝通工具的啟發，On Off 團隊決定要在 Sun Life 公司首次嘗試以不用簡報的方式主持「設計工作室」（應用設計流程）活動，結果相當成功！取代簡報的是主持人使用許多故事、白板和角色扮演將點子和概念變得生動有趣。工作室中的能量完全不一樣了，大家更能投入正在發生的事，也不會「放空」。設計工作室活動是由「只做不說」和「用手思考」來驅動－而不是螢幕上的條列項目。

觀察和訪談

團隊與現有的和潛在的顧客進行訪談，並觀察他們使用 Sun Life 的數位平台，像是網站和手機 App，來尋找保險經紀人和購買保險，這提供了包括顧客是否容易在線上找到資訊的細節，同時也評估他們的想要、需要和動機。

成果

Sun Life 的其中一個目標是建立並產出在菲律賓本地的新服務標準。為了達到這個目標，2016 年開始展開幾項主要內部行動計畫，計劃於 2017 年實行。帶領員工走過引導的設

計流程，內容涵蓋了研究、洞見形成、概念發想、原型測試並與顧客進行驗證的關鍵階段，讓他們能與願景有所連結。這些活動為 Sun Life 對顧客服務的承諾和發展組織的服務設計能力奠定了基礎。內部行動計畫將目標鎖定在讓整個組織變得更以顧客為中心，這意味著需要導入組織上、架構上和文化上的顯著改變。公司也一併同時進行數位轉型計劃，以符合顧客所需，也讓員工更有能力提供這些服務給顧客。

「我沒考慮過買壽險，我的朋友也沒有。我們菲律賓人是蠻無憂無慮的。」
女性受訪者，36 歲

(A) 分析和分類顧客觀察。

(B) 共同設計一套以顧客為中心的字彙庫。

重點結論

01

不要強調服務設計本身，應強調服務設計是在做什麼。

02

確認大家投入後的第二天再開始進行設計，最棒的成果是在你離開後事情還能持續。

03

用語言作為設計工具。幫助你的客戶找到讓內部對話變得更加顧客導向的用語。

04

不是每一個活動都要是合作式的或是由團隊來完成。有些最佳的洞見是發生在你可以獨立思考和作業的時候。

10.6.2 案例：轉向與聚焦

設置好環境，讓這天或這個空間好好發揮

 作者

Damian Kernahan，
Protopartners 創辦人、
體驗設計長

proto partners

在工作坊期間進行調整轉向

多年前當我在澳洲與一間大型通訊公司合作的時候，我們在一個專案中遇到了瓶頸，當時我們正嘗試協助客戶與他們的顧客建立更強的共感。我們完成了所有的設計研究，而結果也蠻令人折服的：顧客並不是很滿意。但管理高層卻發現很難體會親愛的顧客的心情。

我們決定可以選擇不斷告訴他們這有多麼重要，或用更好的方式，透過一場引導式的主持活動演練，幫助他們建立更深的同理心。我們向專案負責人解釋我們的考量，說明儘管有大量的研究，但他的團隊可能還是沒辦法充分地了解研究內容，我們徵詢了他的同意，請團隊填寫與顧客所回答相同的問題。

在正確的時間、使用正確的工具在正確的人身上

我們決定使用一個脈絡對照圖表工具 [57] 來達到最佳的效果。因為已經有了顧客分享關於一些特定事物的感受，像是「控制」、「公平」和「連結」，我們在一個工作坊中請高階主管將同樣的內容再填寫到一本日記本中，請他們在外面用 30 分鐘好好想一下。並將自己的感受寫下來。當他們寫的時候，我們把顧客對相同問題的研究結果貼在牆上。

了解客戶的真實心聲

當高階主管們回到工作室中時，我們建議他們看看顧客感

---

57 所使用的脈絡對照圖表工具為 Zilver Innovation's（見 *http://7daysinmylife.com*）。

A 包含真實顧客回應的脈絡對照圖表工具放在牆上讓大家閱讀。

B 在建立起真正的同理心後,再開始進行洞見和發展顧客解決方案。

受為何。我們的經驗是,當人們走進辦公室,他們會忘記顧客其實也是人,跟他們一樣有喜怒哀樂。這項練習能夠快速展現顧客也是真實的人,有著真實的感受,並不是我們腦中想像的虛構人物。

同理心最強大

在我們協助這些主管真正對其顧客產生共感時,他們開始從情感層面了解,不僅是顧客所面對的問題,更重要的是這些問題的真實性,以及處理這些問題的重要性。我們在各種產業類別使用了這樣的主持演練很多次,達到很棒的效果,這個方法非常能幫助建立必要的同理共感,而這樣的共感能移除路障,且能加速服務設計工具和手法的接受度。

五分鐘內,整個工作室裡,過去覺得難以體會其顧客感受的人,突然自己開始提到「他們和我的感覺一樣!」、「他跟我有同樣的經驗!」、「我很驚訝我的感受和顧客相比之下竟然如此相似,根本是一模一樣!」。

重點結論

01

不要告訴客戶他們需要發現什麼;而是要用方法幫助他們自己發現。

02

做好準備並樂於進行調整轉向。事情不會總按照你規劃好的路線進行,即使事先規劃得很好。

03

試著先從情感層面來證實你的發現,再進入理性層面。

◀

11

建立服務設計的舞臺

給服務設計的實體空間－從快閃空間（pop-up）到工作室。

專家意見 ————————————————————————————

Birgit Mager   Doug Powell   Greg Judelmann   Maik Medzich

11
建立服務設計的舞臺

11.1 空間的類型..430

   11.1.1　行動解決方案：工具包、推車和卡車 430

   11.1.2　暫時／遠距：快閃型.........................430

   11.1.3　暫時／公司內部：就地佔屋型.................431

   11.1.4　永久／遠距：度假村型／營地型.................432

   11.1.5　永久／內部：工作室型.......................432

11.2 建造空間..434

   11.2.1　空間.......................................434

   11.2.2　牆...434

   11.2.3　空間區隔...................................435

   11.2.4　空間裡的聲音...............................437

   11.2.5　空間的彈性.................................437

   11.2.6　裝潢與傢俱.................................437

   11.2.7　與外界的連結...............................438

   11.2.8　科技的運用程度.............................438

   11.2.9　激發靈感的物件.............................438

   11.2.10　空間中的使用痕跡...........................439

   11.2.11　要展示流程嗎？.............................439

11.3 究竟需不需要空間？.................................441

11.4 案例...442

   11.4.1　案例：在大企業裡昭告天下.........................444

   11.4.2　案例：播下創新和變革的種子.....................447

為何要有專屬空間？

服務設計團隊和專案專屬的實體空間是大家共同的心願，通常在幾個工作坊和小專案在會議室、租借的工作坊場地和一般辦公室裡成功完成後，就是開始考慮專屬空間的時候了。

我們希望的是像是實驗室、育成中心、健身房這類能激發靈感、讓工作更順利，也可以向整個組織或是當地產業社群發送清楚的訊號。但應該要如何設置這樣的空間呢？空間裡應該要包含些什麼？應如何應用？又是否真的有這個需要？或是否真的有幫助呢？

💬 意見

「我認為專屬的工作空間不只是一個嚮往而已，本章所描述的空間類型很有目的性－因為我們的工作在帶有大型傢俱的傳統 OA 隔間、以及牆壁圍繞的小辦公室是無法達成的。」

— Doug Powell

本章也包括

保有空間　440

11.1 空間的類型

💬 意見

「服務設計的空間常常會從遊樂場進化到玩真的。大家會覺得遊樂場是有趣好玩的，但不是每一個人都可以看見其對商業的潛在影響。一旦公司開始認真起來，設計導向創新的影響就能被大家感受到、也能被量測、被認同了 [01]。」

— Birgit Mager

創意工作的實體空間可以**設置在公司內部或是在一般工作場域之外**，也可以是永久、暫時性或移動式的。通常組織會從移動式的方式開始，使用工具箱或推車等，然後以臨時的空間來進行測試，再決定要不要建立一個較永久的空間。即使有永久的空間，移動式的方案都還是蠻有用的－像是在脈絡式專案工作中（在實際服務場域工作），以及宣傳服務設計理念時使用。

11.1.1 行動解決方案：工具包、推車和卡車

簡單、攜帶式的方案常是服務設計開始的第一步，不需要是很複雜或很昂貴的。你可以利用簡單的工具來進行服務設計－所以何不把它們放進袋子、推車或是運送工具中，隨身帶去有需要的地方呢？把一些便利貼、筆、美工刀、剪刀、膠水、膠帶、黏土、小人偶或剪紙紙片、一大捲紙張、一些紙板、束帶、連接零件、打洞器、樣板、指標、行動音響、和一些好用的小物（大家很喜歡尖叫雞）放進推車或是有輪子的行李箱中，然後就可以說走就走。以這種方式來呈現材料會讓大家感到比較親近，也方便伸手取用。你

還可以在專案或一個階段結束後留下額外的推車或箱子，以鼓勵在場的人有能力繼續做下去。

如果有較多的預算，你可以準備一個拖車或運送工具來裝更多、更大量的原型工具，像是割字機、創客電子設備、戲服或大型紙板、保麗龍板來製作實際尺寸的原型。

11.1.2 暫時／遠距：快閃型

租一個很棒的外部空間作為設計專案之用也是可行的－這本書就是這樣產出的 [02]。在很棒的氛圍下，有著漂亮的裝潢傢俱、許多材料，加上很優秀的主持，對於短期專案和專案啟動來說都是很棒的方式－但如果你想要連續很長一段時間使用這樣的環境，可能就需要多花一些錢了，對於那些相當搶手的理想場地來說，可能也會更難配合你所需的時間或是專案的步調，而且在租借的場地中能為流程進行的客製化也有一定的限制。

另一個有趣的方式就是設置自己的臨時空間，**這些「快閃型空間」有一個共同的巨大效益－就是可以在場域中建置／使用。**若要用來研究或請

01 更多相關內容見 Mager, B., Evenson S., & Longerich L. (2016) "The Evolution of Innovation Labs," *Touchpoint* 8(2), 50-53。

02 這就是服務設計高階主管學程首度於柏林 Launchlabs 展開（ http://www.launchlabs.de ）。

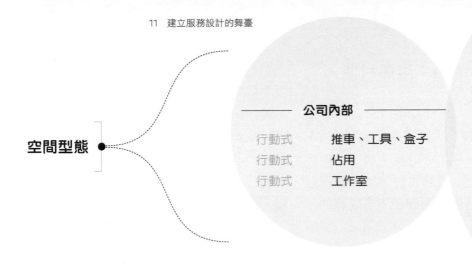

公司內部		遠距	
行動式	推車、工具、盒子	行動式	卡車、拖車
行動式	佔用	行動式	快閃空間
行動式	工作室	行動式	度假村、營地

空間型態

「當我們向總部要求給我們一個空間時 03，周遭不少人都在笑我們，因為大家都想要總部的辦公空間，那時剛好有一個不適合當辦公室，但對我們來說還蠻理想的空間，沒有太多窗戶，雖然很難用作為一般的辦公空間，卻有很多牆面可以用來進行工作坊。我們再次學到，不要輕言放棄，要爭取任何一個可能的機會！」

— Maik Medzich

使用者測試原型，你可以很方便地走出去執行。在零售或都市相關的場域環境裡，把未使用中的店面或辦公室（或貨櫃屋）佔用幾個月應該是蠻容易的。設置一個臨時的工作室，在場域中進行專案，若在當場有一批使用者（顧客、市民、同仁），暫時共用空間也是不錯的選擇，何不與店面、辦公室或機場的訪客做些「開放式」的服務設計 04？

11.1.3 暫時／公司內部：就地佔屋型

在大型組織中，以低調隱蔽方式進行的服務設計活動為數驚人 05。這代表沒有預算為服務設計提供一個正式專屬的空間－但就剛好有這麼一個在地下室沒被用到的空間…在獲得（或沒有獲得！）明確的許可下，幾乎任何空間都可以成為

一個有用的服務設計空間，像是會議室、屋頂空間、走廊、沒在用的辦公室（神奇的沒有辦公隔間、檔案櫃和笨重書架），然後放進白板、原型的素材以及可移動的桌椅。

像這樣臨時的空間能比永久的空間有更多優勢，因為它沒有什麼整理，就比較不會被老闆們用來「簡報」或進行「活動」，而且同時保有彈性，所以有更多實驗的機會，什麼樣的桌椅最合適呢？怎麼樣平衡具有彈性和不具彈性的區域會最有幫助呢？什麼樣的技術能有所幫助，哪些又會成為阻礙呢？以支架、舊門板、甚至棧板等作為開始，鼓勵團隊和主持者自行設立空間，並對每階段活動的空間配置做迭代修正、記錄。

03 完整故事請參閱 11.4.1 節 案例：在大企業裡昭告天下。

04 臨時工作室若要邀請顧客進入，可能會要比不太有人會看見的工作室稍微整齊體面。有關在機場做專案的好例子，見 6.5.1 節 案例：將設計工坊開放給你的顧客。

05 見第 12 章：讓服務設計深植組織。

11.1.4 永久／遠距：度假村型／營地型

電話響起、同事來敲門、「我回去拿一下東西。」－在企業內部的場域裡，分心是一個蠻大的問題，也會對「專注於」設計工作的空間有所影響。這些中斷 [06] 和誘惑的影響是不容忽視的，會打斷思路、戳破安心空間、破壞複雜的心智模型－或是突然想到要去回一封電子郵件。

對某些組織來說，也許是找個獨立於每日工作環境外的創意空間，你可以在一個自有的空間裡加上自己的研究資產、熟悉的流程工具、甚至是了解公司的主持團隊，有些組織甚至會確保其中的電腦系統未連結到公司的網絡，幫助參與者避免一直想收信或落入熟悉的工作平台。這類度假場所有的隱身於山林中，有的位於附近的文青地區，或只是在園區中不同棟的大樓中 [07]。

另一種永久「外部」空間類型，稱之為營地，則具有相反地目的。與其讓團隊遠離分心誘惑，這類型是把他們放到一個更多外界刺激的環境中，許多科技公司都有類似的營地，像是在矽谷，他

們可以在這類空間裡不斷觀察新創公司或高科技公司的創新作為 [08]。時尚設計公司則會有小團隊的設計師派駐在紐約或上海，觀察街頭流行。身處於充滿活力的社群中，更容易接觸到專家和先驅者，這會是很有價值的推手。

11.1.5 永久／內部：工作室型

不論你如何稱呼它－工作室、實驗室、工作坊、健身房、育成中心－擁有專屬且長久的空間是許多設計師和創意工作者的終極目標。**許多情況下，單純讓工作不被打斷就能帶來最大的價值了**－當我們的資料和想法資產能留在同一個空間時，似乎能更容易找到其中的連結。

在一個永久的空間裡，設備和資源觸手可及，且能減少讓人分心的事物。對定期的使用者來說，也可以設定一個進入此空間的儀式，這樣更能讓他們轉換為更有創意的心態。許多第一次的使用者也會發現環境改變了，跟著進入一種不同的工作模式。永久空間中看得見的投資（財務和個人層面），在意圖上、優先順序和組織的價值上往往最能傳達強大的訊息 [09]。

---

06 非預期的中斷可能有助於打破僵局，但也可能降低我們洞見的力量，見 Beeftink, F., Van Eerde, W., & Rutte, C. G. (2008). "The Effect of Interruptions and Breaks on Insight and Impasses: Do You Need a Break Right Now?" Creativity Research Journal, 20(4), 358-364。

07 範例：*The Shed*, adidas. See Kuhna, C. (2014). "Physical Locations for the New Way of Learning and the Personal Future Workplace," 見 *http://blog.adidas-group.com/2014/04/*，2014 年 4 月 25 日。

08 範例：Swisscom outpost in Palo Alto. See Leuthold, K. (2016). "A Trainee Project in Silicon Valley" (2016)," 見 *https://ict.swisscom.ch/2016/04/*。

09 範例包括 Chick-fil-A 的 Hatch 中心、IBM Studios 以及 Swisscom 的 BrainGym（此空間有一個共同工作的咖啡廳，大小為一般會議室的兩倍，還有較小間的主題空間以進行封閉式工作坊，以及一區較為隱密的空間，可讓團隊「租借」一個月）。

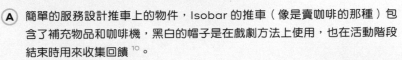

(A) 簡單的服務設計推車上的物件，Isobar 的推車（像是賣咖啡的那種）包含了補充物品和咖啡機，黑白的帽子是在戲劇方法上使用，也在活動階段結束時用來收集回饋 [10]。

(B) 「Shed（小屋）」是愛迪達在德國總部「做中學」的空間，帶有許多設計工作室特色。雖然位於工作園區，但很炫的黑白迷彩視覺外觀清楚傳達了這裡做的不是「常態工作」[11]。

(C) 給訪客團隊的專屬設計空間－位在柏林的 Launchlab 是本書誕生的地方。這個區域光線明亮、區分為不同團隊工作的小空間，裡面有高腳桌和高腳椅，還有隨手可及的原型材料。其他部分有不同高度和空間，可提供給大型團隊活動或個人休憩，空間和傢俱本身的形式也時常做調整。

(D) 在一個一般的會議室裡「佔據」一個設計空間。牆面和窗戶都被當作工作平面使用－沒有特殊的傢俱或設施，但是一個你自己的空間 [12]。

10　圖片：Isobar Budapest, Francis Cook。

11　圖片：Christian Kuhna, adidas Group。

12　圖片：Isobar Budapest, Judit Boros。

11.2 建造空間

為服務設計建立專屬空間，不論是永久或暫時的，都是一項令人興奮的任務。事實上這件事太好玩了，好玩到讓人非常想做做看，而忘記考慮什麼時候需要這個空間（和是否有這個必要）。若你決定要大膽嘗試、打造一個永久的空間，那麼就有許多需要考量到的地方。

11.2.1 空間

可以的話，找一個有不同高度天花板的明亮空間－但大致上要稍高一點。大量的自然光可以幫助大家保持清醒、集中注意力，**較高的天花板（也不要太高！）能讓我們更能發揮創造力和抽象思考的能力，而較低的天花板則能幫助我們專心在細節上** [13]。要讓空間的高度變高可能有點困難，但若是想讓某些區域的高度看起來比較低，則可以利用隔板、布料或懸掛物件來達成，建議添購一些不錯的簾子，用來把空間變暗、播放影片或促進大家專注。高高低低的天花板能自然把空間區隔為不同的活動區域，不會干擾到溝通或視線，也不會讓場地無法進行需要大量空間的活動。

[13] 見 University of Minnesota. (2007). "Ceiling Height Can Affect How a Person Thinks, Feels and Acts. ScienceDaily," 見 *http://www.sciencedaily.com* 。

空間的基底

如果是要讓一個原始的空間變成自己的服務設計工作室，要有以下這些：

→ 很多且不怕被便利貼或膠帶黏壞的牆面。
→ 良好的聲音環境，這樣團隊工作時就不會被噪音包圍。
→ 自然光和新鮮空氣－挑高窗戶最為理想。
→ 有高有低的天花板組合（如果沒有的話，選擇高的）。
→ 很多電源插座。
→ 廚房和洗手間的水源和空間。
→ 能與外界接觸，但工作時保有隱私。
→ 動手做，而不只是動口說的氛圍。

11.2.2 牆

我們會需要非常多的牆面空間。在服務設計專案中，團隊將會把樣板、便利貼和許多研究內容貼在牆上，讓大家都能看見並能運用。這看起來似乎是件小事，但大家都說**牆面空間是服務設計的關鍵成功因素**。因此，要確保牆面能發揮功能－

讓大家在上面釘東西、書寫、黏貼。如果有些高度的話，準備安全的梯子，這樣就可以用整個牆面來呈現工作成果。

但這常常是不太夠的，特別是同時有好幾個團隊在使用同一個空間－所以可以用暫時的「牆面」，平常放在儲藏室，專案有需要時再拿出來用。

若是在平面的板子上作業，不論是靠在牆上或掛在天花板軌道上，都可以將它們先堆積起來放在旁邊，讓其他的團隊也可以使用空間[14]。回來時，再把板子以同樣的順序掛起來，這樣工作空間就可以重現，像沒離開過一樣。

11.2.3　空間區隔

不同的天花板高度和可移動的牆面，能讓各種空間帶有不同的功能－反思、分享、行動等等，你可以透過地面及牆面顏色或材質上的改變，來建立出較不明顯的邊界，像是畫線、燈光、可移動的傢俱，或不同風格、形式的傢俱。

在空間中把你要進行的活動想過一遍（或是真正演練一遍試試看）。

這些活動可能大致有：

→ 抵達會場、到處晃晃（別忘了指引的標示）。
→ 喝咖啡、聊聊天。
→ 聽一段時間的簡報（例如團隊簡報）。
→ 在螢幕上看東西。
→ 打電話和視訊。
→ 上網。
→ 建立和測試小型、精細的東西。
→ 建立和測試會弄得一團亂的東西。
→ 建立和演練全尺寸的原型。
→ 不同大小的小組聚在一起進行快速的會議討論。
→ 涉及全體成員的團隊活動（圍成一圈做介紹、激勵活動、分享會）。
→ 分組工作，不論獨立或平行作業。
→ 歡迎訪客。
→ 中場休息，吃飯或點心。
→ 請另一個小組見面或團隊給予回饋。
→ 獨自工作或單獨處在空間中。
→ 慶祝。

用 3D 的方式來思考－「樹屋」是一個適合進行獨立細節工作或小團隊的度假村場所。看台座位或金字塔階梯可以在各種情況下吸引團隊，也是進行簡報的好地方。

💬 意見

「在多倫多舉辦的 *The Moment* 活動中，我們試驗了許多不同的個別桌面工作的配置、白板階段、工作坊、訓練、環坐討論等等，能夠輕鬆移動的傢俱讓這個連續試驗的演練能夠持續下去，同時也使得空間環境能夠不斷重新設定。」

— Greg Judelman

14 這對於機密性的內容來說是很棒的方式，因為可以不用打亂順序就收起來。

Ⓐ 可移動的牆面有很多種形式；這些都是使用傢俱店購得的鋁框、紙板和輪子等自製而成的 15。

Ⓑ 空間中看似無關的物件可以輕易成為靈感的泉源，通常是用在原型測試或是在團隊中幫助互動，也有助於人們思考。

Ⓒ 懸掛牆面，像是 IBM Studio 中使用的軌道系統，可以用來創造和重新創造團隊自己的空間，或是在不同階段間整理收起來 16。

Ⓓ 這裡有許多人脈夥伴，在 IBM Studio 中不懼怕科技。適當的科技可幫助你處理資料、溝通工作內容，並模擬更複雜的裝置，或像是這個情況，可以帶進來自世界各地的專家，在有幫助的地方運用科技，在會造成阻礙的情況下則避免使用 17。

Ⓔ 圍繞著隨意搭起的筆電「營火」進行放鬆的反思階段。模擬熟悉的情景來總結有用的想法。在這個即興的臨時空間搭設營火，鼓勵大家說故事並誠實相待，其中一位參與者說：「真的可以感受到營火的溫暖」。

15 圖片：Monica Ray Scott。
16 圖片：IBM。
17 圖片：IBM。

11.2.4 空間裡的聲音

要考量空間中的聲音環境，大型、輕量的空間在音景上會較有挑戰，可能會有回音太大或聲音過於明亮的問題，特別是在一大群人忙著討論的時候更是如此。使用軟質傢俱、厚地毯或其他吸收聲音的物件會有所幫助。

就像想要捕捉噪音一樣，有時候也需要製造一些噪音，所以請確保空間中有良好的音效系統來播放音樂、影片或是麥克風－在主持的時候絕對會很有幫助。鼓勵參與者一起整理一份音樂播放清單，並在每個階段開始和結束時建立一個聲音儀式，讓大家集合，或告訴大家時間快到了。

11.2.5 空間的彈性

服務設計包括許多不同的活動，從安靜的反思階段到高能量的團體活動，有時小組需要安靜獨自作業，有時一群人一起檢視全尺寸的原型。為了要達成這些需求，以及許多還無法預見的挑戰，**要保持空間的彈性，因為你永遠不知道接下來會需要什麼。**

彈性的空間不只帶有一個優勢－當你讓參與者對空間進行改變時，他們會開始產生一些主導權，

建立他們工作所需、實體和心理上的「安心空間」。讓他們多幾次，這樣配置空間的儀式會使人在還不認為已經開始工作前就進入自己的設計狀態中[18]。

所以，準備一些可以安全摺疊、堆置的傢俱，確保隔間牆面可按所需使用和收納。將大部分的東西都裝上輪子[19]，但還是要保有一部分是固定的，參與者才不會因為所有東西都不在定位上而抓狂。大多數成功的實驗室都會有一組放置關鍵資源的固定中央儲存空間，加上一台永遠不動的咖啡機[20]。如果預算夠的話，記得加上高級的洗手間設備。

11.2.6 裝潢與傢俱

你需要的傢俱可能比想像中要來得少。很多服務設計的工具會在團隊將範本或便利貼黏在牆上，並站在旁邊討論的時候發揮最大作用，也有許多原型測試的工作是站著完成的，但你的團隊也會時不時需要反思、書寫或做些精緻的東西。史丹

---

18 見 10.3.4 節 *創造安心的空間*。

19 麥當勞打造了一個餐廳的原型，其中所有餐廳的設備皆有輪子。他們可以快速測試不同的餐廳配置、工作流程以及對熱食的生產線進行測試（Byron Stewart & McDonald's，發表於 Service Design Global Conference, San Francisco, 2011）。

20 我們英國籍的共同作者偏好茶壺。

佛[21]的實驗表示團隊工作最佳的傢俱就是高腳桌椅（因為不是那麼舒適）加上開放空間－高腳座位會讓我們不想一直坐著，每隔一段時間就移動一下。選擇小型、方形的桌面，並視需要搬動組合。也可以混搭一些像是沙發、凳子或柔軟的地毯等低矮的傢俱，用來進行較放鬆的活動。

11.2.7　與外界的連結

你的空間不會是獨立的，即使是在「度假村」中，也要確保與外界保有良好的聯繫。團隊會需要良好的網路來進行桌面研究、遠距訪談或協作，也會有實體、人與人之間和經營上的連結。

理想的位置附近要有許多像是圖書館、卓越中心（centers of excellence）、專業供應商等資源，也會有很好的機會可以進行研究和原型測試，且要是容易將材料、原型和訪客帶入和帶出的。

誰能連結到你的空間呢？誰最可能進來，還會停留一陣子？空間中的活動要如何連結到組織中其他的活動呢？要怎麼連結到其他創新的流程呢？又是怎麼連結至概念競賽、文化工作、開放創新？你的空間是否為關鍵活動的中央資源，或只是一個組織圖中的一個死胡同呢？

想想看你要怎麼促成與組織、與夥伴、與使用者的偶遇。規劃活動來促成這些參訪，將之變成一種習慣[23]。

11.2.8　科技的運用程度

創意空間往往傾向一定要使用低科技，看看我們服務設計的流程就可以知道，低科技的手法能更快、更容易達到較快速迭代的效果。但如果把空間侷限在單純低科技的手法，則會失去寶貴的機會。慎選科技可以幫助我們獲得更高擬真度的原型、也更能有效檢測點子的技術可行性。科技有助於處理資料、進行視覺化，將我們的工作成果展現給更廣泛的貢獻者。

針對某些特定類型的參與者，科技本身是具啟發性的。尋找可增強智慧型手機的科技、能模擬介面和機器的科技、以及能更快將草模精緻化來呈現給外人觀看的科技[24]。

11.2.9　激發靈感的物件

幾乎所有的東西都可以帶給你的訪客靈感，所以要試著把空間填滿。雖然設計空間的傳統形象是東西很少的極簡感，但視覺複雜的環境其實可以刺激認知流程，讓你擁有更棒的點子及更好的決

💬 意見

「實體空間是改變的明顯證據，能讓大家進入對的氣氛－在完全不同的環境中有不同的體驗，可以幫助你獲得更多能見度，尤其是當過去都一直『低調行事』[22]，但可能會造成在其他空間中應用服務設計的障礙。」

— Maik Medzich

21 見 Doorley, S., & Witthoft, S. (2012). *Make Space: How to Set the Stage for Creative Collaboration*, Hoboken: John Wiley & Sons。

22 見 12.1.1 節從小專案開始。

23 關於作為創新生態系統一部分的空間，見 11.4.2 節案例：播下創新和變革的種子。

24 亦見 7.2 節中的從專門的方法到自己的實際生活原型實驗室文字框。

策[25]。牆面是用來工作的，所以不要懸掛大型畫
作佔掉位置。若想要視覺刺激物，可以直接請藝
術家在牆面繪製插畫（也要能接受便利貼貼在插
畫上）－或選擇可移動式的作品和引人好奇的物
件[26]，同時也要能在有點擋路或需要清晰思考時
收納起來。這些小物常常會在組員之間傳來傳
去、把玩、作為概念發想的刺激物、或是服務模
擬的道具。

透過清楚陳列資源和工具來增加靈感，透明箱子
非常好用，或使用許多小書架和櫃子來擺設－看
得到的東西都可以拿來用。

11.2.10 空間中的使用痕跡

你的空間就是一個工作坊，不是什麼時尚精品店
－所以要有心理準備，它一定會受到摧殘，筆、
塗料、刀片、膠水或是電動工具都會對環境造成影
響，接受這些痕跡背後的故事，可以在桌面上先釘
上另一層表面，未來真有需要的時候再更換－但不
要一有痕跡就換掉。備著去漬清潔劑－但不要斤斤
計較把每個地方都擦得一乾二淨，有點磨損折舊的
痕跡可以讓團隊感覺到能放心充分利用空間，並且
把他們犯的錯加進故事裡。

為了激發靈感，參考一下創客空間、自造實驗室、

25 見 Davidson, A. W., & Bar-Yam, Y. (2006).
"Environmental Complexity: Information
for Human-Environment Well-Being." In A.
Minai & Y. Bar-Yam (eds.), *Unifying Themes
in Complex Systems, Vol. IIIB* (pp. 157-168).
Springer, Berlin, Heidelberg.

26 若想要在快速工作坊中使用科技
玩具來做原型，可以找適合六到
九歲的玩具，這類別通常對成人
來說很容易理解，也不需加以說
明。

和其他開放的工作坊，這些地方都是乾淨整齊、也
有規劃清楚的工具使用區域－但空間裡也到處有污
損、割痕、燒灼痕跡，架上擱著半成品，角落擺放
可能有用的垃圾。極度整齊和使用痕跡的組合，可
以傳遞出一個很重要的訊息－這裡是一個認真工作
的地方。

11.2.11 要展示流程嗎？

某些成功的設計空間會將設計流程實體化於建築
環境之中，提供團隊和共創的夥伴指引。

Chick-fil-A 的「Hatch 工作室」就是一個好例子，
在大型的建築物外有著環繞的工作場所配置，這
些周邊的區域標示著各種設計流程階段，備有完
整的工具設備，團隊可於作業期間從一個空間移
動到下一個空間（或是退回去迭代）。中間是大
型的原型測試區域，你可以用保麗龍板打造一個
餐廳，在運作中的廚房和用餐空間中進行測試，
或甚至進入虛擬 3D 的模擬環境。

阿姆斯特丹的設計思考中心（Design Thinking
Center）嘗試了同樣的手法，使用單側固定牆面，
可以透過移動來揭露下個階段的流程，同時也展
示該有的設備和資源。

Ⓐ 在阿姆斯特丹的設計思考中心裡，隔板可以調整來創造出不同樣貌的空間，隨著隔板的移動，就可以打開並揭露下個設計流程步驟中的工具 27。

保有空間

一旦有了一個空間，一定要努力爭取。

正在尋找「靈感」或「不一樣的想法」的人都會想要用你的設計空間來開會、簡報、「腦力激盪」（意思是毫無架構的概念發想），不然就是認為空間本身會帶來魔力。這樣的想法可能不全是錯的，或許你應該張開雙手歡迎大家－又或許你更應該堅定的說「不可以」。

就像一隻昂貴的畫筆不會造就畫家，空間本身也不會造就出創意。問問自己，這個空間真正的意義是什麼？你的目標是什麼？空間和其產出的成果要如何融入組織的生態系統中？然後決定要歡迎誰到你的空間來做些什麼，以及在什麼樣的情況下應該這麼使用。

一定要大家知道是否允許其他人自由使用這個空間，或是僅限由團隊引導下使用。你應該要能夠決定是否限制於特定形式下的使用、只能用來進行協同設計、或允許自由發揮。

記住，在「其他」活動下來到你空間的人，也有可能是掌控你預算的人。你會希望他們是支持你的，但也需要讓他們了解這個空間的意義所在，以及這個空間能做的是什麼。**如果他們認為這只是一個搞怪的會議室，那麼你就已經輸了。** ◀

11.3　究竟需不需要空間？

千萬別忘記，沒有專屬的實體空間，服務設計還是可以成功且具強大影響力。「我們沒有空間。」絕對不會是無法進行服務設計的理由－即使一個良好的空間可以減少主持的負荷，但單純擁有一個空間也不會讓服務設計發生，或讓服務設計變好。這樣的空間需要正確的人來使用，並具備足夠且正確的知識與經驗，同時也要連結正確的流程 [28]。

但空間本身可以傳達非常明確的訊號，包含兩個非常矛盾的訊息。第一個訊息是，組織重視創新、共創、也看重顧客體驗、以及員工這方面的技能 [29]。如果預算是公司表達愛意的方式，願意投資此類設施的樓層空間和金錢，正能展示出組織對服務設計的喜愛，這就是支援你的工作所需的訊息。

專屬空間能傳遞的其他訊息就沒那麼有幫助了，因為可能會讓大家認為服務設計（或創意）只能在特殊的情況下發生，且與每日手上的工作無關。也可能讓大家認為只有特定被選中的人才能夠參與，這是你最不想要傳達的訊息。因此，空間中的每一項活動都必須證明不是這樣的。或許，你應該把能量和經費放在支援大家於既有的工作場所內進行服務設計，而不是一個特殊的空間，又或許兩種型式都要兼顧。請謹慎考慮。

或者完全不要想它。把這件事當成一項服務設計專案，在一開始就追求你心中理想的「服務設計空間」。研究利害關係人的需求、想出可能的解決方案、建立原型、在建立社群時一邊做原型測試，迭代修正前進 [30]。

當擁有專屬空間沒什麼意義的時候，要繼續探索以設計為基礎、實質上無所不在的方式，因為組織已經準備好要在任何時間、任何地點進行服務設計。

從廉價粗糙的方式開始，或許在各處使用行動式解決方案，或是可以於任何工作站使用的工具。嘗試一系列工具組和暫時的空間，從中學習並建立於互相的點子之上。看看什麼樣的流程、工具、傳統和儀式有最佳的表現，以及每項是如何建立出安全空間的。這些原型的任何之一都將可以提供永久設施的模型，或是證明你其實是不需要一個實體空間的。

28 亦見 7.2 節中的從專門的方法到自己的實際生活原型實驗室文字框。

29 見 11.4.1 節案例：在大企業裡昭告天下。

30 見 11.4.2 節案例：播下創新和變革的種子，例子說明用探索、迭代的手法來打造空間。

11
建立服務設計的舞臺

案例

→

本章的案例展示一個專屬的設計空間如何能在大組織裡傳達強烈的訊息（11.4.1）
以及這樣的空間如何成為一個生態系統甚至一個國家的催化劑（11.4.2）。

11.4.1 案例：在大企業裡昭告天下 **444**

為何空間不只是另一座遊樂場而已

– Maik Medzich，德國電信（Deutsche Telekom）顧客體驗長

11.4.2 案例：播下創新和變革的種子 **447**

在中國推動共創的文化

– Cathy Huang，CBi 橋中創新（CBi China Bridge）創辦人兼董事長

– Linda Bowman，CBi 橋中創新（CBi China Bridge）服務設計師

– Angela Li，CBi 橋中創新（CBi China Bridge）總經理兼合夥人

11.4.1 案例：在大企業裡昭告天下
為何空間不只是另一座遊樂場而已

✎ 作者

Maik Medzich，
德國電信（Deutsche
Telekom）顧客體驗長

T··

介紹：從流程導向到可觸及顧客導向

當德國電信開始轉型為一個更以顧客為中心的公司時，我們的重點是改善流程和法規，或在決策流程中一一確認「以顧客為中心」的事項都有做到。當時，由於企業文化受到公家機關的強烈影響，這是我們能採取最合適的行動。能改變的其實很多，但結果總是有種外來產物的感覺－因此，我們必須進階到下個層次，從流程導向到行動導向，我們開始透過設計思考來積極協助內部團隊，讓專案變得更以顧客為中心。

不只是一個空間

很快的，我們發現設計思考在適當（實體）環境下能發揮的更好，在像德國電信這樣的公司裡，這類專案意味著我們必須要改變所有的常規流程，以達到我們的目的。最後，我們成功借到一個被認為不太適合用來當一般辦公室的空間，與德國電信其他部門的合作對我們也有很大的幫助，像是透過設計思考以促進企業轉型挑戰的人資數位與創新部門（HR Digital & Innovation），以及對此類空間的設置擁有悠久歷史的創造中心（Creation Center）[31]，這樣的夥伴關係清楚地表示我們並不是閉門造車的宅宅－專案需求獲得了不同部門的支持。

雖然說一個完善的實體空間可能會讓大家認為設計思考的運用有很高的門檻，但對我們來說，改變的實體證據是有必要的，證明它正在公司內發生。

---

[31] 更多資訊，見 *http://www.creation-center.de*。

空間的影響

專屬的工作空間幫助我們能以創意工具把專案執行得更好，因為在現場就可以隨手取得這些工具，加上一個支援「跳脫框架思考」的環境。我們能清楚看見這樣的環境對在其中工作的人們產生了影響，雖然同仁還不習慣在工作中扮演好奇寶寶，但我們在空間中所提供的小物能幫助他們放下一本正經上班的樣子，開始玩耍。我們也看見另一個現象：通常公司的服裝規定為休閒商務風格（business casual），所以最常見的就是襯衫和西裝外套，但我們發現了一個改變：越常在創意的環境下工作，人們會更容易接受休閒的服裝規定。因為感覺就像「在家」一樣，每個人都保有真實的個性，而不是穿西裝武裝起來。你可能

(A) 顧客工作坊：顧客的共創（此處為與 Idea-Mixer 進行概念發想）。

(B) 顧客對話：顧客直接與德國電信的人對談。

(C) 彈性牆面：在設定小組空間時，我們使用紙牆來增加彈性。

(D) 彈性設置：有著高低不同的桌子，幾乎所有的東西都可以輕鬆地移動。

(E) 設計思考的原則一直清楚可見。

會想，這真的有那麼重要嗎？但**我們相信，擺脫傳統業務思考中的事實和數字是相當重要的，這樣一來，才能建立起同理心**，不僅是要團隊同仁共感，同時也對顧客共感。

實體空間另一個重要的優勢就是能與顧客對話。過去，這類活動常是發生在總部外，委外顧問公司的空間中，最不好的狀況，還只在雙面鏡後而已。現在我們有機會把顧客帶到公司裡，直接與專案團隊面對面接觸。從顧客的觀點出發，這感覺與在一個空房間中進行語音對談的情況是完全相反地，創意空間讓我們更容易與顧客接觸，也隨著環境散發出輕鬆氛圍，減少了彼此之間的屏障。非常有趣的是，在活動的尾聲互道再見時，我們的同仁和顧客感覺就像「老朋友」一般，彼此之間已沒什麼顧慮。

最後且同樣重要的是，這樣的空間也是行銷成功故事的一部分；用來溝通我們在做什麼，怎麼做到。舉例來說，把空間的「開幕」設計成一場貴賓預展（vernissage）－這樣我們不僅讓大家能親自到場，同時也向外傳遞我們的所作所為。我們也嘗試邀請決策者來到這個環境中，有助於在其他領域獲得支持。

舉例來說，短短六個月後，辦公室裡就新設置了另一個這樣的空間，原本只是打算用在一個專案上，但因為太過成功，所以專案負責人決定要保有這個空間，提供後續進一步使用。人資數位與創新部門持續的努力在最後也帶來很豐碩的收穫，他們設定了一套創意空間專用的標準傢俱組合，用在德國電信公司中任何類似的創意空間裡。

重點結論

01

除了明顯的使用案例外，實體空間是改變的象徵，也是員工和顧客得以平等面對面的地方。

02

過分專注於特殊空間傷害你的變革進程，因為這會為設計思考的運用帶來障礙。

03

體驗就是關鍵－讓主管們、員工們，甚至顧客自己體驗你所說的，不要只是一直告訴他們。

04

在大企業裡，你會需要堅持不懈才能達到目標－試著尋找志同道合的夥伴，不要放棄。

05

不要打掃地太乾淨－些些動手做的心態能有效啟發使用者，就像原型製作一樣。

11.4.2　案例：播下創新和變革的種子
在中國推動共創的文化

✐ 作者

Cathy Huang，
CBi 橋中創新（CBi China Bridge）創辦人兼董事長

Linda Bowman，
CBi 橋中創新（CBi China Bridge）服務設計師

Angela Li，
CBi 橋中創新（CBi China Bridge）總經理兼合夥人

WECO 是一個同時為公部門和私人企業產出價值的共創平台。在上線的六個月內，WECO 已協助五千多人打破專業領域、產業和世代間的隔閡，協助將想法轉化為永續經營的企業。迄今，WECO 已主辦三十場共創活動，協助創造了 100 份新創投資簡報，其中 3 家已經接受了第二輪投資。截至目前，WECO 最重要的專案之一是一款名為「Refuture」的環境永續 App。OpenIDEO 用這個 App 發起一個全球性的活動，並在 Indiegogo 上募資成功。透過納入不同背景的人參與解決問題，我們釋放了創造力、建立社群、讓改變真正發生。

今日，釋放創新能力為中國經濟和社會的重要挑戰，創新在確保中國未來的成功上扮演著重要的催化角色－這也是 2014 年 9 月全球經濟論壇中的三大主題之一，中國國家總理李克強和國家主席習近平都提倡了「雙創」，創的意思就是創造力，雙創代表了「創新和新創」，以作為鼓勵共創的關鍵字。

CBi 橋中創新認知到這一趨勢，並開始探索設計創新的最佳方法、模型和實務。而此外，他們想知道，在中國的脈絡下，什麼才是合適的作法？

引導創新

2015 年時，CBi 橋中創新與成功設計（SuccessfulDesign.org）共同創立了 WECO，WECO 是「We Co-create（我們一同共創）」的縮寫，意味著我們把有著不同心態、背景和技能的人們拉在一起，讓想法成真。

因為缺乏傳統方法或成熟的共創氛圍，我們按照一個迭代的流程，以原始共同協作空間的模式作為起點，將開放與包容的基礎面向考量進去。

我們在上海最有創意氛圍的靜安區找到了一個前身是時尚倉庫的好空間。從 2D 的空間藍圖開始，我們建立了建築物架構上的限制和可能性，接著，透過草圖和紙本草模，我們建立了一個涵蓋基本開放和包容原則的彈性空間。在流程中，我們快速進入 3D 繪圖，當實體空間一空出來，我們就開始打造人和現場物件之間假設性情境的原型，模擬不同類型的互動。我們不使用新的建材，而是使用附近廢物利用的木材，注入了溫暖的特性，讓桌面、地面和廚房區域都融入了帶有使用痕跡的天然材質。

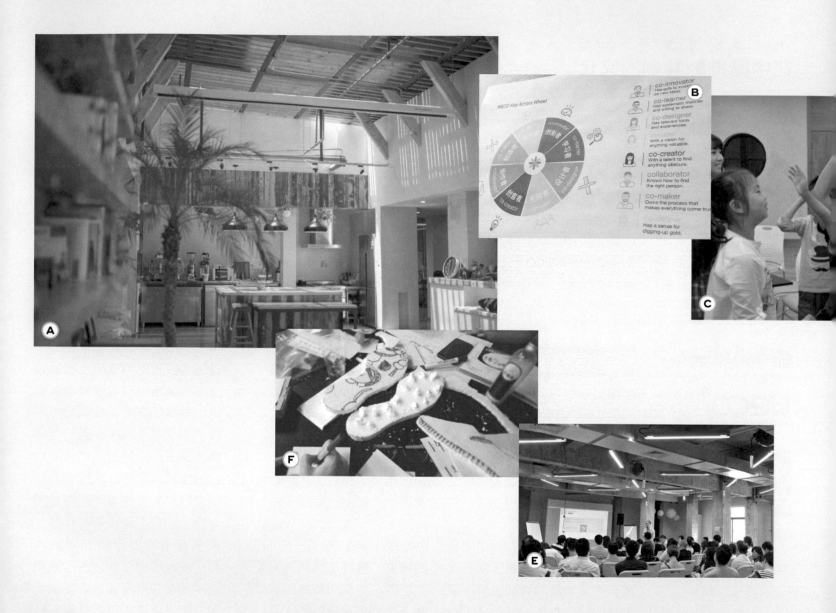

「我們了解創新不只是努力思
考；它也需要在開放環境中的
共同協作、創造力和設計。像
這樣的環境在中國並不常見、
也難找到現成可用的，所以我
們決定自己打造一個。」
— *Rudolph Wimmer*，CBi 橋中創新（*CBi
China Bridge*）執行合夥人、創新者

一個彈性且充滿活力的空間

我們希望 WECO 的空間可以
是具有彈性、充滿活力且具啟
發力的環境，能夠讓大家根據
自己的活動重新調整空間的運
用。WECO 的特點一開始是根
據空間上的限制而來，也建立
在成功設計（*SuccessfulDesign.
org*），及 CBi 橋中創新活動舉
辦經驗中，對於主持及共創方
法的知識基礎上。玻璃天花板
從廚房延伸至訪客區域，訪客
區有沙發和公共的圖書館，我
們稱它「高架橋」或「快速道
路」，連結了入口到工作室及觀
察室，也是大部分活動發生的
地方。

在空間的中央有一個投影螢幕，
全部拉到底時，可以將空間變
成一個教室。這讓空間變得相
當有彈性—這裡曾經是廚房、
非正式的會議室、講堂、餐廳
和迎賓空間。換句話說，開放
空間，給有開放心態的人。

(A) WECO 迎賓區的核心就是一張餐桌—作為交際的象徵，這是將人們聚集在一起的絕
佳空間。

(B) 主要角色：人們在 WECO 的體驗中會扮演重要角色；成熟的公司、新創公司和社群
裡的成員，成為同一個生態系統中的一部分，讓點子變得更生動。

(C) 我們相信孩子是未來的創業家，所以我們歡迎與他們一起舉辦創意工作坊的機會。

(D) WECO 是一個開放給個人和會員作為不同種類的聚會空間，使具有截然不同背景和
興趣的人們，能像在一起觀看運動賽事、閱讀、電影欣賞一樣聚在一起、建立關係、
並在彼此的陪伴下創造火花。

(E) WECO 曾舉辦許多不同的互動活動，像是工作坊、訓練課程、jams、創意營和腦力
激盪。

(F) 這個創意空間本身提供了共同協作、合作的心態，使其成為工作坊、團隊活動及創意
訓練的好地方。

高架橋的一端有兩間小房間－「小橋」和「大橋」。這個空間備有錄音和錄影設備，但不像傳統的觀察室使用單面鏡，在這裡我們是從另一個房間進行觀察，這為創意團隊創造了比較舒適的感覺，主要的空間用一扇門與大橋相連接，門打開時，讓空間變成一個更大的工作坊或共創空間。

CBi 工作室也是開放式的，連接到公共空間，當外部人員參與專案，需要一點私人空間的時候，他們就可以使用專案室，沉浸在團隊和素材中，也可以在專案室外面或與其他人協作。

「我認為任何事都可以在這裡發生，且這個空間令人感到相當自由。」
－張誠，東方園林產業集團總裁

建立一個生態系統

WECO 是為了舉辦共創活動的空間，目標是鼓勵新創公司對產品及服務進行測試和迭代。但看著人們互動和溝通的方式，我們很快發現到我們的目標不只是打造實體的空間，而是要建立一個沒有界限的創新生態系統。

「我們在尋找的那種互動與協作讓我們了解到，目標不應該只是實體空間，而是一個沒有界限的創新生態系統。」
－任唐胤，成功設計（SuccessfulDesign.org），共同創辦人

每個活動都是由有經驗且能夠支援初步計畫、跟進專案、且協助品牌設計流程的專家所主持。WECO 的系統和設計方法可以被應用到不同的組織上－協助非營利組織和社會企業，運用共同設計手法來解決重要的社會議題和挑戰，我們協助公司善用創新的機會，透過採納設計導向的手法、以顧客為中心的商業角度，讓他們的目標顧客、員工和合作夥伴一起參與共創的過程。

「對我來說，光是環顧四周，並知道在中國有像這樣的空間，就讓我感到相當興奮，因為這樣的空間非常有助於創意思考、設計和產品開發。」
－ David Houle，未來學家、策略師、講者

WECO 是一個緊密的生態系統，在這裡，設計和商業在同一個空間中一起發生，透過結合 CBi 橋中創新設計顧問的知識和成功設計（SuccessfulDesign.org）的人脈網絡，WECO 克服了在設計流程裡納入商業考量的挑戰，並激發出可行的創意。這是一個給有開放心態的人的開放空間，不止是實體空間，透過微信平台，大家可以追蹤不同的活動，像是其中一個「Hello Design」的每週分享，有超過三百人可同時聆聽、評

論和詢問與本週主題相關的問題。

我們也有為大多數的線下活動建立線上群組來分享想法、新聞和問題。這些小型社群通常在活動結束後都可以維持很久。

大家都需要 WECO 的空間。我們的挑戰不只是要讓它在中國市場連結性更強，同時也要能真的有用、並具有吸引力。這個友善、溫馨的空間包含了許多不同實用的素材以供筆記、草繪和原型設計使用，還有一個服務設計工具包，作為設計思考方法的參考。CBi 橋中創新也開發了一套工作坊工具箱，目的在將設計方法應用至偏鄉地區。

在 WECO，點子是能夠被滋養和成長的，我們相信我們的空間代表了協同工作的未來，並在十年內，幾乎所有孤立空間和傳統辦公室隔間都會消失。

我們很自豪能夠支援共創，使其成為標準工作方式的方法。

重點結論

01

為了營造創意環境，你需要工具和方法，但大多數情況下，你需要的是一個能夠讓大家獲得「創意自信」的環境。

02

一群不同背景、卻有著共同目標的人，加上扎實的流程引導，就像是創新火箭的燃料。

03

不同的背景、專長和經驗比不同文化種族背景重要太多了。多樣性非常重要，因為差異能吸引心態開放的人，有助於建立出火花。

04

商業模式本身要能更開放且永續。有時創新的成功與時機有關，下一個迭代會設計得更好，為環境、資源的變化和永續經營的其他挑戰做好了準備。

05

找到正確的衡量方式很重要。全球的空間都是昂貴的，我們在自家的空間中孵化了我們的點子，現在我們可以學習過去失敗的經驗，複製更多成功。

06

專屬的共創空間和生態系統最適合有永久性挑戰的組織，可以把挑戰結合起來，共同創造對所有人都有價值的解決方案。

12

讓服務設計深植組織

如何永續地將服務設計整合進組織的結構與流程中。

專家意見 —————————————————————————————————

Eric Reiss   Fernando Yepez   Hazel White   Klara Lindner   Maik Medzich

Mike Press   Ole Schilling   Sarah Drummond   Simon Clatworthy

12
讓服務設計深植組織

12.1 啟動 **455**

  12.1.1　從小專案開始 456

  12.1.2　確保管理階層買單 457

  12.1.3　提升能見度 458

  12.1.4　建立專業能力 458

  12.1.5　多多嘗試 459

12.2 擴張 **462**

  12.2.1　核心服務設計團隊 462

  12.2.2　延伸專案團隊 462

  12.2.3　取一個適合團隊文化的名字 463

  12.2.4　與服務設計社群連結 464

12.3 建立熟練度 **467**

  了解設計流程 467

  以共創來領導 468

  「自食其果」，使用自家的產品和服務 468

  練習共感 468

  不要侷限於量化統計和指標 468

  降低對改變和失敗的恐懼 469

  使用顧客導向的KPI 469

  破壞自己的公司 469

  讓設計變得具體有形 470

  將服務設計帶入組織DNA 470

12.4 設計衝刺 **473**

12.5 案例 **478**

  12.5.1　案例：將服務設計納入全國中學課綱 480

  12.5.2　案例：將服務設計引進政府公部門 484

  12.5.3　案例：提高全國服務設計意識和專業知識 487

  12.5.4　案例：將服務設計整合到跨國組織中 491

  12.5.5　案例：透過服務設計創造顧客導向的文化 495

  12.5.6　案例：建立跨專案服務設計知識 499

12.1 啟動

如何將服務設計引進組織

💬 專家意見

「在我的經驗裡,我覺得服務設計很煩人的一點是,大家要做了才會理解。因此,你能讓人做越多的服務設計,理解和接受度就會越高。」

— Simon Clatworthy

只獲得服務設計的能力,是不足以將服務設計永續引進組織中。這個流程通常包含文化及組織的轉型,無法幾個月就導入[01]。它需要整個組織系統的共識,包含組織結構、流程、作法、習慣、與價值。它本身就是一個改變的過程,需要謹慎的設計及處理。

如果組織轉型有公司文化的支持作為基礎,引進服務設計就會容易得多。這種文化的跡象是類似顧客導向、跨團隊的思考與運作、或早期原型等迭代的工作方式。雖然有很多的知識是關於如何改變組織結構、流程、有時甚至是文化,**但沒有所謂的萬靈丹能適用於所有的組織。**

由上而下的手法與由下而上的手法,在引進服務設計上都有潛在的陷阱。單純由下而上的手法通常缺乏管理階層的支持、預算、與批准,由上而下的手法常缺乏員工的支援,因為他們感覺自己被迫「跟風」。要能成功引進服務設計,需要各種層級的投入:從高層到基層,但特別需要中階

本章也包括

發現高手:找到優秀的服務設計員工　460

創新激盪活動(jams)　465

設計思考是方法論嗎?不,它是一種全面的改變!　471

01　在某些案例中,服務設計的引進甚至可以被刻意當作是改變的載具,以達到文化及組織上的轉型。

小專案，有時候也被稱作「孤島專案」或「秘密專案」，在組織中低調進行，是啟動服務設計的好方法。

💬 專家訣竅

「從一個煩人的內部挑戰開始！在組織內推動服務設計，要把員工當作第一批使用者，合作解決一個困擾大家已久的問題。在 Mobisol，我們利用一個內部溝通準則的開發，建立共通的語言，以我們自己的方式來進行服務設計。」

– Klara Lindner

員工來啟動第一個專案，連結高層與基層的需求、期待、與觀點。

有影響力的中階主管的參與，能讓引進服務設計變得更容易且更成功。所謂的「影響力」可能在於正式的決策權力，或擁有組織內部非正式的社會關係[02]。然而，服務設計若要能持續成功，必須有高層的認可，並提供足夠的預算、時間、與人力資源，以及個人的投入。有些實務工作者將此稱為中階－高層－基層手法。

12.1.1 從小專案開始

小專案是一個理想的起點，因為可以不受現有結構及流程的限制，更是不用與複雜的資訊系統或商業提案做整合。許多事情會導致你的第一個專案偏離原有的計畫，因此你需要限制自己與團隊的期望－在有些組織內也包含主管的期望。規劃一些明確定義的專案組合－混搭一些你比較確定

會成功的專案，以及其他有可能會出錯的專案。

如果你事先釐清特定服務設計專案能或不能有哪些預期結果，也許有助於確保每個人對於預期成果有共識，後續也能準確指出預期之外的正面或負面結果。幸運的是，服務設計專案通常能提供少數意外的快速勝利，讓你能在組織內部推廣這個手法，並取得管理階層的認同。

這也可能是個機會，翻出不可外揚的「家醜」－從商業角度看來重要的專案，但卻沒有人知道如何解決問題，或之前已經有人試圖解決但失敗了。

第一個專案最好能選擇讓開放、願意合作的利害關係人參與，避免跟沒有動力的團隊成員浪費時間與精力。利用這些小專案去調整服務設計的流程及語言，以配合組織的結構、流程、與文化。若只專注在單一專案，團隊會有承擔過多壓力的風險，如果這個專案出錯了，可能就讓服務設計這個詞（或看你如何稱呼你在做的事情）在組織中永遠「燒毀」了。

的確，如果你一開始就給服務設計手法一個在組織內部夠低調的名稱，會蠻有幫助的[03]。一個較傳統的專案名稱能幫你避開太多早期的關注，給你時間找出如何讓服務設計適應組織，在安全之

02 可以考慮從組織的階層結構圖中找到有影響力的中階主管，能作為需要參與的主要部門之間的樞紐。有時使用一個簡單的工具，像是利害關係人圖（見第 3 章：**基本服務設計工具**），加上與某些同仁聊聊，可能就足以找到正確的團隊。

處失敗,分析下次哪裡可以做得更好,了解在過
程中到底哪裡出了問題。也許你甚至能重新利用
失敗之前的產出,帶著學到的重要經驗[04],試著
從跌倒的地方再試一次。

12.1.2　確保管理階層買單

必要的話,找一個管理階層的人贊助你最初的專
案。常有人說:「**預算是組織表達愛意的方式**」,
但管理階層的認同不只是財務上的支持,也包括
組織內的政治支援。通常只要高層的一份簡報介
紹,就能帶給設計團隊執行第一批專案所需的可
信度。

如果你的贊助者有足夠的服務設計知識,會非常
有幫助。透過實作手法提供大家體驗服務設計的
機會,以壓力鍋的形式舉辦像迷你工作坊或短暫
的創意激盪[05],辦幾場內部與外部的工作坊和演
講,或邀請其他已經引進更「設計導向」手法的

公司來訪。雖然高層不需要是服務設計的專家,
但他們應該要知道大略的流程,以及潛在的效益
與陷阱。

試著使用共通的語言,了解他們目前的目標與挑
戰,記得他們的時間通常有限。有時候,將專案
的特定細節「翻譯」成公司整體的商業策略,有
助於找出共識;例如,展現一個服務設計專案如
何連結到商業及成長機會。

在一開始,與所有的團隊成員以及管理階層共同
為專案定義一個明確的目標。對於小而定義清楚
的專案,甚至可能先就專案的特定關鍵績效指標
達成共識[06]。試著在專案前後量測這些指標,以
了解並提升它的影響力。**用照片、影片、引述參
與者說的話、及像人物誌或旅程圖等物件,記錄
專案從頭到尾全部的流程。**記得持續記錄,直到
你的專案接近尾聲,當其他事情變得非常重要。
這樣做的重要性不僅在向他人展示你的專案及工
作方式,也在與你的團隊慶祝成功。

---

03 見 12.5.1 節**案例:將服務設計納入全國中學課綱**。其中的學校科目稱作
　「商業與服務管理」,雖然這個新專案的內容非常專注於服務設計,但你
　只會在小字裡找到「服務設計」這個詞。

04 更多關於設計流程的迭代特性資訊,見第 4 章:**服務設計核心活動**,第
　8 章:**落實**,第 9 章:**服務設計流程與管理**。有時當你將服務設計引進
　組織,在專案中事先規劃少數迭代會有幫助,可以幫助你事先做預期管
　理,為你最初的專案爭取更多餘裕。

05 關於一個創意激盪的細節描述見 12.2 節中的**創意激盪活動**(jams)文字
　框。

06 這些關鍵績效指標可以聚焦在一個特定的產品、流程、或部門去量測;
　例如,顧客或員工滿意度、業績或營收、特定流程的時間、轉換率、追
　加與交叉銷售、支援工單等。

12.1.3 提升能見度

當你透過一系列小型「秘密」的專案，找到「自己的」方式來進行服務設計 [07]，且已讓管理階層買單，你就可以開始在組織內提升能見度。之前專案的完善紀錄能幫助你自然做到這點。專案紀錄應該要包含專案前後的經驗（能的話，也包含可量測的影響力），以及設計過程、團隊合作的方式 [08]。摘要影片或包含大量照片的簡短報告通常蠻有效的，可以透過定期刊物、內部網站、或部落格來分享。

另外一個手法是針對特定經驗在專案前後的差異，簡單地展示細部的旅程圖或系統圖－也許把這些圖掛在辦公室，或在走道或茶水間 [09]。如果這些圖本身的資訊夠清楚，會很有幫助。此外，你可以提供一些專案的概略資訊，特別是團隊所經歷的流程。

來自不同部門與背景的專案參與者，可以一起示範一些做法，來教育其他人。**目標不是提升非設計師的技能來讓他們成為設計師，而是創造組織中的最佳流程。**向他人解釋一個專案及設計流程，常能讓要做簡報的人了解更多，而組織自己的故事會比其他公司的案例更適合用來推廣服務設計。**清楚說明服務設計適合你們的組織、你們的架構、你們的文化。**

你也可以利用經典的內部溝通管道慶祝成就及展示成功，像是在員工刊物中刊登一篇文章，或請資深管理階層在全公司的活動中重述一個專案。解釋專案背後的哲學，以及你希望達成的目標也許會有用。附帶提供其他參考文獻、活動的清單、或組織內成員的聯絡細節，讓員工可以了解更多。

內部參與者與管理階層的贊助者，常是一個組織中服務設計的絕佳代言人，且能成為後續專案的催化劑。你也許能激發很多人的興趣，讓員工向你詢問更多資訊，也讓你能找到積極的人來參與接下來的專案 [10]。

12.1.4 建立專業能力

努力建立並擴散能力是下一步。從不同部門找出積極的同仁，規劃內部的演講、工作坊、專家課

---

[07] 「自己的」服務設計方式，是指成功調整服務設計的流程、方法、工具、及語言以適應組織的結構、流程與文化。

[08] 關於服務設計流程可能的產出與成果的訣竅，見 9.2.7 節 **產出和成果**。

[09] 更多如何為服務設計專案運用空間的訣竅，見第 11 章：**建立服務設計的舞臺。**

[10] 員工參與對於服務設計在組織中擴散的重要性案例，見 12.5.2 節 **案例：將服務設計引進政府公部門。**

程、小聚、研討會參與等等。這些同仁是組織內部最佳的大使，能以自然的口耳相傳，幫助散播服務設計的知識。你可以協助他們提供可以分享的資訊，像是宣傳專案、流程、方法、及工具的內部服務設計的網站或手冊。通常他們會說服新的人來參加你的活動。

有時候，你會需要為你的組織定義一個共同的語言和標準。大家常以為彼此說的是同一種語言，但事實上卻對服務設計有不同的理解。不一致的用詞會讓合作變得沒有效率，且容易引發衝突[11]。目標應該是要建立各個部門的能力，並為想法雷同的人打造一個網絡。建立一個這樣的實務工作者的社群，能帶來一個安心的空間，**讓大家願意公開分享學到的經驗、成功的故事以及失敗的故事。**

提供這個社群一個容易分享的方式，像是一個共用的聊天室或社團群組，但也要建立定期的面對面會議、一同互相學習。邀請你專案的贊助者與管理階層，將他們納入你的社群。

管理階層越了解流程、工具、與方法，他們越能發現設計需要一種特定類型的領導力。主管的

💬 **專家訣竅**

「能力的建立對擴大規模是極為重要的，但這和領導力及強烈的社群意識息息相關。我們的研究顯示，這三個因素對於將服務設計提升到更高層次，都是不可或缺的。」

— Hazel White

💬 **專家訣竅**

「員工缺乏時間與自主權，是帶領專案前進的最大障礙。資深的管理階層要提供這部分條件，也必須將這部份專案預算包含進去。」

— Sarah Drummond

微觀管理（micromanagement）與沒有根據的決定，會讓一個設計團隊失去動力，最終抹煞了創新。

`12.1.5` 多多嘗試

組織變革的三個最常被引用的障礙為，員工拒絕改變、不支持改變的管理行為、以及人力及財務資源不足。如果員工同時需要處理日常事務，服務設計專案便不容易成功。這點跟其他專案沒有什麼不同。

「一分錢，一分貨」是很多設計公司中常見的說法，對於內部專案也是如此。讓員工能自主管理時間、支持、預算、及足夠的責任與決策權，他們就能真正執行一個服務設計專案。理想上，一個服務設計專案是在日常業務之外的獨立活動。例如，暫時在平常工作的地方外面規劃一個專門的創意空間或設計思考中心[12]，確保服務設計活動不會被日常瑣事淹沒，也有助連結不同部門在空間上的隔閡。

---

11 如何建立全公司通用的服務設計語言案例，見 12.5.4 **案例：將服務設計整合到跨國組織中。**

12 第 11 章：**建立服務設計的舞臺**，提供一些如何為服務設計創造（或借用）一個合適空間的訣竅。

發現高手：找到優秀的服務設計員工

作者：*ERIK WIDMARK* 與 *SUSANNA NISSAR*，*EXPEDITION MONDIAL*

當我們負責為一家快速成長的瑞典服務設計公司發掘與招募人才時，我們花了七年的努力才找到優秀的人才。服務設計領域正蓬勃發展，而我們需要擴展以滿足市場需求。挑戰在於，沒有受過學校專科訓練的服務設計師可找，而許多瑞典最有經驗的服務設計師已經在我們公司裡了。這些狀況迫使我們發展出一個策略，看出履歷表之外的未來潛力。服務設計人才常充滿矛盾，但仍有些重複出現的線索可循：

→ **讓人想擁抱的人**

服務設計是關於互動及了解人，而你需要一個善於交際的人來執行這樣的事情－也就是發自內心散發出同理心關心他人的人。讓人想擁抱的特質就非常適合雇用。

→ **謙虛的專家**

服務設計的工作有 90% 是要傾聽、理解、以及處理使用者與客戶的需求，愛強推自己的想法、自以為是的人會很難生存。尋找傾聽的專家、協調者、與團隊合作夥伴。

→ **擁有哲學思考的工匠**

服務設計是一門工藝，主要在實作，但也需要沈思與學習。因此，最好是能找到動手做與動腦思考之間的平衡組合；一個從做中學、為學而做的人。

→ **能放大縮小的變焦鏡**

一個服務設計師的重要技能在於改變觀點的能力－從巨觀到微觀、從技術平台到人的需求、從系統到接觸點、從策略到解法。理想上，最好是一個能同時面對這些多元觀點的人。

→ **縝密的簡單**

日子和人都很複雜，常複雜到難以完全理解。服務設計師必須具備察覺相關模式的能力，將大量資訊簡以產出好掌握的結果，激發觀者的興趣。如果設計過於複雜，表示你沒有做好功課。

→ **錯字**

應徵者的拼字很糟嗎？太好了！
一份滿是錯字的求職信或履歷會
引起我們的興趣。閱讀障礙者一
般需要用別的方式收集知識，並
發展出他們自己學習、工作的策
略－這些都是一個服務設計專案
需要的絕佳技能。而且別擔心，
有拼字檢查工具可以用啊。

→ **兩極的教育**

應徵者是否修過看起來互相矛盾
的學程？混合「理性」流程主導
的領域，以及「創意」感性導向
的教育，顯示同時能（也喜歡）
運用直覺與邏輯的能力，也可以
在二者之間切換－這是一個很棒
的特質。生化（博士）／互動藝
術方向是一個能發展出傑出服務

設計師的組合。商管／產品設計
則是另一種好組合。

→ **擁有跨文化伴侶**

許多我們招募的頂尖服務設計師
都有不同文化的伴侶，這一定不
是巧合。也許這是一種對於其他
人與觀點有好奇心的指標。經常
旅行也是一個好的指標。

→ **人味**

當瀏覽一個應徵者的作品集時，
你看得到人嗎？將焦點過度專注
於解法上，卻很少解釋對於使用
者有什麼好處，可能是這個人缺
乏正確觀點的指標。我們必須記
得，服務設計師的解法通常只是
協調使用者生活的眾多拼圖之
一。

要記得，如果你剛好碰到一個符合上
述所有條件的人，趕快雇用他們吧！
傑出的服務設計人才是一個非常有價
值的資源，而且非常難遇到。◄

12.2 擴張

如何在組織中建立一個服務設計團隊

不是每個人都要成為服務設計專家，雖然如果大家都有基本程度的設計知識－或至少了解設計想要達成的目的－已經在一些很好的公司中證明是有價值的。依照組織的大小，通常會有一個核心的服務設計團隊，綜觀整體的經驗，並協調所有的設計服務專案[13]。然而，每個個別專案都有自己的延伸專案團隊，針對特定專案所需的能力而建立。

服務設計專案是一個絕佳的機會，讓不同部門的成員在日常的例行公事之外，有共通的焦點與目標。

12.2.1 核心服務設計團隊

核心團隊的成員通常是服務設計管理、流程、工具、方法、與協調的專家。**核心團隊的角色在於管理或支援專案，也許透過工作坊與活動進行協調。**他們不一定需要是特定產品、流程、或部門的專家[14]。有時候，如果他們不熟悉組織的架構與流程，或是不知道顧客如何使用某些產品，甚至是有幫助的。他們通常從公司外部帶著技能被雇用進來，或是內部員工接收過服務設計和協調的訓練。在一個小型、私人的超市或印刷廠，這個核心團隊可能只有一個專家。在一個政府部門或跨國電信企業，可能就有上百位。核心團隊的成員可以是內部員工或外部顧問；也許是一個長期合作的服務設計公司。外部成員通常比較能公開指出令人為難的事實。混合內外部的成員常是最有機會成功的。

12.2.2 延伸專案團隊

核心團隊的規模較小且專注在服務設計流程，**因此大多數專案也同時有延伸的專案團隊支援：具有主題相關能力的大團隊。**這些延伸的專案團隊應該越跨部門、跨領域越好，團隊大小可能會隨時間改變；甚至常因應不同的工作坊而有變動。

---

13 在這個脈絡下，整體經驗指的是顧客或使用者與組織之間的完整體驗，或是員工與企業內部結構和流程之間的完整體驗，或是延伸的服務設計團隊跨多個專案的體驗。

14 「產品」一詞意指公司所開發、提供的產物，無論實體與否。在學術界，產品被區分為物品和服務，但產品往往是服務和實體／數位產品的組合，而「物品」在口語上則泛指實體的東西，因此，我們選擇了實體／數位產品的說法。詳細資訊請參照 2.5 節中的**服務設計與服務主導邏輯：天作之合**文字框。

大型組織中的服務設計專案,具有協調組織朝向顧客導向文化變革的目標。服務設計透過連結來自不同部門的人,幫助瓦解根深蒂固的孤立穀倉。

延伸專案團隊的成員通常是彼此分開工作的人,有時甚至是預算或 KPI 的競爭者。在同個專案中一起工作可能會幫助他們建立個人的連結,最終達成共識[15]。

「專案摘要從何而來?」與「誰要負責落實?」是當在組織內啟動專案時,二個一定要問自己的問題。舉例來說,你可能知道之前有類似的專案,而找到曾經參與過的人。他們也許可以協助你挑選團隊成員,並管理利害關係人。因為延伸專業團隊的大小與組成會隨時間改變,核心服務設計團隊需要視專案需求,決定要找誰與何時加入[16]。

延伸團隊應該要包含會被組織欲解決的問題直接影響到的人－也就是員工以及使用者和／或顧客。長遠來看是涵蓋數個專案,參與過延伸團隊的人所組成的,不那麼嚴謹的執行社群。隨著每一個專案的進行,他們會學到更多,直到有些人可能最終決定加入你的核心服務設計團隊。

15 見 12.5.5 節 **案例:透過服務設計創造顧客導向的文化**,說明一個各式利害關係人從頭廣泛參與服務設計專案的例子。

16 參見 9.2.3 節 **專案團隊與利害關係人**,提供更多應該要在何時、找誰加入服務設計專案的資訊。

12.2.3　取一個適合團隊文化的名字

不需要多此一舉,使用像是「服務設計工作小組」或「設計思考行動小組」這類花俏的名字來引發期望或懷疑。核心服務設計團隊命名時應該要符合企業的文化與策略,建立在既有的事物上,只應該在有特別需要時才刻意使用新的名字。

當你想要在內部推動這個手法,也能反映企業的策略時,一個新的服務設計部門可能會有幫助。但是這需要投入服務設計的企業策略;管理階層長期的認同;內部服務設計的能力;服務設計的共同語言;以及與企業結構、流程、與文化相符的工作流程。否則,可能會讓人認為你的第一輪專案無法有任何產出。

根據專案的主題命名個別專案團隊,像是「電話客服中心優化團隊」或「線上購物經驗工作小組」。這些不令人起疑的名字隱藏了背後的手法,幫助減少成見與障礙,提到主題也會讓人們產生共識與認同。服務設計核心團隊的成員通常不會將服務設計稱作背後的手法。**服務設計的技術用語應該只限於核心團隊之中,讓延伸的服務設計專案團隊使用該主題的共同語言。**

12.2.4 與服務設計社群連結

在跨部門的設計團隊工作是非常有成就，也非常辛苦的。服務設計團隊需要引導組織變革的過程，激勵利害關係人從不同的角度和距離看事情，讓內外部的利害關係人參與其中，並獲得啟發，也常要破壞或至少挑戰現有企業文化。他們同時需要找方法讓自己參與其中、獲得啟發。這可以透過與更廣的本地及國際服務設計社群連結來觸發及滋養。組織並參與社區活動，像是服務設計小酌、服務設計思考會、研討會、工作坊或創意激盪[17]，讓核心團隊正式與非正式地與組織外部的專家連結，這些專家可能成為未來專案的關鍵人物。

贊助這些服務設計與創新活動能增加公司的品牌名聲，並可能吸引更多服務設計的人才來到你的組織。

如果當地沒有服務設計社群，你可以成為創辦者。透過社群媒體尋找志同道合的人，邀請他們來參加第一次的隨性聚會。你會在類似的社群中找到有興趣的人，像是使用者經驗設計、

新創活動社群等。若將範圍擴及全世界，你可以在常見的社群媒體管道中，找到一個活躍的服務設計社群；只要用主題標籤或用關鍵字搜尋 *#servicedesign*。利用各種機會分享你的故事，並向他人學習。廣大的服務設計社群不藏私、也樂於分享成功故事以及從失敗專案中學到的經驗[18]。

---

17 見 12.2 節中的**創新激盪活動**（*jams*）文字框，概略說明激盪活動在服務設計中扮演的角色，以及它如何有助於連結你的組織與當地及更多社群。

18 見 12.5.3 節**案例：提高全國服務設計意識和專業知識**，例子說明如何建立實務服務設計的社群。

創新激盪活動（jams）

作者：*MARKUS HORMESS* 與 *ADAM LAWRENCE*

許多服務設計的工作方式，例如質化優於量化、點子重量不重質、原型測試而非比較意見，與一般組織中人們的工作方式相反。大多數人聽過是不夠的，他們需要親自使用、看到結果並感覺到效益。

因此，許多正在引進這種手法的組織，都在尋找如何讓越多人「觸摸」到設計活動與工具的形式。其中一個最為成功的形式就是激盪。

激盪是從音樂來的概念，音樂家聚在一起隨興演奏。他們仔細聆聽彼此的演奏，找出主軸並從中加入，共創出沒有人能單獨創作出的新音樂。他們不討論目標，直接演奏，也不試圖去預測某段 riff 是否會成功，只是把音樂隨興組合，看看聽眾的反應如何，通常結果會讓他們自己也很驚艷。

一個組織中的激盪，會運用類似的方式調整組織的產品、流程、或文化，取代樂器的是各種技能、態度、與經驗。小組（通常 25 人或更多，甚至上百人）被賦予一個主題，然後進行一個大約兩天的快速創新流程。研究包含訪問路人，或電訪同仁，嘗試運用快速創意技巧產出數十個點子。接著，像樂手一樣，不討論點子，直接開始打造低擬真的原型。當原型測試失敗時，他們迭代修正並向前邁進，打造更多原型給決策者看。

其中有些原型可能是有用的，有些可能帶著有價值的 DNA，而形成一個真正服務設計專案的最初火花，但幾乎所有的原型都不會就這樣被落實。雖然原型是最有能見度的產出，但卻不是激盪的主要目的。激盪最適合用來注入一種文化，在非正式但有生產力的脈絡中，連結有創新思想的人，透過速成班的方式讓參與者學會實用的方法。

激盪活動非常有趣，這似乎是成功的部分原因，因為認真的玩樂能讓我們放下想法與成見─這是設計中一項重要的技能。

激盪活動在服務設計中變得相當重要，是從 2011 年首次舉辦「Global Service Jam」開始的。它是一個自發性的活動，每年在全世界超過 100 個城市的實體地點舉辦。它的

成功造就了「Global GovJam」，一個關於公共服務的類似活動，以及其他活動[19]。

那些活動與類似行動的成功，在很大程度上與公司到政府等各種組織願意採用激盪作為一種創新文化的工具非常有關。在 2015 年，BASF 在世界各地舉辦一系列的激盪，作為一個共同創新大計畫的一部分。這些活動的參與者有顧客、合作夥伴、雇主、董事會成員、及其他利害關係人，像是政治工作者與環保團體。它引發激盪活動之外跨部門與跨領域間的對話、促進合作、一起從新的角度看問題及找解法[20]。

大家都認為激盪與駭客松與設計衝刺等相似的實作形式是有效的轉型工具，能協助將服務設計方法與思考方式深植組織或社群中[21]。◀

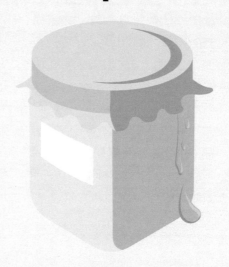

19 見 *http://www.globalservicejam.org*。在 2013 年，這個活動獲得了 Core77 Service Design Award (*http://designawards.core77.com*)，因其「對於傳播服務設計文化有重大貢獻⋯充滿挑戰的形式、極具吸引力且激勵人心，對將服務帶進全球設計議題上非常有幫助。」。

20 見 Rangan, V. K., Billaud, E., & Dessain, V. (2016). "BASF: Co-Creating Innovation (A)." Harvard Business School Case 517-073, 2016 年 12 月。(Revised April 2017.)

21 更多參考文獻，見 Kun, P., & Mulder, I. J. (2017). "Prototyping for Citizen Engagement: Workshop Outcomes, Design and the City Conference, 2016 年 4 月 22 日，以及 Jade, M., Mirams, R., St. John Lawrence, A., Hormess, M., & Tallec, C. (2013). "Dragon Hunters: Jamming and Public Service." *Touchpoint* 5(2)。

12.3 建立熟練度

如何領導整合服務設計的組織

各種大小的組織與機構都會被持續進行中的數位變革影響,伴隨著不斷增加的威脅,他們現有的商業模式可能被挑戰或被破壞。這是為什麼組織要專注於更加顧客導向、創新、與設計的眾多原因之一。然而,組織的結構、流程與領導手法,還是時常帶來產品導向的手法,有許多不同的孤立榖倉、階層性結構、與流程。創新過程常由科技、產品、工程、經驗行為所驅使,較少來自以使用者為中心的設計、民族誌研究、以及顧客和員工的共創。許多近期的商業期刊文章反映出服務設計的能見度在持續增加中 [22],但是領導階層 [23] 常難以接納這樣開放與快速的方式,因為需要更多的信任,與更少的控制。

服務設計不只是一套流程與工具組,也可以作為推動創新與商業的管理手法。 它是一個以人為本的手法,根據多個參與者共創出的價值,在意義

與觀點中協商,為社會創新有所貢獻,並提出有證據支持的解法。

一個整合了服務設計的組織需要某種領導力。下列清單為這種組織的領導力提供一些關鍵的建議。

了解設計流程

作為服務設計脈絡中的領導者,你應該要了解且重視質化研究與原型測試。你要能欣賞「爛爛的第一版」概念 [24],了解利害關係人早期參與的重要性,以及早期使用者回饋與迭代改進的強大流程。如果你不同意這些觀念,就會很難與一個服務設計團隊共事。

→ **訣竅:從做中學。** 參與服務設計工作坊,從中學習基本的工具與方法,親自體驗這個流程。**你無法從一本書中學會踢足球,服務設計也是一樣。**

---

22 除了「服務設計」一詞,也有其他描述迭代手法的名稱,例如設計思考、使用者經驗設計、顧客體驗設計、經驗設計、商業設計、及精實創業。見第1章:**為什麼需要服務設計?**,例子和圖表說明如何增加服務設計及其他迭代手法的能見度。

23 這裡的領導階層是指組織裡的高階/資深管理階層。

24 見 10.3.4 節中的**爛爛的第一版**。

以共創來領導

服務設計運用的是根據研究與原型的明智決定。
到最後，是顧客來決定是否要使用你的產品。你
越早將他們涵蓋進你的決策流程，專案成果越有
可能成功。為了讓決策有所本，你需要了解顧客
與第一線的員工。

→ **訣竅：身體力行。** 參與研究與原型測試，親
身體驗。親自去看看顧客如何與原型互動，
而非只聽你的團隊做簡報。

「自食其果」，使用自家的產品和服務

你應該親自使用組織開發的產品。這常是服務設
計的第一步，協助管理階層了解某個議題，而不
只是報告與統計數字 [25]。

→ **訣竅：定期成為自己組織的顧客。** 就像任何
顧客一樣，使用你公司提供的產品。至少一
個月、一季、或一年做一次。有些組織將這
個手法融入他們的文化，讓管理階層後續見
面分享他們的經驗，並討論潛在的後果。有
些公司也會將這個手法用在第一線的工作經
驗上。

練習共感

對於服務設計的領導者，理解人的需求（員工、
顧客、利害關係人），並找出重要的情境（顧客
問題、團隊衝突）是重要的。如果你了解你的團
隊，你就能提供他們需要的支援，建立互信並讓
設計團隊有能力去達成更多目標。

→ **訣竅：花時間訓練共感。** 幾乎每個人都有同
理他人的能力，但我們通常都沒有好好使用
這種能力。試著定期花一些時間在：注意組
織中你不常接觸的人，也許從延伸服務設計
團隊開始，對他們的例行公事、生活、整體
上的想法感到好奇。直接問他們，表示高度
興趣，然後專注傾聽－你是要從他們身上學
習，而非向你學習。

不要侷限於量化統計和指標

你可能不止一次聽過這個說法：「無法量化，就
無法管理」。這是一個過時的迷思，來自管理只
限於量化工具的時代。顧客經驗不只是指標而
已。資料能告訴你，現在有一個問題，也許還有
問題出在哪，但無法告訴你為何人們喜歡或討厭
一個東西，或他們的期望是什麼。

25 見 5.2 節 **資料收集的方法**，對於自傳式民族誌手法的描述。

💬 專家訣竅

「如果一個沒有安全感的主
管將建議當成個人批評，新
進員工可能會害怕提出改變
的建議會讓他們被開除。如
果你真的想要建議，就必須
建立一個安心的環境，也需
要提供即時的回饋。我太常
聽到大家說『我們已經跟管
理階層反應這個問題好幾年
了，但他們從來都不聽』」。

— Eric Reiss

→ **訣竅：專注在人的經驗上。** 不要只看數字，
使用質化與多種方法混合的手法，對經驗有
更全面的理解，包含使用者與商業層面。使
用統計數字和指標來發現問題或追蹤一段時
間內的發展，但使用質化研究來了解人們為
什麼喜歡或不喜歡某些事物，了解他們想要
達成什麼，並為團隊帶來啟發。

降低對改變和失敗的恐懼

各階層的員工常常都很害怕改變，因為發生得太
頻繁，又是來自上層的指示，常對他們自己的經
驗帶來負面的影響。共創可以減少這樣的恐懼，
如果能讓員工參與過程，擁抱失敗的文化 [26]，開
放回饋，並改變你自己。

→ **訣竅：要求原型而非簡報。** 向外界展示你自
己就在使用設計手法。提倡原型測試－例
如，減少自己對漂亮簡報的依賴，轉而使用
爛爛的第一版草稿。鼓勵你的員工與顧客、
同仁一同將他們的點子做成原型。容許他們
測試點子，並透過一個清楚透明的創新流程
與設計標準，迭代改進概念。

---

26 這並不表示可以接受整個專案一再的失敗。它指的是理解專案中的「失
敗」步驟（也就是負面的實驗結果）是學習、精進、迭代、與創新的必
經之路，且永遠是一個成功創新專案或組織變革的一部分。通常中階主
管會規避風險並害怕改變，因為他們傾向被產出衡量。領導者應該要擁
抱且接受成功路上的失敗，以降低中階主管對改變的恐懼。

使用顧客導向的 KPI

不要只使用反映組織中單一部門（組織穀倉效
應）表現的 KPI，而以顧客經驗為基礎，增加跨
單位的關鍵績效指標。這可以幫助部門跨界思
考。為了影響這些 KPI 的內容，部門需要一起
合作，與顧客、員工共創。獎勵那些積極使用顧
客導向 KPI 的部門。

→ **訣竅：透過 KPI 來連結組織部門。** 嘗試使
用跨單位、以顧客活動為基礎的 KPI，例
如，能被代辦任務（JTBD）架構描述的活
動。這些 KPI 可能是針對某一項代辦任務
做的顧客滿意度分析，結合客訴、流失率
等。向相關部門提供共創服務設計專案，讓
他們能一同合作，對這些關鍵績效指標產生
影響。

破壞自己的公司

有些組織要求員工不斷挑戰自己的公司、自己的
產品。光等其他公司找到全新、破壞性的解法，
最終可能會為你的公司帶來危機。

→ **訣竅：讓員工有能力找到問題、提出專案建
議。** 邀請整個組織的員工一起尋找可能對公
司有風險的新的商業機會。建立一個系統，

「組織如何吸收服務設計的
一個好指標，是傾聽組織內
部術語的變化，以及術語被
使用的方式。接觸點與顧客
旅程很快就能被吸收，但是
當專案團隊成員開始討論員
工或顧客在旅程階段中會有
什麼樣的經驗時，你才會感
到真正成功了。」

– Simon Clatworthy

讓員工提交洞見或點子，從中選擇最有潛力
者，與你的核心設計團隊，一起在每日例行
公事之外時間進行探索。

讓設計變得具體有形

與其談論設計是什麼，以及它能如何幫助一個組
織，試著遵照「只做不說」的手法，且不斷讓設
計在各地被看到、被接觸到。展示研究資料與洞
見、人物誌與旅程圖、原型與工作坊紀錄，讓你
的創新及設計流程更透明。

舉例來說，原型測試是一個了解新點子可行性及
永續性的好活動，也是一個測試及理解組織改變
意願的好方法。讓設計變得具體有形，能降低其
他人參與共創過程的門檻。

→ **訣竅：展示設計為組織帶來的影響。** 用旅程
圖展示服務設計專案為自己公司帶來的影
響。例如，展示一個專案前後的旅程圖，並
標明不同處。提供流程、工具、與方法的資
訊，並加上聯絡方式，讓有興趣的員工可以
了解更多，幫助你找出積極的人。

將服務設計帶入組織 DNA

如果目標是將服務設計永續地帶入你的組織 DNA，
你可能就要停止談論服務設計。取而代之的是，
與團隊工作時，自然而然使用服務設計的工作與
方法，遵循基本原則，用一種迭代、協作、以人
為本的方式工作，不去想這就是所謂的「服務設
計」。這樣一來，它就不再是由一群專門的人所
執行的特殊手法，進而成為每個人的日常。

長遠來說，當服務設計是你組織 DNA 的一部分
時，你就不需要有專門的服務設計團隊了。

→ **訣竅：動手做服務設計，不要討論它。** 展現
你自己對於這種工作方式的熱忱，不提到服
務設計，單純在各種情境下使用它的工具、
方法、與原則－例如，透過使用原型而非簡
報，或共同建立會議紀錄，也許透過視覺化
的圖像紀錄，而非將沒有人要看的會議紀錄
寫成文字寄給大家。

想想你的員工有哪些決策權；你的組織結構
是否允許他們以協作的、責任制的、跨領域
的方式工作；他們是否知道自己的表現如何
被評估；以及哪些目標或獎賞能激勵他們遵
循這樣的工作方式。

設計思考是方法論嗎？不，它是一種全面的改變！

作者：*MAIK MEDZICH* 與 *ANKE HELMBRECHT*

當我們開始在德國電信強調顧客經驗時，我們採用一種直到一年後才完全了解的手法－「從小處開始，但直接開始」。

起初，我們沒有主管的指派，沒有預算的編列，對方法論的知識微薄，且只有二個人花時間在對我們這種規模的公司看起來根本不可能做的點子上：建立一個志願者社群，找願意花 30% 的工作時間在業務外專案上的人參與，讓這些志願者成為顧客經驗領航員。我們的想法是將顧客經驗帶給所屬的人，目的是要讓他們有能力執行更顧客導向的工作。

現在回頭看，我們不會改變任何做法。一開始我們幾乎沒有任何能見度－因此，不斷嘗試錯誤也沒關係，感覺我們做的所有事怎麼樣都比不做要好。後來消息傳出去，而我們開始成長擴編，直到 Marc 和 Jakob 介紹設計思考給我們時，我們仍只是一小群志願者；就在那時，事情開始迅速改變。當我們仍在實驗什麼是「正確的」做事方法時，我們發現有很多事情需要改變，光是提供方法專業給同仁是無法做到的。

運用像設計思考這樣的敏捷方法需要徹底改變我們如何：

→ **領導專案：**用聚焦的工作坊及具體產出，取代沒有生產力的一小時會議。

→ **建立信任：**階級放一邊，每個聲音都是有價值的。

→ **思考招募：**不是只有專家能做事；你需要的是一個由熱忱的人們組成的多元團隊，由一位主持人引導。

→ **思考人的議題：**人們被賦予責任及有意義的工作時會受到激勵。

我們將這些準則直接運用到社群中，一方面更能吸引同仁加入，另一方面提供一個組織建立的原型－我們因而成為想推動的新工作文化之象徵。管理階層也看到了我們的成功，讓我們獲得董事會的支持－以某種層面來說是必要的，特別要獲得對 30% 工作時間的支持。但是，管理階層對我們的支持是透過指導顧問的方式，而非由上而下的決策－我們仍有自治權。

此外，更重要的是，我們可以看到改變開始在組織內展現：

→ 更多事業群／主管負起顧客體驗的責任；顧客經驗成為產品開發流程中重要的一環。

→ 產品點子因為顧客體驗不好而被拒絕。

→ 增加顧客經驗領航員（從 4 位增加到 30 位，承諾要擴編到 100 位）與專案支援的請求（從約 5 個到每年約 80 個）。

將設計思考只當作工具組及方法，對我們來說不那麼重要。我們發現必須改變整個組織的文化。為了達成這件事，最重要的層面不是用哪些方法，而是你如何運用這些方法、如何領導專案、如何建立多元團隊；或是一般都遵循哪些準則。一個更敏捷且顧客導向的組織，要靠工作方式的建立－而非照本宣科。◀

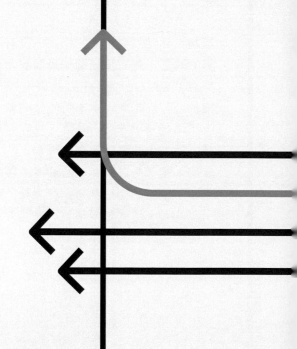

12.4 設計衝刺

如何將服務設計設定為組織中持續進行的活動

將服務設計導入或引進組織的其中一種方法是將服務設計作為設計衝刺的結果[27]。每個衝刺能被理解為單一服務設計專案[28]。在較大的專案中，一個衝刺指的是專案中的一個迭代－例如，專注在一個經驗的特定步驟或階段。一旦專案被導入（或捨棄），下一個衝刺會從評估整體顧客或員工經驗開始。因此，任何新衝刺的第一步也包含評估之前衝刺帶來的影響。

用衝刺的方式工作很有效，因為能讓團隊有參考的架構。設計衝刺提供一個粗略的流程架構，和清楚的期限。團隊需要在每個設計衝刺結束時交付成果並接受回饋，但在一個衝刺循環內，設計團隊還是可以視需求調整流程並迭代修正。在一個可預測的結構中工作，也能協助管理迭代設計流程。通常，一個核心服務設計團隊管理衝刺，並根據每個衝刺的特定主題建立延伸專案團隊，這個團隊可能會在衝刺中改變[29]。

研究 [30]

使用質化與量化研究了解並檢視現有的顧客和／或員工的經驗。通常之前的衝刺或一個概略的藍圖，能引導團隊專注在特定研究主題上。研究也包括評估先前衝刺在經驗與商業成功上的影響力，再接著由設計團隊定義後續的設計挑戰。

一般來說，設計團隊會使用像是系統或旅程圖這類研究資料的視覺化去找出顧客經驗中的重要步驟，常建立在現有視覺化之上，並根據研究做調整。旅程圖與其他視覺化圖表應該要成為活的文件，供每個新的設計衝刺來挑戰。

研究應該也要專注在前階段衝刺的內部流程，並質疑團隊的動態、問題、落實挑戰等，以在衝刺流程中迭代精進。

---

27 一個設計衝刺描述在一段時間內，團隊經過至少一次迭代的設計流程。衝刺通常會持續一到四週。「衝刺」一詞源自於敏捷軟體開發，但有時間限定的設計流程這個概念，在產品／工業設計有著悠久的傳統。設計衝刺手法最近已經獲得更多關注：見 Banfield, R., Lombardo, C. T., & Wax, T. (2015). *Design Sprint: A Practical Guidebook for Building Great Digital Products.* O'Reilly.

28 單一服務設計專案的流程概況，見第 4 章：**服務設計核心活動**，與第 9 章：**服務設計流程與管理**。特別是 9.2.4 節**架構：專案、迭代及活動**，提供規劃與反思迭代規劃的細節，也能運用在持續進行的設計衝刺上。

29 在服務設計中，如何平衡快速迭代循環中持續發生的需求，同時建立跨衝刺、跨專案、更長期的價值案例，見 12.5.6 節**案例：建立跨專案服務設計知識**。

30 欲了解如何在服務設計專案中做研究的細節，見第 5 章：**研究**。

服務設計衝刺：理論上

一個服務設計衝刺的典型結構
看起來是這個樣子：

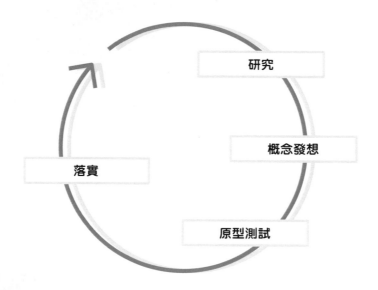

研究

概念發想

原型測試

落實

概念發想 [31]

根據定義好的服務挑戰，開始一段概念發想（發散）與點子選擇（收斂）的流程。有必要的話，可以進行更多聚焦的設計研究，仔細審視你找到的關鍵步驟。概念發想應該要將已經被擱置（如在一個點子資料夾裡或點子牆上）的早期點子考慮進去。如果在原型測試前需要克服組織上的障礙以說服決策者，早期點子可以進一步成為初步的範例概念。

原型測試 [32]

雀屏中選的點子被迭代打造成原型，從低擬真的概念到高擬真的原型，能越早在情境脈絡中測試越好。原型測試可以專注在技術的可行性與外型，但主要目標應該在測試一個點子是否真的能提供價值給顧客、使用者、和／或員工。測試原型與點子價值，常可提供團隊在進一步開發與落實需要取得認同時所需之論述。在這個階段中的任何時間點，概念都可以被棄置、繼續迭代、或「回頭」進行額外的研究與概念發想活動。

[31] 欲了解如何在服務設計專案中進行概念發想與選擇點子，見第 6 章：**概念發想**。

[32] 如何在服務設計專案中原型測試並測試點子與概念，見第 7 章：**原型測試**。

服務設計衝刺：實務上

在現實中，設計衝刺的流程本身是迭代的，例如：

A 當你發現缺少研究資料時，永遠可以回頭去做更多的研究。

B 當你原型測試卻發現一個點子或概念不可行時，回到概念發想，或最後一版可動原型。

C 當研究帶出非常明顯、需要（或可以）被立即解決的議題時，就直接解決。

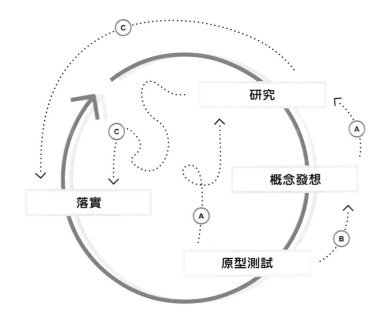

落實 ³³

一旦點子被成功在脈絡中測試，且經過設計團隊與（如果需要）上層的認可，將會被導入及實行。較大型的組織通常遵循有步驟的導入流程，從第一個當地試點到區域試行，再到全球的導入。

組織中的衝刺

服務設計衝刺的時間通常會依許多因素而定。一項基本原則是，像是新創這類小型公司通常會根據內部的敏捷與精簡的結構，進行為期 1-4 週的衝刺。特別是軟體新創可以將這樣的模式，與現有的敏捷式開發流程無縫結合，將規格定義為史詩故事（epics）或使用者故事。小型到中型的公司常使用較長一點的 4-12 週衝刺，部分大型公司與政府組織的衝刺甚至為期 3-6 個月。組織對於衝刺的名稱有百百種 ³⁴，根據各自的脈絡而定。

---

33 描述服務設計流程如何連結落實流程，像是軟體開發、變革管理、工程與建築等，見第 8 章：**落實**。

34 依組織不同，衝刺的名稱也有百百種，像是服務設計衝刺、設計思考衝刺、經驗設計衝刺、顧客經驗衝刺、使用者經驗衝刺、創新循環、迭代、與旅程專案等，這是其中一些例子。

💬 專家訣竅

「在這個階段，你需要獲得管理層支持。如果在現有流程中定義新標準和需交付成果，則會導致管理的問題：誰要負責開發需交付的成果？由誰來檢查品質？誰該為額外的活動買單？我們的關鍵是從高層管理人員開始問起：人物誌和旅程圖這些產出在哪裡？沒有這些，我沒辦法做決定。」

— Ole Schilling

有些組織結構及文化比較容易實行衝刺，有些組織則比較困難。實務上顯示一個企業的創業哲學與內部創業行為有助於設計衝刺。這類型的管理哲學通常能培植員工賦能與學習的機會，推廣獎勵系統、豁免階段、及偶然性的活動，像是跨部門的連結、開放創新活動、與不嚴謹的結構等。舉例來說，有些公司建立獨立專屬的空間，支持創業點子的實驗（像是內部孵化器、加速器計畫、內部創投等）。員工有機會向外部專家與內部決策者組成的評審簡報他們的點子（或展示操作原型）。如果有通過，他們就可以與一小群同仁一起繼續探索，獲得開發 MVP 的指導、或經費支援 35。若成功了，有些計畫甚至提供創投資金，協助在現有組織之外成立子公司。透過這樣的機制，點子可以躍過大型組織的癱瘓結構，以新創公司的速度發展。

許多組織將設計衝刺與現有的創新流程整合在一起－例如，門徑管理（stage-gate）流程。在這類案例中，以批判觀點檢視現有的決策條件是很重要的。**如果改變創新流程，卻保留原來的決策系統，是很難獲得好結果的。**一個在點子能透過迭代的設計流程被深入探索前就終止專案的系統是沒有幫助的。

---

35 更多關於 MVP 的說明，見 Ries, E. (2011). *The Lean Startup: How Today's Entrepreneurs Use Continuous Innovation to Create Radically Successful Businesses*. Crown Books。

12
讓服務設計深植組織

案例

$\longrightarrow$

接下來的七個案例提供服務設計能如何深植組織不同層次的範例：如何將服務設計納入奧地利全國中學課綱（**12.5.1**）、如何將服務設計引進政府公部門（**12.5.2**）、如何提高全國服務設計意識和專業知識（**12.5.3**）、如何將服務設計整合到跨國組織中（**12.5.4**）、如何透過服務設計創造顧客導向的文化（**12.5.5**）、及如何在大型組織中跨專案建立服務設計知識（**12.5.6**）。

12.5.1 案例：將服務設計納入全國中學課綱..480

中學裡的服務設計

– Helga Mayr，提洛爾教育大學教師、課程統籌

12.5.2 案例：將服務設計引進政府公部門..484

在疲憊的政府組織中解放創造力

– Daniel Ewerman，Transformator 創辦人兼執行長

– Sophie Andersson，Transformator 資深服務設計師

– Anton Breman，Transformator 資深服務設計師

12.5.3 案例：提高全國服務設計意識和專業知識..487

泰國服務設計的崛起

– Waritthi Teeraprasert，泰國創意設計中心，資深設計與創意業務發展專員

12.5.4 案例：將服務設計整合到跨國組織中..491

重新設計德國電信

– Ole Schilling，德國電信，資深設計經理

– Philipp Thesen，德國電信，設計總監、電信設計主任

12.5.5 案例：透過服務設計創造顧客導向的文化..495

朝向永續的顧客導向組織邁進

– Tim Schuurman，DesignThinkers Group and DesignThinkers Academy 合夥創辦人

– Vladimir Tsaklev，Coca-Cola Hellenic BSO 持續精進管理者

12.5.6 案例：建立跨專案服務設計知識..499

因應會變動的目標

– Geke van Dijk，STBY 策略長

– Katie Tzanidou，Google 使用者研究經理

12.5.1 案例：將服務設計納入全國中學課綱
中學裡的服務設計

✏️ 作者

Helga Mayr
提洛爾教育大學教師、
課程統籌

奧地利在傳播服務設計方面具有領先地位，是全球第一個將服務設計導入全國有商業主修的中學課綱的國家 [36]。

服務設計作為學科科目

自 2016 年起，服務設計被整合進「商業與服務管理」的科目中，成為奧地利全國中學課綱的一部分 [37]。在奧地利，具備商業主修的中學約有 90 所，每所學校都能自行定義該科目的範圍，從每週 2 到 12 個教學時數。新課綱的制定從 2011 年開始，目標為創立一個針對「商業組織以及在實際場域落實」的科目。在 2012 年，建立了一個全國的工作小組，以支援這個新科目的引進。新課綱的法令於 4 年後的 2016 年生效，目前商業與服務管理的教學已遍及全國。

將服務設計整合進課綱，創造了一個推廣永續學習的「實作」空間，特別強調跨領域的手法，與在創業教育脈絡中對於商業實務的可應用性。

達成不同的目標

由於畢業生大多會在相對模糊的「服務產業」找工作，他們應該要能了解服務的整體本質，包含知道服務如何被設計出來－從研究、概念發想、原型測試、及落實－以及找出各式各樣的利害關係人，並考慮後台流程。

引進整合服務設計的科目，提供學生連結與在不同領域實際應用所學的機會。

在幫助學生練就創業家態度的同時，教導服務設計對達成「主動公民權」與「就業能力」的教育目標有所貢獻。整合一個具開拓性（引領趨勢的）創新手法讓學生能主動「設計」他們的（及我們的）未來。

落實

以往最大的挑戰在於如何讓服務設計在學校落地生根，直到現在某種程度上仍是如此，因為它還是一個相對年輕的學科。在新中學課綱啟動的二年前，服務設計的「概念」被介紹給一些像是老師及學校校長等未來執業者。聽眾們都表示高度興趣，但起初並不確定服務設計能如何被帶進教室裡。

---

36 這包括所有奧地利 Höhere Lehranstalt für wirtschaftliche Berufe 類型的中學，簡稱為「HLW」或「HBLA」，意為「具備商業主修的中學」。

37 原本的德文科目名稱為「UDLM－Unternehmens-und Dienstleistungsmanagement」。

靠著網路，我們發現 Marc Stickdorn 當時就住在奧地利的因斯布魯克（Innsbruck）附近。我們跟他聯絡排定後續的簡報與工作坊，幫助我們了解到底是什麼服務設計、對中學生有什麼助益、及如何在學校授課。接著，我們請他與他的同仁 Markus Hormeß 舉辦全國性的服務設計教師培訓。

全國教師培訓

我們舉辦這些全國教師培訓場次，是因斯布魯克提洛爾教育大學（Pedagogical University Tyrol）專門為負責這個新學校科目的教師所開的課程。其中有二個持續三天的課程：一門「基礎」課程，與後續的「進階」課程。

三天的基礎課程包含基本的服務設計工具，像是人物誌、旅程圖、利害關係人圖、原型、以及商業模式圖，也包含一些主要的服務設計活動：研究、

概念發想、與原型測試。第一門課學的大部分是關於思考方式及迭代設計流程，因為大多的教師沒有設計背景，整個課程被設定為訓練教師的課程。因為所有的參與者都是專業教師，課程內容專注在服務設計的實務，並給參與者足夠的時間檢視並討論，如何在學校教授這些工具與方法。

三天的後續課程採用較開放的「分享式工作坊（bar camp）」或「反傳統研討會（unconference）」形式[38]。主題從案例，到交換初次經驗，到試教課程及打造教材的原型。

> 「我們的課程主題是『街頭小吃』，我們租了一部貨車，打造了整個情境的原型，這樣才能在真實的情境脈絡中，生產並測試我們的廚房原型。」
> — Marianne Liszt，HBLA Oberwart/Burgenland 教師

獲取經驗

在 2016/2017 年的冬季學期，我們進行了第三次全國基礎課程與第二次的後續教學培訓。超過 100 名奧地利教師已受過培訓，並將知識傳遞給他們的學生與同仁，有時也與其他學科的同仁進行共同教學。

事實上，將服務設計落實進一門中學科目本身就是一個服務設計的過程。老師與學生都從「爛爛的第一版」開始迭代精進：老師針對教學課程，學生針對課程中要作的服務。為了不斷改進這個流程，老師可以透過一個線上分享論壇，與奧地利持續增加的服務設計老師不斷交換經驗並分享教材。此外，我們也接到了老師們舉辦年度聚會的要求，以培育奧地利服務設計實務教師的活躍社群。

38 「分享式工作坊」或「反傳統研討會」是一種使用者原創工作坊，活動議程當天由參與者自己共創，因此內容是根據他們的需求與興趣。

(A) 桌上演練常是一個原型測試的好開始，可以幫助視覺化連結顧客經驗與前後台員工流程。

(B) 建立在假設上的人物誌對學生來說，很容易做且有趣，但只在有後續的研究資料支持時才有用。

(C) 建立第一批以假設為基礎的顧客旅程圖，在課堂上介紹旅程圖與情緒圖。

(D) 商業模式圖示連結服務設計與學校裡其他商業及經濟科目的極佳工具，像是管理、財務、或會計。

(E) 在課堂上與學生進行多種暖場活動，改變師生關係，打破學生在教室裡習慣的常規。

(F) HBLA Oberwart 學校的學生使用服務設計方法，在校園中創立餐車服務 [39]。

前景

由於服務設計在學校仍處嬰兒期，因此毫無疑問地，還是會持續令人振奮。我們將從學術層面監測並評估未來幾年，將服務設計導入奧地利中學的後續流程。**我們其中一個研究問題是，早期服務設計教育如何能帶給學生在專業上、及至個人生活上的助益。**我們也希望社群的成長經驗能對如何有效並成功將服務設計導入中學課綱，提供深度指引。儘管如此，我們已經看到一些可以分享的初步成果。

每個學校分別的導入程度似乎根據幾個影響因素有所差異。其中一個因素可能是服務設計如何從國家層面被引進學校。在奧地利，是混合由上而下的手法（透過將服務設計包含在中學教育的全國課綱內）與由下而上的手法（透過培訓教師與建立一個實務社群），到目前為止似乎是有效的。另一條成功路徑可能是從小專案做起，然後迭代學習、容忍－或甚至歡迎－錯誤，作為後續精進的知識來源。此外，提高學校內（在所有相關的利害關係人之間，像是老師、學生、家長、合作夥伴等）以及學校之間的能見度，也確實有幫助，透過溝通服務設計活動，與同仁交換意見，以及對於學生參與保持開放的心態。

的確，其中一個關鍵的驅動因素可能是開放的思考方式，以及分享經驗和向他人學習的意願。最後，學校校長是關鍵的利害關係人，他們也需要一些基本的服務設計知識，了解設計流程、方法、與工具。這樣的知識能讓他們理解與服務設計相關的學校專案，以及學生與學校能如何從中受益。

「服務設計也是一種態度，一種對於事件開放、敏銳的觀察與覺察，常能啟動改變的流程。」

— Bernadette Zanger, HLW Landeck/ Tirol 教師

重點結論

01

從小專案開始，從錯誤與成功中學習，然後進行迭代。

02

一定要保持開放的心態，願意分享經驗，並向他人學習。

03

教導關鍵利害關係人服務設計，幫助他們更能了解與支持你的專案。

12.5.2 案例：將服務設計引進政府公部門
在疲憊的政府組織中解放創造力

✏️ 作者

Daniel Ewerman，
Transformator
創辦人兼執行長

Sophie Andersson，
Transformator
資深服務設計師

Anton Breman，
Transformator
資深服務設計師

Transformator design

Arbetsförmedlingen

隨著公民信任的低落，與員工付出被逼到極限，Arbetsförmedlingen（瑞典公共就業服務）需要朝新方式前進，並創造文化上的改變。當時 Arbetsförmedlingen 有 13,000 名員工，320 個辦公室，與每年 2700 萬次的顧客接觸。

在這個專案之前，他們已經執行了一系列顧客導向設計的專案，連結負面顧客經驗與內部問題之間的關係，並清楚排列改變的優先順序。但與其命令各辦公室「導入這些解法，並讓它們成功」，Arbetsförmedlingen 勇敢選擇讓第一線員工負責落實這些改變。

「已經多多少少知道我們有信任的問題很長一段時間了，但是這樣的理解卻沒有造成正面的結果。我們除了讓手法變成更顧客導向外，實在沒有其他選擇，這就是我們轉向服務設計的原因，決定讓我們的員工及顧客參與開發。」
— *Helena Engqvist，Arbetsförmedlingen* 前傳播主任

「我們沒有試圖說服每個人，而是從那些好奇的人及自願者開始。時至今日，幾乎整個組織都希望成為一個溫室。」
— *Pia Rydqvist，Arbetsförmedlingen* 顧客服務經理

吸引員工

我們邀請所有的辦公室參與，符合條件的七個辦公室被選為「溫室」，職員需要參加服務設計、測試方法、工具、及手法的三天速成班，辦公室了解服務解法後，必須在當地執行最終的迭代結果。

他們根據每天的狀況調整解法並進行原型測試、訪談顧客、產出調整的點子、並做出最終的設計。為協調這個流程並輔導辦公室，由 Transformator Design 的服務設計師與總部的職員組成了一個中央的支援部門。到目前為止已有 24 個辦公室成為溫室。

「我們以為可以在員工不理解顧客需求與為何需要改變的情況下導入解法。這是錯的，但這整套手法的好處就在於─它的立基就是犯錯，但及早犯錯、承認錯誤、從中學習，然後在過程中作調整。」
—*Pia Rydqvist，Arbetsförmedlingen* 顧客服務經理

結果為總部現在知道在大小辦公室、城市及鄉村、從顧客及員工角度，都能成功實行的一連串修改過之解法。導入改變時有第一線職員的強烈認同，並創造了一種組織的主導感受。

當第一個概念導入 320 個辦公室時，減少了首次會面實際註冊的時間（從 50 分鐘到只要 10 分鐘），多出來的時間能專注在個人的志向與需求。公民信任低落的情況停止了，職員表示服務設計手法幫助將組織裡的階層軟化，並消除威嚴，提升工作的健全度與滿意度。

「學習在一開始會花額外的時間，但我們相信顧客導向式開發必須要自然內建為日常工作的一部分。」

—Pia Rydqvist，Arbetsförmedlingen
顧客服務經理

(A) 透過員工旅程圖在內部學習並調整服務設計準則。

(B) 由內部團隊製作的一個顧客旅程案例，作為理解與管理改變的工具。

(C) 溫室作為一個工具，讓員工運用自身的顧客專業，拉開距離，在日常事務中營造一個創意空間 [40]。

(D) 輔導組織取得完全主導權的管理結構，是轉型過程中的一項任務 [41]。

40 插圖：Per Brolund。

41 插圖：Per Brolund。

組織效益

顧客導向的開發現在被視為組織未來的重要元素，更於 2016 年 6 月，導入一個永久的支援部門，在整個組織建立溫室的概念。目前有 2,000 名員工，包括 400 名主管，已經認識服務設計與顧客導向方法的重要性，而目標是介紹給所有的員工。支援部門會確保：

☑ 透過分享及收集顧客知識，服務的開發能在當地辦公室被執行。

☑ 未來全國的開發專案將由溫室負責協調。

☑ 溫室架構維持相關性，並對於根據公民需求創造更好服務有所貢獻。

「我們不能回頭用老方法做事。一旦你學會工具與方法，更重要的是適應了手法，你就無法不將其運用在工作的每個層面。」

—*Anna Palmgren，Arbetsförmedlingen, Växjö* 負責人

重點結論

01

準備好充足的勇氣。

02

用簡單來過濾。

03

透過行動學習，靜待其熟成。

04

身體力行。

05

一定要抱持堅定的毅力。

06

與現實場域揉合。

07

以組織主導權來完成定案。

12.5.3 案例：提高全國服務設計意識和專業知識

泰國服務設計的崛起

✏ 作者

Waritthi Teeraprasert
泰國創意設計中心，
資深設計與創意業務
發展專員

認知到服務經濟在創造價值與改進泰國民眾生活品質的重要性，泰國創意設計中心（簡稱TCDC）是第一個泰國組織，將服務設計引進泰國，實驗與應用到公私部門的多種組織。

我們啟動一個泰國服務設計計畫，以驅動服務設計作為改進現有服務，或提升泰國商業與公部門的服務創新為志。

我們最先在TCDC的年度論壇 Creativities Unfold 2012 中引進服務設計，邀請到 SDN（Service Design Network，服務設計網絡）執行長與科隆應用技術大學設計學院（Köln International School of Design）的服務設計教授 Birgit Mager 來演講，談論服務設計的價值。她簡報了來自德國、芬蘭等國的點子，採取系統性且有效率的公共服務開發手法；產生了泰國第一個服務設計工作坊，參與者包含設計系所教授、TCDC、與公共服務組織，其中有泰國郵局、泰國國家鐵路局、以及運輸交通政策規劃部（簡稱OTP，交通部）。

工作坊

工作坊在公共服務組織之間，建立起對於服務設計角色與重要性的認識，我們因而參與了二個專案，規劃泰國公共運輸系統的未來：

1　高速鐵路（簡稱HST，高鐵）使用者洞見與需求服務設計研究專案，是一個由 TCDC、交通部、及 Livework 共創的專案，成果為在高鐵站的開發流程中，導入空間與服務的設計準則。此專案描繪設計對於公部門的重要性，因為高鐵服務設計準則屬於交通部的服務範圍，該組織負責泰國高鐵可行性研究計畫。

2　曼谷中央火車站（Hua Lamphong Train Station）優化研究專案，針對百年不變的曼谷華藍蓬火車站進行研究。我們的團隊運用服務設計，從場域研究開始，使用者研究，到完整的服務設計流程。成果為實體車站的優化，包含更新乘客等待區與車站周邊的商區，以及未來曼谷中央火車站的新服務設計、新商業模式的可行性研究。

在 2014 年，我們邀請服務設計專家 Marc Stickdorn、Markus Hormess、及 Adam Lawrence 透過主持二類型的服務設計工作坊，分享他們的知識。第一類型是「業師培訓（Train the Trainers）」計畫，培訓服務設計業師，之後成為知識的傳播者，並主持未來服務設計的工作坊。第二類型是由我們的賓客主持共創工作坊，啟動了在不同服務領域的三個專案：健康照護產業與康民國際醫院（Bumrungrad International Hospital）合作，餐旅服務業是與泰國旅館協會合作，觀光產業則是與永續觀光管理計畫局（Designated Areas for Sustainable Tourism Administration，為一公家單位）合作，而從工作坊得來的概念與原型已經被導入這些組織中。

此外，我們也尋求教育部門參與支援及擴展服務設計，啟動了與五所大學之間的合作。選擇「公共運輸的服務設計」作為主題，以高鐵作為服務設計的發展標的，來自五所大學的老師與學生一同學習服務設計的概念與流程，並將原型在「公共運輸的服務設計」展覽中展示。

培訓課程

我們也為曼谷 Service Jam 專案內的普羅大眾規劃短期服務設計培訓課程，也為迷你 TCDC 專案中的 13 所大學主持特別的服務設計訓練課程，透過主持工作坊來傳播知識。工作坊的結果為每個當地案例的服務設計原型。

在累積我們服務設計計畫（過去幾年多半聚焦在服務業）的課程、機會點、問題、與障礙後，我們於 2015 年向自己與農業、製造業提出挑戰的問題，「我們該如何利用服務設計手法，讓泰國企業從製造、產品導向的公司，轉型成顧客及服務導向的公司？」

大型公司的採用

我們將服務設計手法引進二個大型的泰國公司－也就是農產業領導廠商 STC 集團，以及化工原料生產商 PTT Chemicals －而我們設法說服二家公司的執行董事會，關於服務設計準則、流程、與工具的重要性及效益。我們也在這二個組織內部，發起共創服務設計專案，召集公司的職員與多種利害關係人：邀請了生產、產品研發、業務、與行銷部門，以及高階主管一同參與我們的服務設計工作坊與訓練活動。我們及團隊主持這些工作坊，執行整個服務設計流程，並以產品及服務設計原型作結。

這是一個應用服務設計與設計思考流程的起始點。這些公司也許在幾年內無法自行轉型，但提供的回饋都很正面，因為他們在這些工作坊及訓練活動中已經獲得了經驗。他們採用了新的手法，也更能了解顧客

(A) 討論旅程圖與接觸點。

(B) 製作與測試一個低擬真度的原型。

(C) 在服務設計工作坊中討論旅程圖。

(D) 多面向的洞見收集，協助引導我們的專案。

以及部門的想法與運作。他們製作原型，測試最小可行性產品及服務方案，將原型與現有的商業流程做比較。新的手法已經對他們的生產及組織本身造成改變。

創意街區

為了推廣 TCDC 搬遷至石龍軍路，並大規模應用設計思考與服務設計，我們與合作夥伴發起「共創石龍軍（Co-Create Charoenkrung）」專案，以復興及發展曾是曼谷重要經濟與社會區域的石龍軍街區為目標，使其成為一個未來的創意街區。專案的執行是從 2015 年 7 月到 2016 年 6 月，使用服務設計思考並實作準則與流程，聚焦在創意城市、建築、與設計領域專家間的共創，也包含當地的關鍵利害關係人。

在共同設計創意街區的過程中，我們邀請設計師與當地居民（不只是使用者也是參與者）表達問題，說出社區的需求與機會點，

透過多種形式、步驟、與流程形成一個專案發展的概念：從設計研究開始，獲取洞見，產生點子，共創，製作紙本原型與一比一真實尺寸的原型，在真實空間中與當地民眾進行測試與評估。專案的最終目標不只包含開發創意街區，也是希望能開發一個「共創模型」與服務設計思考與實作的準則及流程，應用在我們鍾愛的泰國本地上。

我們的服務設計計畫與方案才剛起步，但已經引起公共、商業、與社會部門的注意，並提供重要的成果，包含供未來投資發展的服務原型。我們透過主持工作坊，創造並傳播服務設計知識，同時也透過與其他組織及社群進行專案共創的方案。服務設計知識已經公開發展，服務設計的網絡與生態系已被強化，未來將在泰國產生經濟及社會的影響力。

從這些活動的結果，我們已經看到服務設計的深度參與。從 2013 年 3 月到 2016 年 6 月，共 1,500 人參加了我們的服務設計工作坊。此外，我們的 YouTube 頻道已有超過 87,000 次觀看。TCDC 更鼓勵了 30 個公私立組織與 30 所大學參與服務設計活動。

重點結論

01

服務設計與流程的簡單性：人們在生活中幾乎每個層面都被服務所圍繞，因此很容易在生活或工作中進行服務設計的教育、教導、訓練與應用。

02

在跨領域專案中共創：服務設計與設計思考流程能帶領非設計領域的人，從不同角度了解設計，也是解決問題與創造價值的方法。「設計」不是只給設計師用的；而是與不同專業領域的人（無論他們是專家或外行人）共創的流程，融合經驗與背景，提供合適的解法。

03

主持工作坊：服務設計最好的起始點（對於新接觸這個手法的人或組織來說）就是舉辦服務設計工作坊。這意味服務設計主持人的智慧與技能是成功的關鍵。即使他們有極佳的主持技巧，好的主持人必須在舉辦工作坊前知道或學習一些特定內容。

12.5.4　案例：將服務設計整合到跨國組織中
重新設計德國電信

✏ 作者

Ole Schilling，
德國電信，資深設計經理

Philipp Thesen，
德國電信，設計總監、
電信設計主任

T···

挑戰

德國電信在 14 個國家營運，服務超過 1 億 6000 萬名顧客，每年營業額約 700 億歐元。前身為國營企業，我們主要由科技與基礎建設驅動。約七年前，設計部門成立，對每個產品與服務提出挑戰，同時推動顧客導向的理念，以達到業界最佳的顧客經驗：這對一個先前由政府經營的科技巨頭來說，是艱難的挑戰。

我們的目標

從 2016 年在瑞士達沃斯舉辦的世界經濟論壇，到 10 億美元 ABC 企業的董事會，設計思考是一個廣泛被接納的創造性解問題的手法。由於顧客經驗持續增加的重要性，是多數行業的關鍵差異化因素，設計的角色正在改變－從外形的創造到策略的提供。設計已經躋身策略性領導的角色，這樣的做法對傳統上較不重視設計的大型企業來說，是個很大的衝擊。我們有一個目標：為我們的 1 億 6000 萬名顧客提供業界最佳體驗。我們也知道，為了達成這個目標，組織需要一個跨部門的永續思維轉變。這就是我們的轉型故事。

「過去幾年間，我們已經成功為德國電信發展出超過 200 個產品，也爬上了一層設計階梯，從專注於創造外形到專注於流程，緩慢地專注於策略發展。」

— *Philipp Thesen*，電信設計主任、設計總監

從實作到思考

我們運用設計的潛力，將設計思考整合進全公司的基礎流程裡。我們團隊只有約 100 名設計師，因此一定追不上漸增的設計需求。為此，我們製作了組織在運用設計及設計思考潛力的過程中，能使用的工具及資產。我們將從設計實作經驗中得來的流程與方法營運化。此外，我們分析了現有的設計思考方法，也採用各種思考學派的手法，包括史丹佛大學及德國 HPI 學院。

最終，我們採用外部的方法與上百次訪談，並衡量自己內部的專業與經驗，產出一組為我們組織量身訂做的標準化方法與工具。

這樣做的成果帶來了基本共識，也就是對於分工的清楚理解、與現行組織結構內的清晰整合。我們選出了17種方法，依照我們的需求客製化，有細節的人物誌與實用的工具及樣板。這是我們日常工作的標準工具組，幫助我們以有效率且顧客導向的方式合作。工具箱持續在延伸與更新，在我們企業的「品牌&設計」設計工具以書本及線上形式提供，這是給同仁散播並運用設計的平台。

「我們與負責客戶產品及服務的德國及歐洲同仁，將設計流程及方法工具整合在開發流程中。」
— Ole Schilling，資深設計經理

我們強烈認為能見度是關鍵，所以我們主動溝通，並對外展示以顧客為中心的理念。這也是為什麼我們發起一種互動的新形式，稱作「顧客實驗室（Customer Lab）」，定期邀請根據人物誌選擇的真實顧客，挑戰現有的產品與產品創新提案。這個手法特別有力，因為它能產生有價值的回饋與洞見，我們邀請遍及全公司的同仁分享這些知識，驅動主題的能見度。我們也邀請管理團隊參與，讓他們親自體驗顧客的回饋，這是一種簡單，但非常強大的工具，是又生動、又直接的顧客導向設計。

教育的框架

雖然我們在早期階段就邀請同仁加入，一同討論如何將顧客經驗的KPI導入現有流程，**現實是，大型企業裡的改變發生其實非常緩慢**。因此，我們需要培養一個文化，讓設計思考準則能在企業文化與價值體系內大幅被接納。因此，合理的下一步就是建立一個教育的框架。

Ⓐ

(A) 一致性影響跨產品線的產品經驗。

(B) 越早讓所有利害關係人參與越好。

(C) 測試並學習。

(D) Speedport Neo—顧客導向的設計。

(E) 及早進行原型測試。

(F) 分享經驗,並指派推廣大使。

(G) 產品經驗就是品牌經驗。

(H) 「設計思考實作」—德國電信的客製化顧客導向設計手冊。

(I) 將設計確立為數位轉型的領導力專業。

為了驅動真實的改變，我們為設計思考建立了專屬的空間與計畫：「電信設計學院（Telekom Design Academy）」，這是一個用來教導方法及工具使用的空間，也支援同仁協調真實的專案。我們發現專案協調與設計思考在職訓練的需求可以被運用到特定主題上，需求遠超出我們的預期，我們因而必須立即開始為內外部團隊找人。

心得

我們承襲了優良的設計實作傳統，這讓我們能協助同仁建立並導入流程與工具，在公司內部驅動改變。將設計整合進流程，最終讓我們離將設計整合進企業策略更進一步。目前我們清楚知道，要成為一家更加設計及顧客導向的公司，前方仍有漫漫長路要走，但我們已做好準備，而設計在公司內部也已立於領導地位。

重點結論

01

為了讓設計思考成為共同的手法，越早讓利害關係人及使用者參與越好。從最樂於合作的利害關係人開始。

02

讓手法越具體越好，清楚展示進行方式與帶來的成效。描繪一個清晰的目標願景，然後朝向目標努力前進。不要浪費時間在理論性的討論上。

03

將新流程整合進現有的脈絡，能見度越高越好。確保有來自上層對於必要產出的拉力，而為了打下基礎，領導階層的參與在過程中是助益良多的。

04

設計思考太重要，不能只留給設計師去做。然而，設計師從紮實的設計實作背景得到的經驗，讓他們成為設計思考的最佳代言人。成立一個專家社群對於我們在歐洲的推廣特別有效，證實互相學習、以前人經驗為基礎是必要的。

05

不要期待立即的結果。改變是需要時間的。

12.5.5 案例：透過服務設計創造顧客導向的文化

朝向永續的顧客導向組織邁進

✍ 作者

Tim Schuurman，
DesignThinkers Group
and DesignThinkers
Academy 合夥創辦人

Vladimir Tsaklev，
Coca-Cola Hellenic BSO
持續精進管理者

可口可樂希臘商業服務組織（Coca-Cola Hellenic Business Services Organization, BSO）是一個快速成長的共享服務中心，位於保加利亞的首都索菲亞，代理世界最大的可口可樂瓶裝公司之一。對 22 個不同國家，600 名員工提供財務與人事支援，現在以業界最佳顧客滿意度為目標。為了達到目標，BSO 運用服務設計概念，引進新的思考及行動方式。

「如果你的商業模式成了你的牢籠，就一定要做出改變。」
— *Arne van Oosterom，DesignThinkers Group 資深合夥人與共同創辦人*

改變重點

BSO 原本設立的焦點在於，以合規與效率的觀點優化流程，加入額外的步驟，以取得不同國家營運者的信任。「這常在許多部門導致繁複的流程」，商業服務總監 Simona Simion-Popescu 說道。「這意謂我們服務的主軸不是非常顧客導向。且因為 22 個國家的營運現在都看見了共享服務中心的附加價值，對更多服務的需求也增加了營運的複雜度。」

BSO 的挑戰是改變這樣的方式及流程的設定。「我們需要找出當啟動新專案與服務時，從一開始就把事情做對的方法，為顧客提供絕佳經驗的同時，也要尊重合規與管理系統。」在 BSO 管理該專案的持續精進組長 Vladimir Tsaklev 說。「我們需要建立一個能持續專注以顧客為中心，並以永續的方式落實的組織。因此我們找了 DesignThinkers Academy 加入。」

從做中學

此專案由一個工作坊啟動，從 BSO 內部及客戶組織中，選出合適且相關的資深利害關係人來主導。計畫更深入的細節是與這些領導者一同擬定，也試辦了一場關於服務管理的顧客旅程工作坊，以及內部顧客的關係管理架構。我們與其他部門也安排了類似的工作坊，以顧客旅程圖與員工旅程圖為關鍵元素。

「與來自國家組織及外部顧客的相關利害關係人工作坊，通常為期二天」，DesignThinkers Academy 的 Tim Schuurman 說明。「我們說明標準的服務設計手法，包含人物誌辨識、顧客訪談、顧客旅程圖、與概念發想的部分、原型測試。顧客旅程圖主要聚焦於優化提供給顧

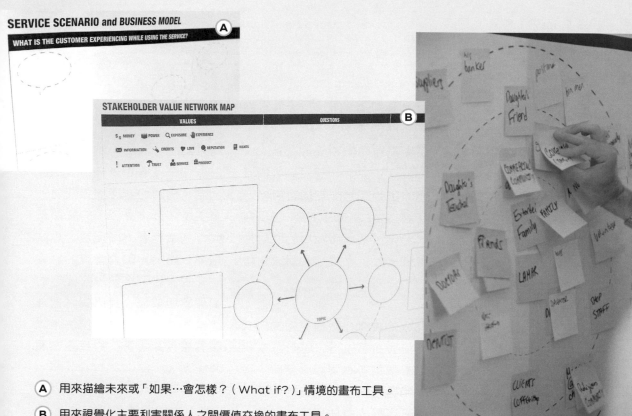

(A) 用來描繪未來或「如果…會怎樣？（What if?）」情境的畫布工具。

(B) 用來視覺化主要利害關係人之間價值交換的畫布工具。

(C) 活動中的參與者，正在畫利害關係人圖及排序顧客的相關性。

(D) 繪製顧客旅程圖，從建立階段開始。

(E) 將想像的情境打造成原型，並呈現給團隊。

*design*thinkersgroup

Coca-Cola
Hellenic Bottling Company

BUSINESS SERVICES ORGANISATION
Partnership. Standardisation. Efficiency.

客及商業夥伴的服務，而員工旅程圖的目標則是創造一個環境給員工，讓他們能夠以顧客導向的方式工作。換句話說，從內部（員工）及外部（顧客）二種角度實現以顧客為中心的作法。」

進行中的流程

與相關利害關係人的定期會議，用來檢視建立顧客導向生態系統的流程，會議聚焦在如何實行是一個重要的新合作方式，基本上也決定了新服務概念的成功落實。

「我們想要將這種工作方式變成固定的例行公事，以永續的方式持續建立顧客導向的思維。」Tsaklev 補充說明。「改變不是拿來說－而是拿來『做』的，學習用能改變心態的方式合作，最後，真正的轉變就會在組織中生根。」訓練業師的模式（作為工作坊的一部分）確保了

工具及協調能力的建立，讓計畫不用依賴外部的業師與顧問。

廣泛的參與

除了內部（國家組織）與外部顧客，BSO 的資深管理階層也從一開始就參與，協助共創計畫，並舉辦服務管理的顧客旅程工作坊。Simion-Popescu 對這個手法表示歡迎：「員工被當作顧客與關鍵利害關係人看待。藉由建立對同仁的同理心，並了解同理心從何而來，增進了人們對彼此的理解。反過來看，這意味著你自動變成了一個顧客導向的組織，並自動以顧客導向的方式協作。」

「剛開始對於『將服務設計視為建立顧客導向思維的一種手段』這種想法的存疑，在我們使用像是顧客旅程圖的工具後，很快有了轉變。加上適當的引導，這創造出一種所有參與者都能理解的實際工作方式。」
—— *Vladimir Tsaklev*，持續精進管理者

分階段的成果

像是成為飲料產業最棒的共享服務組織這樣雄心勃勃的目標，需要改變人們的行為－也無法一夜成真。Tim Schuurman 強調在專案的不同階段，慶祝小勝利的重要性。「一開始擁有的成果是類似確認資深管理階層的投入、讓利害關係人參與製作顧客旅程圖、與員工分享顧客旅程的故事。當專案逐步發展，目標則在於改善員工滿意度、提升顧客滿意度、更好的財報，及業界最佳服務中心。」

BSO 專案現在已經交給組織，在沒有外部顧問與業師的情況下自行營運。在第一年內，服務設計手法已經獲得利害關係人廣泛的支持，以及顧客持續參與所有主要改變計劃的承諾（設計研究）。

約有 90 名員工分享了顧客旅程故事，為各服務部門規劃每年 2 次的顧客（員工）旅程工作坊。最後但也同樣重要的，已經有約 20 個新的短期以及 20 個中期服務概念被引進 4 個服務部門。BSO 的執行管理階層現在已經決定擴大全組織的服務設計專案，這正是成功的最佳說明。

重點結論

01

從一開始就要連結使用者與相關的利害關係人。

02

一定要認可及慶祝小小的短期成果。

03

讓員工成為所有努力的核心。

04

將新的設計導向工作方式整合進專案流程以及日常營運中。

05

用一組平衡的 KPI 全程追蹤專案進度。

12.5.6　案例：建立跨專案服務設計知識
因應會變動的目標

✍ 作者

Geke van Dijk，
STBY 策略長

Katie Tzanidou，
Google 使用者研究經理

..STBY...

Google

過去幾年間，STBY 與 Google 合作了一系列的設計研究專案。每個專案都聚焦在為不斷增加的問題尋找答案，這些問題從一個參與新服務提案的內部團隊而來，包含工程師、設計師、與產品經理。這一連串的努力研究也建立了一個跨專案的研究資產庫，提供團隊及廣大組織更長期的價值。所有的這些都發生在移動快速、敏捷式的脈絡下，以動態產品策略開發為特色─挑戰設計研究團隊，有效率地承接一直在變動的標靶。

這些持續的工作讓我們共同找出在大型組織中與跨領域團隊敏捷合作的幾個原則。這些原則的關鍵是在設計研究工作中，對快速迭代週期的持續需求之間找到適當的平衡，也

就是聯合衝刺中發生的資料收集、分析和報告、以及結構式記錄各階段與專案的研究活動，產出設計研究資產的「寶庫」，建立更長期價值的平行需求。透過這種方式，設計研究不再是一種反應模式的探針資源，而能對組織的遠大策略價值有所貢獻。

「我們共同找出了在大型組織中，與跨領域團隊敏捷合作的幾個原則。」

— Geke van Dijk，STBY 倫敦與阿姆斯特丹 策略長

不同層次的問題

設計研究專案的起始點通常有幾個層次。最緊急且明顯的起始點是專案團隊（例如工程師與設計師）短期且明確的問

題，他們採用敏捷式手法工作，必須在快節奏的流程中開發新的功能，自然對能解決目前工作遇到問題的具體答案最感興趣，最好能在短時間內就提供解答。他們面對的問題常隨著時間改變，因此在設計研究流程的不同階段中，新的或不一樣的興趣點和問題都可能出現，並被融入持續進行的設計研究中。回答這些問題固然非常重要，但將所有設計研究導向回答這些問題，會讓研究範圍限縮在已知的焦點內，冒著很大的風險，無法接觸到在設計研究中就能發現的意外角度。

其他團隊與廣大組織中的利害關係人（例如產品經理與研究員）也常有興趣探索關於他們正在開發的產品或服務類型更

全面、更重大的主題。為他們策略性、長期的問題尋找答案，需要一些更開放式的探索。理想上，設計研究手法能同時承接這二類利害關係人與他們的問題：當收集資料回答特定、短期的問題時，也能收集資料回答更策略性、長期的問題。

「我們需要承接的問題來自不同類型的利害關係人，所需的時間與焦點各異。」
— Katie Tzanidou，Google 使用者研究經理

不同速度的探索

若要讓設計研究來配合變動中的目標，需要定期進行快速的進度會議，在目前進行的工作與多種利害關係人持續前進的想法之間取得共識。我們這些會議上分享設計研究的階段性結果，即使仍是概略且粗糙的，沒必要等到設計研究流程的結尾才讓大家知道洞見與研究資料，因為團隊到時候可能已經往前邁進而不再參與這些探索。定期會面，進行漸進式的知識對談，確保設計研究的結果隨著時間越來越完整，也更符合利害關係人的需求及在乎的點。

這說起來容易，但做起來很難。對研究員來說，用這樣開放、透明的方式工作，經過數週連續的研究階段是一大挑戰。他們要開放工作流程，產生並分享快速共同循環／迭代中途的結果。這對研究員來說是真正的挑戰，因為他們通常傾向需要時間讓想法與結論慢慢萌發。STBY 與 Google 花了許多時間嘗試、測試、並優化這樣的流程，以共同的信念與信任為基礎，相信這是最好的前進方式，雙方都看到這樣做的效益，並決定推動。當然，我們也有經歷嘗試錯誤的時刻，接著會反思效果最好與想要改變的地方。對於每個專案，雙方團隊對於調整行事風格與嘗試不同事物，都抱持非常彈性且開放的態度。

這種高度合作與透明的手法不只對研究團隊的要求很高，客戶團隊也需要找出最佳的配合方式（像是團隊需要決定每個階段的參與人選）。利害關係人需要了解專案所處的階段，及階段性產出的狀態，流程可能變得很雜亂，因此需要非常主動地進行管理。一定要小心引導大家的期待，因為分享的素材大部分還未完成。我們已經學到在設計研究的早期，分享研究紀錄的價值，即使我們還不知道到底最後會產生什麼結果。建構階段性的結果，共同討論逐步篩選及排序的過程，讓逐步修正分析與最終結果能配合團隊正在執行的移動標靶。

「我們在共同信任的基礎上，花許多時間嘗試、測試、並優化這種工作流程。」
— *Katie Tzanidou*，*Google* 使用者研究經理

使用線上共享平台

因此，定期會議很重要，以漸進且便於取得的方式分享設計研究素材也很重要。我們因而使用線上共享平台，像是

(A) 專案進行中同時有快速迭代與較長期探索的流程。

(B) 已知／未知矩陣。

(C) 專案產出的金字塔。

(D) 研究參與者及專案團隊在共創使用者實驗室裡。

(E) 視覺化記錄使用的社會脈絡。

(F) 視覺化記錄正面／負面的使用者經驗。

Google 雲端硬碟與 Google 協作平台。Google 雲端硬碟是共享的專案收納箱，讓核心專案團隊交換並討論筆記與初步發現。Google 協作平台是與較多的組織內部利害關係人，分享各專案階段彙整成果與產出的平台。為了引導這個持續探索與篩選的過程，我們使用一套簡單的矩陣，標示出最值得花時間探究的發現（已知／未知矩陣）。

不同層次的產出

設計研究專案的階段性及最終產出，需要配合不同層次與速度的利害關係參與者。一定要同時提供關鍵發現的快速總覽，以及供進一步探索的深入／豐富的資料庫。也要非常容易取得與瀏覽，因為有些利害關係人要看的是可行的建議，而有些要的是更概略的靈感或基礎知識。

「透過設計研究產出的分層，我們為不同的興趣提供不同層次的洞見。」

— *Geke van Dijk*，*STBY 倫敦與阿姆斯特丹 策略長*

這就是為什麼研究產出的分層是關鍵。設計研究流程中產生的不同資產，符合我們稱作「產出金字塔」的不同層級 [42]。金字塔底層是由整理過、結構化的框架文件組成（例如，附意見的顧客旅程圖、訪談筆記、日誌或探針研究回饋、影片等），金字塔中層包含回答特定專案問題的完整洞見描述與圖示（例如，重複出現的痛點、精進的機會點等），上層提供高度精選過的設計研究關鍵重點摘要，以及從中衍生而來的建議。

跨專案的額外附加價值

金字塔的中上層直接回答了各類利害關係人提出與專案相關，較特定、短期與較策略性、長期的問題，設計研究資產的底層則提供一個較概略的寶箱，內含可依現行專案之外目的探勘的素材。當設計研究資產以跨專案的結構化方式創造出來，就能在各專案提取範圍之外，提供額外有價值的洞見。它們也可根據其他目的做探勘，像是探索即將發生的新問題。若運用得當，各種專案累積的整體資產，會形成對組織有更長遠價值的寶庫，讓原本的專案預算能產出更多附加的效益。

重點結論

01

進行中的快速迭代與更長期遠大主題的調查，在二者之間找到正確平衡。

02

建立定期的會面，進行漸進式的知識對談，取得對目前工作的共識。

03

準備好分享與討論未完成的工作，並從這樣的揭露中獲益。

04

將透明的協作手法與主動的期待管理結合。

05

將設計研究產出分層，以滿足所有利害關係人的需求。

共同作者

這些夥伴透過案例研究、專家意見、專家訣竅和文字框為本書做出了貢獻。我們希望反映服務設計的當前狀態就是一個不斷發展的領域，服務設計的實作也有著許多不同的視角和工作方式。

ALEX NISBETT
— 服務設計顧問

Alex 是現居倫敦的服務設計顧問。多年來，他一直夢想能參與奧運會，於是在 2012 年時，他成為 2012 倫敦奧運會和殘奧會的設計團隊成員，為 1240 萬名持票人設計並提供觀眾體驗。

ALEXANDER OSTERWALDER
— STRATEGYZER 共同創辦人

Alex 是商業模式圖（Business Model Canvas）和價值主張圖（Value Proposition Canvas）的發明者，也是全球暢銷書《獲利世代》和《價值主張年代》的主要作者。他是軟體平台 Strategyzer 的共同創辦人，提供設計、測試和管理策略與創新。Alex 在 2015 年獲頒 Thinkers50 策略獎，躋身世界 15 大商業思想家行列。

ANDY POLAINE
— FJORD EVOLUTION APAC 設計總監

Andy 是全球設計和創新顧問公司 Fjord 的設計總監，主要負責澳洲的顧問業務以及亞太地區的 Fjord Evolution 計劃。他是《Service Design: From Insight to Implementation》 一書的共同作者。

ANGELA LI
— WECO 總經理

Angela 負責在 WECO 建立商業策略、營運管理、業務發展和企業文化推動。她曾受知名組織的邀請，擔任服務設計思考工作坊的講師，亦曾任創新設計活動的講者和評審。2015 年時，Angela 被任命為德國 HPI 學院與中國傳媒大學的設計思考傑出專家。

ANKE HELMBRECHT
— TELEKOM DEUTSCHLAND 設計思考專案管理師

Anke 擁有公共管理學位，30 多年來一直是德國電信集團的一員。自 2008 年起於 Strategic Projects Telekom Deutschland GmbH 任職至今，負責管理工作坊，設計思考和顧客服務優化。她也是 CX 領航員（CX Navigator）社群的兩位發起人之一。

ANTON BREMAN
— TRANSFORMATOR DESIGN 資深服務設計師

Anton 擁有工業設計，商業和設計學位。他在 Transformator Design 擔任業務設計師，在那裡他使用服務設計思考來指導和支持組織建立內部能力，從而變得更加創新、高效和顧客驅動。

ARNE VAN OOSTEROM
— DESIGNTHINKERS GROUP AND DESIGNTHINKERS ACADEMY 合夥創辦人、負責人、資深引導師

Arne 於 2007 年創立了 DesignThinkers Group and Academy。DesignThinkers 是一家創新的網絡公司，合作客戶包括可口可樂、三星、飛利浦、歐萊雅和 ING 銀行。公司已發展成為一個全球性組織，其團隊遍布 20 多個國家。Arne 是一名教練和創新引導師，擁有設計、藝術、戲劇、攝影和傳播方面的背景。

ARTHUR YEH
— SERVICE DESIGN NETWORK（SDN，服務設計網絡）台灣分會 代表、創辦人

Arthur 致力於在社會與商業環境中創造價值共創服務系統。他也為公家單位和私人組織進行培訓工作坊，拓展服務設計的影響力。

BARBARA FRANZ
— IDEO 資深設計與研究

Barbara 是 IDEO 慕尼黑的資深主管。解決問題的天賦，讓她熱衷於設計橋接實體和數位空間的全面性解決方案，在整個過程中提供無縫的使用者經驗。在 IDEO，Barbara 透過創新流程引導來自不同產業的客戶，並聚焦複雜的服務系統。她曾在司圖加特、巴黎和赫爾辛基求學，並擁有芬蘭阿爾託大學（Aalto University）的工業和策略設計碩士學位。

BELINA RAFFY
— MAFFICK LTD 執行長、協作師

Belina 是一名全球顧問、講者和能力建構師，在協作變革、永續創新和商業文化轉型方面擁有豐富的專業知識。她是應用即興創作的世界權威，目前也正在寫一本書《Using Improv to Save the World (and Me)》內容是關於她周遊世界各地，3.5 個月內在 12 個國家提供應用即興專案的旅程。

BIRGIT MAGER
— 科隆應用技術大學（Technical University Köln）以及科隆國際設計學院（Köln International School Of Design, KISD）教授

自 1995 年至今，Birgit 在德國科隆應用技術大學任教，擔任歐洲首位服務設計領域的教職，並不斷在理論上、方法論和實務上發展服務設計領域。她的眾多講座、出版物和專案都強烈主張在服務領域中，設計的經濟、生態和社會功能的新理解。Birgit 是國際 Service Design Network 的共同創辦人兼董事長，國際服務設計期刊《Touchpoint》的主編，以及科隆應用技術大學 sedes|research 服務設計研究中心的創辦人和經理。

CHIRRYL-LEE RYAN
— FJORD EVOLUTION 全球設計與創新總監

Chirryl-Lee 是一位設計師，專門幫助從組織巨頭到求知若渴的新創公司的每個人解決複雜問題，並透過有目的和永續的變革改善人們的生活。

CAROLA VERSCHOOR
— GROH! 創辦人

Carola 是一位創新者、成長專員、品牌建構師、創意實務者、行銷策略師和美食家。作為 Groh! 的創辦人，她為一些世界領導品牌提供策略設計挑戰的顧問顧問。她也是 2015 年出版的《Change Ahead: How Research and Design Are Transforming Business Strategy》一書作者。

CATHY HUANG
— WECO 創辦人兼董事長

Cathy 是設計界備受尊崇的思想領袖。在她的指導下，CBi 橋中創新已成為中國首屈一指的設計研究與創新設計顧問公司。Cathy 曾多次評審知名設計競賽，並經常受邀在創新設計相關的國際研討會上發表演說。此外，她的設計觀點也曾登上世界各地的雜誌和電視節目。Cathy 出版了《從手機歷史看設計創新戰略》、《歐美設計管理經典案例》兩本著作。

CAT DREW
— 英國公共政策實驗室（UK Policy Lab）資深政策設計師

Cat 是一位政策制定者和設計師，擁有超過 10 年的公部門工作經驗，包括內閣辦公室（Cabinet Office）和首相辦公室（No.10）。她也擁有設計的碩士學位，這讓她能夠尋求創新的新方法（例如思辨設計、資料視覺化、並與豐富的使用者洞見和大數據科學結合），也實驗這些方法如何在政府單位中運用實行。

CHRIS FERGUSON
— BRIDGEABLE 執行長

Chris 是服務設計領導者和 CX 策略家，他與羅氏、TELUS、Genentech，RBC 和西奈山醫院（Mount Sinai Hospital）等複雜組織合作，以提升其服務的影響力。他是 Bridgeable 的創辦人兼執行長、多倫多大學羅特曼管理學院（University of Toronto's Rotman School of Management）的講師、以及 Service Design Network 加拿大分會的共同創辦人。

CHRIS LIVAUDAIS
— INREALITY 創意總監

Chris 負責 InReality 設計流程中許多面向，從最初的範疇設定、提案故事到 Rendering 彩現、施工圖和 UX 線框圖。他擅長將看似瘋狂的想法變成有形的產品、服務和體驗。

CHRISTOF ZÜRN
— DESIGN THINKING CENTER 設計長

Christof 是阿姆斯特丹 Design Thinking Center 的設計長，也是 Creative Companion 的創辦人。他也是 MusicThinking.com 的發起人。

CLARISSA BIOLCHINI
— LAJE 設計顧問、服務設計專員

Clarissa 是一名設計顧問和服務設計專員，在巴西、歐洲和亞洲擁有 25 年的實務經驗。她是 Laje 的共同創辦人，也是 Laje 和 Ana Couto 品牌顧問的合夥人。她也是里約熱內盧天主教大學（Pontifical Catholic University of Rio de Janeiro）和巴西 FGV 大學（Fundação Getulio Vargas）的講師。Clarissa 撰寫了巴西版《這就是服務設計思考》一書的序言。

DAMIAN KERNAHAN
— PROTO 合夥人 S 創辦人、體驗設計主任

Damian 相信品牌是承諾的給予，顧客體驗是承諾的維持。他被公認為澳洲領先的服務設計專家之一，曾與快速發展的新創和大型藍籌公司合作，運用設計的力量創造顧客喜愛的良好服務體驗。作為 Proto 合夥人 s 的負責人和創辦人，Damian 在 2008 年率先將服務設計引入澳洲業務，以幫助澳洲組織維持更佳的品牌承諾。

DANIEL EWERMAN
— TRANSFORMATOR DESIGN 創辦人兼執行長

Daniel 是 Transformator Design and Custellence 的創辦人兼執行長。作為自 1990 年代末以來的服務設計先驅，他擔任多個文化顧問公司的董事會成員，也同時是作家、專欄作家和常態性專題講者。

DAVE CARROLL
— DAVECARROLLMUSIC.COM 創作歌手、創新者

Dave 是一位屢獲殊榮的創作歌手、專業講者、作家和社群媒體創新者，現居加拿大新斯科舍省哈利法克斯。他發表的影片「United Breaks Guitars」是 2009 年 7 月全球排名第一的 YouTube MV 影片，被稱為「Google 歷史上最重要的 [影片] 之一」，也成為變革和創新的隱喻。

DOUG POWELL
— IBM 特聘設計師

Doug 負責擴展 IBM（世界上最成熟和最穩定發展的公司之一）的設計和設計思考實務。該策略的一個關鍵部分是構建開放、敏捷的跨領域協作空間 36 IBM Studios 的全球網絡。

EDUARDO KRANZ
— FJORD 服務設計主任

Eduardo 是一位設計師，擁有全面性的手法，專注於理解環境、整理問題、連結洞見、為人們創造愉悅的體驗，並同時帶著品牌和政府走一趟設計之旅。

EMILIE STRØMMEN OLSEN
— DESIGNIT 奧斯陸 資深服務設計師

Emilie 是一名服務設計師，主要與公共和衛生部門合作。在研究和進行資訊視覺化，以創造共識和激勵士氣方面，她是一位專家。

ERIC REISS
— FATDUX GROUP 執行長

Eric 自 1985 年起從事服務設計專案至今。現在，Eric 是丹麥哥本哈根 FatDUX 集團的執行長，該集團是一家 UX 業界領導企業，在全球十幾個城市設有辦公室和員工。他也是幾本書的作者，包括四種語言版本的暢銷書《Usable Usability》。

ERICH PICHLER
— SPLEND 執行長、創辦人

Erich Pichler 是一位熱忱的解決方案設計師。2016 年時，他共同創辦了 SPLEND 公司。Erich 在應用創新和產品管理方法方面累積了 20 多年的實務經驗，專門開發工業產品領域的產品、服務和可行的商業模式。他也在奧地利的大學講授創新、產品管理和設計思考課程。

ERIK WIDMARK
— EXPEDITION MONDIAL 共同創辦人、服務設計師

Erik 擁有斯德哥爾摩 Konstfack 瑞典藝術設計學院（又稱瑞典國立藝術與設計大學學院）的藝術創作碩士。Erik 對周遭人們與系統充滿好奇心，並運用工業設計教育的背景開發了他第一套服務設計方法和工具。多年來，Erik 擔任瑞典最大的服務設計公司之一的服務設計總監，負責招募、教學及進一步開發服務設計方法。Erik 也是 Expedition Mondial 的共同創辦人，對設計思考進行研究。

FERNANDO YEPEZ
— PWC 全球服務總監

Fernando Yepez 是一位經濟學家和商業策略教練。目前他擔任 PwC 全球服務的總監，協助公司內部新組織設計的發展和專業服務的全球數位供應鏈的部署。

FIONA LAMBE
— 斯德哥爾摩環境研究所（SEI）研究員

Fiona 領導斯德哥爾摩環境研究所的行為和選擇計劃（Initiative on Behaviour and Choice），聚焦了解新技術和實務採用時，影響行為的因素，以期改善低收入環境中的健康和生活狀況。

FLORIAN VOLLMER
— INREALITY 合夥人、體驗長（CXO）

Florian 在建立創意團隊和領導策略性 CX ／服務設計專案方面擁有多年經驗。在 InReality 的任職之餘，他也在喬治亞理工學院（Georgia Institute of Technology）教授碩士班服務設計。Florian 熱衷於透過主持工作坊和共創流程來擴展設計的觸角。

FRANCESCA TERZI
— DESIGNIT 服務設計師

Francesca 是 Designit 的服務設計師，Designit 是一家全球策略設計公司，隸屬領導科技公司 Wipro。在 Designit，Francesca 致力於在地層面發展其專業，特別注重發展使用者導向的服務設計解決方案的正確方法，並創造帶有「人味」的無縫好體驗。

GEKE VAN DIJK
— STBY 倫敦＆阿姆斯特丹 策略總監

Geke 是 STBY 的共同創辦人。她具有民族誌研究、使用者導向設計和服務行銷方面的背景。她擁有英國開放大學（Open University）的計算機科學博士學位，並定期發表服務設計和設計研究相關文章。她是荷蘭 Service Design Network 荷蘭分會的主席，也是全球設計研究網絡 Reach 的共同創辦人。

GIOVANNI RUELLO
— ROBERT BOSCH GMBH 服務設計師

Giovanni 是德國斯圖加特 Robert Bosch GmbH 中央使用者經驗部門的服務設計師。他擁有工程和設計的背景，曾經擔任 IT 顧問及插畫家和漫畫家。

HANNAH WANJIRU
— 肯亞奈洛比斯德哥爾摩環境研究所非洲中心 能源研究員

Hannah 在非洲能源和環境產業擁有超過 8 年的經驗。她現居肯亞，研究領域為市場分析、科技應用和政策發展。她曾設計並落實高度社區和性別主流化面向的研發專案。

HAZEL WHITE
— OPEN CHANGE 總監

Hazel 在設計實務、研究和教育方面擁有 25 年的經驗。她為劍橋大學管理的 350 名皇后青年領袖提供服務設計簡介，合作客戶包括 NHS，蘇格蘭政府和希臘國家圖書館。

HELGA MAYR
— 提洛爾教育大學 教師、課程統籌

Helga 在奧地利因斯布魯克經濟中學 HLW Weinhartstraße/ Ferrarischule 教授企業管理、會計、和組織服務管理。她也是因斯布魯克大學（Leopold-Franzens-Universität Innsbruck）的成本會計學講師，並為教師訓練學院（Pädagogische Hochschule，PH）組織教師培訓。

HENRIK KARLSSON
— DOBERMAN 創意總監

身為一位創意總監，Henrik 在 Doberman 參與許多不同的設計專案。他也負責公司各類設計專業的整體發展。

INGVILD STØVRING
— LIVEWORK 服務設計師

身為 Livework 的服務設計師，Ingvild 曾與倫敦交通局（Transport for London）、泰國創意設計中心（Thailand Creative & Design Center）、西福爾醫院（Sykehusene i Vestfold）、奧斯陸機場快線 Flytoget 和挪威保險公司 Gjensidige 等客戶合作。她在奧斯陸建築與設計學院和巴黎 ENSCI 國立高等工業設計學院修讀工業設計與服務設計後加入團隊。

ITZIAR POBES
— WE QUESTION OUR PROJECT 專案負責人

Itziar 是 We Question Our Project 專案背後的策劃者。她背後的目標是將客戶拉進未知的水域；但要這麼做，她需要向大家保證不會迷路。她運用好理解的方法和可行的行動來工作，產出意想不到的成果。

IVAN BOSCARIOL
— GOV.LAB – ELOGROUP 創新與行為主任

Ivan 樂於探索官僚主義的裂縫，以幫助系統
發展。他透過服務設計＋行為科學＋公共和社
會領域的大量經驗來實現這一目標。

JAMIN HEGEMAN
— CAPITAL ONE 金融服務設計主任

Jamin 是 Capital One 的金融服務設計主任，
負責領導跨部門的設計團隊，以支持端到端的
服務體驗，並將商業營運變得更加設計導向。
他是世界知名的演講者和服務設計老師。身
為 Service Design Network 的負責人，他協助
SDN 成長並影響了全球數千名設計師和商業
領袖。

JEFF MCGRATH
— DRTM VENTURES 負責人／創辦人

Jeff 是一名終身學習者，曾在美國、歐洲和亞
洲的新創公司和全球 500 大企業等眾多優秀創
新組織中任職或合作。他認為自己非常幸運能
夠在產業中向最優秀的思考領袖學習服務設
計。

JESÚS SOTOCA
— DESIGNIT 顧問、策略設計總監

Jesús 曾為電信、銀行、保險、健康、娛樂和
消費產品領域的公司領導創新、顧客體驗和設
計專案。

JOHAN BLOMKVIST
— 林雪坪大學（LINKÖPING UNIVERSITY）服務設計
研究員

Johan 是林雪坪大學的博士後服務設計研究
員。他的主要研究領域是服務原型，更具體來
說，是研究服務的展示如何製作，並作為未來
情境的原型。

JOHAN DOVELIUS
— DOBERMAN 服務設計主任

Johan 在設計領域擁有 15 年的經驗，在服務
設計方面擁有廣泛而深厚的經驗。除了與客
戶進行設計專案的日常業務外，Johan 也負責
Doberman 設計公司的服務設計藝術與實務。

JOUB MIRADORA
— 菲律賓 SUN LIFE FINANCIAL 數位長

Joub 是菲律賓 Sun Life Financial 的數位長。他是一位變革製造者和思想領袖，在快速發展的消費性產品和金融服務領域擁有 15 年策略行銷、客戶洞見、企業策略和企業社會責任的經驗。

JULIA JONAS
— 艾朗根紐倫堡大學（FRIEDRICH-ALEXANDER-UNIVERSITY ERLANGEN-NÜRNBERG）研究員

Julia 是艾朗根紐倫堡大學資訊系統研究所的博士後研究員和講師。她致力於服務創新，涵蓋服務系統、開放與跨領域創新、以及數位解決方案的原型設計。

JURGEN DE BECKER
— GENESYS 全球解決方案顧問 副總裁

Jurgen 是 Genesys 全球解決方案顧問副總裁，負責領導 Genesys 售前團隊，設計和管理顧客旅程，大幅提升顧客體驗和商業成效。

JÜRGEN TANGHE
— LIVEWORK 比利時 總監

Jürgen 是 Livework 的總監。他擅長服務創新和組織轉型。Jürgen 也是台夫特科技大學（TU Delft）的一名教職員，研究並教授服務轉型設計。

KAJA MISVÆR KISTORP
— DESIGNIT OSLO 服務設計主任

Kaja 負責管理 Designit 奧斯陸的服務設計團隊。自 2005 年起於 Designit 進行服務設計至今，並共同創立了奧斯陸辦公室。她也在奧斯陸建築與設計學院進行研究，並教授公共服務設計。

KATHRIN MÖSLEIN
— 艾朗根紐倫堡大學（FRIEDRICH-ALEXANDER-UNIVERSITY ERLANGEN-NÜRNBERG）學術副校長（VPR）、資訊系統研究所系主任

Kathrin 是艾朗根紐倫堡大學學術副校長、資訊系統研究所—創新與價值創造系主任，也是 HHL 萊比錫管理學院的管理學教授、領導創新與合作中心（CLIC）學術主任。

KATIE TZANIDOU
— GOOGLE UX 研究經理

Katie 是一位專職 UX 研究員，擁有心理學和哲學的背景，擁有英國開放大學的人機互動博士學位。在進 Google 之前，Katie 曾在歐洲、中東和非洲領導 Paypal 的顧客體驗團隊。她是 UX 研討會活躍的講者，也是新創公司的導師。

KLARA LINDNER
— MOBISOL 顧客體驗主任

Klara 致力於將以人為本的設計與永續的能源供應相互連結。她在太陽能公司 Mobisol 的草創期加入團隊，領導了東非的試行階段，並開發了其開創性的商業模式。除了改善 Mobisol 的顧客體驗外，Klara 自 2013 年起參與微能源系統研究計劃至今，探索 BOP 技術／能源背景下的服務設計。身為一名認證設計思考教練，Klara 不斷運用各種工作坊的設定來教授設計思考在創新和變革過程中的可行性。

KLAUS SCHWARZENBERGER
— MORE THAN METRICS 共同創辦人、技術長

Klaus Schwarzenberger 是 More than Metrics 的共同創辦人兼技術長，負責結合服務設計和軟體工程，打造更好的產品。

KRISTIN LOW
— ON OFF GROUP 創辦人、總監

Kristin 於 2012 年從澳洲移居香港，從零開始創立並建立了香港最大的設計思考網絡（現已有 2000 多名會員）。他也共同創辦了 On Off Group 和 Design Thinking Asia 顧問公司，專門進行符合亞洲區以人為本設計師需求的培訓顧問。

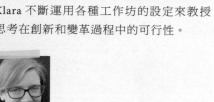

KRISTINA CARLANDER
— DOBERMAN 服務設計師

Kristina 是一位具有認知科學背景的服務設計師。她擁有與資誠（PwC）、瑞典 Tele2 電信公司、美國創新保險公司 Oscar 等客戶的合作經驗。

LAURA MALAN
— USCREATES 資深顧問師

Laura 為 Uscreates 領導顧客洞見、服務設計和溝通設計專案。Uscreates 是一家擁有 10 年歷史的策略設計顧問公司，致力於在跨組織中運用設計手法來改善醫療照護和健康。她的專業在以簡單和引人入勝的方式處理複雜資訊、服務與策略設計、以及產出高質感的數位和印刷設計物。

LAUREN CURRIE
— REDJOTTER.COM 設計師、創業者

Lauren（別名 Redjotter）是設計師和行動者，與世界各地的人們、團隊和組織合作，幫助他們變得更好。她是一位推動者、教育者和連續創業家，總是能將想法成真、讓群眾相信改變、建立與問題相關的網絡。她被《ELLE》雜誌選為「30 位 30 歲以下改變世界的女性」之一，並於 2017 年獲頒 OBE 獎勵。

LINDA BOWMAN
— WECO 服務設計師、創新策略師

Linda 是一位義大利籍服務設計師，現居中國上海。她專注於從設計的角度理解和發展客戶的商業環境和策略。透過以人為本的設計，她挑戰假設，以實現貼心周到的創新。Linda 擁有米蘭理工大學與中國同濟大學的產品服務系統設計和創新設計雙碩士學位。

LISA GATELY
— GENESYS 內容策略資深總監

Lisa 是 Genesys 的內容策略資深總監，負責內容的規劃、創造和策展，傳遞有用和可用的體驗。

MAIK MEDZICH
— TELEKOM DEUTSCHLAND GMBH 顧客體驗主任

Maik 具備商業資訊學的背景，在德國電信集團任職已超過 15 年。從 2014 年起，他負責在德國電信（65,000 名員工）組織中落實顧客體驗文化。他也是 CX Navigator 社群的兩位發起人之一。

MARC GARCIA
— WE QUESTION OUR PROJECT 專業研究員

身為一名認真的服務創新顧問，Marc 幫助政府和企業讓顧客參與新服務的創造。下班後，他就沉浸在 Jacinto Uncle 練鼓室的美好時光。他樂於追求刺激！或其實是反過來？白天他在工作中做瘋狂的事情，下班後，他安安靜靜待在家。

MARCEL ZWIERS
— 31VOLTS 共同創辦合夥人

Marcel 是位於荷蘭烏得勒支 31Volts 的共同創辦合夥人。31Volts 自豪地自稱為「策略行動者」，透過設計有意義的服務來幫助組織發展，始終以人為本！

MARIANNE ROLFSEN
— LIVEWORK 資深服務設計師

Marianne 在奧斯陸建築與設計學院取得服務設計碩士學位後加入 Livework，在修讀碩士之前，她曾在服務產業任職。在擔任資深服務設計師期間，她參與跨產業和企業，包括私人和公部門的專案，協助改善服務、打造整體顧客策略。她目前在奧斯陸公共圖書館工作，改善其數位服務。

MARIE HARTMANN
— DESIGNIT 奧斯陸 設計總監

Marie 在 Designit 奧斯陸擔任設計總監，並擔任奧斯陸大學附設醫院專案的專案經理。她是一位經驗豐富的設計師和使用者研究員，曾在公共衛生部門領導過多個服務設計專案。

MARINA TERTERYAN
— THE WHY LAB、WHY SERVICE DESIGN
　THINKING 播客 服務設計師、設計思考大使

Marina 是一位服務設計師，熱愛設計思考、創新、以及以人為本的一切。她主持了全世界第一場服務設計播客「Why Service Design Thinking」，在 General Assembly 教授服務設計，並擁有帕森設計學院的策略設計管理碩士學位。她相信，如果每個人都以設計思考的原則來做事、照爵士樂即興創作的原則過日子、並使用符合人體工學的站立式工作桌，那麼世界一定會變得更好。

MARKUS DURSTEWITZ
— AIRBUS 資深創新經理

Markus 負責培育 Airbus 的永續創新文化，並建立有效的創新生態系統，為顧客創造價值。他致力於將設計思考作為整個公司創新的基本手法。他在航空產業界擁有 20 多年的經驗，並擁有人機系統和認知工程博士學位。如今，他關注資料導向的服務和數位化轉型，在產品開發和營運的整個航空價值鏈中提供新的合作模式。

MARIO SEPP
— GASTSPIEL 創辦人

Mario 是關注服務和體驗設計的顧問公司 Gastspiel 的創辦人。他是一位高度熱忱且實務的顧客體驗專家，幫助公司優化或創造真正對顧客、員工和商業成果至關重要的服務、產品和體驗。他的手法結合了 20 多年的國際領導經驗，創業家精神和強大的商業頭腦，以及他在設計思考方法領域的成熟專業知識，以由外而內的角度來創造最佳的顧客體驗。

MARTA SÁNCHEZ SERRANO
— VODAFONE 商業策略和營運主任

Marta 在零售和營運領域擁有超過 10 年的經驗。她負責 Vodafone 的店內體驗和全通路策略的定義。

MAURÍCIO MANHÃES
— 薩凡納藝術設計學院 服務設計教授

Maurício 是薩凡納藝術設計學院的服務設計教授，也是服務設計顧問公司 Livework 的副設計研究員。他在 2015 年取得知識管理博士學位，論文題目為《Innovativeness and Prejudice: Designing a Landscape of Diversity for Knowledge Creation》。

MAURO REGO
— BEING VISUAL 設計師

Mauro 是現居柏林的服務和介面設計師。自 2012 年至今，他以 Being Visual 工作坊教導世界各地的人們如何讓想法更加視覺化、更加看得見。

MELISSA GATES
— LIVEWORK 溝通設計師

身為 Livework 的溝通設計師，Melissa 與所有 Livework 工作室的團隊密切合作，創造溝通素材、促進理解、也為利害關係人創造內部的認可。她以文案、插畫和動畫的背景，幫助 Livework 向客戶和外界說明並「銷售」他們的專案。

MIKE PRESS
— OPEN CHANGE 總監

Mike 是一位服務設計顧問、教育者和榮譽政策設計教授。他也是許多政策設計書籍和刊物的作者，以及 Service Design Academy 的共同創辦人。

MICHAEL WEND
— E.ON 資深顧客體驗經理

Michael 是顧客關懷與體驗領域的專家，曾任職於大型顧客關懷組織，自 2009 年起於 E.ON 德國任職至今。身為顧客洞見和創新團隊的資深顧客體驗經理，他主要負責服務設計。他曾擔任商業顧問和專案經理，專注於顧客關係管理。Michael 曾在齊柏林大學修讀跨部門領導與治理、在維也納修讀科學、並以優異成績畢業於商業顧問科系。

MINKA FRACKENPOHL
— MINKAFRACKENPOHL.DE 建築師、服務設計師

Minka 喜歡有形與無形元素間的相互作用。站在空間和服務相遇的交點上，她關注人、探索需求、並帶來變化。

NINA WESCHENFELDER
— MINDS & MAKERS 資深服務設計師

Nina 是一位專職平面設計師，畢業於科隆國際設計學院（KISD）和西雪梨大學服務設計學程，專注於設計思考和設計研究。在馬斯垂克大學跨學院服務科學研究所的利害關係人導向的研究中，她運用全面性系統的方式理解和發展服務。自 2014 年至今，她在 minds & makers 擔任服務設計師和使用者研究員，領導私人企業、社福和公共部門的專案。

OLE SCHILLING
— DEUTSCHE TELEKOM AG 資深設計經理

Ole 是 Deutsche Telekom AG 的顧客體驗轉型主任，負責顧客體驗計劃的發展。除了創意產業的背景外，他也擁有設計和創新管理的 EMBA，並致力推動設計變革。

OZLEM DESSAUER-SIEGERS
— VODAFONE 資深服務體驗設計主任

Ozlem 是一位跨領域的體驗設計師，擁有 UX 設計和人際互動設計的學歷背景。她於 1997 年開始在美國工作，2010 年移居荷蘭，現居荷蘭阿姆斯特丹。在她的職業生涯中，Ozlem 曾在柯達公司（Eastman Kodak Company），IBM 全球服務部、和飛利浦設計中心（Philips Design）任職，目前於 Vodafone 擔任資深服務體驗設計主任。

PATRICIA STARK
— SPLEND 共同創辦人、解決方案設計師

Patricia 自 2007 年起擔任國際產品經理至今，因其對創意、服務創新和技術的熱忱，她在 2016 年共同創立了 SPLEND。現在，她與工業企業合作，釋放他們的創意潛力，以探索未來的挑戰和機會點。

PATTI HUNT
— ON OFF GROUP 創辦人、總監

Patti 於 2012 年從澳洲移居香港，並成立了兩家服務設計和創新公司 On Off Group 和 Make Studios，目前在亞太地區營運。

PER BROLUND
— TRANSFORMATOR DESIGN 資深概念設計師

Per 曾在世界自然基金會（World Wide Fund for Nature, WWF）的工作，利用設計思考強化並發展柬埔寨永續的藤製品產業。他目前是 Transformator 一個部門的負責人，專注於將複雜的服務系統和抽象的顧客價值轉化為完整和直觀的視覺化圖表。

PHILIPP THESEN
— DEUTSCHE TELEKOM AG 資深設計副總

Philipp 是 Deutsche Telekom 設計部門的首席設計師和主管。他負責國際產品和服務的設計策略、設計流程以及教育和執行設計工作。他擁有 15 年的設計、顧問、創意總監和設計策略經驗,致力於透過策略設計推動創新和數位轉型。Philipp 是一名講師、講者,也是國際設計評審團的常客。

PHILLIPPA ROSE
— CURRENT.WORKS 服務設計師、引導師

Phillippa 自 2005 年至今不斷專注於服務設計和創新,尤其專精設計研究和策略。除了與英國內閣辦公室的政策實驗室(Policy Lab)、開放資料研究院(Open Data Institute,ODI),氣象局(Met Office)和 The App Business 合作專案外,Phillippa 也在倫敦藝術大學的服務設計和創新碩士學程任教。

RENATUS HOOGENRAAD
— SPARKS TRAINING 協作專員、組織發展顧問與教練

Renatus 協助組織文化正向地轉變,因應外界環境瞬息萬變的不確定性。透過這個方式,他建立了敏捷性,也同時讓價值創造加速。

RUNE YNDESTAD MØLLER
— LIVEWORK 資深商業設計師

Rune 在經歷金融服務、石油、天然氣和運輸等跨產業的顧問工作後,加入 Livework 擔任資深商業設計師。除此之外,他也負責產品、服務和流程的開發。他曾在哥本哈根商學院擔任研究員,幫助丹麥八家大公司改善其在決策過程中對風險資訊的使用。

SATU MIETTINEN
— 拉普蘭大學(UNIVERSITY OF LAPLAND)服務設計教授

Satu 從事服務設計研究,也撰寫了許多書籍、發表了大量研究論文。她對服務設計的研究領域包括社會和公共服務發展、公民參與和數位服務發展等領域。

SARAH DRUMMOND
— SNOOK 共同創辦人、董事總經理

Sarah 是 Snook 的共同創辦人兼董事總經理,Snook 是一家屢獲殊榮的設計顧問公司,站在民眾、公部門和民主創新的最前線。Sarah 致力於透過以人的角度重新思考公共服務,並在全球各地進行服務設計、創新和公民參相關的講座和演講,從而實現社會變革。身為點子產生器,Sarah 共同創辦了 MyPolice、CycleHack、Dearest Scotland 和 The Matter。她因技術和民主方面的貢獻而獲頒 Google 獎助金。

SIMON CLATWORTHY
— 奧斯陸建築與設計學院 教授

Simon 自 2004 年起從事服務設計的研究和教學工作至今，也擁有長時間的服務開發經驗。他對設計如何改變組織及其產品有高度熱忱。

SOPHIE ANDERSSON
— TRANSFORMATOR DESIGN 資深服務設計師

Sophie 擁有美術碩士學位，主修商業和設計。在她目前的工作中，她專注於能力建構，協助組織在文化、業務發展和工作模式上變得更加顧客導向。

SUSANNA NISSAR
— EXPEDITION MONDIAL 共同創辦人、執行長

Susanna 擁有計算機科學碩士和電影製作學士學位等多元化的學術背景。她從數位服務的 UX 領域進入服務設計領域。她現正為眾多瑞典和國際組織合作進行服務設計。Susanna 共同創辦了社會創新顧問公司 Expedition Mondial，進一步探索服務設計的疆域。

THOMAS ABRELL
— AIRBUS 創新經理

Thomas 負責 Airbus 企業創新團隊的顧客導向設計，包括讓使用者參與設計體驗，從模糊的前端到概念的驗證。此外，他目前在聖加侖大學資訊管理學院修讀博士學位，聚焦於數位創新的顧客和使用者知識。他的背景是設計與商業，擁有國際設計商業管理碩士學位（阿爾託大學，赫爾辛基）、設計碩士學位（上海同濟大學）和 MBA 學位（巴登符騰堡雙軌大學）。

TIM SCHUURMAN
— DESIGNTHINKERS GROUP AND
DESIGNTHINKERS ACADEMY 合夥人

Tim 擁有 MBA 學位和商業與金融管理碩士學位，在不同產業設計和導入產品／服務概念上有著豐富的經驗。作為一名鼓勵者和團隊合作者，他為專業人士提供了成功的條件。Tim 在引導及開發服務設計培訓課程和大師課程，以及在大學授課方面擁有豐富的經驗。

VALERIE CARR
— SNOOK 創意總監

Valerie 是 Snook 的創意總監，專注於共同設計健康和社會照護服務，以改善民眾的體驗以及服務提供的效率和有效性。她擁有健康照護服務設計的博士學位，並積極以創造性的方式與病人和民眾共同參與公共服務的相關挑戰。她也曾參與蘇格蘭政府、NHS24、各個健康局處以及蘇格蘭議會的專案。

VLADIMIR TSAKLEV
— 可口可樂希臘商業服務組織 持續精進管理者

Vladimir 是一位工程師，也是天生的發明家，
總是追隨著好奇心和好設計。他目前領導專案
是將組織從效率導向的流程轉型為以顧客和價
值導向的流程。他參與了製定全面持續性改進
計劃的各個面向 – 從概念設計和架構設定，到
培訓和專案的引導。他擅長整合服務設計與其
他改善方法，並將之導入新的商業領域和人們
生活中。

WARITTHI TEERAPRASERT (RAIN)
— 泰國創意設計中心 資深設計與創意業務發展專員

Waritthi 共同創造了 TCDC 的服務設計計劃，
並將其引進泰國的設計和商業社群。他總是先
問自己「設計師是怎麼思考這個問題的？」來
學習設計，然後再透過設計找到答案。

主要作者

即使我們編寫了本書的大部分內容，書中所有的文本都是根據我們的共同作者和合作夥伴大量建設性回饋迭代發展而來的。

MARC STICKDORN
— MORE THAN METRICS 共同創辦人、執行長

Marc 是 More than Metrics 的共同創辦人兼執行長，專為服務設計創造軟體服務，如 Smaply 和 ExperienceFellow。他擁有策略管理和服務設計的背景，協助組織持續地將服務設計深植本身的結構、流程和文化中。

2010 年時，他與 Jakob 一同出版了得獎作品《這就是服務設計思考！》。Marc 經常在研討會上發表服務設計和新創公司相關主題的演講，也在幾所大學教授服務設計，並提供公開和專門的高階管理課程。他目前正在德國艾朗根紐倫堡大學修讀以設計科學為基礎的資訊系統博士學位，並開發了一套新的行動民族誌研究手法。他已經快念完了，也已經念好多年了…

Marc 在閒暇時喜歡背著背包或開他的福斯休旅車去旅行、搭帆船出遊、或騎著他的經典凱旋 Bonneville 摩托車四處兜風。他現居奧地利因斯布魯克，四周被阿爾卑斯山脈環繞。

Twitter: @MrStickdorn
Email: marc@tisdd.com

ADAM LAWRENCE
— WORKPLAYEXPERIENCE 共同創辦人

Adam 是 WorkPlayExperience 的共同創辦人，協助世界各地的組織改變員工、合作夥伴和顧客的合作模式，共同探索並創造價值。他擁有心理學、行銷、產品創新、專業劇場和脫口秀的廣泛背景。Adam 對人際互動非常著迷，因此在 WPX，他關注服務的「前台」，也思考如何讓不同背景的人們能有效地共事，同時又做得開心。他開發並運用了幾種劇場工具和觀點，並將它們引進服務設計和主持引導的世界。

2010 年時，Adam 共同發起了得獎活動 Global Service Jam，接著，Global Sustainability Jam 和 Global GovJam 活動也緊隨其後，他是建立全球實務社群和 Jam 分享活動的領導推手。他也在世界各地授課，並發表服務設計和以人為本的創新等相關主題的演講。

Adam 現居德國南部，享受大自然和中世紀的重建風貌，也喜歡騎經典的日本摩托車。

Twitter: @adamstjohn
Email: adam@tisdd.com

MARKUS HORMESS
— WORKPLAYEXPERIENCE 共同創辦人

Markus 是服務創新顧問公司 WorkPlayExperience 的共同創辦人。他擅長站在設計、商業和技術的交叉點上工作和進行指導，也立基在他服務設計、商業顧問經驗，以及在理論物理學的背景上。在他的日常工作中，Markus 協助組織解決複雜的商業問題，使文化更加靈活、也更以人為本。他的工作重點是服務設計原型，不斷挑戰極限，讓專業團隊在有限的資源下達成目標。

Markus 是 Global Service Jam、Global Sustainability Jam 和 Global GovJam 的共同發起人。他也在幾所大學教授服務設計，並提供公開和專門的高階管理課程。

Markus 喜歡好的設計、人性化的技術、實用的實驗、真實不造作的服務、以及所有事物裡有趣好玩的元素。除了忙於專案工作和家庭之間，Markus 會去當地的創客空間裡做些東西，偶爾也會在演出中擔任 DJ 和貝司手。他現居德國紐倫堡附近。

Twitter: @markusedgar
Email: markus@tisdd.com

JAKOB SCHNEIDER
— MORE THAN METRICS 共同創辦人、文化長
— KD1 DESIGN AGENCY 合夥人、創意總監

Jakob 是 KD1 設計顧問公司的合夥人兼創意總監，負責各個領域的視覺企業傳播。身為 More than Metrics 的共同創辦人和文化長，他也為服務設計師共創軟體，如 Smaply 和 ExperienceFellow。

Jakob 自 2006 年起擔任跨領域設計師至今，有幸與福斯（Volkswagen）、戴姆勒（Daimler）、拜爾斯道夫（Beiersdorf）、艾德卡（Edeka）、西門子（Siemens）和德國電信（Deutsche Telekom）等客戶合作。他的工作範疇從文化顧問的設計物到全盤的企業專案—有些遵循以人為本的思考，有些則沒有。

2010 年時，他與 Marc 一同出版（並設計）了商業暢銷書《這就是服務設計思考！》。Jakob 在研討會、大學和其他顧問公司發表服務設計、新創公司和顧問的日常挑戰等相關主題的演講。

Jakob 現居德國科隆，喜歡城市也享受郊區，常常騎著他的舊荷蘭腳踏車四處跑。

Twitter: @jakoblies
Email: jakob@tisdd.com

索引

提醒您：由於翻譯書排版之故，部份索引名詞的對應頁碼會和實際頁碼有一頁之差。

A

逆推思考	161
Abrell, Thomas	246-251
行動步驟（TTM）	278-279
角色	
在生態系統圖裡	61-62
在旅程圖裡	46
在原型測試裡	67-69, 217, 219
在利害關係人圖裡	60
在價值網絡圖裡	61
Adaptive Path（案例）	146-148
調整性的三角形（敏捷）	341
接納曲線階段（經濟周期循環論）	10
設計公司（利害關係人術語）	64
敏捷宣言	281
敏捷方法	281, 284, 341
Airbus（案例研討）	246-251
Almenberg, Erik	256
美國建築師學會	300
Ana Couto Branding（案例研討）	384-386
用類比來發想	182-183
Andersson, Sophie	203–205, 484–486
The App Business（案例研討）	142-146
Arbetsförmedlingen（案例研討）	484-486
建築流程	298-305
建築。見環境、空間和建物	
用聯想來發想	182-183

以假設為基礎的工具	40, 50, 482
ATO（案例研討）	259-261
原型測試中的受測者	66-67, 217-219
澳洲電信公司（案例研討）	424–425
奧地利中學（案例研討）	480–484
自傳式民族誌（資料收集）	119

B

後台流程／行動	15, 47, 54–56, 75
Baraka, Mama	265
分享式工作坊／反傳統研討會	481
基本型因素（狩野模型）	11, 174
Baupiloten（公司）	301
Beck, Kent	281
行為改變，跨理論模式（TTM）	278–279
信念系統、改變與	277–278
三五分類法	184
偏誤	
確認	107
焦點團體 focus groups	123
原型測試者	219–220
研究員	110
抽樣	103
醜小孩	343
Biolchini, Clarissa	384–386
Björkqvist, Therese	256
黑盒子手法	353

Blomkvist, Johan	210, 220, 226
肢體激盪法	181, 241, 333
砰！嘩！哇！哇啊啊啊！轟─！	48–49
Boscariol, Ivan	396
邊界物件	41, 43
Bowman, Linda	447–451
Boxberg, Dorothea von	262
腦內活動階段（經濟周期循環論）	10
腦力激盪	180, 333
腦力接龍	180–181, 333
Breman, Anton	484–486
英國設計協會 British Design Council	19, 86
Brolund, Per	203–205
Buck, Rainer	308
編列預算	358–360

建造實體空間

關於	434
連結	438
空間區隔	436
空間的彈性	436–437, 440
裝潢與傢俱考量	437–438
靈感	436–437, 440
展示流程	439
低和高科技	438
痕跡	439
選擇空間的基底	434
空間裡的聲音考量	437

空間的考量	434
牆	434–435
建造階段（建築）	302–303
開發─量測─學習循環	343
商業實驗	74
商業主管（角色）	342
商業模式圖	74, 76, 239, 318–319, 482
商業摺紙	74, 179, 238
商業價值	67, 74, 231, 237–239

C

紙板原型測試	234, 335
概念發想活動用的牌卡	182–183
Carlander, Kristina	212, 218–219, 223, 225, 229
Carlson, Jan	
Carroll, Dave	
Carr, Valerie	

案例研討

讓服務設計深植組織	478–503
主持工作坊	420–425
概念發想	188–205
落實	306–325
建立服務設計的舞臺	442–451
原型測試	244–267
研究	134–153
服務設計流程與管理	376–387
CBi 橋中創新（案例研討）	447–451

組織面臨的挑戰

高度自主的顧客	6, 8–9
創新之必要	10–11
動起來了	11
組織孤島效應	7–10

變革主管（角色）	342

變革管理

關於	274–275
信念與情感	277–278
成本考量	272
改變的關鍵策略	278–279
了解人們如何改變	275–276
降低對改變的恐懼	469
了解什麼會改變	276–277
變革管理流程	279

Chang, Soo Ren	12
聯繫的通路	47, 78
銷售的通路	78
Chaos 報告	281
Cid, Danilo	384
Clatworthy, Simon	19, 83, 98, 107, 337, 342, 349, 357, 367, 455, 457, 470
客戶（利害關係人團體）	64
點子群集	183–185
群集抽樣	104
可口可樂希臘商業服務組織（案例研討）	495–498

共創

建築與 298, 301, 303

受測者 218

變革管理與 279

共創的原則 25

共創工作坊 107, 117, 125–126, 391, 394

建立熟練度 468

主持與 391, 394

游擊式 359

概念發想案例研討 190–196, 397

來領導 468

加入和溝通 366

參與和 279

實體空間案例研討 447–451

原型測試和案例研討 244–267

以降低對改變和失敗的恐懼 469

研究 113

空間與 441

的團隊 219–220, 348, 397

將資料編碼

共同主持人和主持人角色 395–396

協作 27–28, 252–255, 259–261

協作的（原則） 27–28

色彩鏈暖場法 417, 419

服務設計十二誡 32–33

用來溝通的原型測試 213

概念擁有者（角色） 219

確認偏誤 107

確認型研究 100

衝突的處理 366

Congdon, Stuart 13

對主持角色的認同 392-393

顧問（利害關係人團體） 64, 347, 353

意圖期（TTM） 278-279

內容檢討 367

脈絡訪談（資料收集） 121-122

情境式原型測試 66–67, 217, 221–223, 246–251

方便抽樣 103

設計流程中的收斂 85–86, 167–168, 329

轉換漏斗 47

服務設計核心活動

核心模式 85-90

概念發想 91, 93

落實 91–92

規劃 349–352

原型測試 91, 93

研究 91–92

視覺的展示 91–92

核心（服務）設計團隊

（利害關係人團體） 64, 342, 462

成本結構（商業模式圖） 77, 79

隱蔽研究 106

Cowoki（公司） 299–300

創造階段（建築） 301

危機階段（經濟周期循環論） 10

批評活動 229

服務設計作為跨領域的語言 22

群眾募資 317–318

文化探針（資料收集） 124–125

Currano, Becky 166

現況旅程圖 50, 149–153, 332

現況系統圖 58, 332–333

current.works（案例研討） 142-145

Currie, Laurie 7, 11

顧客行動（服務藍圖） 54-55

顧客旅程

關於 44–57

進行資料視覺化、整合與分析 129–130, 228,

的基本階段 112

顧客

定義的 63

高度自主的 6, 8-9

關鍵時刻 57

旅程圖的視角 46, 51

利害關係人和 59

的接觸點 57

想要什麼 3-4

目標客群（商業模式圖） 76-78

顧客服務、服務設計和 24

D

每日站立會議	362
Danze（案例研討）	193-195
資料編碼	113-114
資料收集的方法	
關於	105
共創工作坊	107, 117, 125-126
資料三角檢測	107-109
桌上研究	107, 117-119
建立索引	110, 113
方法三角檢測	107-109
非參與式手法	107, 117, 123-125
參與式手法	107, 117, 120-123
研究員三角檢測	107-110
研究方法	105-107
自我民族誌手法	107, 117, 119-120
資料三角檢測	107-109
資料視覺化、整合與分析	
關於	127, 228
顧客旅程	129-130, 111
待辦任務	113, 131, 228
旅程圖	129-130, 111
關鍵洞見	113, 131, 228
人物誌	111, 128-129, 228
研究流程	111-114
研究報告	113, 132-133
研究牆	111, 128, 228

利害關係人圖	228
系統圖	113, 130
使用者故事	113, 132, 228
Davis, Sheryl	148
不可能達成的時限	408
De Becker, Jurgen	313-316
做決策	160-162, 185, 334, 356
決策矩陣	185
定義階段（產品生命週期）	291
產出成果（產出）	165, 354-357
Designit（案例研討）	381-383
Designit 奧斯陸（案例研討）	252-255
設計主管（角色）	342
設計衝刺	
關於	473-476
面對限制	340
概念發想與	474
落實與	475
Itaú（案例研討）	384-386
在組織裡進行	475-476
計畫性迭代	345, 348
流程樣板	374-375
原型測試與	474
研究與	473-474
設計團隊的組成	64, 342-344, 462-464
DesignThinkers Group（案例研討）	495-498
設計思考中心	439-440

桌上研究	107, 117-119, 224
桌上系統圖	74, 179, 238
桌上演練法	233-234, 335, 482
Dessauer-Siegers, Ozlem	149-153
決定期（TTM）	278-279
德國電信（案例研討）	
	302, 444-446, 471-472, 491-494
DiClemente, Carlo	278-279
設計流程中的不同之處	88
數位物件與軟體	
道具	217
原型測試	67, 72-73, 216, 231, 235-237
研究	101
直接的經驗（原型測試）	227
導演（角色）	394
設計流程中的發散	85-86, 167-168, 329
Doberman（案例研討）	256-258
做紀錄	169-173, 356-358
雙鑽石	314-315
Dovelius, Johan	256-258
龍穴之創業投資	413
戲劇弧線	47-49
夢想空間地圖	300-301
Drew, Cat	139-141
Drummond, Sarah	196-199, 457, 459, 468
Durstewitz, Markus	246-251

E

早期使用者回饋　282

經濟周期循環論　10

生態系統圖　58, 61-63

生態系統

　　整合至現有的　272

　　的原型　67, 74, 231, 237–239

Edelweiss Bike Travel（案例研討）　308–312

Edgewood 兒童與家庭組織顧問中心
（案例研討）　146–148

Edman, Thomas　257

讓服務設計深植組織

　　設計衝刺　473–476

　　建立熟練度　467–472

　　啟動　455–461

　　激盪概念　465–466

　　擴張　462–466

讓服務設計深植組織案例研討

　　關於　478–479

　　建立跨專案服務設計知識　499–503

　　創造顧客導向的文化　495–498

　　納入全國中學課綱　480–484

　　提高全國服務設計意識和專業知識
　　　487–490

　　將服務設計整合到跨國組織中　491–494

　　引進政府公部門　484–486

立意抽樣　103

情感旅程　46

情感、改變與　277-278

同理心

　　以肢體激盪法來建立　181

　　以人物誌來建立　41, 128

　　資料視覺化與　111

　　flow of　356

　　練習　468

　　著重利害關係人　278

Engqvist, Helena　484

環境、空間和建物

　　關於　67, 71, 231

　　建築的落實　274, 298–305

　　評估要做些什麼　216

　　定義　217

　　的方法　234

　　規劃的考量　221-223

　　主持工作坊的空間考量　408–409

E.ON（案例研討）　136-138

史詩型戲劇弧線　49

Eriksson, Martin　289

用來評估的原型測試　213, 335

有證據的原則　25-26

Ewerman, Daniel　484-486

興奮型因素（狩野模型）　10, 174

Expedition Mondial（案例研討）　203-205

經驗導向的旅程圖　51-53

Experio Lab（案例研討）　256-258

用來探索的原型測試　212–213, 225, 335

探索型研究　100

延伸（服務）設計團隊　64, 343, 462–463

極端個案抽樣　103

F

主持人（角色）　342

主持工作坊

　　關於　391

　　建立團隊　397

　　案例研討　420-425

　　共創與　107, 117, 125–126, 391, 394

　　建立安心空間　399–404

　　的主持方法　400, 417–419

　　的關鍵概念　392–393

　　關鍵主持手法　407–415

　　規劃工作　398

　　目的與期望　397–398

　　的風格和角色　394–396

　　的成功要素　397–406

　　團隊的工作模式　404–406

主持工作坊案例研討

　　關於　420–421

　　不熟悉的力量　422–423

　　轉向與聚焦　424–425

主持工作坊方法

色彩練暖場法　　　　　　　　417, 419

紅綠回饋法　　　　　　　　　418

三腦合一暖場法　　　　　　　417, 419

「對，而且……」暖場法　　　400, 418

主持工作坊手法

改變位階狀態　　　　　　　413–414

動手不動口　　　　　　　　415

回饋　　　　　　　　　　　413–414

主持人的養成　　　　　　　415

聰明便利貼工作術　　　　　410–411

空間考量　　　　　　　　　408–409

空間、距離、站的位置　　　411–412

場控考量　　　　　　　　　408, 410

工具和道具　　　　　　　　409

暖場　　409–410 400, 407, 417–419, 482

主持人（角色）

關於　　　　　　　　　　219, 392

扮演　　　　　　　　　　394–395

將目標放在一個緩慢的轉變　288

共同主持和　　　　　　　395–396

取得參與者的認同　　　　392–393

保持中立　　　　　　　　393

的狀態　　　　　　　　393, 413–414

的團隊成員　　　　　　　396

失敗

在原型測試中面對　　　　229

先嘗試失敗的概念　　　　404

降低恐懼　　　　　　　　　469

測試可行性的原型　　　　214–215

回饋　　　　　　282, 412–413, 418

Ferguson, Chris　　　　　　7, 165

原型的擬真度　　65–66, 220–222, 259–261

第一層次概念（原始資料）　38, 109

Fjord（案例研討）　　　　259–261

Fjord Evolution（案例研討）　259–261

焦點團體（資料收集）　　　123

旅程圖的聚焦　　　　　　51–53

強制性迭代　　　　　　　350

論壇劇場　　　　　　　　393, 395

Frackenpohl, Minka　　　　298–305

Franz, Barbara　　　　　　262–263

第一線人員　　　　　　　64

前台流程／行動　　　　15, 47, 54–55

Frost, Chris　　　　　　　144

未來旅程圖　　　50, 149–153, 216

未來系統圖　　　　　　　58

G

Garica, Marc　　　　　　200–202

Gastspiel（案例研討）　　308–312

Gately, Lisa　　　　　　313–316

Gates, Melissa　　　　　322–324

Genesys（案例研討）　　313–316

Global Service Jam　　　415, 465–466

Google (case study)　　　499–503

Gottschalk, Thomas　　　264, 266

哀嚎區　　　　　　　　167–168

Gross, Ted　　　　　　　157

Guilford, Joy Paul　　　　85

H

Habermas, Jürgen　　　　110

Hanhan, Musa　　　　　12

Hartmann, Marie　　　　252–255

霍桑效應　　　　　　　107

Hegeman, Jamin 85–86, 91, 146–148, 335, 339, 353, 357–358

Helmbrecht, Anke　109, 128, 471–472

海明威　　　　　　　　401

Herzberg 激勵保健理論　　4

Hill, Charles　　　　　214

Hjert, Sally　　　　　256

全面的原則　　　　　　25–28

Hoogenraad, Renatus　402, 404, 407–409

把原型當作人質　　　　220

Houde Stephanie　　　214

Houle, David　　　　　450

「我們該如何…？」發想問題　179, 201, 333

Huang, Cathy　　　　447–451

以人為本的設計

關於　　　　　　　　11, 467

設計研究的基礎	98
帶入組織 DNA	470
案例研討手法	146–148, 246–251
以人為本的落實	274
以人為本的原則	27–28, 274
規劃落實	274
的原則	25, 27
支持行為改變	278
以人為本的落實	274
以人為本的原則	27–28, 274
人和人的互動	61–62
人和機器的互動	61–62
Hunt, Andy	281–282
Hunt, Patti	422–423

I

產出點子	165–167
點子合集	184–185, 228, 334
挑選點子	167–169
概念發想	
關於	91, 93, 157–159
做決策	160–162, 334
設計衝刺與	474
以人為本的落實與	274
概念發想的方法	164–167, 169, 177–187
規劃概念發想	163–165, 350–351
流程概覽	159, 163–175, 333–334

質 vs. 量	158
在軟體開發中進行	286
視覺的展示	93
概念發想案例研討	
關於	188–189
站在紮實研究的基礎上	196–200
用混合方法共創	193–195
用混合的方法發想	200–203
將設計工坊開放給你的顧客	190–193, 397
用視覺物件激發創造力	203–205
概念發想的方法	
增加深度和廣度	167, 177, 181–182
產出很多點子	167, 177, 180–181
概念發想前	167, 177–179
減少選項	169, 177, 186–187
挑選	164–167
理解、分群與排名	169, 177, 183–185
規劃概念發想	
關於	350–351
確定產出	165
沈浸其中、激發靈感	163
挑選方法	164
規劃概念發想的循環	164
挑選參與者	164
設定停損點	165
拆解挑戰	163
起點	163

概念發想的流程	
關於	163
定義範疇	163
做紀錄	165–167
挑選點子	167–169
規劃概念發想	163–165
狩野模型	174–175
的視覺表現	159
點子牆	228, 285
IDEO（案例研討）	262–263, 301
想像階段（產品生命週期）	289–290
想像式原型	227
影響分析	277–279
落實	
關於	91–92, 271–272
建築的	274, 298–305
的變革管理	274–279
設計衝刺與	475
以人為本	274
落實案例研討	306–324
試行與	272–273
規劃	274, 351–352
流程概覽	335
的產品管理	274, 289–297
的軟體開發	274, 280–288
的視覺表現	92
落實案例研討	

關於　　　　　　　　　　306–307

透過試行和落實專案創造商業影響力

　　　　　　　　　　　　322–324

創造銷售量的經驗、動能和成果　313–316

讓員工都有能力持續地落實　308–312

軟體新創公司裡進行服務設計　317–321

落實專案　　　　　　　　345–346

不可能達成的實現　　　　　　408

育成專案　　　　　　　　　　345

深度訪談（資料收集）　　　　122

建立索引　　　　　　　110, 113

間接的原型測試　　　　　　　227

無限原型測試　　　　　　256–258

企業內設計部門　　　　　　　64

創新。亦見服務設計案例研討

逆推思考與　　　　　　　161

提高創新率　　　　　　　84

創新激盪　　　　　　465–466

狩野模型　　　　　　　　175

管理期望　　　　　　　　355

多重追蹤　　　　　　　　352

之必要　　　　　　　　10–11

創新激盪　　　　　　　465–466

InReality（案例研討）　　193–195

制度安排（SDL）　　　　29–30

制度（SDL）　　　　　　29–30

整合原型　　　　　　　　215

互動式可點擊模型　　236–237, 335

解讀資料（第二層概念）　38–39, 109

訪員效應　　　　　　　　107

訪談

脈絡　　　　　　　　　121

以進行影響分析　　　　277

深度　　　　　　　　　122

調查式排練　　　　232, 335, 403

鐵三角　　　　　　　　341

Itaú（案例研討）　　　384–386

迭代

成本考量　　　　　　　272

定義的　　　　　　　　90

在概念發想中（發想循環）　159, 164

在落實中（落實循環）　352

迭代的原則　　　　　27–28

管理　　　329, 336, 363–368

計畫性　　　　　　345–349

規劃　　　　　　　361–363

在原型測試中（原型測試循環）

　　　　　211, 215, 223–224

在研究中（研究循環）　102

檢討考量　　　　　367–368

J

激盪概念　　　　　　465–466

代辦任務（JTBD）　47, 52, 113, 131, 228

小丑（角色）　　　　　393, 395

Jonas, Julia　　　272, 351, 355, 364

Jones, Lauren　　　　　　198

旅程圖

關於　　　　　　　　　44

商業模式圖與　　　　　76-79

進行共創工作坊　　　　126

的組成元素　　　　　46-47

進行資料視覺化、整合與分析

　　　　　　129–130, 111

的戲劇弧線　　　　　47-49

讓服務設計深植組織　482, 485

重要因素　　　　　　50–53

的聚焦　　　　　　51–53

發想點子　　　　　　178

的欄位　　　　　　50, 52

的視角　　　　　　46, 51

的信度　　　　　　　50

研究案例研討　　　146–153

的範疇和比例　　　44, 51

服務藍圖與　　　　54–56

利害關係人圖與　　　　59

狀態　50, 149–153, 216, 332

的類型　　　　　　50–53

縮放程度　　　　　44, 51

JTBD。見待辦任務

Judelman, Greg　　　435, 439

Jung, Rob 144

K

狩野模型 10–11, 174–175

Karlsson, Henrik 256–258

肯亞爐具使用者案例研究 203–205

Kernahan, Damian 424–425

關鍵活動（商業模式圖） 77–78

關鍵洞見

　　進行資料視覺化、整合與分析113, 131, 228

　　發展 131, 332

　　用來發想 179

　　傳遞 355–356

關鍵夥伴（商業模式圖） 77, 79

關鍵績效指標（KPIs） 7, 22, 469

關鍵資源（商業模式圖） 77, 79

殺手級文字 404

Kimbell, Lucy 143

Kistorp, Kaja Misvær 252–255

工具包、推車和卡車 430

荷蘭航空（案例研討） 190–192, 397

科隆應用技術大學設計學院 487

KPIs。見關鍵績效指標

Kranz, Eduardo 259–261

Kumar, Vijay 291

L

實驗室原型測試 223

Laje（案例研討） 384–386

Lambe, Fiona 203–205

Lamott, Ann 401

欄位

　　旅程圖中的 50, 52

　　服務藍圖中的 55–56

Laseau, Paul 85

精實的心態 281

Leavitt 鑽石模型 276–277

Levitt, Theodore 52

Li, Angela 447–451

產品管理生命週期

　　關於 289

　　定義階段 291

　　想像階段 289–290

　　實現階段 291–292

　　退場／丟棄階段 296

　　支援／使用階段 292–295

Li Ke Qiang 447

Lim, Youn-Kyung 220

Lindner, Klara 264–267, 456

互動線（服務藍圖） 54–55

內部互動線（服務藍圖） 55–56

可見線（服務藍圖） 54–56

「化個妝遮醜」 24

Liszt, Marianne 481

Livaudais, Chris 193–195

Livework（案例研討） 19, 322–324

測試外觀感受的原型 214–215

看起來像的原型 70

Low, Kristin 422–423

漢莎航空（案例研討） 262–263

Lusch, Robert 29

M

機器和機器的互動 61–62

Madsen, Bjørg Torill 324

Maeda, John 214

Mager, Birgit 19, 23, 25, 295, 430, 487

維持期（TTM） 278–279

建立服務設計的舞臺案例研討。

見實體空間案例研討

　　Malan, Laura 139–141

　　管理階層的認可 457

　　行政主管（角色） 342

　　Manhães, Mauricio 10, 29–31, 110

　　多頁，多支筆模式（團隊的工作模式）406

　　市場衰落階段（產品生命週期） 296

　　市場成長階段（產品生命週期） 293–294

　　市場引進階段（產品生命週期） 293

　　市場成熟階段（產品生命週期） 294–296

　　Martins, Patricia 386

材料知識　275

最大貢獻抽樣　103

最大變異抽樣　103

Mayr, Helga　480–483

MCDA（多標準決策分析）　185

McGrath, Jeff　11, 13–14, 22

Medzich, Maik
　105, 431–432, 438, 444–446, 467, 471–472

心理健康

　概念發想案例研討　196–200

　研究案例研討　146–148

方法

　資料收集　105–110, 113, 117–126

　資料視覺化、整合與分析　127–133

　定義的　37

　主持工作坊　417–419

　概念發想　164–167, 177–187

　原型測試　67–74, 231–243

　工具與　37 107–109

方法三角檢測　107–109

Met Office　142–146

Miettinen, Satu　166

里程碑　353–355

心態改變階段（建築）　299–300

心態，服務設計作為一種　21, 360

minds & makers（案例研討）　136–138

最小可行性產品（MVP）　281–282, 476

Miradora, Joub　422–423

探案型戲劇弧線　49

行動民族誌（資料收集）　124

行動空間　430, 433

Mobisol（案例研討）　264–267

模型製作者　219

Møller, Rune Yndestad　322–324

Mo’ MAGIC　146–148

關鍵時刻（MoT）　57

監控階段（建築）　303–304

情緒板　238–239

More Than Metrics（案例研討）　317–321

Moritz, Stefan　19

Möslein, Kathrin　271, 345

MoT（關鍵時刻）　57

多標準決策分析（MCDA）　185

多重追蹤　224, 352

MVP（最小可行性產品）　281–282, 476

N

需求評估階段（建築）　300–301

淨推薦指數（NPS）　11

主持人角色保持中立　393

Nisbett, Alex　378–380

Nissar, Susanna　203–205, 460

非參與式手法（資料收集）　123

Normann, Richard　57

NPS（淨推薦指數）　11

O

章魚群集法　183–184

奧林匹克運動會　378–381

一頁，多支筆模式（團隊的工作模式）405–406

線上民族誌（資料收集）　120

On Off Group（案例研討）　422–423

Oosterom, Arne van　20, 22, 399, 495

操作者（角色）　219

組織

　採用服務設計手法　14–15

　面臨的挑戰　6–13

　裡的設計衝刺　475–476

　深植服務設計　455–477

東方園林產業集團 450, 322–324 324 252–255 76,
　221 165, 354–357 432 106

奧斯陸（案例研討）　322–324

奧斯陸市政　324

奧斯陸大學附設醫院　252–255

Osterwalder, Alexander　76, 221

產出（產出成果）　165, 354–357

產出（空間）　432

外顯研究　106

P

Pahl-Schoenbein, Julia　12

Palmgren, Anna 486
紙上原型測試 235, 335
平行位置 412
參與式手法（資料收集）
關於 107, 117
脈絡訪談 121–122
焦點團體 123
深度訪談 122
參與者觀察 120–121
參與式觀察 120–121
傳禮物遊戲 3
Pauling, Linus 65
PDCA 管理流程 22
提洛爾教育大學（案例研討） 480–483
研究的同儕審查 113
人的元素（Leavitt 鑽石模型） 276–277
表現的因素（狩野模型） 11, 174
永久／內部空間 432–433
永久／遠距空間 432–433
人物誌
關於 41
邊界物件與 41, 43
商業模式圖與 78
共創工作坊中運用 125
的組成元素 41–42
建立 128–129
資料視覺化、整合與分析 111, 128, 228

旅程圖中的 46
產品管理中的 297
研究案例研討 142–146
階段
找出、畫出專案階段 353–354
旅程圖中的 46
肢體投票法 186–187
實體證據 54–55, 75, 217
實體物件／產品 67, 69–71, 101, 217, 234
實體空間
建造 434–440
創造安心空間 399–405
專屬的 429
決定空間的需求 441
保有 440
行動解決方案 430, 433
永久／內部空間 432–433
永久／遠距空間 432–433
主持工作坊的空間考量 408–409
暫時／內部空間 431, 433
暫時／遠距空間 430–431
的類型 430–433
實體空間案例研討
關於 442–443
在大企業裡昭告天下 444–446
播下創新和變革的種子 447–451
Pichler, Erich 289–297

試行 272–273, 322–324, 354, 475
計畫性迭代 345–349
規劃
核心活動 349–352
主持工作坊 398
概念發想 163–165, 350–351
落實 274, 351–352
原型測試 65–67, 218–226, 351
研究 102–105, 350
服務設計流程 337–360
Pobes, Itziar 200–202
The Point People（案例研討） 196–199
Polaine, Andy 259–261
政策研究室（案例研討） 139–141
快閃型（空間） 430–431
聰明便利貼工作術（便利貼）技巧 410–411
Powell, Doug 429, 434, 437
無意圖期（TTM） 278–279
準備型研究 99, 118, 159, 211, 338–339, 353
展示型原型 213–214
Press, Mike 38, 50, 59, 467
模擬原型 74
初級資料 108–109
服務設計的原則 26–28, 360
機率抽樣 104
解問題 83–87, 115, 157, 329
問題空間 115

Prochaska, James | 278–279
產品導向的旅程圖 | 51–53
產品管理 | 274, 289–297
產品經理（角色） | 292–296
產品負責人（Scrum 角色） | 394–395
熟練度，建立（作為組織）
　關於 | 467
　將服務設計帶入組織 DNA | 470
　破壞自己的公司 | 469–470
　「自食其果」，使用自家的產品和服務 | 468
　以共創來領導 | 468
　不要侷限於量化統計和指標 | 468–469
　讓設計變得具體有形 | 470
　練習同理心 | 468
　降低對改變和失敗的恐懼 | 469
　了解設計流程 | 467–468
　使用顧客導向的 KPI | 469
專案經理（角色） | 42
專案負責人（角色） | 342, 395
專案團隊 | 64, 342–344, 462–464
道具 | 69, 217, 409
Protopartners（案例研討） | 424–425 219–220
原型測試者偏見 | 219–220
原型測試
　關於 | 65, 91, 93, 210
　商業模式圖與 | 76, 78
　面對失敗和批評 | 229

設計衝刺與 | 474
經驗原型測試 | 227
直接的經驗 | 225, 227
想像式 | 227
進行影響分析 | 277
落實的考量 | 272–274
間接的想像 227
無限 256–258
來學習 68
試行和 272–273
流程概覽 65–67, 211–229, 334–335
原型測試案例研討 244–267
原型測試的方法 67–74, 210, 231–243
規劃原型測試 65–67, 218–226, 351
降低不確定性 210
的規模 217
的範疇 217
軟體專案中的 286–287
的視覺表現形式 93
原型測試案例研討
　關於 | 244–245
　透過最小可行解法和情境式模型
　帶來有效的共創 | 246–251
　讓員工和利害關係人都能做原型
　測試，以持續翻新 | 256–258
　最小令人喜愛產品、實際生活原
　型、與高擬真度程式碼草圖 | 259–261

使用多面向原型來創造並迭代
修正商業和服務的模式 | 264–267
運用原型與共創來創造主導權
以及密切合作 | 252–255
在大規模 1：1 原型中使用角色
扮演與模擬 | 262–263
原型測試的方法
　關於 | 67, 210, 225, 231, 242–243
　數位物件和軟體 67, 72–73, 216, 231, 235–237
　生態系統商業價值 | 67, 74, 231, 237–239
　環境、空間和建物 67, 71, 216–217, 231, 234
　一般方法 | 231, 238–241
　實體物件 | 67, 70–71, 216, 231
　挑選 | 224–225
　服務流程和體驗 67-69, 216–217, 231–234
規劃原型測試
　關於 | 218, 351
　的受測者 | 66–67, 217–219
　的情境 66–67, 217, 221–223, 246–251
　擬真度 | 65–66, 220–222
　方法選擇 | 224–225
　多重追蹤 | 224
　原型測試的循環 | 223–224
　團隊中的角色 | 219–220
　視覺表現形式 | 225
原型測試的流程
　關於 | 65–67, 211–212

評估要做些什麼　216–218

資料視覺化、整合與分析　228

規劃原型測試　218–226

原型測試要問的問題　65, 214–216

的目的　65, 212–214

進行原型測試　226

Q

質化研究　50, 97–133, 139–141

量化研究　50, 98, 139–141

提出的問題

藉由原型測試　65, 214–216

藉由研究　100–102

利害關係人　365

快速投票法　186

配額抽樣　103

R

Raffy, Belina　158, 163, 167, 400, 402, 407, 411

隨機的關聯性　182–183

隨機抽樣　104

點子排名　183–185

原始資料（第一層次概念）　38, 109

實踐階段（產品生命週期）　291–292

真實的原則　27–28

紅綠回饋法　418

主動的思考　166

無意識思考　166

Reiss, Eric　468–469

故態復萌期（TTM）　278

關係

商業模式圖與　78

系統圖中的　63

利害關係人圖中的　59–60

旅程圖的可信度　50

Ren, Sissi　450

報告

進行資料整合和分析　113, 132–133, 228

研究　113, 132–133

研究和研究資料

關於　38–39, 91

以假設為基礎的工具　40

資料收集的方法　105–110, 113, 117–126

資料視覺化、整合與分析　127–133

設計衝刺　473–474

解讀資料　38–39

超越假設　97–99

流程概覽　100–115, 330–332

原始資料　38

以研究為基礎的工具　40, 50, 211

研究案例研討　134–153

研究方法　105–107

規劃研究　102–105, 350

研究報告　132–133 92 40, 50, 211

的視覺展示形式　92

以研究為基礎的工具

關於　134–135

現況和未來旅程圖　149–153

運用民族誌法，獲得可行的洞見　136–138

用旅程圖描繪研究資料　146–148

質化和量化研究　139–141

寶貴的人物誌　142–146

研究員偏誤　110

研究員（角色）　219

研究員三角檢測　107–110

研究方法

關於　117, 127

自傳式民族誌　119

建立一面研究牆　128

共創旅程圖　126

共創人物誌　125

共創系統圖　126

共創工作坊　125–126

彙整研究報告　132

脈絡訪談　121

建立人物誌　128

文化探針　124

資料收集　117–126

資料視覺化、整合與分析　127–133

桌上研究　118–119

發展關鍵洞見　131

焦點團體 123

產出代辦任務的洞見 131

深度訪談 122

建立旅程圖 129

建立系統圖 130

行動民族誌 124

非參與式手法 123–124

非參與式觀察 123

線上民族誌 120

參與式手法 120–123

參與式觀察 120

準備型研究 118

次級研究 119

自我民族誌手法 119–120

撰寫使用者故事 132

研究規劃

關於 102, 350

研究情境 104

研究循環 102

樣本選擇 103–104

樣本大小 104–105

研究流程

關於 100

資料收集 105–110

資料視覺化、整合與分析 127–133

研究成果 114

研究規劃 102–105

研究問題 100–102

研究範疇 100–102

視覺表現形式 99

研究報告 113, 132–133

研究牆 128, 228, 331

退場／丟棄階段（產品生命週期） 296

度假村型（空間） 432

收益流（商業模式圖） 77, 79

Rolfsen, Marianne 322–324

主持工作坊的空間考量 408–409

Rose, Phillippa 111, 128, 142–145

習以為常階段（經濟周期循環論） 10

Ruello, Giovanni 347

排練規則 400–401, 403

Ryan, Chirryl-Lee 259–261

Rydqvist, Pia 484–486

S

Saas（軟體即服務） 318

安心空間

關於 399

避免評斷 404

避免殺手級文字 404

打破慣例 400

慢慢進入 400–401, 403

先嘗試失敗 404

給予引導介紹 401

召喚權威 400

大亂鬥 402, 405

混合活動 402

打開注意力，隨時修正 404

提供安全網 404

完全擁有自己的空間 399

實務中的原則 402–403

爛爛的第一版 401–403, 405

在熟悉的環境中開始 399

樣本選擇 103–104

樣本大小 104–105

抽樣偏誤 103

抽樣誤差 104

聖胡安德巴塞隆納兒童醫院（案例研討） 200–202

Sardenberg, Danielle 384, 386

比例／規模

旅程圖的 44, 51

原型測試中的 217

Schauer, Brandon 23

Schilling, Ole 476, 491–494

Schneider, Jakob 317–321

Schrage, Michael 226

Schuurman, Tim 495–498

Schwarzenberger, Klaus 280–288, 317–321

範疇

概念發想活動的 163

旅程圖的	44, 51
原型測試的	217
研究的	100–102
服務流程的	337–338
Scrum 大師（角色）	394–395
SDL（服務主導邏輯）	29–31
次級資料	108–109
次級研究（資料收集）	119
第二層次概念（解讀資料）	38–39, 109
區塊	
生態系統圖中的	63
利害關係人圖中的	59–60
價值網絡圖中的	61–62
自我民族誌手法（資料收集）	
關於	107, 117
自傳式民族誌	119
線上民族誌	120
研究案例研討	136–138
自我選擇抽樣	103
意義建構流程。見資料視覺化、整合與分析	
Sepp, Mario	308–312
有順序原則	25–26
連續的原則	27–28
Serrano, Marta Sánchez	381–383
服務領袖	395
服務廣告	74, 237, 335
服務藍圖	

關於	54, 78–79
後台行動	54–56
顧客行動	54–55
顧客視角	55–56
前台行動	54–55
進行影響分析	277
互動線	54–55
內部互動線	55–56
可見線	54–56
實體證據	54–55
支援流程	55–56
服務團隊	64
服務設計	
組織面臨的挑戰	6-12
十二誡	32-33
核心活動	83-93
定義	19-20
不同觀點	21-22
深植組織	455–477
主持工作坊	391–419
概念發想。見概念發想	
落實。見落實	
迭代管理	329, 336
起源和進展	23
規劃和準備	330
實務工作者說為什麼選擇了	12–13
的原則	25–28

流程概覽	21–22, 329–336
流程樣板	369–375
原型測試。見原型測試	
研究。見研究和研究資料	
服務主導邏輯與	29–31
的工具	37–79
顧客想要什麼	3–5
不是什麼	24
為什麼使用這個手法	12–15
服務設計案例研討	
讓服務設計深植組織	478-503
主持工作坊	420-425
概念發想	188–205
落實	306–325
建立服務設計的舞臺	442-451
原型測試	244–267
研究	134–153
服務設計流程與管理	376–387
服務設計流程，管理	
迭代管理	363–367
迭代規劃	361–363
迭代檢討	367–368
服務設計流程，規劃	
關於	337
編列預算	358–360
面對限制	340
做記錄	356–358

心態、原則和風格　360

多重追蹤　352

產出和成果　355–356

準備型研究　338–339

專案摘要　337–338

專案階段和里程碑　353–355

專案架構　343–352

專案團隊與利害關係人　339–343

服務設計團隊

取一個適合團隊文化的名字　463–464

核心團隊角色　64, 342, 462

跨部門　464

延伸團隊角色　64, 343, 462–463

規劃　339–343

原型測試團隊角色　219–220

發掘與招募　460–461

服務團隊　64

建立　397, 462

建立團隊　344

團隊成員擔任主持人角色　396

團隊的工作模式　404–406 29–31

服務主導邏輯（SDL）　29–31

服務原型。見原型測試

服務補救，服務設計與　24

服務（SDL）　29

創業鯊魚幫　413

Shvedun, Dima　144

穀倉效應，組織　7–10

設計流程的相似之處　88

Simion-Popescu, Simona　495, 497

簡易隨機抽樣　104

Siodmok, Andrea　13

極端個案抽樣　103

將大問題分解成小任務　177–178

Smaply（案例研討）　317–321

SMART Method 專案　313–316

Snook（案例研討）　196–199

滾雪球抽樣　103

SNV 荷蘭發展組織（案例研討）　203–205

追劇型戲劇弧線　49

軟體。見數位物件與軟體

軟體即服務（Saas）　318

軟體開發　274, 280–288, 317–321, 412

解法空間　115

Sotoca, Jesús　381–383

空間。見環境、空間和建物；實體空間；
實體空間案例研討

Spanton, Jay　144

觀眾體驗，倫敦奧運暨殘奧組織委員會
（案例研討）　378–380

拆解挑戰（方法）　163, 177–178

贊助者（角色）　342

運動教練（角色）　394

佔用（空間）　431

設計的雜亂　69, 217

原型的舞台（設定）　46

旅程圖中的階段　179

利害關係人圖

關於　58–59

建築流程中的　299

進行資料整合和分析　228

概念發想階段中的　164

的關係　59–60

的區塊　59–60

利害關係人　59–60

利害關係人

常用術語　63–64

定義的　63

旅程圖中的　47

原型測試中的　219

提出的問題　365

服務設計流程規劃中的　339

系統圖中的　59–62

史丹佛創新學習中心　300–301

Stark, Patricia　289–297

狀態

旅程圖的　50, 149–153, 216, 332

系統圖的　58, 332–333

位階狀態／場控矩陣　414

主持人角色的位階狀態　393, 413–414

STBY（案例研討）　149–153, 499–503

旅程圖中的步驟　46, 57

便利貼（聰明便利貼工作術）技巧　410–411

肯亞奈洛比斯德哥爾摩環境研究所非洲中心（案例研討）　203–205

斯德哥爾摩環境研究所（案例研討）203–205

Stolterman, Erik　220

旅程圖中的故事板　46

說故事

　　在變革管理中　279

　　在資料整合和分析中　113, 132, 228

　　在主持工作坊中　403

　　產出點子中　165

　　在原型測試中　67, 213, 222, 237

Støvring, Ingvild　322–324

分層隨機抽樣　104

壓力測試　233

Strømmen Olsen, Emilie　252–255

結構元素（Leavitt 鑽石模型）　276–277

工作室（空間）　432

主題內容　69

與主題相關的專家（角色）　219

潛台詞　232–233

Successful Design（案例研討）　447–451

Sun Life Financial（案例研討）　422–423

支援流程（服務藍圖）　55–56

支援人員　64

支援／使用階段（產品生命週期）

關於　292–293

市場衰落階段　296

市場成長階段　293–294

市場引進階段　293

市場成熟階段　294–296

支援　296

瑞典公共就業服務（案例研討）　484–486

整合資料。見資料視覺化、整合與分析

系統隨機抽樣　104

系統圖

　　關於　58

　　商業模式圖與　78–79

　　進行共創工作坊　126

　　進行資料視覺化、整合與分析　113, 130

　　桌上系統圖　74, 179, 238

　　生態系統圖　58, 61–63

　　發想點子　179

　　利害關係人圖　58–60

　　的狀態　58, 332–333

　　價值網絡圖　58, 60–62

T

Tanghe, Jürgen　104, 161, 177, 275–279

任務元素（Leavitt 鑽石模型）　276–277

泰勒主義　7

泰國創意設計中心（案例研討）　487–490

團隊回顧　367–368

科技元素（Leavitt 鑽石模型）　277

技術主管（角色）　342

Teeraprasert, Waritthi　487–490

樣板，服務設計流程　369–375

暫時／公司內部空間　431, 433

暫時／遠距空間　430–431

Tenenberg, Josh　220

10 加 10 發想法　180–181, 333

Terzi, Francesca　88, 213, 343

測試　233, 277, 288, 302

理論飽和　105

理論三角檢測　107

Thesen, Philipp　491–494

三五分類法遊戲　184

31Volts（案例研討）　19, 190–192

Thomas, David　282

三腦合一暖場法　417, 419

主持人的場控考量　408, 410

工具包，服務設計作為　21

服務設計的工具

　　以假設為基礎　40, 50

　　商業模式圖　76-79

　　定義的　37

　　主持工作坊　409

　　旅程圖　44-57

　　方法與　37

　　人物誌　41-42

原型 65–75, 211

　以研究為基礎 40, 50, 211

　研究資料 38–40, 50

　系統圖 58–63

全面品質管理 7

接觸點 57, 489

曳光彈開發 282, 287

Transformator Design（案例研討）
203–205, 484–486

行為改變的跨理論模式（TTM） 278–279

三角位置 412

三角檢測

　資料 107–109

　方法 107–109

　研究員 107–110

　理論 107

Troenokarso, Eriano 191

Tsaklev, Vladimir 495–498

TTM 行為改變的（跨理論模式） 278–279

Turner, Mark 316

Tzanidou, Katie 499–503

U

醜小孩衝突 343

英國國家衛生署，就業與退休金部門
（案例研討） 196–199

獨特賣點（USP） 10

聯合航空 8–9

《聯合航空砸爛了我的吉他》影片 8–9

易用性測試 105

Uscreates（案例研討） 139–141

使用者導向原則 25

使用者回饋 282

使用者

　定義的 63

　關鍵時刻 57

使用者故事

　進行整合與分析 113, 132, 228

　發想點子 179

　撰寫 132

USP（獨特賣點） 10

V

價值 29, 67, 74, 231, 237–239

價值交換

　在生態系統圖中 63

　在價值網絡圖中 58, 60–62

價值網絡圖 58, 60–62

價值主張（商業模式圖） 76–77, 318–319

價值原型 214–215, 221

Van Dijk, Geke 103–104, 149–153, 499–503

Vargo, Steven 29

產品管理文氏圖 289–290

微型融資機構 VEP 203–205

Verschoor, Carola 13, 224, 392, 395

虛擬實境（VR） 243

視覺化（主持工作坊的技巧） 409–410

資料視覺化。見資料視覺化、整合與分析

Vodafone（案例研討） 149–153, 381–383

Vollmer, Florian 193–195

投票法，快速 186

VR（虛擬實境） 243

VUCA 縮寫 84

W

Wanjiru, Hannah 203–205

主持暖場的方法 400, 407, 417–419, 482

WECO（案例研討） 447–451

Wendland, Stefan 262

Wend, Michael 136–138

We Question Our Project（案例研討） 200–202

Werner, Michael 193

Weschenfelder, Nina 136–138

假如？欄位（旅程圖） 47

White, Hazel 41, 44, 65, 219, 459

Widmark, Erik 203–205, 460

Wimmer, Rudolph 449

線框圖 236–237, 335

願望清單，原型作為 220

綠野仙蹤法手法 240–241

WOM（口耳相傳） 6

口耳相傳（WOM）	6
工作坊，主持。見主持工作坊	
用起來像的原型	70
寫手（角色）	219
撰寫使用者故事	113, 132, 228

X

習近平	447

Y

Yeh, Arthur	398–399, 404
Yepez, Fernando	458, 463
對，而且……模式	87, 400, 418
對，但是……模式	87, 418
YouTube 影片	8–9

Z

Zangerl, Bernadette	483
張誠	450
旅程圖的縮放程度	44, 51
Zürn, Christof	88, 337
Zwiers, Marcel	190–192

這就是服務設計！｜服務設計工作者的實踐指南

作　　者：Marc Stickdorn 等
譯　　者：吳佳欣
企劃編輯：蔡彤孟
文字編輯：詹祐甯
設計裝幀：陶相騰
發 行 人：廖文良

發 行 所：碁峰資訊股份有限公司
地　　址：台北市南港區三重路 66 號 7 樓之 6
電　　話：(02)2788-2408
傳　　真：(02)8192-4433
網　　站：www.gotop.com.tw
書　　號：A488
版　　次：2019 年 08 月初版
　　　　　2024 年 08 月初版二十二刷
建議售價：NT$880

國家圖書館出版品預行編目資料

這就是服務設計！：服務設計工作者的實踐指南 / Marc
　Stickdorn 等原著；吳佳欣譯. -- 初版. -- 臺北市：碁峰資
　訊, 2019.08
　　　面；　公分
　譯自：This is Service Design Doing
　ISBN 978-986-502-175-7(平裝)
　1.顧客服務　2.顧客關係服務
496.7　　　　　　　　　　　　　　　　　　　108009525